现代锗冶金

王吉坤　何蔼平　编著

北　京
冶　金　工　业　出　版　社
2008

内容提要

本书是锗冶金的专著。全书共八章，包括锗的资源、用途、市场，锗及其主要化合物的性质，锗在某些矿物采、选、冶过程中的行为，锗的提取技术，锗的提纯和深加工技术，以及锗冶金技术的新发展，着重介绍了从铅锌矿、含锗煤以及含锗废料等原料中提取锗的生产技术和研究成果，书末附有锗的有关相图和热力学数据。

本书可供从事稀散金属元素的科研、生产、管理和教学人员参考。

图书在版编目(CIP)数据

现代锗冶金/王吉坤，何蔼平编著. —北京：冶金工业出版社，2005.1（2008.1 重印）

ISBN 978-7-5024-3527-1

Ⅰ. 现… Ⅱ. ①王… ②何… Ⅲ. 锗—冶金 Ⅳ. TN304.1

中国版本图书馆 CIP 数据核字（2004）第 050268 号

出版人　曹胜利

地　　址　北京北河沿大街嵩祝院北巷 39 号，邮编 100009

电　　话　(010)64027926　电子信箱　postmaster@cnmip.com.cn

责任编辑　杨盈园　美术编辑　王耀忠

责任校对　刘　倩　李文彦　责任印制　丁小晶

ISBN 978-7-5024-3527-1

北京百善印刷厂印刷；冶金工业出版社发行；各地新华书店经销

2005 年 1 月第 1 版，2008 年 1 月第 2 次印刷

850mm×1168mm　1/32；14.125 印张；379 千字；439 页；2001-4000 册

48.00 元

冶金工业出版社发行部　电话：(010)64044283　传真：(010)64027893

冶金书店　地址：北京东四西大街 46 号(100711)　电话：(010)65289081

（本书如有印装质量问题，本社发行部负责退换）

前　言

锗属于稀散元素,从 1886 年温克勒(Winkler)首次分离出来,至今已经有 100 多年历史,但真正在工业上应用是 1948 年美国贝尔实验室发明半导体锗晶体管后才开始的。

随着科学技术的发展和人民生活水平的提高,锗已被广泛应用于人们的生活和工农业生产及军事工业中,锗的提取冶金和深加工技术也得到很大发展。

中国锗资源十分丰富,储量为世界首位。由于锗分布过于分散,成矿矿物极少,近年来工业生产主要从铅锌矿中综合回收和从煤中提取。50 多年来,经过中国科技工作者和企业职工的不懈努力,在锗的富集和提取方面取得了一些重大科技成果,在国际上处于先进水平。这些技术的开发和产业化,成为我国稀散金属产业发展的重要标志。目前,中国锗的生产在世界上占有重要地位,是世界主要的产锗大国。为了系统总结锗冶金的科技成果和锗生产经验,我们编著了《现代锗冶金》一书。该书全面阐述了锗的富集、提取的基本原理和工艺技术,突出了时代特点和行业特征,突出了中国锗生产的成就和经验,具有科学性、综合性。本书是一本可读性强的专业书籍,可供从事科研、生产和管理的人员参考,也可供大专院校有关专业师生参考。

本书在编写过程中,得到了云南冶金集团总公司领导的支持、鼓励和帮助,得到了昆明理工大学领导的支持和鼓励,得到了云南驰宏锌锗股份有限公司领导的关心和帮助,得到了临沧鑫圆锗业股份有限公司的关心和帮助,得到了云南冶金集团总公司科技部及技术中心的帮助,得到昆明理工大学杨显万教授、郭森魁教授、王达建教授，昆明冶金研究院柯金星高工和陈世明高工的帮助，在此真诚地表示感谢。

由于编著者水平有限，书中难免有错误和不妥之处，敬请各位读者赐教。

作　者
2004 年 10 月

目　录

第一章　概论 …… 1
第一节　锗的发现与发展概况 …… 1
一、锗的发现 …… 1
二、锗的发展概况 …… 2
第二节　锗的地球化学 …… 3
一、锗的地球化学性质 …… 4
二、锗的赋存状态 …… 5
第三节　锗的资源 …… 7
一、锗的丰度及主要矿物 …… 7
二、世界锗的资源 …… 8
三、中国锗的资源 …… 9
四、锗的再生资源 …… 10
第四节　锗的提取方法 …… 11
一、锗提取的原则流程 …… 11
二、从几种有代表性的原料中提取锗的方法 …… 12
第五节　世界锗的生产状况 …… 15
第六节　中国锗生产的历史和现状 …… 17
参考文献 …… 24
第二章　锗的用途、市场和价格 …… 26
第一节　锗的用途 …… 26
一、光导纤维用锗 …… 27
二、催化剂用锗 …… 29
三、红外光学材料用锗 …… 29
四、电子工业用锗 …… 33

五、医药用锗 …… 35
六、锗在其他方面的用途 …… 37
第二节 锗的产品及市场 …… 38
一、锗产品分类 …… 38
二、锗的生产及供应 …… 40
三、锗的消费结构 …… 44
四、展望 …… 48
第三节 锗的价格 …… 50
一、锗的价格 …… 50
二、锗的库存 …… 52
三、关税 …… 53
四、市场情况 …… 54
参考文献 …… 55
第三章 锗及其主要化合物的物理化学性质 …… 58
第一节 锗的性质 …… 58
一、锗的同位素 …… 58
二、锗的物理性质 …… 60
三、锗的化学性质 …… 63
四、锗的生物作用 …… 70
第二节 锗的氧化物 …… 70
一、一氧化锗和氢氧化锗 …… 71
二、二氧化锗和锗酸盐 …… 72
第三节 锗的卤化物 …… 82
一、氯化物 …… 82
二、锗的其他卤化物 …… 87
三、锗(Ⅳ)的混合卤化物 …… 90
四、卤代锗烷(GeH_nX_{4-n}) …… 91
第四节 锗的硫化物及硫族化合物 …… 93
一、锗的硫化物 …… 93
二、锗的硫族化合物 …… 104

第五节　锗的氢化物…………………………………………………… 105
一、锗的氢化物 ……………………………………………………… 105
二、锗烷 ……………………………………………………………… 106
第六节　锗的合金…………………………………………………… 108
一、锗金合金 ………………………………………………………… 109
二、锗铜合金及其他 ………………………………………………… 109
三、锗硅合金 ………………………………………………………… 113
第七节　锗的配位化合物…………………………………………… 122
一、卤合锗酸盐 ……………………………………………………… 122
二、硫代锗(Ⅳ)酸及其盐 …………………………………………… 124
三、锗钼酸和锗钨酸 ………………………………………………… 124
第八节　锗的有机化合物…………………………………………… 125
一、某些有机锗化合物的制备 ……………………………………… 126
二、某些有机锗化合物的性质 ……………………………………… 127
参考文献……………………………………………………………… 129
第四章　锗在选矿和冶金过程中的行为………………………… 132
第一节　典型的含锗矿物、矿床及锗在矿石中的含量 …… 132
一、锗的矿物 ………………………………………………………… 132
二、含锗矿物 ………………………………………………………… 133
三、典型的含锗矿床 ………………………………………………… 134
第二节　锗石的选矿………………………………………………… 135
第三节　锗在铅锌矿选矿中的行为………………………………… 137
一、会泽铅锌矿 ……………………………………………………… 138
二、凡口铅锌矿 ……………………………………………………… 140
三、其他铅锌矿锗在选矿过程中的分布 …………………………… 142
第四节　锗在多金属矿选矿时的行为……………………………… 143
第五节　锗在锌冶金中的行为……………………………………… 145
一、锗在火法炼锌过程中的行为 …………………………………… 145
二、锗在湿法炼锌过程中的行为 …………………………………… 145
第六节　锗在其他矿石冶金过程中的行为………………………… 156

一、锗在铜冶金过程中的行为……156
二、锗在铅冶金过程中的行为……163
三、锗在锡冶金过程中的走向……164
四、锗在铁矿冶炼过程中的行为……165
第七节　锗在煤燃烧时的行为……169
一、概述……169
二、完全燃烧时锗的行为……169
三、煤不完全燃烧时锗的行为……170
参考文献……170
第五章　锗的提取和富集技术……173
第一节　火法冶金富集方法的原理……173
一、还原挥发的热力学基础……173
二、硫化挥发的热力学基础……180
三、氯化蒸馏法和氯化挥发法的原理……182
四、真空蒸馏法的原理……187
第二节　湿法冶金富集锗的原理……188
一、锗—水系的 E-pH 图……188
二、浸出—沉淀法……194
三、萃取法……200
四、离子交换法……216
参考文献……222
第六章　从各种原料中综合回收锗的技术……225
第一节　从密闭鼓风炉炼锌流程中回收锗……225
一、概述……225
二、锗在烧结过程中的分布……225
三、鼓风炉熔炼……226
四、粗锌蒸馏……227
五、从锌渣中富集锗……230
六、从硬锌中回收锗……232
七、次氧化锌烟尘中锗的回收……243

第二节 从铅锌矿中用火—湿法冶金联合工艺回收锗…… 245
一、概述 …………………………………………………… 245
二、鼓风炉生产工艺 ……………………………………… 245
三、锗在锌冶炼流程中的分布 …………………………… 251
四、锗铁渣和含锗烟尘的处理 …………………………… 251
五、从丹宁锗回收锗 ……………………………………… 253
六、锗精矿的处理 ………………………………………… 254
七、火—湿法联合工艺处理锗氯化蒸馏残渣 …………… 254
八、萃取法提锗的试验研究 ……………………………… 257
九、对锌系统锗富集工艺的改进 ………………………… 264
第三节 国外某些锗工厂的情况…………………………… 270
一、概况 …………………………………………………… 270
二、国外著名企业简况 …………………………………… 271
第四节 一步法从含锗煤中提锗…………………………… 276
一、临沧褐煤的性质 ……………………………………… 276
二、早期的处理方法 ……………………………………… 277
三、一步法从褐煤回收锗 ………………………………… 279
四、布袋尘盐酸浸出—氯化蒸馏 ………………………… 283
五、旋风尘的处理 ………………………………………… 283
第五节 从其他原料中回收锗……………………………… 285
一、从含锗废料中回收锗 ………………………………… 285
二、从含锗电解铁中提取锗 ……………………………… 291
参考文献…………………………………………………… 294
第七章 锗的生产、提纯及深加工技术 ………………… 296
第一节 从锗精矿提取锗…………………………………… 296
一、锗精矿的典型成分 …………………………………… 296
二、锗精矿的盐酸浸出—氯化蒸馏 ……………………… 297
三、四氯化锗的提纯 ……………………………………… 304
四、从四氯化锗水解制取二氧化锗 ……………………… 327
第二节 金属锗的制取和提纯工艺………………………… 338

一、金属锗的制取……………………………………………… 338
二、金属锗的提纯……………………………………………… 347
第三节 锗的深加工技术………………………………………… 356
一、锗单晶的制取……………………………………………… 356
二、超高纯锗单晶制备………………………………………… 367
三、重掺杂锗单晶的制备……………………………………… 368
四、锗合金的制备……………………………………………… 370
五、高纯四氯化锗的制备……………………………………… 371
六、几种有机锗的制备………………………………………… 374
参考文献………………………………………………………… 378
第八章 锗提取和加工的新技术新动向……………………… 380
第一节 锗的细菌冶金…………………………………………… 380
一、微生物法提取锗…………………………………………… 380
二、从含锗 10^{-6}级溶液中回收锗…………………………… 382
第二节 膜技术的应用…………………………………………… 383
一、液膜分离技术……………………………………………… 383
二、膜技术在冶金中的应用…………………………………… 384
三、液膜技术提取锗的研究…………………………………… 392
第三节 色谱法分离锗…………………………………………… 394
第四节 用锗烷制备高纯锗……………………………………… 397
一、锗烷的制备………………………………………………… 397
二、锗烷的提纯………………………………………………… 398
三、由锗烷热解制高纯锗……………………………………… 399
第五节 锗的深加工新技术……………………………………… 399
一、锗薄膜的制备……………………………………………… 399
二、锗单晶制备新技术——球面锗单晶生长方法…………… 402
三、在太空中生产锗硅等合金半导体晶体…………………… 403
参考文献………………………………………………………… 403
附录 1 锗合金相图……………………………………………… 405
附图 1 Ag-Ge ………………………………………………… 405

附图 2 Al-Ge …… 405
附图 3 As-Ge …… 406
附图 4 B-Ge …… 406
附图 5 Ba-Ge …… 407
附图 6 Bi-Ge …… 408
附图 7 C-Ge …… 409
附图 8 Cd-Ge …… 410
附图 9 Ce-Ge …… 410
附图 10 Co-Ge …… 411
附图 11 Cr-Ge …… 412
附图 12 Fe-Ge …… 413
附图 13 Ga-Ge …… 413
附图 14 Ge-Hf …… 414
附图 15 Ge-In …… 414
附图 16 Ge-Mg …… 415
附图 17 Ge-Mn …… 415
附图 18 Ge-Mo …… 416
附图 19 Ge-Ni …… 417
附图 20 Ge-Pb …… 418
附图 21 Ge-Pd …… 418
附图 22 Ge-Pt …… 419
附图 23 Ge-Rh …… 420
附图 24 Ge-Ru …… 421
附图 25 Ge-S …… 421
附图 26 Ge-Sb …… 422
附图 27 Ge-Se …… 423
附图 28 Ge-Sn …… 424
附图 29 Ge-Sr …… 424
附图 30 Ge-Te …… 425
附图 31 Ge-Th …… 426

附图 32 Ge-Ti …………………………………………………… 427
附图 33 Ge-Tl …………………………………………………… 428
附图 34 Ge-U …………………………………………………… 428
附图 35 Ge-Y …………………………………………………… 429
附图 36 Ge-Zn …………………………………………………… 429
附图 37 Ge-Zr …………………………………………………… 430
附图 38 Ag-Au-Ge ……………………………………………… 430
附图 39 Ag-Ge-Mn ……………………………………………… 431
附图 40 Ag-Ge-Ni ……………………………………………… 431
附图 41 Au-Ge-Sb ……………………………………………… 431
附图 42 Ge-Pd-Te ……………………………………………… 432
附录 2　锗及其化合物的热力学数据 ……………………………… 433
一、一般热力学数据 ……………………………………………… 433
二、水溶液中物种的热力学数据 ………………………………… 434
参考文献……………………………………………………………… 439

第一章 概 论

锗(Germanium),元素符号 Ge,原子序数 32,相对原子质量 72.59,属元素周期表第Ⅳ主族,位于硅和锡之间。锗为银灰色脆性金属,光泽美丽。锗具有半导体性质,故又称为半金属。

第一节 锗的发现与发展概况

一、锗的发现

锗的发现是科学史上的重要事件。1871 年俄国化学家 Д.И.门捷列夫在进行元素周期性研究时,曾经预言第Ⅳ族在硅和锡之间还有一个未知元素"类硅"。1885 年秋,德国弗莱堡矿学院教授 Albin Weisbach 在研究产于德国萨克森州弗莱堡地区的新的含银矿石(argyrodite)时,为了确定新矿物的成分,请德国化学家温克勒(Winkler)做精确的化学分析。温克勒分析出的矿物总含量始终少 7%。他经过反复的试验和验证,1886 年 2 月终于发现了锗。这一发现不但证实了门捷列夫预言的元素,而且其性质也与预言惊人地吻合,证明了元素周期表的准确性和可靠性。Д.И.门捷列夫预言的"类硅"与锗的性质见表 1-1。

表 1-1 门捷列夫预言的"类硅"与锗的性质比较

性 质	门捷列夫预言的"类硅"(1871 年)	温克勒 1886 年的报告	现在的数据
相对原子质量	72	72.32	72.59
密度/$g·cm^{-3}$	5.5	5.47	5.35
熔点/℃	高		947
比热/$J·(g·K)^{-1}$	0.305	0.318	0.310

续表 1-1

性　质	门捷列夫预言的"类硅"(1871 年)	温克勒 1886 年的报告	现在的数据
摩尔体积/$cm^3 \cdot mol^{-1}$	13	13.22	13.5
颜　色	暗灰	淡灰白	淡灰白
化合价	4	4	4
与酸碱的反应	稍受盐酸侵蚀,能很好地耐碱腐蚀	锗不溶于稀盐酸、稀 NaOH,但溶于浓 NaOH	锗不溶于稀盐酸和稀 NaOH,但溶于浓 NaOH
GeO_2的密度/$g \cdot cm^{-3}$	4.7	4.703	4.228
$GeCl_4$的密度/$g \cdot cm^{-3}$	1.9	1.887	1.8443
$GeCl_4$的沸点	100	86	84

从表 1-1 可见,门捷列夫的预言十分准确。因此,锗的发现在当时的科学界引起了轰动。温克勒为了纪念他的祖国——德国(German),将此元素取名为锗 Germanium。此种矿物被命名为硫银锗矿。

二、锗的发展概况

锗发现以后,由于德国硫银锗矿的量很少,很快用完,锗的研究也就几乎停顿下来。直到 1920 年在西南非洲的楚梅布发现了一种新的含锗矿物——锗石,才使锗的供应得到了缓和。此后,许多学者研究了锗的无机化合物和有机化合物的性质和制备方法。

1930 年德国法兰克福的屋太华公司利用楚梅布的锗石,建立了世界上第一个二氧化锗商业性生产的厂家。几乎同时在美国密苏里、威斯康星、俄克拉荷马的闪锌矿中也发现了锗,为锗的研究和开发提供了资源基础。

然而,在锗发现 50 年内,一直未引起人们的重视,因为锗及其化合物一直没有很大的实际应用价值。直到第二次世界大战期间,无线电高频技术发展到短波范围,而真空管不适用于超短波,促使人们对晶体管进行研究,需要半导体材料,而采用了锗。从此锗冶金技术得到迅速的发展。锗被广泛应用于国民经济各部门,锗的生产也飞速发展。1938 年世界锗的产量为 80～120 kg,1958 年为 100 t,20 年内增长了 1000 倍。

20 世纪 60 年代以来,虽然锗在半导体工业中的统治地位逐渐被性能更佳、价格更低、资源更为丰富的硅取代,但是由于锗的电子迁移率和锗器件的频率比硅高,强度比硅好,所以在高频、远红外和航空、航天领域锗材料仍然占主导地位。此外锗在军事热成像仪、夜视仪及辐射探测器中的应用发展也很快。随着现代科学技术的发展,锗在光导纤维、太阳能电池、荧光粉、医药和催化剂等方面的应用日见广泛。

特别是随着光导纤维的发展,光纤级的 $GeCl_4$ 日益受到重视,成为锗的重要用途。

目前锗的需求较为平稳,有人预计未来几年锗的供求将趋于平衡,年需求量(包括二氧化锗)约为 110～130 t 左右。

第二节　锗的地球化学

锗在自然界中有 5 个稳定的同位素,其质量数及丰度为:^{70}Ge 20.55%、^{72}Ge 27.37%、^{73}Ge 7.67%、^{74}Ge 36.74%、^{76}Ge 7.67%。此外,有 9 个人工同位素:^{65}Ge、^{66}Ge、^{67}Ge、^{68}Ge、^{69}Ge、^{71}Ge、^{75}Ge、^{77}Ge、^{78}Ge,其寿命很短。寿命最短的半衰期仅为 0.53 s,最长的半衰期也只有 280 d。

太阳光球锗的丰度是 80(以硅的丰度为 10^6 计),陨石锗丰度为 115,宇宙锗丰度为 118。据黎彤的数据,锗在地球及各圈层中的丰度:地球为 100×10^{-6},地核为 310×10^{-6},下地幔为 1×10^{-6},上地幔为 1.1×10^{-6},地壳为 1.4×10^{-6}。

一、锗的地球化学性质

(一) 一般性质

锗是典型的分散元素，据 Anderson，Wank 和 Taylor 的研究，从原始地幔(含锗 $1.1\times10^{-6}\sim1.3\times10^{-6}$)至大洋地壳(含锗 $1.4\times10^{-6}\sim1.5\times10^{-6}$)至大陆地壳(含锗 $1.4\times10^{-6}\sim1.6\times10^{-6}$)，其丰度几乎没有变化。锗具有亲石、亲铁、亲硫和亲有机物的多重地球化学性质。

锗原子的价电子组态为 $4s^2 4p^2$，锗与锡和铅一样次外层有 18 个电子，是典型的铜型离子，易失去 4 个电子形成稳定的 GeO_4^{4-} 和 GeO_3^{2-}。

锗的亲石性主要表现为两个方面。在碱性介质中锗主要以 GeO_4^{4-} 和 GeO_3^{2-} 等形式存在。GeO_4^{4-} 和 GeO_3^{2-} 与 SiO_4^{4-} 和 SiO_3^{2-} 在化学性质及晶体化学性质上很相似。所以在自然界中 Ge 与 Si 有广泛的类质同象置换关系。研究还证实，锗比较容易进入硅氧四面体聚合能力最小的硅酸盐矿物的晶格中。此外，Ge^{4+} 与氧能形成 4 和 6 两种配位，在晶体化学上与 Al^{3+} 相似，而且，其氧化物同为两性氧化物；与氧结合有相近的电负性($Ge^{4+}=1.5$，$Al^{3+}=1.7$)；具有相近的离子极化性质。故能与 Al^{3+} 存在类质同象置换关系。

锗又具有亲铁性，Ge^{4+} 的离子半径(0.053nm)与亲铁元素 Fe^{3+}(0.067nm)、Ti^{4+}(0.064 nm)、Cr^{3+}(0.064 nm)、Sn^{4+}(0.069nm)、V^{4+}(0.052 nm)、Mn^{4+}(0.052 nm)等互相置换并共生。

锗还具有亲硫性，故能富集在某些硫化矿物中。特别是在强还原条件下，Ge^{4+} 易被还原为 Ge^{2+}。Ge^{2+} 的离子半径(0.080nm)与 Zn^{2+}(0.083nm)十分接近，使 Ge^{2+} 可以类质同象进入闪锌矿晶格，并在其中富集，而且锗和锌具有明显的正相关趋势。但也有人认为 2 价锗可能是以 GeS_2 形式进入闪锌矿。

按地球化学的理论锗与镓、铟一样均属于亲铜元素，与硫可以形成高度共价性质的化学键。其亲铜性可用元素从原子状态转到离子状态的转换能值判断，部分元素的转换能值见表 1-2。

表 1-2 部分元素的转换能值

离子	Ge^{4+}	Sn^{4+}	Ge^{2+}	Zn^{2+}	Fe^{3+}	In^{2+}	Co^{2+}
K 值	7.3	6.8	6.0	5.1	4.8	4.0	3.9
离子	Tl^{3+}	Ga^{3+}	Fe^{2+}	Pb^{2+}	Cu^{2+}	Tl^{+}	
K 值	3.6	3.6	3.2	3.1	2.3	1.3	

此外，许多煤层中发现有锗的富集，这是锗亲有机质的显著特性。如云南临沧富锗煤中 Ge 含量一般为 $n\times100\times10^{-6}$，最高超过 1000×10^{-6}。国外的研究者发现河流的入海口或海湾中有甲基锗和二甲基锗存在。

（二）岩浆-热液体系中锗的地球化学

有专家根据锗的元素化学性质推测，锗在熔体中可能主要呈网阳离子，但在聚合程度高的熔体中既可呈网阳离子，也有部分可能是变网阳离子。这决定了锗在岩浆作用过程中会高度分散。地质实践证明，各种岩浆中均含有锗，但没有一种岩石富集。可是在一些花岗伟晶岩中，锗可富集在黄玉、锂辉石、石榴子石等矿物中，这可能与 Ge^{4+} 可以替代这些矿物中的 Al^{3+} 有关。

（三）表生作用中锗的地球化学

在表生氧化带中，含锗的原生矿物都是不稳定的，分解后锗以 Ge^{4+} 进入水溶液中。一些富锗的硫化物矿床氧化带中，锗因流失而含量很低。由于 GeO_2 有较高的溶解度，所以决定了锗在表生作用过程中具有较高的活动性。由此锗与在内生作用中关系密切的元素如 Si、Ti 和 Sn 等分离。但实际上天然水中锗的含量很低，海水中锗的质量浓度为 0.05 μm/L，以 GeO_4H^{3-} 形式存在。

转入表生溶液中的锗，大部分被迁移较远。迁移过程中，在一定物理化学条件下，以不同的方式固定于各种沉积物，尤其是富含有机质的沉积物中。

二、锗的赋存状态

在岩浆结晶过程中，锗能替代矿物晶格中的硅和铝，不均匀地分散在硅酸盐岩石中。锗不产生具有工业价值的聚集。锗一般富集于硫化物和硫酸盐、铁氧化物和氢氧化物以及某些煤中。

(一) 硫化物和硫酸盐中的存在形式

锗的亲硫性使其富集于某些硫化物中。锗以类质同象进入闪锌矿晶格,是锗在硫化物中富集的最大特点。此外,锗还能形成GeS_3^{2-}和GeS_4^{4-}等形式的硫锗酸根类质同象进入含硫盐类矿物。

除了类质同象外,在极稀少的情况下－锗还能形成含锗量超过1%的独立矿床。它们主要产在西南非洲的特苏墨布铜-铅-锌矿床和韩国某含锗金-银矿床中。其矿物为硫锗铜矿:$Cu_3Fe_{0.5}Ge_{0.5}S_4$、$Cu_{2.8}Fe_{0.6}Ge_{0.6}S_4$;硫锗铁铜矿:$Cu_{2.4}Fe_{1.2}Ge_{0.4}S_4$;灰锗矿:$Cu_2FeGeS_4$;硫银锗矿$Ag_3GeS_6$。在特苏墨布铜-铅-锌矿床的氧化带还发现羟锗铁石:$Fe_{4\text{-}5}H_{5\text{-}6}[GeO_4]\cdot 8H_2O$;水锗铅矾:$Pb_3[Ge(OH)_6(SO_4)_2]\cdot 3H_2O$;羟锗铅矾:$Pb_3[GeO_2(OH)_2(SO_4)_2]$;水锗钙矾:$Ca_3[Ge(OH)_6(SO_4)_2]\cdot 3H_2O$等。

(二) 锗在铁氧化物和氢氧化物中的存在形式

锗与铁具有较密切的关系。锗常以6配位形式置换Fe^{3+}进入磁铁矿晶格,置换方式为:$Ge^{4+}+Fe^{2+}\rightarrow Fe^{3+}$;锗以8配位形式置换$Fe^{3+}$进入赤铁矿晶格,置换方式为:$2Fe^{3+}=Ge^{4+}+Fe^{2+}$;针铁矿中的OH失去一个质子,通过$Fe^{3+}+H^+\rightarrow Ge^{4+}$替换,使锗以8配位方式进入针铁矿晶格。

(三) 锗在煤中的存在形式

目前,煤是工业锗的主要来源之一,有的煤中锗可高达1%,有利用价值。

一般认为锗在煤中不形成独立矿床,而包含在大分子组成中。锗在煤中具体以何种形态存在,目前还没有统一的意见。锗可能以游离锗离子吸附在煤中,或是呈硅锗酸盐及锗的硫化物存在煤中,也可能呈锗的有机化合物存在煤中。有研究者认为以络合物形式存在;也有认为以与煤中的大分子的不同官能团键合,或与腐殖酸螯合;还有认为呈单个有机化合物形式存在;更有认为通过表面氧化还原反应和表面吸附的形式存在于煤中有机质的表面。

(四) 其他存在形式

在各种生物中测定到锗的存在,其含量($\times 10^{-6}$,干重):真菌中锗的含量为2.8,蕨类植物为1.3,木本裸子植物为1,草本植物为2;海洋动物中腔肠动物为1.5,棘皮动物为0.3,鱼为0.3。

人体中也测定到锗的存在,“参比人”(10^{-6},干重):肝中为0.15,肌肉为14,头发为2.3,指甲为1.2,肾为40。人的血液中也含锗(mg/L):全血中为0.441,红细胞中为0.652,血浆中为0.03,血清中为0.291。

锗在生命过程中的作用目前还不太清楚。

第三节 锗的资源

一、锗的丰度及主要矿物

锗在地壳中的含量不算少,不同作者计算的锗的丰度见表1-3。

表1-3 锗的丰度(%)

研究者(发表年代)	克拉克和华盛顿(1924年)	维诺格拉多夫(1962年)	泰 勒(1964年)	黎 彤(1976年)
质量分数/%	$n\times10^{-9}$	1.4×10^{-4}	1.5×10^{-4}	1.4×10^{-4}

锗的丰度与硼、砷、锡、锑、钼等相当,比金的丰度3.5×10^{-7}高出上千倍,但由于在地壳中的分布极其分散,极少单独成矿,只有几种含锗较高、大于1%的矿物,但在自然界中极少见;有16种含锗在0.1%~1%的矿物;约有700种含锗为0.0001%~0.1%的矿物。表1-4列出了含锗较高、大于1%的矿物。

大量研究表明微量的锗赋存于各种矿物、岩石和海水中。几乎所有岩浆质和水成的矿物与岩石内都含有锗。锗是亲硫的,性质与硫相似,高品位的锗矿物往往在硫化矿中发现。如德国萨克森州弗莱堡地区的硫银锗矿和西南非洲纳米比亚的锗石就是典型的低温形成的硫化矿。锗也常伴生于硫化铅锌矿中,如我国云南会泽地区和广东韶关地区的铅锌矿中就含锗,所以铅锌矿是提取锗的主要原料之一。在硫化矿中锗以独立的包裹体形态或是在主体矿物中以类质同晶的杂质形态存在,如由水热作用形成的斑铜矿和含银的硫酸盐中的锗属于这种情况。

表 1-4 含锗较多的矿物

矿　名	主要成分	含锗/%	产　地
硫银锗矿	$4Ag_2S\cdot GeS_2$ Ag_3GeS_6	5～7	德　国 非　洲
硫砷铜矿	Cu_3AsS_4		美国西部
黑硫银锡矿	$Ag_8(SnGe)S_8$ $4\,Ag_2S\cdot(Sn,Ge)S_2$	1～8	玻利维亚
灰锗矿	Cu_2FeGeS_4	18.9(以原子量计)	
锗　石	$Cu_3(Fe,Ge,Zn,Ga)(S,As)_4$	6～10.9	西南非洲
硫锗铁铜矿	$(Cu,Fe)_3(Fe,Ge,Zn,Sn)(S,As)_4$	6.37～7.8	西南非洲

锗主要伴生于铅锌矿中,其次为煤矿和铜矿。

二、世界锗的资源

世界锗的资源比较缺乏。据英国《Minerals Handbook 1988—89》(Phillip Crowson,1990)统计,北美、欧洲、非洲三大洲共有锗储量 2150 t,俄罗斯阿塔苏河铁矿石中伴生锗储量约 1500 t。世界稀散金属已探明储量(不包括中国)见表 1-5,各大洲锗的储量见表 1-6。一般认为含锗量达 10^{-5},即 10 g/t 的矿就有开采价值。

表 1-5　世界及美国的稀散金属储量(万 t)

分　类	Ga	In	Tl	Ge	Se	Te	Re
世界	16.5 ~22.6	0.57	64.5	>0.86+	62.9	14.9	1.0
美国	0.45	0.06	0.015	0.39	8.26	2.45	0.45

表 1-6　各大洲锗的储量(万 t)

洲与国家	北　美　洲			欧　洲	非　洲	全世界	世界远景储量
	总量	美国	加拿大				
储量	0.48	0.39	0.09	0.14	0.24	>0.86+	$N\times100$

注:此数据为 20 世纪 80~90 年代的数据,且不包括亚洲、南美洲和大洋洲的数据。因没有新的数据,仍列出供参考。

三、中国锗的资源

我国锗等稀散金属储量十分丰富,镓、铟、锗、铊的储量居世界首位。全国已探明锗矿产地 35 处,保有储量近 3500 t。此外,经过一定的地质工作未计入保有储量的锗资源 6000 多吨。资源量总计近 1 万 t,在世界上占有明显优势。已探明的锗储量分布在全国 12 个省(区)。其中广东、云南、吉林、山西、四川、广西和贵州 7 省(自治区)的储量较多。近年来,在内蒙古锡林郭勒盟又探明了储存于胜利煤田煤中的高品位锗资源,使我国锗的储量进一步增加。

据 1993 年的文献资料,当年我国特大或特富锗金属矿的品位及占全国比例见表 1-7。

表 1-7　我国特大或特富锗金属矿的品位及占全国比例

矿　　名	品位/%	比例/%
凡口铅锌矿(粤)	0.0035	9.35
临沧煤矿(滇)	0.175	9.43

续表 1-7

矿　　名	品位/%	比例/%
马坑铁矿(闽)	0.0022	43.22
蔚县煤矿(冀)	0.005	4.93

1999 年内蒙古经勘探查明煤中锗资源储量 1626 t,成为国内锗资源储量第一的省区。2002 年底,云南会泽铅锌矿经省矿产储量评审中心评审,通过深部有关矿体的铅锌储量,使会泽铅锌矿的铅锌储量增加,锗的储量也随之增加了 350 t,因此云南锗资源总储量为 1475 t,列全国第二位。

我国锗金属保有储量在各矿中分布见表 1-8。

表 1-8　我国锗金属保有储量在各矿中分布

矿　物	煤　矿	铜　矿	铅锌矿	铁　矿	其　他
分布/%	17.0	11.34	69.30	2.30	0.06

注:由于统计口径的差异,表 1-7 和表 1-8 的数据有较大差异,供参考。

我国铅锌矿伴生的锗,是我国锗的主要工业来源。按成因可分为三类:一为热液交代型铅锌矿床,如湖南水口山;二为沉积改造型铅锌矿,如广东凡口;在这两类铅锌矿中,锗以类质同象赋存于硫化矿(方铅矿、闪锌矿)中,锗品位平均分别为 0.0017% 和 0.0015%;三为砂铅矿床,如云南会泽、贵州赫章。锗以类质同象散布于氧化锌矿石中,锗品位平均为 0.039%。

此外,沉积煤矿床中伴生的锗,以有机化合物形式存在,平均品位约为 0.0017%。如云南临沧地区第三纪褐煤中伴生有丰富的锗资源,锗品位高达 0.01%~0.09%,具有很高的利用价值。

四、锗的再生资源

在锗产品的生产过程中会产生一些锗的废料,其锗含量较高,也是提取锗的重要原料。

可回收的锗再生资源主要分为如下类别:

(1) 半导体化合物切、磨、抛废料:一般含锗 99%~99.999%;

(2) 半导体废器件:一般含锗 99%~99.999%;

(3) 含锗合金废料：一般含锗 0.1%～$N\times10\%$；

(4) 腐蚀液：锗含量不一；

(5) 废催化剂：一般含锗 0.1%～$N\times10\%$；

(6) 含锗废器件：含量不一。

第四节　锗的提取方法

从前面的分析可知，锗是一种分散元素，它赋存于各种矿物、岩石和海水中。锗含量高的矿物很少，这就决定了锗的提取过程较长。提取锗的原料主要有三类：

(1) 各种金属冶炼过程中锗的富集物，如各种含锗烟尘、炉渣等；

(2) 煤燃烧的各种产物，如烟尘、煤灰、焦炭等；

(3) 锗加工过程中的各种废料。

在锗的提取过程中面临着多方面的困难。一是，必须与主产品的生产工艺相适应；二是，如何从大量低含量的物料中经济而且有效地获取量很小的产品；三是，提取工艺必须满足环境保护的要求，不能造成二次污染。

一、锗提取的原则流程

锗的提取过程可分为四个阶段：一是在其他金属提取过程中的富集；二是锗精矿的制备；三是锗的提取冶金；四是锗的物理冶金。提取锗的原则流程如图 1-1 所示。

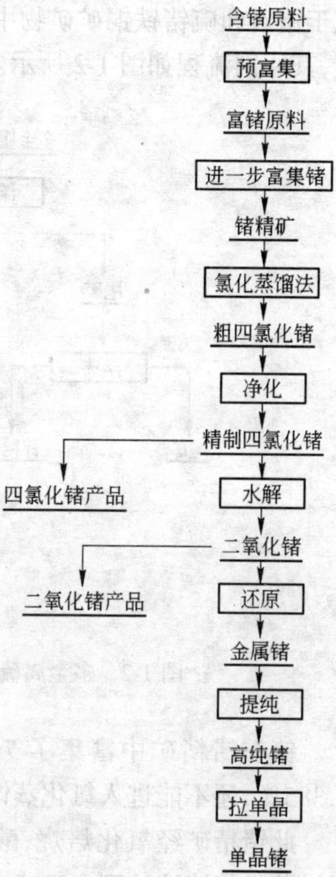

图 1-1　锗生产的原则流程

由于含锗原料的多样性,预富集是千差万别的。富锗原料的进一步富集,也有许多种方法。而从锗精矿往后的工艺流程,几乎都是相同的,即氯化蒸馏—水解,得到二氧化锗,再进一步按照需要加工。

二、从几种有代表性的原料中提取锗的方法

从几种有代表性的原料中提取锗的方法简述于后。

(一) 从含锗矿中浮选锗精矿

在非洲纳米比亚有一种含锗较高的多金属硫化矿,锗主要存在于锗石和硫锗铁铜矿矿物中。1954 年,楚梅布厂用选矿法分离锗,其原则流程如图 1-2 所示。

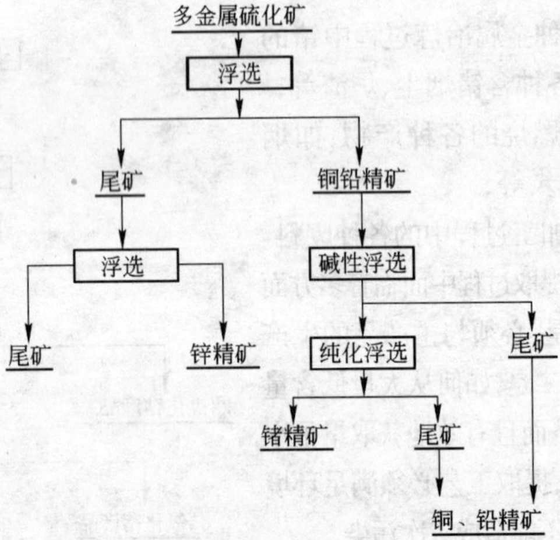

图 1-2 多金属硫化矿选锗精矿的原则流程

锗在锗精矿中富集了 7 倍以上,然而此锗精矿含锗量仅为 0.385%,还不能进入氯化蒸馏工序,需进一步富集。

此锗精矿经氧化焙烧,酸性浸出,得到含 Ge5.6g/L 的溶液。经过蒸发使溶液达到含 Ge56g/L,再冷却得到富锗矿泥,即可进入氯化蒸馏工序。

（二）从有色金属冶炼流程副产物中提取锗

1．从含锗烟尘中提锗

当硫化矿进行焙烧时，锗部分富集于烟尘中。当含锗物料在进行还原焙烧或还原熔炼时，锗也会部分富集于烟尘中。其处理的原则流程如图1-3所示。

氧化焙烧除去砷及有机物等杂质，得到GeO_2烟尘，送氯化蒸馏，以后的方法是相同的。

2．从火法炼锌的副产物——硬锌中提取锗

在火法炼锌时，相当部分锗会富集于粗锌蒸馏的副产物——硬锌中。硬锌中锗的含量已达0.17%～1.0%，比锌精矿含锗0.008%～0.006%富集了21～167倍。然而，也还需进一步富集。

硬锌中80%是锌，处理的方法主要有两种。

传统的处理方法是电炉蒸馏——熔析法。此法利用锌和锗蒸气压的差别，用电炉加热，使锌蒸馏进入气相与锗分离；得到的锗渣熔析分离铅后，再进一步处理。

20世纪90年代，我国自行研究成功的真空蒸馏法，利用锌和锗蒸气压的差别，采用真空蒸馏，使锌挥发而锗留于残渣中达到分离的目的。锗在残渣中的富集比可达到10～15倍，直收率可达到97%～94%。比原来的电炉富集法富集比高，回收率高，安全性好。得到的锗渣含锌还较高，要进一步除去。真空炉炉渣提取锗的原则流程如图1-4所示。

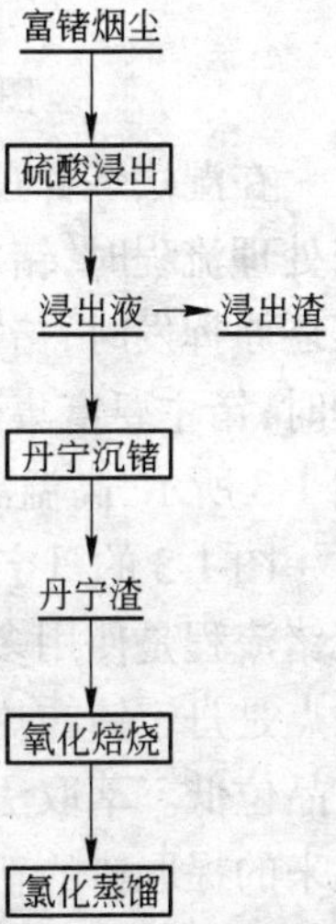

图1-3　富锗烟尘回收锗的丹宁沉锗流程

真空蒸馏法比传统的电炉蒸馏——熔析法既缩短了流程，又大大提高了回收率。

3．从湿法炼锌的副产物中提取锗

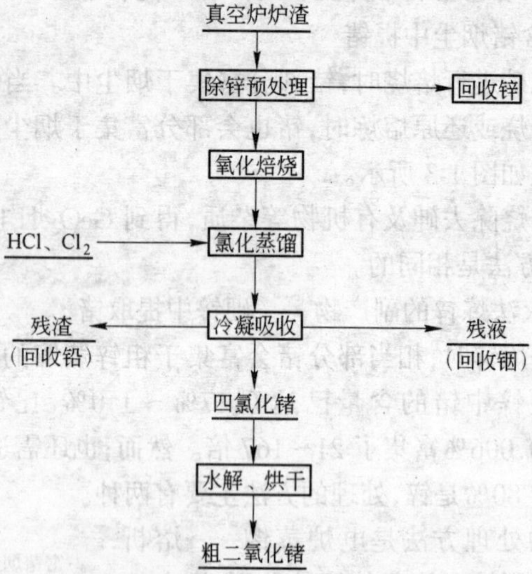

图 1-4　真空炉炉渣提取锗的原则流程

在湿法炼锌过程中，锗富集于中性浸出渣中。当采用不同的渣处理流程时，锗富集于不同的产物中。当中性浸出渣采用回转窑还原挥发时，锗富集于烟尘中；当中性浸出渣采用黄钾铁矾法处理时，锗主要富集于高温高酸浸出液中。富锗烟尘的处理流程如图 1-3 所示，高温高酸浸出液处理的原则流程如图 1-5 所示。

图 1-3 的丹宁沉锗流程和图 1-5 的萃取流程可以互换。丹宁沉锗流程是使用多年的传统流程，比较成熟，简单易行。但其主要缺点是丹宁锗在灼烧过程中损失大，污染环境，灼烧后得到的锗精矿品位低。萃取法在湿法冶金过程中已使用多年，是近些年发展起来的提取锗的新方法，主要优点是金属回收率高，产品纯度高，生产能力大。

（三）从含锗煤和煤的加工副产品中回收锗

从含锗煤中回收锗的方法很多，典型的方法有再次挥发法，其流程如图 1-6 所示。

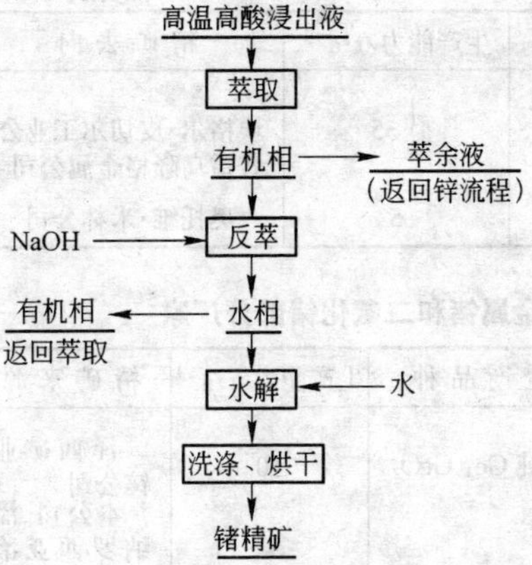

图 1-5　高温高酸浸出液回收锗的萃取流程

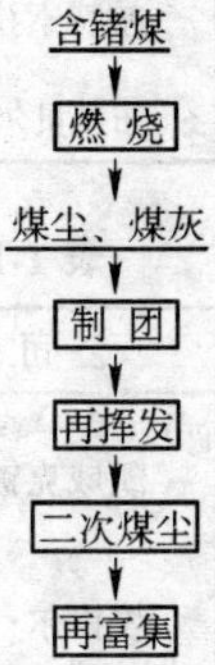

图 1-6　含锗煤富集流程

再挥发的方法有许多种，如鼓风炉挥发法、回转窑挥发法。二次煤尘可以按图 1-3 富锗烟尘的处理流程进一步富集锗。

第五节　世界锗的生产状况

世界上用选矿法生产锗精矿最多的是西南非洲纳米比亚的楚梅布矿。世界生产锗精矿、二氧化锗、金属锗的主要国家有比利时、美国、德国、法国、日本、意大利、扎伊尔、奥地利、俄罗斯、乌克兰和中国。世界锗精矿及金属锗和氧化锗的部分厂家分别见表 1-9 和表 1-10。

表 1-9　世界锗精矿部分生产厂家

国　家	公　　司	生产能力/$t\cdot a^{-1}$	精 矿 去 向
扎伊尔	盖卡矿业公司	>20	霍波肯—奥弗佩尔特冶金公司
美　国	泽西矿业锌公司	15～40	霍波肯—奥弗佩尔特冶金公司
	埃格尔·皮切尔工业公司	25	埃格尔·皮切尔工业公司

续表 1-9

国家	公司	生产能力/$t\cdot a^{-1}$	精矿去向
法国 意大利	潘纳罗亚矿冶公司 帕特索拉矿冶公司	35	埃格尔·皮切尔工业公司 普雷乌隆格金属公司
奥地利	布莱贝尔格矿山联合企业	5	奥托维·米林公司

表 1-10　世界生产金属锗和二氧化锗部分厂家

国家	公司名称	生产品种	生产能力/$t\cdot a^{-1}$	精矿来源
美国	凯威克铍业公司	高纯 Ge, GeO_2	10	泽西矿业锌公司
	埃格尔·皮切尔工业公司	高纯 Ge, GeO_2	30	本公司、潘纳罗西亚冶金公司、帕拉索拉矿冶公司
比利时	霍波肯—奥弗佩尔特冶金公司	高纯 Ge, GeO_2	50	盖卡矿业公司
德国	奥托维·米林公司	GeO_2	10	布莱贝尔格矿山联合企业
	普雷马隆格金属公司	高纯 Ge, GeO_2	25	潘纳罗亚、帕拉索拉两矿冶公司，布莱贝尔格矿山联合企业
日本	住友金属矿业公司 日本电子金属公司 东京芝浦电气公司	高纯 Ge, GeO_2 GeO_2 高纯 Ge, GeO_2	35	进口，不详 进口，不详 进口，不详

截至 20 世纪 90 年代初的不完全统计，国外从事锗金属生产的厂家及其生产能力状况见表 1-11。

表 1-11　国外从事锗金属生产的厂家及其生产能力状况

国家	厂家	生产能力/$t\cdot a^{-1}$	国家	厂家	生产能力/$t\cdot a^{-1}$
美国	Eagle-Picher	Ge, 30	日本	Sumifomo Metal	Ge, 15

续表 1-11

国　家	厂　家	生产能力/$t \cdot a^{-1}$	国　家	厂　家	生产能力/$t \cdot a^{-1}$
美　国	Industrial Inc.		日本	Mining Co., Ltd.	
	Muto Co.	GeO_2, 18～24		Electric Metal Co.	Ge, 15
	Jersey Miniere Zn Co.	Ge, 15～40	加拿大	Cominco	Ge,10～15
	Kawecki Berylco and Inc.	Ge, 10	意大利	Pertusola SPA	Ge, 15
法　国	Penarroys	Ge, 20	扎伊尔	Geca Mines	Ge, 20
德　国	Ctove Mine und AuzehbaH	Ge, 10～15	比利时	MHO	现产 Ge,64
加拿大	Cominco	Ge,8，欲扩大到 15	日　本	同和	再生 Ge,1.5
西班牙	Azda	产锗,8.45(为 66%GeO_2)			

据报道 2000 年美国产锗 60 t,比利时产锗 50 t,法国、德国和日本各 35 t,以上国家共产锗 215 t。2001 年中国矿产锗的产量达到 50 t/a,已成为世界主要的产锗大国。

第六节　中国锗生产的历史和现状

我国锗的生产是从回收煤中的锗开始的,1956 年我国制定的《1956～1967 年科学技术发展规划纲要》(草案)中,将稀有元素和稀有分散元素的开采、提取和利用以及半导体技术的建立列为纲要内容。同年 6 月,重工业部有色金属工业综合研究所从沈阳煤气厂的烟道灰(含锗 0.05%)中提炼出中国第一批还原锗。这批还原锗送交中国科学院应用物理研究所进行区域提纯,制成高纯锗。1957 年该所用这批高纯锗拉制出中国的第一根锗单晶。

1957 年综合所还研究了从废氨液中回收锗的工艺。1958 年开始从宣化煤中提取锗。20 世纪 50 年代末到 60 年代初，与江苏冶金所合作，从江苏溧水赤铁矿中回收锗。与吉林冶金所合作从吉林营城煤中回收锗，并分别作为南京锗厂和吉林锗厂的建厂流程。

与此同时，云南会泽铅锌矿 1954～1956 年在苏联地质专家的指导下，不仅提交了铅锌的地质储量，还发现矿石中含有锗。冶金工业部（以下简称冶金部）委托苏联和国内几个科研院所对矿山产的氧化铅锌矿进行选矿试验，结论均为属难选矿石，不能用选矿方法富集。

1956 年苏联专家舍利尔建议试用回转窑法，挥发富集矿石中的铅锌于烟尘中。在北京有色金属综合研究所（1958 年改为北京有色冶金研究院）做回转窑试验。其间，苏联莫斯科有色金属研究院建议进行烟化炉挥发试验，并由苏方提供设计图纸。1957 年开始在会泽建厂，1958 年试验工厂建成。

1958 年北京有色冶金研究院派科技人员到会泽与会泽铅锌矿共同进行试验，并负责技术指导。经试验发现，矿石中的锗随铅锌挥发富集于烟尘中。矿石含锗 0.003%～0.005%，烟尘含锗 0.025%～0.030%，富集比达 6～8 倍。同年 6 月提出金属锗 0.3 g，至年底共产金属锗 74.5 g，成为国内从铅锌矿中提取锗的先驱。

1959 年 6 月国家科委召开“全国有关地区稀有分散元素地质专业会议”，会议决定会泽矿区为全国以锗为主的稀有分散元素工业基地之一。1960 年 8 月改造后的新车间投产，当年产出含锗 139.11 kg 的锗精矿，成为国内第一个具有生产规模的锗工厂。

鉴于国防工业对锗的迫切需要，1960 年 12 月冶金部决定迅速建成 2 t 锗的生产能力。1964 年会泽矿务局获国家计划委员会、国家经济委员会、国家科学技术委员会联名表彰。1965 年迁建结束，当年生产还原锗 736 kg，锗锭一级品率 100%，锗加工回收率 96.76%。以后，经过多次改扩建和技术进步，现在会泽铅锌矿年产锗可达 10000 kg。

1958年发现临沧含铀褐煤中含有锗。昆明冶金研究所通过挥发富集，提炼出400余克锗。后因原料不足而中断。1967年昆明军区和云南省有色局要求昆明冶金研究所重新开展从临沧褐煤露天堆放燃烧所得残灰中提取锗的研究。同年8月，该所协助部队建成一座0.1292的小鼓风炉进行试验，确定采用鼓风炉挥发富集工艺，工艺实现了正常生产。随后，部队和临沧地区分别建起了3座鼓风炉，1970~1979年共生产出还原锗200多千克，含锗烟尘4.1 t。

20世纪70年代为集中回收临沧锗资源，成立临沧冶炼厂。为合理利用褐煤的热量，提高锗的回收率，昆明冶金研究所研究成功沸腾燃烧锅炉烧煤发电，从烟道尘和锅炉灰中回收锗。该成果使褐煤的热量发了电，褐煤至锗锭的总回收率达到70%，废渣做了水泥的原料，大大提高了综合利用的水平和经济效益，1978年获国家科学大会奖。20世纪90年代该厂在广州有色研究院的帮助下研究成功"一步火法富集提锗新工艺"，此工艺提高了煤中锗的挥发富集比，烟尘可以直接氯化蒸馏生产粗四氯化锗，大大缩短为工艺流程，降低了成本，大大提高了企业的竞争能力。

在高纯锗方面，我国1958年初步掌握了还原锗制备技术，1959年掌握了区熔技术，1963年确定了从锗精矿生产高纯锗的工艺流程、设备和技术条件。1965年北京有色金属研究总院建成了年生产能力6 t高纯锗和1.5 t锗单晶的生产车间。实现了二氧化锗连续氢还原和锗锭连续区域熔炼，得到5N(纯度99.999%)二氧化锗，高纯锗获国家计委、经委、科委新产品一等奖。1972年以后，改造了生产系统，1976年高纯二氧化锗达到6N以上，1978年高纯四氯化锗达到8N以上。由于不断改进工艺和设备，1982年区熔锗的质量达到国外同期水平。

在锗单晶制备方面，我国1958年用自行设计制造的单晶炉，首次制造出锗单晶。1959年试制出n型和p型7个电阻率规格的锗单晶，供军工部门试用。1961年研究成功了掺杂工艺，掌握了锗单晶的掺杂技术。1963年研制成功重掺砷锗单晶。1964年锗单晶开始产业化生产,并开始研制重掺镓锗单晶,1978 年重掺镓锗单晶的杂质浓度,达到当时的国际同类产品水平。为满足超高速开关和红外探测器的需要,1965 年研制成功掺金锗单晶。1965~1968 年采用四氯化锗还原气相外延工艺,研制成功锗外延片,保证了国防的需要。1976 年锗单晶开始用于锂补偿型探测器,1980 年解决了单晶锂可飘难题,1982 年单晶锂质量及探测器性能达到国际同类产品水平。1973 年开始研究核辐射纯锗探测器用高纯锗单晶,1977 年获得纯杂质浓度$(3\sim5)\times10^{10}$原子/cm^3,直径 15~25mm 高纯锗单晶。

20 世纪 90 年代以来,是我国稀散金属产业高速发展的时期,10 年间奠定了我国在世界市场的地位。主要形成了以华锡集团围绕大厂铟资源开发和株洲冶炼厂等为代表的铟产业,以会泽铅锌矿、韶关冶炼厂和临沧为代表的锗产业,以长城、山东、山西等铝企业为代表的镓产业,以江西铜业公司为代表的硒、碲、铼产业,以南京锗厂、上海冶炼厂等为代表的锗、镓、铟、硒的加工业。

在此期间,在锗的富集和提取方面取得了一些科技成果。四川省西昌电锌厂锌冶炼流程试验研究,既能使主金属锌的回收率达 95% 以上,又能保证伴生金属银和锗的回收;株洲冶炼厂采用离心萃取从氧化锌酸浸上清液中回收铟、锗,获得原有色金属总公司科技进步二等奖。株洲冶炼厂提高威尔兹法处理湿法炼锌浸出渣时铟锗镓挥发率的研究,获得三等奖。昆明工学院硬锌、底铅真空蒸馏富集锗铟,获得四等奖。此后,真空蒸馏富集锗铟产业化,经济效益显著,分别获得广东省和云南省科技进步奖,2003 年硬锌真空蒸馏获得国家技术发明二等奖。临沧冶炼厂从煤中一步火法富集提锗新工艺,获得云南省科技进步奖。这些技术的开发和产业化,成为我国稀散金属产业发展的重要标志。目前,我国锗的生产在世界上占有重要地位。

我国锗生产的主要厂家见表 1-12,据统计 20 世纪 80 年代至 90 年代初我国各种锗产品的产销情况见表 1-13。

表 1-12　国内企业锗产品的生产企业

企　业	产　　品
上海冶炼厂	高纯四氯化锗、二氧化锗、锗单晶、单晶锗片、还原锗、高纯锗、红外光学级锗晶体
南京锗厂	高纯四氯化锗、二氧化锗、锗单晶、单晶锗片、还原锗、高纯锗、红外光学级锗晶体
吉林锗厂	高纯四氯化锗、二氧化锗、锗单晶、单晶锗片、还原锗、高纯锗、红外光学级锗晶体
云南驰宏锌锗有限公司	二氧化锗、还原锗、高纯锗
北京有色金属研究总院	高纯四氯化锗、锗单晶、还原锗、高纯锗、探测器级锗单晶、红外光学级锗晶体
北京半导体材料厂	高纯四氯化锗、二氧化锗、锗单晶、单晶锗片、还原锗、高纯锗、红外光学级锗晶体
韶关冶炼厂	二氧化锗
云南临沧煤矿	二氧化锗
贵阳冶炼厂	粗锗
株洲冶炼厂	粗锗
昆明冶金研究院	单晶锗

表 1-13　20 世纪 80 年代我国各种锗产品的产销情况(kg)

年份	晶体管用锗片		晶体管用锗棒		红外光学用锗晶体		区域锗锭		光纤用四氯化锗		产量合计(估算)
	产量	销量	产量	销量	产量	销量	产量	销量	产量	销量	
1980	1236.73	1194.77	5344	2711.6	10	10	11902.3	544	24		18520
1981	1923.44	1877.84	8978	4611.5	93.5	124.5	17122.7	639	27	27	28114
1982	995.58	798.37	5452.2	2478.7	152	157	21585.5	41	32.5	35	28194
1983	632.09	667.24	3059.6	1288.3	387.15	372	20124.2	120	12913	61	28077

续表 1-13

年份	晶体管用锗片		晶体管用锗棒		红外光学用锗晶体		区域锗锭		光纤用四氯化锗		产量合计（估算）
	产量	销量	产量	销量	产量	销量	产量	销量	产量	销量	
1984	1023.42	980.99	3183.7	939.9	873.15	881.15	20864.9	203.64	11181	284	29297
1985	923.53	903.9	2520.2	401.2	778	56	17753.7	4839	15410	502	26597
1986	649.53	618.45	1892.1	393.8	1311	36	12867	3480	9627	158	19617
1987	549.48	500.55	1467	150.3	1138	74	10739	3598	9787	130	16791
1988	590.17	534.7	1616.5	31.4	746.6	961	14894	6156	15516	20	22500
1989	543.92	608.74	1301.7	22.9	406.1	491	14540	7563	15128	45	21329
1990	537.58	532.93	1518.4	24.1	75.4	75.4	11737	5435	14296	145	18156
1991	497.41	487.75	10087.9	50.9	44.5	58.5	11654	2102	10702.8	170.8	16493

从表 1-13 可见，20 世纪 80 年代初由于锗需求的增加，我国锗的产量从 18520 kg 猛增到约 29300 kg。以后随着晶体管用锗为价格更低的硅所取代，其用量不断减少的影响，锗的产销量有所下降。20 世纪 90 年代，随着催化剂用锗和光纤用锗的不断增加，锗的产销量又不断增加。

我国主要矿产锗工厂的锗产量见表 1-14。

表 1-14 我国主要矿产锗工厂的锗产量(kg)

年　份	1990	1991	1992	1993	1994	1995	1996
一厂	3172	3018	3386	4722	3689	5222	5821
二厂	1630	1550	2100	2510	2050	2765	2655
三厂	2387	3066	1758	2890	2050	2673	2491
合计	4017	7634	7244	10122	7789	10660	10967
年　份	1997	1998	1999	2000	2001	2002	2003
一厂	5533	5842	6602	7755	8432	8844	9267
二厂	3580	4438	6524	7500	9328	6534	
三厂	5210	2918	6097	6513	7776	5833	
合计	14323	13198	19223	21768	25536	21211	

从表 1-14 可见，这 3 家工厂的产量 1993 年超过 10000 kg，2000 年超过 20000 kg。它们的发展也就代表了我国锗的发展情况，20 世纪 90 年代以来有一个大的飞跃。

此外，株洲冶炼厂、锡林郭勒盟通力锗业公司、韶关地区冶炼厂和其他地方企业还有一些矿产锗。南京锗厂从废料中回收的锗 1 年约有 10000 kg 左右。

表 1-15 给出了 2000～2001 年我国主要工厂的锗产量。

表 1-15　2000～2001 年我国主要工厂的锗产量

项　目		2000 年			
		锗金属	粗二氧化锗	5N 二氧化锗	合　计
韶关冶炼厂	2000	1885.7331	1480.163	5438.6771	5800
	2001	1475.1847	9377.141	8410.41	8060
会泽铅锌矿	2000	2800	9400		9300
	2001	3800	9100		10100
株洲冶炼厂	2000		300(10%～15%)		36
	2001		80		9.6
南京锗厂	2000				10000
	2001				10000
临沧锗厂	2000				4500
	2001				4500
锡林郭勒盟通力锗业	2000				1000
	2001				1000
上海冶炼厂	2000				1000
其他厂家	2000				16000
	2001				16000

续表 1-15

项　目		2000 年			
		锗金属	粗二氧化锗	5N 二氧化锗	合　计
合计	2000				47600
	2001				50600

从表 1-15 可见,按产量计 2000 年南京锗厂第一,会泽铅锌矿第二,韶关冶炼厂第三,临沧冶炼厂第四。2001 年会泽铅锌矿跃居第一,南京锗厂第二,韶关冶炼厂第三,临沧冶炼厂第四。这四家工厂的产量分别占 2000 年和 2001 年总产量的 62.2% 和 64.5%。其中会泽铅锌矿、韶关冶炼厂是从铅锌矿中综合回收锗;南京锗厂是从废料中回收锗;临沧冶炼厂是从煤中回收锗。

此外从地区看,云南省锗的产量 2000 年和 2001 年分别为 13800 kg 和 14600 kg,分别占当年全国总产量的 29.0% 和 28.9%。云南不但锗资源储量有优势,而且有较成熟的从铅锌矿和煤层中提锗的技术。目前云南已成为锗生产的大省。广东省韶关冶炼厂锗的产量 2000 年和 2001 年分别占当年全国总产量的 12.2%和 15.9%。云南和广东两省的锗产量 2000 年和 2001 年分别占全国总产量的 41.2% 和 44.8%。南京锗厂从废料中回收锗,2000 年和 2001 年分别占全国总产量的 21.0% 和 19.8%。内蒙古锡林郭勒盟煤矿中锗的储量丰富,有较好的发展势头。

参 考 文 献

1 Г.А. 麦耶尔松,А.Н. 泽理克曼 . 稀有金属冶金学教程(下册). 北京:冶金工业出版社. 1960

2 吴树椿,何蔼平等. 21 世纪学科发展丛书有色金属——金属王国的第二集团军,济南:山东科学技术出版社,2001

3 钮少冲等. 无机化学丛书第三卷,锗分族. 北京:科学出版社,1988(2):325～379

4 《稀有金属手册》编委会. 稀有金属手册 . 北京:冶金工业出版社,1995

5 《稀有金属冶金学》编写小组. 稀有金属冶金学 . 北京:中国工业出版社,

1961
6 陈少纯等．稀散金属产业的现状与展望．广东有色金属学报，2002，增刊 1～6
7 中国地质矿产信息研究院．中国矿产．北京：中国建材工业出版社，1993
8 会泽铅锌矿编．云南会泽铅锌矿志．1992(12)
9 中国“锗谷”将在草原崛起．现代材料动态，2002(3)：23～24
10 牟保磊．元素地球化学．北京：北京大学出版社，1999
11 王夔．生命科学中的微量元素．北京：中国计量出版社，1991(5)：1～22
12 云南省地方志编纂委员会．云南省志卷二十六 冶金工业志．昆明：云南人民出版社，1995(5)：317～322
13 胡瑞忠等．锗的地球化学、赋存状态和成矿作用．矿物岩石地球化学通报，2000，19(4)：215～217
14 周令治，邹家炎．稀散金属手册．长沙：中南工业大学出版社，1993
15 中国有色金属学会重有色金属冶金学术委员会．全国重冶新技术新工艺成果交流大会文集．1998
16 解德汝，王吉坤等．云南有色金属深加工进展．昆明：云南科技出版社，1990
17 吴绪礼．锗及其冶金．北京：冶金工业出版社，1987
18 颜美凤．韶冶锗综合回收技术的发展．有色冶炼，2002(3)
19 李梦龙．化学数据速查手册．北京：化学工业出版社，2003(3)：10
20 北京有色研究总院．壮志凌云——北京有色研究总院院志，1992.19～20

第二章　锗的用途、市场和价格

第一节　锗的用途

锗作为稀散元素，从发现到现在已经有100多年的历史，但是，在1948年美国贝尔实验室发明半导体锗晶体管后才引起人们的重视。在国防军事和现代科学技术上都做出了应有的贡献，随着科学技术的发展和人民生活水平的提高，已被广泛应用在人们的生活和工农业生产中。

20世纪80年代西方国家锗的用途分布见表2-1。1992年世界锗的消费结构见表2-2。

表2-1　20世纪80年代西方国家锗的用途分布

年代	夜视仪		电子		光纤		催化剂		荧光管		其他		总计	
	用量	分配	用量	分配	用量	分配	用量	分配	用量	分配	用量	分配	用量	分配
1982	55	52.4	15	14.3	7	6.7	15	14.3	8	7.6	5	4.8	105	100.0
1984	70	60.4	13	11.2	10	8.6	10	8.6	8	6.9	5	4.3	116	100.0
1986	75	61.4	11	9.0	15	12.3	8	6.6	8	6.6	5	4.1	122	100.0
1990	70	58.9	10	8.4	20	16.8	6	5.0	8	6.7	5	4.2	119	100.0

注：用量的单位为t，分配的单位为%。

表2-2　1992年世界锗的消费结构

总量/t及分配/%	红外光学仪器	光导纤维	催化剂	药品	荧光粉	亚锗酸玻璃	锗酸铋	射线探测器	电子和光电子器件	其他
85	20	22	16	5	4	2	4	1	7	4
100	23.53	25.88	18.82	5.88	4.71	2.35	4.71	1.18	8.23	4.71

锗的特殊能带结构导致锗对红外辐射有宽阔的光学透射范围,在 7～14μm 之间存在一个重要的大气透射窗口,这个窗口恰好与黑体在室温下的光谱发射峰相对应,因此极大地推动了锗作为红外光学材料应用的发展。GeO_2折射系数高,在光纤中做纤芯掺杂剂,能够防止光学信号从纤维中逸出,这为锗的应用开辟了一个全新的应用领域。

2000 年全世界金属锗的产量为 58 t(未记入氧化锗的产量),主要生产国为美国、中国、比利时、俄罗斯和乌克兰等。近年来,由于某些经济部门的发展和需要,促使锗的用途产生了一些变化和扩展。其主要用途是光导纤维用锗,催化剂用锗,红外光学用锗,光电子、电子用锗,医药用锗和其他用锗。

有资料介绍 2002 年锗的用途分布见表 2-3,随着通讯线路光纤化的进程,$GeCl_4$ 日益得到重视。2003 年世界锗应用领域预测见表 2-4。

表 2-3　2002 年世界锗的用途分布

用　途	光　纤	聚酯切片	红外器件	电子器件	其　他
分布/%	50	20	15	10	5

表 2-4　2003 年世界锗应用领域预测

用　途	光　纤	聚酯切片	红外器件	荧光体	太阳能基片	其　他
分布/%	30	34	22	5	4	5

对比表 2-2、表 2-3 和表 2-4 可见锗的用途发生了很大的变化,20 世纪 80 年代到 90 年代初为主要用途的红外器件——夜视仪等,在 2002 年仅为约 15%;而那时用途只占约 15% 的光学纤维,2002 年占到了 50%,2003 年有所下降,也仍占 30%;用于做聚酯切片催化剂的用量显著增加,2003 年预计增加到 34%;用于电子器件的锗减少了,如果把太阳能基片作为电子器件则减到了 4%;新增了荧光体;而用于其他用途的锗仍为 5%。

一、光导纤维用锗

光纤通讯是信息时代的基础,光纤通讯具有容量大、频带宽、抗干扰、保密性强、稳定性好、损耗低、体积小、重量轻、成本低、中继距离长等综合优点，已成为世界各国重点发展的通讯技术。

锗在光通讯系统中作为光导纤维中的添加剂，可提高折射率，减少光纤的色散和传输损耗。

用高纯 $GeCl_4$ 和 $SiCl_4$ 按一定的比例装入石英管中，在 1300℃ 下于管壁形成 GeO_2 膜层，经熔融拉丝即可得到光导纤维，用于光缆通讯系统。此时如掺入 10% 的 $GeCl_4$（按 GeO_2 计算）可提高光纤的折射率 1 %，此光纤在 1.1～1.6 μm 波长内的光损耗小于 0.29 dB/km。

20 世纪 70 年代初已开始研究金属锗和二氧化锗光纤，因为它们可用于较长的红外波段。据文献报道，用激光加热悬浮区域熔炼工艺制出了直径 0.175～0.55 mm 锗单晶纤维，这种纤维在 10.6 μm 波长时的吸收系数为 0.26 dB/cm。二氧化锗作为光纤的应用引起人们的兴趣，是由于利用二氧化锗光感应的折射系数变化而能在光集成系统上制造各种光学器件，如多路调制器，滤光器和倍增器之故。利用这一原理在单模光纤上用掺二氧化锗的二氧化硅制成了窄频带的光学滤色器。

光纤通讯的飞速发展是由于它具有一些显著的优点：(1)体积小、重量轻、成本低，布设和维修机动灵活适应性强；(2)容量大、损耗低。在 20 世纪 80 年代后期，每根光纤就可达到 10 亿比特的能量，因而设备可用于复用通道，使地面与空间卫星获取和处理的数据增加；(3)对无线电抗干扰能力强，保密性好；(4)抗核辐射和电磁辐射能力强，安全性好。沿高压线、电气化铁路线或变电站附近铺设时，不需要采取保护措施。

世界各国都十分重视它在军事通讯中的应用，大量增加投资。美国 20 世纪 80 年代末光纤产量达 6000000km，5 年间增长 12 倍。

我国从事光导纤维研究的时间不长，据有关部门和研究机构指出，“八五”末我国光纤年产量达 150 万 km，“九五”末我国光纤年产量达 300 万 km。目前已用国内生产的超纯四氯化锗来制备光导纤维，并铺设了供实用的短距离光缆线路。

二、催化剂用锗

金属锗兼有金属与半导体型的催化活性。二氧化锗在聚酯纤维生产中用作催化剂。

1969 年因用 GeO_2 作生产聚酯纤维（PET）的催化剂，而使锗的消耗量骤增。由于 PET 可制薄膜、片或容器，而且具有无毒、透明耐热、耐压与气密性好的特性，所以广泛用作饮料瓶及食用液体的容器。这为人们日常生活所需，市场需求特大。

在石油化工方面碳氢化合物的转化、氢化、去氢，汽油馏分的调整都要用催化剂。这些催化剂主要有锗-铂催化剂，它是在三氧化二铝载体上沉积铂、GeO_2 和氯制成的。金属锗用作一系列脱氢或分解反应的催化剂。如在低压（1.33Pa）及 200℃ 下 C_6H_{12} 的脱氢，300℃ 下甲醇脱氢，170℃ 下乙丙醇脱氢，以及 200～270℃ 真空中乙醇脱氢等；锗也可用作氨、甲醇或 N_2O 等分解的催化剂。

二氧化锗催化剂用于生产制备清凉饮料和液用食物器皿的聚酯树脂。纺织工业的漂白也常用 GeO_2 做催化剂。

锗催化剂在欧洲、日本得到了广泛应用。西德阿弗加、盖维尔特公司在彩色电影胶卷生产中也应用二氧化锗催化剂。

用 GeO_2 做催化剂效果比 Sb_2O_3 好。日本此方面用量最大，欧洲次之，我国这方面的应用处于初期。

三、红外光学材料用锗

（一）红外光学材料

红外光学材料是指在红外成像与制导技术中用于制造透镜、棱镜、窗口、滤光镜、整流罩等的一类材料。这些材料都具有良好的红外透明性和较宽的投射波段。

锗的特殊能带结构所确定的电子－光子和光子－声子作用导致锗对红外辐射有宽阔的光学透射范围，所以在做红外光学材料方面用途广泛。

1. 锗晶体

锗晶体为金刚石结构，故在红外波段有良好的透明性，锗不溶于水，化学性质稳定，不透过可见光。在透射波长范围内其折射率大于4，色散很小，25℃时禁带宽度为0.69eV。广泛地用于制作高级锗透镜、棱镜及锗滤光片等红外器件。锗晶体的透镜都采用n型，因为n型锗的电子吸收截面积为空穴吸收截面积的1/20，在掺杂同样浓度的情况下，n型锗的杂质吸收为p型锗的1/20，即高纯n型锗有很好的红外透射率。为适应高分辨率及遥感技术的要求，红外锗晶体正向大型化发展，目前可制备的锗单晶尺寸为ϕ350 mm。

2. 锗红外玻璃

锗红外玻璃可近似地视为一种过冷的无定形熔融体，与其他的红外光学材料，特别是和单晶材料比较具有光学均匀性好，制造工艺简单，可熔铸成各种形状、尺寸，易于加工，价格低廉等优点。

含锗的玻璃有锗的氧化物玻璃和锗的硫系化合物玻璃，它们在光学方面都得到广泛应用。GeO_2能增加玻璃的折射率，可用于广角镜头。由于元素氧的化学键会引起强烈的吸收，所以氧化物玻璃不能用于波长大于7 μm的红外辐射，为扩充玻璃透过的红外波数，近30年来研究和发展了用元素硫、硒、碲等硫系元素代替氧作玻璃的基本组成，即锗的硫系化合物玻璃。表2-5列出了一些锗的硫系化合物玻璃的某些物理性能。

表2-5 锗的硫系化合物玻璃的某些物理性能

成分	透射波段/μm	折射率/μm	软化点/℃	硬度（克氏）
$Ge_{10}As_{20}Te_{70}$	2～20	0.71	178	111
$Ge_{30}P_{10}S_{60}$	2～8	0.43	520	185
$Ge_{28}Sb_{12}Se_{60}$	1～15	0.52	326	150
$Ge_{33}As_{12}Se_{55}$	1～16	0.50	474	171
$Ge_{30}As_{30}Se_{40}$	1～16	—	380	—
$Ge_{35}Se_{60}Ga_{5}$	1～15	0.50	372	—

硫系化合物玻璃中锗砷硒和硒锑锗是两种较好的材料，锗砷硒投射波段为 1～16 μm，包括 3～5 μm、8～14 μm 两个大气窗口，软化点 474℃，使用温度 400℃。硒锑锗软化点 328℃，使用温度 250℃。

目前，硫系化合物玻璃一般采用真空熔铸法和压铸法制备。这些方法容易产生偏析和气泡等缺陷，在制备过程中因氧化可导致红外性能劣化，硫系化合物组分元素大多有毒性和易爆性，加上熔融和淬火方面的困难，成品率低。近年来，机械合金化技术(MA)的发展，为制备大尺寸高质量硫系化合物玻璃提供了可行途径。

我国在红外玻璃方面已有许多应用，如华北光电技术研究所将锗玻璃应用于远望号测量船、西昌卫星发射中心和测量站，光学电影经纬仪已用于洲际导弹发射和我国第一颗通讯实验卫星发射的追踪、搜索和弹道测量。北京建筑材料研究院用高纯 GeO_2 制作红外锗玻璃用作导弹整流罩。我国在这方面的用量，占我国耗锗量的 5%～10%。

3．金属化合物化学材料

除锗晶体和含锗玻璃外，锗化合物也是具有很大发展潜力的红外光学材料。如莫来石（$3Al_2O_3 \cdot GeO_2$）和锗铝酸锌（$ZnO \cdot Al_2O_3 \cdot GeO_2$），它们的线膨胀系数低，前者为 5.8×10^{-6}/℃，红外截面波长分别为 5.2 μm 和 6 μm，均可用来作为红外探测器窗口或导弹头的红外导流罩，成为引人注目的红外电子陶瓷材料。

(二) 红外探测器材料

锗红外探测器早已获得应用。在锗中掺入不同元素可获得不同波长的响应，其掺杂元素与波长的关系见表 2-6。

表 2-6 掺杂元素与波长的关系

掺杂元素	Au	Hg	Cd	Cu	Zn	Ga	B	Sb
波长/μm	8	14	23	27	40	150	150	150

研究表明，红外波长越长，红外辐射能量越低，探测越困难。而锗红外探测器对红外线的响应范围覆盖了整个红外区域。红外透视有三个大气窗口，即 1～3 μm，3～5 μm 和 8～14 μm。其中以 8～14 μm 最为重要，因为室温物体辐射波光谱峰值为 10 μm，故锗的红外探测器有很大的实用价值，但它的缺点是只能在低温下工作，如 77K 或更低。表 2-7 给出了各种锗的红外探测器的主要性能。

表 2-7　各种锗的红外探测器的主要性能

探测器	波　长 /μm	峰值极限 /μm	探测率/ $cm\cdot Hz^{1/2}\cdot W^{-1}$	响应率/ AW^{-1} 或 $V\,W^{-1}$	上升时间 /μs	工作温度 /K
掺金	0.5～10.6	5	$(0.3\sim0.7)\times10^{10}$	0.3～0.6	0.0～0.1	77
高速掺金	0.5～10.6	5	$(0.15\sim0.5)\times10^{10}$	0.01～0.02	$(1\sim2)\times10^{-3}$	77
掺汞	0.5～14.5	10.4	$(1\sim2)\times10^{10}$	2～20	0.01～0.1	5
高速掺汞	0.5～14.5	10.4	$(1\sim2)\times10^{10}$	0.03～0.3	$(3\sim8)\times10^{-4}$	5
掺铜	0.5～31	21	$(1.5\sim3)\times10^{10}$	0.6～3.0	0.01～0.1	
高速掺铜	0.5～31	21	$(1.3\sim3)\times10^{10}$	0.1～0.3	$(3\sim8)\times10^{-4}$	
掺镉	0.5～24	19	2.3×10^{10}	0.5～3.0	0.01～0.1	5
掺锌	0.5～41	37	$(1\sim2)\times10^{10}$	0.1～5.0	0.01～0.1	5
掺镓	1～150	100	2.0×10^{10}	10^4	1.0	4

除掺杂的锗探测器外，还有锗硅合金探测器和锗酸盐红外探测器，它们可在室温或接近室温下工作。值得一提的是锗酸铅红外探测器，锗元素红外探测器为了防止锗的本征激发和晶格热振动，而不能在很低的温度下工作，使用不方便。而锗酸铅 Pb_5GeO_{11} 是一种热释电热红外探测器，可在室温下工作。

锗红外光子材料（窗口、透镜、棱镜、滤光片等）与锗或其他半导体红外探测器所组成的红外光学系统，目前主要应用于夜视仪（前视仪）和红外成像仪。夜视仪由利用锗的红外透镜、窗口配合砷化镓激光器组成。在探测目标时，由激光器发出一定波长的红外线，红外线碰到目标物体反射回来，通过窗口棱镜等光学处理，照在涂有光电导物质的玻璃板上。在这种玻璃上的光电导物质就产生载流子,光生载流子通过高压静电加速打到荧光屏上,使电子又产生光子,人眼通过目镜就可观察。这种仪器用于飞机、坦克和直升飞机上,不论在夜里或云雾、雨天都能全天候行驶或观察目标。

红外成像仪大都设置于人造卫星、宇宙飞船中,用来拍摄月球等天体表面及地球上的军事目标的照片。任何物体只要其温度在绝对温度 0 K 以上,如冰、寒冷的大气、人体等都在不断地辐射红外线,经过锗窗和凸透镜、凹透镜以及棱镜组成的光学系统聚焦,聚焦后照到红外探测器上,红外探测器将此红外辐射光转变为电讯号,电讯号经过光电转换器(光电管)转换成可见光。每一瞬间的视场,通过光学仪器扫描依次变动而成热图像。每台热成像仪用锗窗口、透镜和棱镜 3～8 块,其重量仅为几千克至数十千克。其应用范围还扩展到军事以外的工业、农业、公安、气象、医疗、考古及资源勘探等部门。

四、电子工业用锗

早先锗的主要用途是制造半导体,包括晶体管、二极管和整流器,但自 1969 年以来,因大部分锗器件已被硅器件所代替,半导体器件用锗量逐年下降,目前半导体器件用锗占锗总用量的 5%～7%。

锗除了在高频和大功率管上有一定的应用外,锗隧道二极管和锗核辐射探测器在国民经济中有着重要应用。锗的红外探测器、温差发电器以及其他的光电器件等,大部分只用于军事,数量不多。

(一) 锗隧道二极管

锗隧道二极管有许多优点:如工作频域高,电子透过禁带的隧道过程非常迅速,几乎是以光速进行,所以它可在极高的频率下工作,理论上可达到 100000 MHz;再者是工作温度高,由于隧道效应是一种多数载流子效应,制造隧道结的杂质浓度很高,温度对隧道电流的影响很小，所以锗隧道二极管的工作温度比一般锗晶体管高得多，可达300℃；还有是不怕潮湿和沾污、耐辐射本领大等，所以能够广泛用作航天航空的各种仪器的高速开关器件。

(二) 锗核辐射探测器

锗核辐射探测器是主要的半导体探测器之一。由于它具有原子系数大、灵敏度好、效率高，并且容易制成大直径等优点，广泛应用于核工业的探矿、非破坏性同位素分析、核科学上的高能物理研究、医疗诊断、石油探测以及空间宇宙辐射的研究等。锗的这种用量约2t，预计在较长的时期内将保持同一水平。

(三) BGO($Bi_4Ge_3O_{12}$)闪烁体辐射探测器

BGO晶体属等轴群立方晶体，它的白色透明晶体是一种性能优异的闪烁体材料，是新一代核辐射探测器材料。这种探测器在核医学高能物理，宇宙天体物理，物理以及其他工业部门得到广泛应用。因为它的原子系数大，密度大，吸收率高能获得较高的探测效率，对高能射线分辨率好，余辉极小，只有0.005%，用于CT仪时图像清晰，可快速扫描，荧光衰减时间短。BGO晶体机械强度大，无解理性，不吸湿，易加工。多数性能指标优于NaI(Tl)，有取代NaI(Tl)的趋势，具有广阔发展前景。世界用于制备BGO晶体的锗估计20 t左右。

(四) 锗硅合金单晶核辐射探测器和锗硅合金温差发电材料

锗硅集成电路增长最吸引人的理由是硅锗半导体能够把CMOS技术低电压、高密度数字电路的优点与高速度的硅锗异质结双极型晶体管结合起来，制作成高级BiCMOS处理器，非常适用于通信领域的高度集成的混合信号集成电路。

美国和比利时共有6家公司研制锗硅单晶用于制造核辐射探测器，但只有美国的爱尔玛特公司和比利时的霍波肯—奥佩维尔特公司的锗硅合金单晶可作探测器用。

锗硅辐射探测器特别适用于人造地球卫星探测荷电粒子，它的分辨率与锗探测器相当。探测器的工作温度接近于室温，这是它的独特优势。但仅用于军事上，而且用量很少。

（五）温差发电

以一个半导体器件的一端为热端，另一端为冷端，在两端间接上导线，线路内就有电流产生。半导体温差发电材料具有高的温差电势，大的电导率，小的热导率，结构紧凑，重量轻，寿命长和无噪声等优点。

锗的温差发电材料十分重要，其中以锗硅合金，锗碲合金最为突出，特别是锗硅合金工作温度可高达 900℃，而且在高温下组成不发生变化，是温差发电材料中工作温度最高的一种，所以广泛应用于宇航、潜艇、南北极考察、航标以及缺乏太阳能的地方的能源(如美国阿波罗宇宙飞船就使用锗硅合金温差发电获取能源)。如用锗硅合金结合同位素铯 137 做热端可供长期使用。美国研制出的数百瓦级的电源可持续工作 20 年，这种电源已于 20 世纪 70 年代中期用于宇宙飞船上。

碲化锗也是较好的温差发电器材料，工作温度为 600℃。美国辅助动力系统使用的温差发电器 p 型组件已用掺铋的碲化锗代替碲化铅。

五、医药用锗

自 1972 年在国际脉管医学会上，有研究者发表了含锗药物对治疗高血压有显著疗效的文章以来，锗在医药方面的应用引起了研究者的广泛关注。有机锗被称为“21 世纪生命的源泉”。据研究认为，近年发现，蒜和朝鲜参的锗含量高达 0.075%～0.03%，野生灵芝、野生山参含锗分别达到 2000×10^{-6}和 4000×10^{-6}，有机锗的生物活性和它在人体中所起的特殊医疗保健作用，引起了世界上化学家、药理学家及营养学家的极大兴趣和关注。

据研究有机锗倍半氧化物、硫化物具有抗癌作用，二苯基锗杂环羧酸酯等有机锗具有生物活性，这方面的研究是一个研究热点。有人研究二苯基锗不饱和烃基膦酸衍生物、二苯基锗二硫化氨基甲酸酯、肉桂酸锗氮桥环化合物、双(三苯基锗)二元羧酸酯的合成，研究灵芝孢子粉中微量锗的分析，痕量锗的分析……。

有机锗可用于医药和保健等领域。其主要应用于下列范围：

(1) 药物：据研究有机锗的药理作用主要表现在其具有独特分子结构中3个带氧的键，口服吸收能向全身细胞提供大量的氧，改善新陈代谢，增强抗癌能力，抑制癌细胞的形成，还能降低血液黏稠度，增加血流量，改善循环和器官功能，降低血压，防止血栓形成，还有抗衰老作用，消除更年期不适等功效。

由于有机锗的这些药理作用，有望应用于临床，可治疗多种疾病，如治疗多种癌症、高血压心血管病、止痛、抗菌消炎、肺炎、风湿及关节炎、骨质疏松病、癫痫、皮炎皮癣、惊厥、呼吸道疾病、糖尿病等。如将纯度99.99%，粒度50～200 μm的金属锗粉加到软膏基体中，使药品含锗为9%～95%，可制成具有很高消炎止痛效果的膏剂，对治疗神经痛、肌肉痛和痔疾痛都有很好疗效。此外，还可以制成水剂，用于治疗坐骨神经痛、肋间神经痛、三叉神经痛和偏头痛等。

又有研究表明，锗的有机化合物制成的水剂有利于秃头长发，故制成治秃头的药；锗的有机化合物可做成治疗癌症和白血病的药；锗的有机化合物可防治由于病毒、细菌或某些原生质引起的各种动物疾病，并可提高免疫力；含锗药物对脑血栓、肾脏病、癫痫及地中海Behcet综合症都有疗效；利用锗在常温下(人体温度37℃左右)迁移率高，具有活泼的电子振荡，使患部生理电位与锗发生电位交换，调整并趋于平衡，则消炎止痛，故有用锗粉加入软膏，制成具有高效消炎止痛作用的药膏；用GeO_2和KOH(或NaOH)熔融后，溶于酒石酸中制得的水剂是止痛药，特别是对各种神经痛具有很好的疗效。

(2) 保健食品及饮料：研究表明，有机锗添加于食品、饮料中，可壮体防病、延年益寿，我国在这方面从科研到应用，硕果累累。例如，已制成了锗糖、锗蜜、锗醋、锗面和锗茶、锗汁等。有机锗矿泉水、有机锗系列饮料、有机锗保健茶以及有机锗药品均有生产，并已进入市场。还有研究者研究含锗的牛奶。

(3) 化妆品：有机锗有清洁皮肤增强皮肤和毛发摄取营养的

能力，可防止色素沉着，能治疗痤疮、湿疹和腋臭，已做成皮肤清洗剂、护肤冷膏和头发滋补剂等多种化妆、护肤和护发用品。近年研究的新产品 Ge2901，有非常明显的降低人体面部皮肤粗糙度的功效，是新一代护肤佳品。近年来还研究出了使用后可使皮肤变得光滑，皱纹、斑点几乎消失的乳液；含 30% 锗酸水溶液的悬乳剂；毛发增长剂；天然有机锗护肤品和含锗肥皂等一系列含锗的产品。

(4) 锗药物在防治植物病虫害中的应用：锗化合物用于农药效果也很好。如用 2% 的蒜素、0.01% 的锗化合物和 0.01% 的纤维素霉制成一种杀菌剂，能控制镰刀霉、F. 巴他葡萄球菌和芽孢杆菌的生长繁殖，经过对患有 13 年门巴菌的桃树施撒含锗农药，15 日后痊愈。表 2-8 是日本的研究，对 4 个果园施用含锗农药的结果。

表 2-8　锗药物在 4 个果园施用的效果

果园名	树　种	处 理 前	处 理 后
T 园	13 年桃树	门巴病、树干、叶枯萎	二周后痊愈
Y 园	10 年桃树	门巴病、树干、叶枯萎	二周后痊愈
O 园	6 年葡萄树	门巴病、树干、叶枯萎	一周后疗效显著
N 园	15 年葡萄树	门巴病、树干、叶枯萎	一周后疗效显著

从表 2-8 可见，施用效果很好。含锗农药对治疗桃树和葡萄树的门巴病、树干、叶枯萎，一周后疗效显著，二周后痊愈。

(5) 有机锗的其他应用：研究资料指出，有机锗可以作为植物增长剂、蔬菜保鲜剂、大蒜油脱臭剂等。

六、锗在其他方面的用途

(一) 超导材料用锗

锗作为超导材料的主成分之一，其用量自 20 世纪 70 年代以来稳步增加，在研制技术上取得了一定的进展。1957 年美国报道了铌三锗超导体，其超导温度已达到 23.2 K，如能达到 25 K 就会引起一场超导工业的革命，现在一般超导温度为 4 K。锗－铌超导体在直径 0.64 cm、长 23 cm 的铌管上沉积铌三锗 Nb_3Ge，膜厚 70 μm 时通过的电流为 4200000 A/cm^2。

（二）光电源用锗

二氧化锗与锗酸镁 $MgGeO_3$是良好的发光材料，用于荧光管内壁上的涂层或调色剂，每年大约消耗 9t 锗。

（三）冶金用锗

少量锗用作合金生产的添加剂，如金—锗共晶合金（含 12％锗）在首饰生产、精密铸造和半导体生产中作金硬钎焊料。在金铜中加入少量锗能提高金属的硬度。铁镍基中加入少量锗能改善材料的性能。锗能使铍具有好的延展性。锗在铀—铝合金中能抑制 UAl_4的形成，简化了核燃料的生产工艺。在高温材料如二氧化钛与二氧化锆中加入二氧化锗能稳定锆的转变。

此外，锗合金 $Ge\text{-}In_{0.01}$、$Ge\text{-}Au_{88}$和 $Ge_2\text{-}Ag_{68}\text{-}Sn_{17}\text{-}Cu_{13}$可做牙科合金。

用锗的化合物 BGO 制造的 X 射线计算机控制断层扫描分析仪（X 射线—CT 仪）和电子断层扫描仪（PCT 仪）广泛用于诊断各种肿瘤、骨骼结构、凝血与组织坏死等，而应用于医疗领域。

第二节　锗的产品及市场

一、锗产品分类

（一）按用途分类

锗产品按其用途可分以下 6 大类：

（1）光导纤维用锗。

（2）催化剂用锗：石油化工中的铂—锗催化剂；彩色电影胶卷中二氧化锗催化剂；制备容器、器皿中用的二氧化锗。

（3）红外及红外光学用锗：红外探测器材料如锗晶体、锗红外玻璃、锗化合物光学材料，根据掺杂元素不同，可得不同响应波段；红外光学系统用锗，可以制成夜视仪、红外热成像仪等。

(4) 电子工业用锗：制造半导体器件：晶体管、二极管和整流器、锗隧道二极管等；锗核辐射探测器；BGO($Bi_4Ge_3O_{12}$)闪烁体辐射探测器；锗硅合金单晶核辐射探测器和锗硅合金温差发电材料。

(5) 医药用锗：锗 132 及锗的倍半氧化物等。

(6) 其他方面用锗如超导材料用锗；电光源用锗；冶金用锗等。

(二) 按产品分类

1. 二氧化锗

二氧化锗主要用作聚酯纤维的催化剂以及荧光体等。其中作催化剂的消耗占 80%以上，而且其绝对量还有增加的趋势。

2. 高纯四氯化锗

高纯四氯化锗，杂质浓度总和$\leqslant 1\times10^{-6}$；光纤级四氯化锗，杂质浓度总和$\leqslant 1\times10^{-8}$。

由于光导通讯的发展，光导纤维的用量大增，所以光纤级四氯化锗的用量也逐渐增加。1984 年我国开始以四氯化锗的形式向国外出口锗，因四氯化锗是还原锗的前道工序，含锗量仅为 33.8%。因此，有时出口四氯化锗比出口金属锗经济效益还好。

3. 粗锗(还原锗)

作为进一步加工的原料，或作为精密合金的配料。

通常各种锗产品的价格都以还原锗的价格作参考定价，锗的消耗也常折算为还原锗计量。过去锗的国际市场价格由比利时控制，现在有所变化。

4. 高纯锗

高纯锗，杂质浓度总和$\leqslant 1\times10^{-5}$。

5. 锗单晶

锗单晶原来主要作为半导体的原料，从 20 世纪 70 年代后期，由于更廉价的硅单晶替代了锗单晶。所以单晶锗主要用于红外光学技术，小部分用于半导体。

锗单晶是中间产品，还需进一步加工。

6．单晶锗片

单晶锗片用作晶体管的管芯。

7．锗镜

锗镜主要用于红外光学技术。

锗镜常以几何尺寸较大的锗单晶为原料，经光学加工和镀膜而成，作为夜视镜和热成像仪的光学部件。

国外锗镜的价格一般为还原锗的7倍，我国自行生产的锗镜比国外的价格低得多。

8．有机锗

有机锗目前国际上没有统一的标准。

（三）产品的纯度

国际上关于纯度目前还没有统一的标准。金属的纯度常用总量减去杂质含量的总和表示，常用N表示（nine的第一个字母）。如99.999％写为5N，99.9999％写为6N。也有用剩余电阻率RRR和纯度级R（Rein heitggred）表示纯度的。

半导体材料除用N来表示外，还用载流子浓度（atom/cm^3）和低温迁移率（cm^2/vs）来表示纯度。

二、锗的生产及供应

世界历年生产的锗金属量见表2-9，世界各国锗金属的产能见表2-10。

表2-9　世界历年生产锗金属量（t）

年　份	产　量	年　份	产　量
1946	0.10	1968	54.5～100
1950	0.90	1969	82.63
1958	约100	1970	84.44

续表 2-9

年份	产量	年份	产量
1971	68.10	1986	80.0
1972	72.64	1987	82.0
1973	74.91	1988	84.0
1974	76.26～110	1989	82.0
1975	70	1990	76.0
1976	79	1991	80.0
1977	90	1992	65.0
1978	99	1993	50.0
1979	90～109	1994	50.0
1980	94.1～116	1995	45.0
1981	125	1996	53.0
1982	124	1997	63.0
1983	85.0	1998	56.0
1984	75.0	1999	58.0
1985	80.0	2000	70.0

注:1980 年以前为资料[1],1981 年以后为 Thomas D. Kelly 和 John D. Jorgenson 做的锗统计(最新的资料到 2003 年 4 月 1 日)。

表 2-10　世界各国锗金属产量及其生产能力(t/a)

国家	生产产量(1978 年)	生产能力(1978～1979 年)	生产能力(1985 年)
美国	19	40	60
前西德	7	35	40
法国、意大利	27	35	35
比利时	20	50	60
东欧	9	40	50
日本	17	35	45

有资料认为20世纪90年代中期,世界原生锗的生产能力约为85 t/a。以后原生锗产量逐年有所增加,但供给量远不能满足需求量。1996～1999年世界原生锗产量见表2-11。

表2-11 1996～1999年世界原生锗产量(t)

年 份	1996	1997	1998	1999
产 量	70～80	70～80	90	120

注:表内数据以 GeO_2 计。

由于锗是稀有金属,各国公开的资料不多,再加上统计口径不同,所以很多资料有差别,甚至是矛盾的,但从同一统计数据中可以看出发展趋势。

美国20世纪80年代,锗供求情况见表2-12,近年来美国锗产品供应和消耗情况见表2-13。

表2-12 美国20世纪80年代锗供求情况(t)

项目 \ 年份	1983	1984	1985	1986	1987
生产	20.0	20.0	22.0	22.0	23.0
进口①	6.5	6.0	11.0	8.0	12.0
消耗	35.0	35.0	38.0	38.0	40.0

①不包括二氧化锗和其他锗的化合物进口。

进口来源:比利时—卢森堡占38%,中国占18%,英国占10%,法国占10%,其他国家占24%。

表2-13 近年来美国锗产品供应和消耗情况(t)

项目 \ 年份	1995	1996	1997	1998	1999	2000	2001
进口总量	16.2	27.5	23.7	12.4	12.4	8.21	10
消耗量	27	25	28	28	28	30	29
精炼产品	1.375	2.0	1.475	1.7	1.4	1.25	1.1
电子级二氧化物	0.88	1.30	0.95	1.1	0.9	0.8	0.7

对比表 2-12 和表 2-13 可见,近年来美国锗的生产量与 20 世纪 80 年代相当;进口总量 20 世纪 80 年代逐渐增加,近年来逐渐下降;消耗量前者大于后者,这恰好反映了锗的半导体用途为硅取代而产量减少的趋势,以及 1999 年受亚洲金融危机的影响。

日本是锗的消费大国,占世界总消耗量的 30%左右。也是锗产品的生产大国,但日本锗资源非常少,需大量进口二氧化锗和金属锗。

日本 20 世纪 90 年代锗的进口情况见表 2-14。表 2-15 列出了日本 1995～2000 年的进口情况。

表 2-14　日本 20 世纪 90 年代锗的进口情况

年份	进口量/kg	进口国							
		中国	英国	比利时	德国	俄罗斯	乌克兰	美国	其他
二氧化锗									
1991	18079	600	40	2129	4249	5379		3300	2382
1992	25098	1200	1952	4300	6324	2528	1026	6930	838
1993	26194	1900	2450	3085	5620	6730	558	5638	213
1994	33128	4245	300	6826	3080	9056	7035	2260	326
1995	42913	9649	1266	10800	812	3611	12044	4321	410
金属锗									
1991	1875								
1992	1790	947		319					524
1993	2815	2412		194					209
1994	2799	1743	100	274		177		411	94
1995	4982	2735	621	315		196		504	611

表 2-15　日本 1995～2000 年进口二氧化锗和金属锗统计

项目＼年份	1995	1996	1997	1998	1999	2000
二氧化锗/$kg \cdot a^{-1}$	42913	24241	30627	28436	29031	44107
金属锗/$kg \cdot a^{-1}$	4982	2997	3884	4021	3121	6478
小计(按 GeO_2 计)	50094	28561	36220	34226	33525	53441

中国对日本出口的锗产品情况列于表 2-16。

表 2-16　中国对日本出口的锗产品情况

分类＼年份		1991	1992	1993	1994	1995
二氧化锗	数量/kg	600	1200	1900	4245	9649
	增长率/%	100	200	316.67	707.5	1608.17
金属锗	数量/kg		947	2412	1743	2735
	增长率/%		100	254.70	184.05	288.81

从表 2-14、表 2-15 和表 2-16 可见，中国对日出口在 1991 年至 1995 年间猛增。二氧化锗增加 16 倍，金属锗也增加了约 2.9 倍。1991 年中国二氧化锗出口日本量占日本总进口量的 3.32%，而 1995 年占到 22.49%，增加了 6.77 倍。而 1996 年以后，日本锗的进口量从每年约 5 万 kg 跌到约 2.86 万 kg，直到 2000 年才又回升到约 5.34 万 kg。

此外，全球用锗总量约 25% 产自循环回收材料。因为在大多数电子和光学设备的生产过程中超过一半的金属锗是从加工碎屑回收而生产的。

三、锗的消费结构

锗的消费总量以每年 4%～5% 的速度增长。不同的产品在不同时期的变动较大。20 世纪 60 年代锗半导体占半导体器件的 90%，但 1969 年以后，由于半导体硅的产生，技术进步和大规模集成电路的出现,使锗在这一领域用量下降。到20世纪80年代只占半导体器件的20%,占锗总消费的7%左右。

红外方面用锗在20世纪80年代后期得到了飞速发展。到1988年全世界红外用锗占其总消费的42%,是锗的最大消费领域。由于红外用锗主要是军事用途,从1984年至20世纪末,其年增长率为5%。

近来,由于信息产业的飞速发展,使在光纤通讯上的用锗年增长率高达20%。1988~1996年,日本在这一方面年增长18.5%~21.1%,其生产光纤量由1978年的0.22万km猛增至1985年的10.28万km。预计到2010年世界上主要地区将建成信息高速公路网,四氯化锗用量占锗总消费量会进一步增加。目前,光纤用锗量占锗总消费量的比例,已从1990年占16.8%增至占50%。

催化剂和荧光管用二氧化锗从1982年起一直总体持平,占锗中消费的15%左右。我国由于化工的进一步发展(如乐凯彩色胶卷的生产发展),催化剂二氧化锗预计可能年增长5%。日本在催化剂方面十分发达,其用量占日本国内的32%,今后10年可能是用量微增,占有率会有所下降。

有机锗从20世纪50年代以来发展很快,但大批量生产投入市场还需一段时间。目前还大多处于临床或研制阶段;估计未来10年增长率将较高,但预计到2010年其用量不会超过锗总消费量的3%。

世界锗市场的消费大户主要是美国和日本。美国到2000年锗消费达55~65 t。其中近一半以上是靠进口。另一个大市场是日本,由于日本用锗的增加较快。所以到2010年预计日本总用锗量可能超过50t。

另外,欧洲和中国的锗市场将由于光纤和医药而有较大的增加。我国今后的信息产业的大力发展将使光纤用锗从1987年的0.3%增至2010年的7%。出口从1987年的73%降至2010年的60%左右。

1988年以来国外锗的应用分布见表2-17和表2-18。

表 2-17　1990 年前后国外锗的应用分布(%)

项目＼年份	1988			1989			1990		1991	1992	
	世界	美国	日本	世界	美国	日本	世界	日本	美国	世界	美国
红　外	54.1	67	3.9	47.1	65	3.7	47.0	60~65	62	32.9	42
催化剂	17.0		58.8	25.3		54.0	24.0			21.1	
光　纤	12.4	8	16.4	13.8	6	15.0	14.9	6~8	14	26.3	34
医　药	6.2		17.4	2.7		16.0	2.7			7.9	
探测器	8.0	7	1.5	6.6	8	1.4	6.9	8~9	7	1.3	10
半导体	8.0	6	1.5	6.6	8	1.4	6.9	8~10	7	6.6	8
其　他	2.3	12	2.0	4.5	13	9.9	4.5	13	8	7.9	6

注：世界一栏为世界用锗总量，单位为 t。

表 2-18　世界锗的用途及分配率

用途＼年份	1993		1994		1995		1996	
	t	%	t	%	t	%	t	%
红　外	14	18.2	15	18.8	15	16.7	14	15.4
催化剂	17	22.1	19	23.8	21	23.3	22	24.2
光　纤	22	28.7	25	31.3	33	36.7	33	41.8
医　疗	2	3.9	3	3.8	3	3.3	3	3.3
半导体	5	6.5	5	6.3	5	5.6	5	5.5

2000 年国内锗的消费结构见表 2-19。

表 2-19　2000 年国内锗消费结构

项　目	锗晶体管和热像仪	四氯化锗	二氧化锗	其　他	合　计
消耗量/t	4	5	4	2	15
比例/%	26.67	33.33	26.67	13.33	100.00

近年锗的供应和需求(换算成金属锗)可见表 2-20。

表 2-20　近年锗的供应和需求情况(换算成金属锗)

年　份	供应情况		需求情况	
	量/t	增减/%	量/t	增减/%
2001	92			
2002	90	-2	90	
2003(预测)	80	-10	90	0

从表 2-20 可见,2002 年和 2003 年锗都减产。尤其是 2003 年产量减少 10t,缺口由再生和库存弥补。1998 年和 2002 年各国锗的需求所占比例见表 2-21。

表 2-21　1998 年和 2002 年各国锗的需求所占比例(%)

年　份	日　本	美　国	欧洲及其他国家
1998	33	33	33
2002	40	30	30

从表 2-21 可见,1998 年日本、美国、欧洲及其他国家的需求各占三分之一。随着日本用锗量的增加,其需求量将占总需求的 40%。其中,日本锗的需求为 36 t,PET(聚对苯二甲酸乙二醇酯)触媒方面的需求约为 60%。近年日本 PET 用量列于表 2-22,日本光纤产量见表 2-23。

表 2-22　近年日本 PET 用量

年　份	PET 总量/万 t	增减/%
2001	44	
2002	44	0
2003	45	+1

表 2-23　2001～2002 年日本光纤产量

年　份	产量/万 t	增减/%
2001	1774	
2002	1597	-10

从日本的情况看,锗在 PET 触媒方面的需求基本持平,在光纤方面的需求下降,在荧光体方面的需求没有多大变化,而在防盗系统用红外受光元件,在 DVD-RAM 用记忆媒体靶材,SiGe 元件作为 AsGa 的代用品等方面的需求有所增加。但是由于降低成本的要求 DVD-

RAM用记忆媒体靶材的生产向日本国外转移,在SiGe元件中锗只作为外延用材料,用量不大,所以日本锗的需求基本持平。

有统计表明,中国锗的产量2000年为47.6 t,2001年为50.6 t。中国锗的产量已占世界产量的25%。

国内用锗近年来保持在15 t左右,大量锗出口日本和美国。受国际市场锗价较低的影响,2003年国内锗的产量会有所下降。

四、展望

从长远看,由于锗的优良性质,其前景是乐观的。2002年在经济不景气的情况下,许多公司减产并暂停扩大研发规模,但技术上仍在不断取得进展。有些公司着力于创新,而不是在现有材料和器件范围内开拓市场。SiGe是"明天"微电子工业最重要的材料之一。由于SiGe器件工作频率较高,SiGe晶体管的传输频率达350 GHz,速度比现有器件快近3倍。其工艺可与GaAs工艺竞争。SiGe器件(和材料)既能进行高速处理,也能进行高速数字传输。从手机到光纤通讯,从计算机到家庭娱乐系统,SiGe可制成多种产品中的原器件,2002年发展很快。目前约有50家公司涉足此领域,其中包括富士通、日立、英特尔、IBM、摩托罗拉、NEC、三洋、索尼等著名大公司。有几家IC制造商也进入了硅锗市场,如杰尔系统(Agere Systems)、Atmel、科胜讯(Conexant)、英飞凌(Infineon)、美信(Maxim)、SiGe Semiconductor、德州仪器(TI)等公司。英特尔也宣布即将提供90 nm SiGe工艺的计划。一些纯代理商也提供或即将提供SiGe工艺,包括特许半导体、Comunicant Semiconductor Technologies、Jazz Semiconductor和台积电(TSMC)。SiGe还将进入微电子机械系统(MEMs)或集成光路或此二者的结合这些新的领域。据预测SiGe市场销售额将由2001年的3.2亿美元增长到2006年的约27亿美元。估计IBM公司在2001年,SiGe市场占有额超过80%。

光纤市场有可能成为锗消耗的一个亮点。"九五"期间,国内光纤市场以20%~30%的年均快速增长。2000年,国内生产光纤

580 万 km,2001 年为 790 万 km。国产光纤已经占据国内市场的50%左右,今后几年这一比例有望进一步扩大。

随着我国入市后,通讯业的改革开放,西部大开发,计算机和因特网的发展,用户对宽带要求增加等因素,对中国光纤光缆市场将产生积极影响。在国家"十五"规划中,信息产业被放在重要位置。今后 5 年,中国通讯产业仍将以高于 20%的速度增长。此外,由于运营商的增多(中国电信、移动、联通、网通等)和长途、宽带网的建设,因此对光纤光缆的需求将持续增加。预计到 2005 年,国内光纤需求将达到 1800~2000 万 km。我国光纤总需求量及进口比例见表 2-24。我国光纤的国外供应商见表 2-25。我国光纤需求预测见表 2-26。

表 2-24　我国光纤总需求量、国产光纤和进口光纤的比例

分项＼年份	1997	1998	1999
光纤总需求量/万 km	400	580	600
国产光纤长度/万 km	125	203	290
进口光纤的比例/%	69	65	52

表 2-25　国外主要光纤供应商对华出口情况(万 km)

供应商	康宁系列	日本光纤	朗讯	阿尔卡特	韩国光纤	合计
1998 年	260	70	30	20	20	400
1999 年	175	70	20	20	15	300

表 2-26　中国光纤市场的需求预测(万 km)

分项＼年份	2000	2001	2002	2003	2004	2005
预测需求量	640	740	860	1000	1160	1350
年增长率/%		15.6	16.21	16.28	16	16.38

1999 年世界光纤用锗约 55 t,约占总量的 50%,2003 年估计为25 t,比 1999 年减少一半多。从以上数据可以看到,由于光纤市场的不景气,锗的用量下降,但仍占整个锗用量的 1/3 弱,仍然

占有举足轻重的地位。

有专家预测，锗的消费还会增加，全世界锗的年消费量到2010年可能达到210 t。

第三节 锗的价格

一、锗的价格

锗的价格随锗的用途和供应情况的变化而变化，其波动比较大。国际上历年来锗的价格见表2-27。

表2-27 国外历年来锗的价格(美元/kg)

年 份	价 格	年 份	价 格	年 份	价 格
1945	441	1965	270(269)	1985	1060(650)
1946	397	1966	175(203)	1986	1060
1947	397	1967	175(174)		(650～620)
1948	507	1968	175(174)	1987	1060
1949	727	1969	185		(731～850)
1950	397	1970	280	1988	1060
1951	397	1971	293		(746～925)
1952	484	1972	293	1989	1060
1953	720	1973	293		(608～480)
1954	650(647.8)	1974	293	1990	1060
1955	650(647.8)	1975	293		(550～375)
1956	535(495.6)	1976	293	1991	1060
1957	445(438.1)	1977	314(316)		(340～410)
1958	445(414.0)	1978	319(348)	1992	1060
1959	350(364)	1979	398(522)	1993	1060
1960	300	1980	653(784)	1994	1060
1961	300	1981	911	1995	1375
1962	300		(923～1060)	1996	2000
1963	270(237)	1982	1060	1997	1475
1964	270(269)	1983	1060	1998	1700
		1984	1060	1999	1100
				2000	
				2001	
				2002	

注："(…)"为参考资料[16、19]中的数据，其余为Robert D.Brown的数据。

国外有的研究者研究了 1958 年至 1998 年 40 年来锗的年平均价格趋势,如图 2-1 所示。

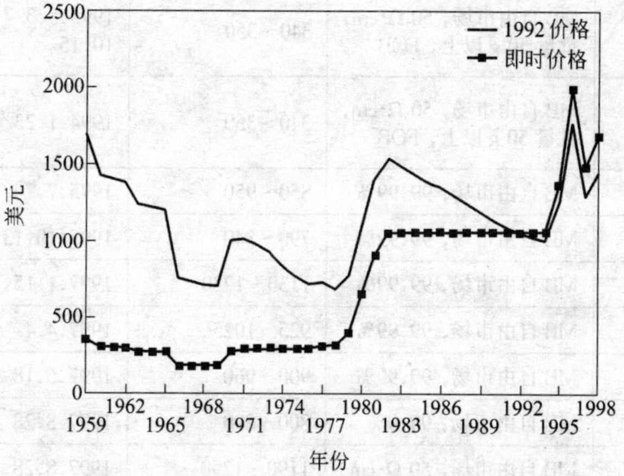

图 2-1　1958 年至 1998 年 40 年来锗的年平均价格变化趋势

影响锗价格波动的重大国际事件为:

1979～1982 年:需求增加,供应紧张。

1984 年:美国的国防储备(NDS)核准为 30000 kg。

1987 年:美国新的国防储备(NDS)核准为 146000 kg。

1991 年:美国的国防储备(NDS)核准为 68000 kg。

1996 年:需求增加,生产不足。

1997 年:美国开始出售 NDS 储备。

20 世纪 90 年代国际市场锗的价格见表 2-28,近年来(MB)自由市场二氧化锗的价格见表 2-29。

表 2-28　20 世纪 90 年代国际市场锗的价格

名　称	规格及条件	价格/美元·kg^{-1}	时　　间
Ge	MB 自由市场, 50 Ω·cm, 批量 50 g 以上, FOB	340～350	1992.1.3

续表 2-28

名　称	规格及条件	价格/美元·kg^{-1}	时　　间
Ge	MB 自由市场，50 Ω·cm，批量 50 g 以上，FOB	340～350	1993.5.3/7.5/10.15
Ge	MB 自由市场，50 Ω·cm，批量 50 g 以上，FOB	340～350	1994.1.23/4.18
GeO_2	MB 自由市场，99.99%	850～950	1995.7.7
GeO_2	MB 自由市场，99.99%	790～840	1995.10.13
GeO_2	MB 自由市场，99.99%	1130～1230	1997.1.15
GeO_2	MB 自由市场，99.99%	925～1025	1997.4.4
GeO_2	MB 自由市场，99.99%	900～960	1997.6.18
GeO_2	MB 自由市场，99.9%	800～890	1997.8.28
Ge	MB 自由市场，50 Ω·cm	1190～1290	1997.8.28
Ge	皮特丹仓库	900～1050	1997.10.9

注：资料来自 AMM，Metals Week 和 Metal Bulletin。

表 2-29　近年来(MB)自由市场二氧化锗的价格

时间	规格、条件	单　位	年平均价		年最高价	年最低价
			高	低		
1998	仓库，≥99.99%	美元/kg	839.082	787.143	950.00(7.1)	675.00(1.7)
1999	仓库，≥99.99%	美元/kg	809.293	772.374	840.00(1.6)	680.00(12.8)
2003.5.15	MB 自由市场	美元/kg	250～350			
2004.3.15	MB 自由市场	美元/kg	280～350			

2002 年 8 月份，各个生产企业出厂的平均报价为 650～700 美元/kg。近期由于国外需求下降，国内金属锗的离岸出口价格目前下降至 400～450 美元/kg，为 7 年来的最低点。而据报道，直径 ϕ250 mm 以上的锗单晶价格为 3500～4000 美元/kg。

二、锗的库存

锗作为战略物资，许多国家都有库存。近年来美国的锗库存情况见表 2-30。

表 2-30　近年来美国的锗库存情况(kg)

时　间	没委托存货	委托存货	审定数	计划处置数	实际处置数
1999.9.30	50567	865	50567	8000	4854
2000.9.30	48561	750	48561	8000	2017
2001.9.30	42523	827	42523	8000	5928

美国锗的库存量很大,对市场价格有较大影响。

三、关税

美国历年锗的进口关税见表 2-31,美国近年锗的进口关税见表 2-32。

表 2-31　美国历年锗的进口关税(%)

时间/项目	1981.01.01～1987.01.01		1989.01.01		1990.01.01		1991.01.01	
	A	B	A	B	A	B	A	B
废渣料	4.5～3.7	25	F	F	F	F	F	F
粗合金	7.7～5.5	45	3.7	25.0	3.7	25.0	3.7	25.0
化合物	4.5～3.7		3.7～5.5	25～45	3.7	25.0	3.7	25.0

注:A—最惠国;B—非最惠国;F—自由浮动。

表 2-32　美国近年锗的进口关税(1995～2001)(%)

项　　目	氧　化　锗	废料及碎渣	金属,未加工品	金属,加工成品
正常贸易关系	3.7	免税	2.6	4.4

美国的进口关税反映了其对物料的控制,对原料免税,对未加工品低税,对成品高税。

近年来美国国内精炼厂生产锗的价值见表 2-33。

表 2-33　近年来美国国内精炼厂生产锗的价值

年　份	1999	2000	2001
生产价值/万美元	2800	2200	2200

四、市场情况

据资料介绍和从图 2-1 可见,1996～1997 年是锗的价格高峰年,锗价达到了 1700 美元/kg 的高峰,以后下跌。

1999 年由于加拿大和中国向国际市场增加了锗的输出量,所以世界锗精炼厂锗的产量增加。而俄罗斯和英国的输出量减少。尽管光纤生产增加了锗的需求,但由于聚乙烯酯(PET)塑料和人造卫星行业的需求量减少,使全球的锗供大于求。加上 2002 年,芬兰利用刚果民主共和国炼钴废渣,建了一条锗生产线,设计能力为年产锗 20 t,使全球锗生产能力大大提高,更加剧了供大于求的局面。2002 年 12 月,日本向中国购买二氧化锗的到岸价仅为 216 美元/kg,比 2002 年年初下降了 51%。2003 年 1 月,上升到 230 美元/kg。以后二氧化锗的自由市场(MB)价格,2003 年上半年一直在 250～350 美元/kg 徘徊。

2000 年世界锗精炼厂的生产量保持稳定。全球对人造卫星行业的需求量继续减少,与光纤和聚乙烯酯(PET)塑料瓶行业对锗消费量的增长互相抵消。光纤行业用锗量占全球需求总量的一多半。

2001 年与 2000 年相比,2001 年初光纤生产增加,但由于整个经济环境,特别是电子通讯方面的低迷状况,亚洲经济状况不佳,聚乙烯酯(PET)塑料的需求减弱,所以使锗的需求量下降。然而鉴于各国竞相用一些耗锗的高科技武装自己;用于生产光纤和聚乙烯酯(PET)量的增加;汽车夜视系统在 2000 年开始流行,并延伸到公共汽车和货车的零备件市场;新的用户如催化剂用量的增大;安全领域中红外线方面应用的需求;作为砷化镓装置的潜在替代品;硅锗在无线电通讯领域的应用;再加上光纤每 15 年需要更换。这些都预示着锗的用途有着长期光明的未来。

按 IC Insights 公司预测,化合物半导体 IC 市场从 2002～2007 年间,将以平均 22%的年增长率增长;而此期间整个 IC 市场的年增长率为 10%。有数据表明,2000 年化合物半导体 IC 市场的产值达到峰值，为 24.2 亿美元；2002 年下降到 16.9 亿美元；预计 2007 年将增长到 46.5 亿美元，比 2000 年增长 1 倍。

SiGe 半导体在未来几年需求增长将更旺。SiGe 制造工艺的特点是与现行的 Si 的 CMOS 工艺兼容，可以经济地利用 8 英寸和 12 英寸硅片。此外，它还把 SiGeHBT（异质结双极晶体管）的高速度与 CMOS 工艺的低工耗、高密度数字电路的优点结合起来，形成了先进的 BiCMOS 工艺（双极兼容互补金属氧化物半导体工艺），对于高度集成的混合-信号 IC 的通讯应用非常理想。

2002 年 GaAs IC 占 87%，预计到 2007 年 SiGe IC 将占 33%。

国外的锗资源欠缺，从发展趋势看将供不应求。这可能是美国一些企业纷纷与我国合作开发锗的重要原因之一。由美国公司、江苏南京锗厂与内蒙古自治区锡林郭勒盟煤炭有限责任公司合资组建中美内蒙古通力锗业有限公司，就是一例。

参考文献

1 吴绪礼. 锗及其冶金 . 北京：冶金工业出版社，1987

2 周令治 . 稀散金属冶金 . 北京：冶金工业出版社，1988.3

3 张志坚 . 红外光学材料的现状与展望. 云南冶金，2002 增刊，1～6

4 陈少纯等 . 稀散金属产业的现状与展望. 广东有色金属学报，2002，增刊 1～6

5 王吉坤等 . 有色金属矿产资源的开发与利用 . 昆明：云南科技出版社，2000.5

6 江苏冶金. 1989(5)：27

7 稀有金属与硬质合金. 总第 107 期：6～7

8 国外冶金动态. 1982(36)

9 会社年鉴（日刊）. 1979，1980

10 工业稀有金属（日刊）. 1970～1982

11 British Industry in Chinese. 1981(13)：4～5

12 解德汝等. 云南有色金属深加工进展 . 昆明：云南科技出版社，1990.11

13 日用化学工业. 1991(2)：51

14 日用化学工业. 1994(5)：11～13

15 Robert D. Brown, Germanium, Jr.[(703)648-4984,rbrown@usgs.gov.]
16 周令治,邹家炎.稀散金属手册．长沙:中南工业大学出版社,1993.3
17 现代材料动态.2003.2,20
18 邓志杰摘译.现代材料动态.2003(4):2
19 世界有色金属.2000(5):30
20 世界有色金属.2000(4):48
21 世界有色金属.1999(4):55
22 李玉兰.有色与稀有金属国外动态．1997,4,20
23 唐献民．中美合资开发内蒙古锗矿.世界有色金属,1999.8,28
24 中国有色金属总公司.有色金属进展下篇 28 分册——稀散金属．北京:中国有色金属总公司,1984.4
25 吴荣华.有色与稀有金属国外动态,1994(3/4):23～24
26 李玉兰.有色与稀有金属国外动态,1995(2):23～24
27 吴荣华.有色与稀有金属国外动态,1997(7):18～19
28 周令治,邹家炎．稀散金属手册,长沙:中南工业大学出版社,1993.3
29 杨守春摘译．锗供应可能减少,现代材料动态,2003(6):14
30 邓志杰摘译．Ⅲ-Ⅴ族半导体专用气体市场,现代材料动态,2003(6):17～19
31 杨英慧摘译．稀有金属市场,现代材料动态,2003(8):5
32 杨晓婵摘译．锗 2002 年供需状况及 2003 年供需预测,现代材料动态,2003(8):11～12
33 邓志杰摘译.GaAs 和 SiGe IC 市场以每年 22%的速度增长,现代材料动态,2003(10)
34 小金属价格.有色冶炼,2003(1)
35 小金属价格．有色冶炼,2004(2)
36 jjorgenson@usgs.gov
37 kellyt@usgs.gov
38 云南化工.1992(1):10～17
39 U.S.Geological Survey. Germanium. Mineral Commodity Summaries.January 2001
40 U.S.Geological Survey. Germanium, Mineral Commodity Summaries. February 2001
41 苏小平等．锗的市场结构变化与光纤通讯.广东微量元素科学,1998,5

(2):19～22
42 郑能瑞．锗的应用与市场分析.广东微量元素科学,1998,5(2):12～18
43 戴艳阳等．稀散元素在医药中的应用．稀有金属与硬质合金,2003,31(2)49～51
44 王鲁等．有机锗药理毒性及应用研究进展．广西科学,1998.5(4):294
45 国际市场与金属价格．有色冶炼,2003(3):73
46 国际市场与金属价格,中国有色冶金,2004(2):68

第三章 锗及其主要化合物的物理化学性质

第一节 锗的性质

锗是元素周期表第ⅣA族元素,原子序数32,相对原子质量72.59。锗是银灰色脆性的元素,其晶体属于立方晶系,为金刚石型立方晶格($a = 5.657Å$)。每一个锗原子周围有4个位于四面体顶点上距离相等的锗原子,原子间借助电子对结合。其在空间的排列形式如图3-1所示。从锗在元素周期表中的位置可见,锗居于锡和硅之间,处于金属到非金属的过渡之中,所以它的物理化学性质具有从金属到非金属过渡的特征。锗与同族元素硅一样,具有半导体性质。

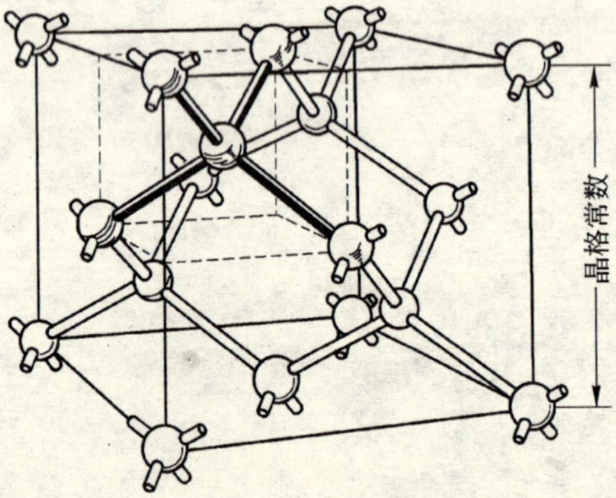

图3-1 锗原子的结构

一、锗的同位素

锗有21种同位素,其中^{70}Ge、^{72}Ge、^{73}Ge、^{74}Ge、^{76}Ge是天然同

位素，其余为人造同位素。人造同位素寿命不等，从几秒到数百天。锗的部分同位素的有关数据见表 3-1。

表 3-1　锗的部分同位素的有关数据

同位素	质　量	天然丰度/%	半衰期	衰变类型及粒子能量/MeV
^{64}Ge			64 s	β^+　2.26，1.96 EC　7%
^{65}Ge	64.939600		1.5 min	β^+　5.27，4.62
^{66}Ge	65.934800		2.4 h	β^+　2.0，1.3 EC　38%
^{67}Ge	66.932940		19 min	β^+　3.18，3.01，2.52，2.27，1.54
^{68}Ge	67.928530		280d	EC　100%
^{70}Ge	69.924252	20.7		
^{71}Ge	70.924956		11.8d	EC　100%
^{71m}Ge			20 s	IT
^{72}Ge	71.922082	27.5		
^{73}Ge	72.923463	7.7		IT
^{74}Ge	73.921181	36.4		
^{75}Ge	74.922883		82 min	β^-　1.19，0.92
^{76}Ge	75.921405	7.7		
^{77}Ge	76.923600		11.3 h	β^-　2.27，2.12，1.56，0.76
^{77m}Ge			54 s	β^-　2.90，2.70 IT　24%
^{81}Ge			10.1 s	β^-　5.6，5.28
^{84}Ge			1.2 s	β^-

天然锗同位素混合物的热中子吸收截面为 2.23b(靶恩)。吸收 10.0eV 中子的截面是 5.13b，吸收 3800eV 中子的截面积是 4.47b。用热中子轰击较轻的锗同位素发生(n，r)反应，产生一种比它稍重的同位素。但是^{70}Ge经(n，p)反应后得^{70}Ga，^{72}Ge与^{73}Ge

也有同样的反应。同位素^{74}Ge经(n,a)反应后得到^{71}Zn。由慢中子分裂^{235}U核的裂变产物中有质量为74,75,76,78的锗同位素。

二、锗的物理性质

常温下锗无延展性,但温度高于600℃(有文献认为550℃),单晶锗即可经受塑性变形。研究表明99.999%的纯锗在600℃时有很大的可塑性,在700℃时可进行弯曲、压缩和拉伸。在800℃时一个长10 mm、截面1～3 mm²的小单晶可弯曲到180°。由此在生长锗枝蔓时,可以卷在圆盘上,使锗的枝蔓生长长度达到50 m。

锗的主要物理性质见表3-2。

表3-2 锗的主要物理性质

项　目	数　值
原子序数	32
相对原子质量	72.59
熔点	947.4℃
沸点	2830℃
熔化热	(411±20)J/g
液体汽化热	334.3 kJ/mol
升华热	351.46 kJ/mol
热导率	0.63 W/(m·K)
标准熵	42.26 J/(mol·K)
Debye温度	362 K
晶体结构	金刚石结构,A^4型
晶胞参数	
−253℃	563 pm
20℃	565.76 pm
840℃	568.1 pm

续表 3-2

项目	数值
原子间距	244.5 pm
晶格能	175.73 kJ/mol
密度 D_4^{29}	5.323 g/cm³
原子半径	126 pm
电负性	2.01 Pauling
硬度 Brinell 标度 Mohs 标度	 1.86×10^9 N/m² 6
屈服点 523℃ 614℃	 1.08×10^7 N/m² 5.10×10^5 N/m²
弹性模量(E)	7.85×10^{10} N/m²
表面张力(mp)	6×10^4 N/m²
电弧光谱灵敏线/nm	270.9,275.4,269.1, 265.19,259.2,265.1, 326.9,303.9
核外电子结构	$1s^22s^22p^63s^23p^63d^{10}4s^24p^2$

锗的密度因存在状态、纯度和温度而异,某些温度下锗的密度见表 3-3 和表 3-4。

表 3-3 固态锗的密度(g/cm³)

存在状态	不同纯度的锗	非晶质膜	高密度锗
密度范围	5.372~5.571	4.73~4.54	5.88

表 3-4 液态锗的密度(g/cm³)

纯度/%	一般值	熔点	1000℃	1100℃	1200℃	1500℃	备注
—	5.571	5.52	5.50	5.44	5.39	—	—
99.99	—	5.49	5.46	—	5.36	5.21	氩气氛

由表3-4可见，液态锗的密度随温度升高而降低。

锗在某些温度下的黏度和表面张力见表3-5和表3-6。

表3-5　一些温度下锗的黏度 η（Pa·s）

温　度/℃	900	1000	1050	1100
η	0.00071	0.00064	0.00059	0.00051

表3-6　在真空时某些温度下锗的表面张力

温　度/℃	1000	1200	气氛
表面张力/$N\cdot m^{-1}$	0.550	0.530	真空

在氮氦保护气氛下，不同温度表面张力的计算公式如下：

$$\sigma = 0.006214 - 2.6\times 10^{-6}(t-936) \qquad (3\text{-}1)$$

式中　σ——表面张力，N/m；

　　　t——温度，℃。

锗的电阻率为52～47 Ω·cm。在0～100℃之间，锗的电阻温度系数 $\alpha = 0.0046 \sim 0.0053$。0℃时锗的热导率为66.7 W/(m·K)。20℃时磁化率为$(0.12 \sim 0.122)\times 10^{-6}$，$-183$℃时为$0.146\times 10^{-6}$，20℃时压缩系数为$(2.3 \sim 2.9)\times 10^{-6} cm^2/kg$。

锗和硅一样属于半导体，在电子工业中应用广泛。高纯锗单晶25℃时的比电阻为55～60 Ω·cm，随着温度升高，其比电阻降低。

现代技术可制得很纯的锗，称为“无杂质锗”。因为可从其共价键中跃出的高能电子很少，所以无杂质锗是不导电的。

但是对无杂质锗进行某种处理后锗可以导电。在锗里掺入一些ⅤA族元素，如As、Sb等杂质，由于As、Sb原子取代锗晶格中的锗原子，每掺入一个As(Sb)原子就多余一个电子，成为自由电子，使锗在常温下能显著导电。这种依靠电子传递的导电作用称为“电子导电”，这种锗晶体称为“n型锗晶体”。如果向无杂质锗中掺入ⅢA族元素如B、Al、Ga、In等，就会使锗晶体内一些共价键中缺少电子形成空穴。在外电场的作用下，空穴会夺取附近原子的电子来填补，从而在其附近产生新的空穴，顺此下去空穴将顺着电场的方向移动而传导电流。这种导电称为“空穴导电”，这种锗晶体称为“p 型锗晶体”。

无论是单晶锗还是多晶锗，对 $\lambda = 2 \sim 20$ nm 范围内的红外线都是透明的。不论是无定形锗，还是结晶形锗，当加热到 350～400℃，都会从无定形转变为结晶态。

液态锗的蒸汽压和温度的关系见表 3-7，由此计算锗的理论蒸发速率见表 3-8。

表 3-7　锗液体的蒸汽压和温度的关系

温度/℃	996	1112	1251	1421	1635
蒸汽压/Pa	0.013	0.133	1.33	13.33	133.3

表 3-8　锗的理论蒸发速率

温度/℃	996	1112	1251	1421	1635
理论蒸发速率 /g·cm^2·min^{-1}	1.85×10^{-9}	8.01×10^{-4}	7.63×10^{-3}	0.072	0.682

锗的某些温度的热容数据见表 3-9。

表 3-9　某些温度锗的热容数据

温度/K	298	200	150
c_p/J·(mol·K)$^{-1}$	23.35	20.89	18.63

三、锗的化学性质

锗与锡和铅同属元素周期表中ⅣA 族元素，常称为锗分族。本分族元素的价电子层结构为 ns^2np^2，锗原子的价电子层结构为 $4s^24p^2$，它在形成化合物时可失去 2 个 p 电子成为 +2 价的氧化态，也可以用 2 个 p 电子和 2 个 s 电子以 sp^3 杂化轨道参与成键，成为 +4 价的氧化态。随着 Ge、Sn、Pb 原子序数的增大，稳定氧化态逐渐由 +4 变为 +2。所以，Ge(Ⅱ)、Sn(Ⅱ)是很好的还原剂，其中 Ge(Ⅱ)比 Sn(Ⅱ)的还原性还强。相反 Pb(Ⅱ)盐是稳定的,而 Pb(Ⅳ)是强氧化剂。这是由于随 Ge(Ⅱ)、Sn(Ⅱ)、Pb(Ⅱ)的离子半径增大,成键能力减弱所至。

锗、锡、铅都具有自成键能力,成键能力依次减小。在锗的氢化物(Ge_2H_6-Ge_9H_{20}),氯化物(Ge_2Cl_6)和某些有机化合物中存在 Ge—Ge 键。

与碳不同,锗、锡、铅在任何情况下都不形成 $p\pi$ 重键。

锗的电离势和锗的配位数及离子半径见表 3-10 和表 3-11。

表 3-10　锗的电离势(eV)

第一电离势	第二电离势	第三电离势	第四电离势
7.899～7.88	15.93～15.934	34.21～34.22	45.7～45.71

表 3-11　锗的配位数及离子半径

价　态	离子半径/nm	配　位　数
−4	0.272	
+2	0.070～0.073	6
+4	0.053	
+4	0.039～0.048	4
+4	0.053～0.062	6

锗的电极电势见表 3-12。

表 3-12　锗的电极电势

有关反应	锗的电极电势
$Ge^{2+} + 2e = Ge$	$\phi^\circ = 0.24$ V
$HGeO_3^- + 2H_2O + 4e = Ge + 5OH^-$	$\phi^\circ = -1.03$ V
$Ge^{4+} + 2e = Ge^{2+}$	$\phi^\circ = 0.00$ V
$H_2GeO_3 + 4H^+ + 4e = Ge + 3H_2O$	$\phi^\circ = -0.182$ V

锗能与许多元素发生反应。

(一) 与氧的作用

锗在室温下是稳定的,但也会生成 GeO 单层膜,时间长了会逐渐变为 GeO_2 单层膜。而当锗的表面吸附了水蒸气便破坏了氧化膜的钝化性质,而生成厚的氧化物。

锗在较高温度下便氧化,且伴随有失重现象,原因是生成了 GeO,因其有较强的挥发性,而挥发损失,相关的化学反应见式 3-2~式 3-4。如有人曾研究过在氧压很低的气氛中,575~705℃温度范围内锗的氧化速率,发现氧化过程生成物减少。还有研究表明,在温度高于 550℃时,氧化速率随氧压的减小而增大。结果如图 3-2 所示。

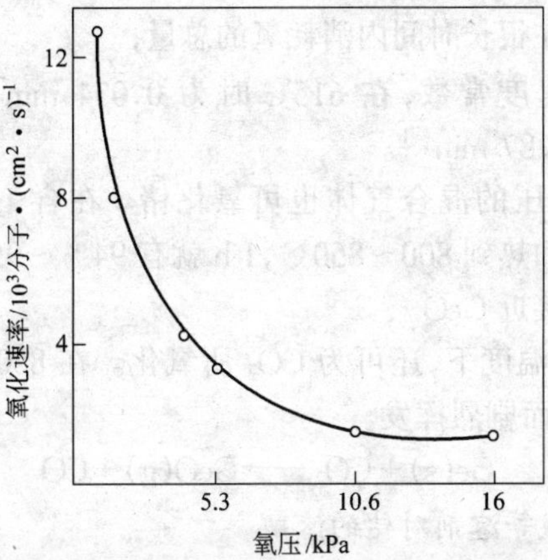

图 3-2 氧化速度与氧压的关系

锗的氧化可按下列反应进行:

$$Ge + 1/2O_2 \longrightarrow GeO(s) \tag{3-2}$$

$$GeO(s) \longrightarrow GeO(g) \tag{3-3}$$

$$GeO(s) + 1/2O_2 \longrightarrow GeO_2(s) \tag{3-4}$$

氧压低时,氧化反应主要按式 3-2 和式 3-3 进行,锗氧化为 GeO 而升华,所以产生失重现象;当氧压增加时,氧化反应主要按式 3-2 和式 3-4 进行,在锗的表面形成 GeO_2膜,限制了氧和 GeO 通过的扩散速度,造成氧化速率急剧减小。所以,减小氧分压有助于 GeO 挥发，增加氧分压则使锗生成 GeO_2。

还有研究者研究了锗表面氧化的过程。先在 600℃ 时用 CO 还原锗，以排除锗表面的结合氧或吸附氧。再在 25～400℃，10 kPa 的氧压下氧化锗，仅 1 min 即形成了第一氧化层。当温度超过 250℃ 很快形成第二氧化层。再升高温度，氧化速度显著变慢。在 400℃ 氧化 3 h，形成厚度为 1.75 nm 的 GeO_2 膜。

有人研究认为，加热到 575℃ 以上，锗的氧化速度符合式 3-5：

$$Q = Q_{\infty}(1 - \exp(-kt)) \tag{3-5}$$

式中 t——氧化时间；

Q——t 时的耗氧量；

Q_{∞}——在很长时间内消耗氧的总量；

k——速度常数，在 615℃ 时为 0.034 min^{-1}，703℃ 时为 0.87 min^{-1}。

用低氧分压的混合气体也可氧化锗。在含 1% 氧的氮气流中，将粉状锗加热到 800～850℃，1 h 就有 94%～95% 的锗变为升华物，其成分接近 GeO。

锗在较高温度下，还可为 CO_2 所氧化。在 850℃ 锗可与 CO_2 按式 3-6 反应而剧烈挥发。

$$Ge(s) + CO_2 \longrightarrow GeO(g) + CO \tag{3-6}$$

(二) 酸碱等溶剂对锗的溶解

锗在不同溶剂中的腐蚀溶解行为不同。n 型锗的溶解电位比 p 型略正，所以在相同溶液中前者的溶解速度较快。锗易溶于加氧化剂的热酸、热碱和 H_2O_2 中。难溶于稀硫酸、盐酸和冷碱液。锗在 100℃ 的水中是不溶的，而在室温下饱和氧的水中，溶解速度接近 1μg/(cm·h)。

1. H_2O_2 对锗的溶解

室温下 3% 的 H_2O_2 能缓慢地溶解块状的锗，升温到 90～100℃ 时溶解速度加快。

n 型锗在 100℃ 的 H_2O_2 中的溶解速度受 H_2O_2 浓度的影响如图 3-3 所示。在 H_2O_2 浓度较低时，锗的溶解速度随 H_2O_2 浓度的增加而增大；当浓度达到一定数值后，再增加 H_2O_2浓度，锗的溶解速度几乎没有增加。H_2O_2溶液中含有一定数量的碱（pH = 7～8）时，锗的溶解速度较快。

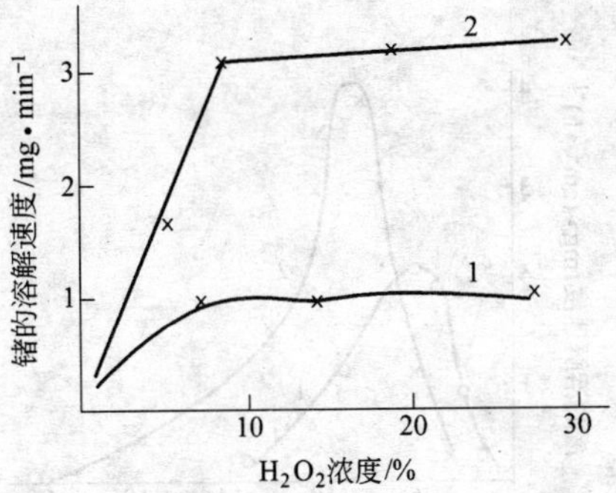

图 3-3　锗的溶解速度与过氧化氢浓度的关系

1—pH 值为 4～5；2—pH 值大于 7～8

锗在 H_2O_2溶液中的溶解分为 3 个阶段：

（1）锗被氧化为 GeO，在表面形成单层 GeO

$$Ge + H_2O_2 \longrightarrow GeO \tag{3-7}$$

（2）GeO 进一步被氧化为 GeO_2

$$GeO + H_2O_2 \longrightarrow GeO_2 + H_2O \tag{3-8}$$

（3）GeO_2溶解在水中生成锗酸

$$GeO_2 + H_2O \longrightarrow H_2GeO_3 \tag{3-9}$$

当溶液中有碱存在时，锗酸与碱作用生成锗酸钠，而加速锗的溶解。

$$H_2GeO_3 + NaOH \longrightarrow Na_2GeO_3 + 2H_2O \tag{3-10}$$

2．锗在硫酸中的溶解

90℃时浓硫酸与块状锗有微量反应，历时一周锗的损失量为 1%。

3．锗在硝酸中的溶解

浓硝酸能腐蚀块状锗的表面。锗在硝酸中的溶解速度受硝酸的浓度、搅拌速度、温度等因素的影响。锗的溶解速度与硝酸浓度的关系如图 3-4 所示。

从图可见，锗的溶解速度有一最大值。当硝酸的浓度小于此值时，随浓度增加溶解速度增大；当大于此值时，随浓度增加溶解速度降低。这是由于硝酸浓度高时，钝化加剧所至。

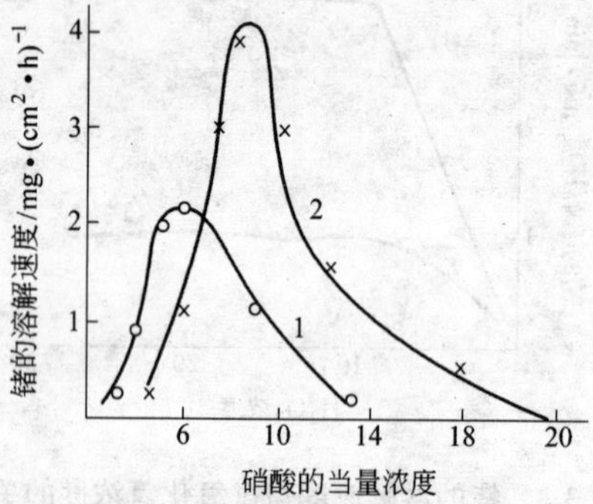

图 3-4　锗的溶解速度与硝酸浓度的关系

1—不搅拌；2—搅拌速度为 390 r/min

4. 锗与碱液的作用

氢氧化钠和氢氧化钾水溶液与锗的作用很慢，但是熔融的氢氧化钠、氢氧化钾、Na_2CO_3、Na_2O_2、NaB_4O_7能迅速地溶解各种形态的锗，生成碱金属的锗酸盐。

5. 锗在某些盐溶液中的溶解

锗可溶于某些电解质溶液，如硫酸钠、钾的氯化物、硝酸盐、氯化铯、氯化钡、氯化镧等。其溶解速度与溶液浓度有关，在$10^{-1\sim1.0}$当量的范围中有一个最大值，不同溶液最大值的数值不同，其数值均小于10^{-2}。如图 3-5 所示为锗的溶解速度与硫酸钠当量浓度的关系。

6. 锗的某些电化学行为

有人用极化测量法，在有 p-n 结的薄型锗电极上研究过在 0.1 当量盐酸溶液并含还原剂情况下 n 型锗的阳极溶解动力学。研究结果表明，在溶液中加入$C_2O_4^{2-}$ 和I^-类型的还原剂时锗的溶解反应加速。

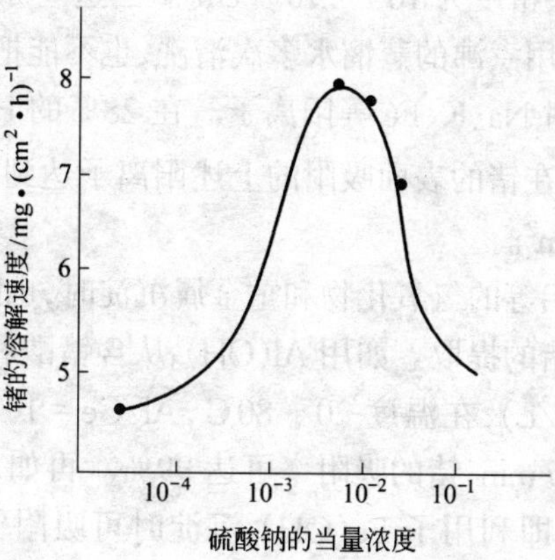

图 3-5　锗的溶解速度与硫酸钠当量浓度的关系

锗的导电型号对电极过程的速度影响很大。如 p 型锗会大大阻碍 Fe^{3+}、H_2O_2 还原的阴极反应和氢离子的放电。而 n 型锗使阳极溶解反应发生困难。使锗的溶解只发生在阳极表面的局部位置上。

(三) 与其他物质的作用

加热时粉状的锗在氯和溴中能燃烧,生成四卤化锗,加热时干燥的 HCl 气体能腐蚀锗,生成 $GeCl_4$ 和少量的 $GeHCl_3$,其反应如下:

$$Ge + 4HCl \rightleftharpoons GeCl_4 + 2H_2 \quad (3\text{-}11)$$

$$Ge + 3HCl \rightleftharpoons GeHCl + H_2 \quad (3\text{-}12)$$

锗与硫共热到 620～700℃ 或是锗与 H_2S 在 400℃ 都能生成 GeS_2。

(四) 锗的吸附性质

锗可吸附其他原子,锗也可被其他物质吸附。

放射性同位素研究表明,锗的表面可从水溶液中吸附 Cu、Ag、Sb、In 和 Au。在上述元素浓度为 $10^{-5}\%$～$10^{-2}\%$ 的溶液中,锗表面的吸附层密度为 $10^{16} \sim 10^{18}/cm^2$。当这些原子被吸附在锗的表面后，即使用煮沸的蒸馏水多次清洗，也不能把它们清除掉。

锗也能吸附 Na、K、Fe 等阳离子。在 28% 的 H_2O_2腐蚀液中，经腐蚀清洗后，在锗的表面吸附的上述阳离子达到或接近 $10^{-6} \sim 10^{-5}$克离子/cm^2。

此外，铁、铝等的氢氧化物和重金属沉淀时，也能大量吸附锗，此现象已用于锗的提取。如用 $Al(OH)_3$从含锗酸和 $HGeO^{3-}$ 的溶液(含 Ge14 mg/L)，在温度 20～80℃，Al/Ge = 100 时，氢氧化铝与此溶液接触 5 min，锗的吸附率可达 99%。再如，从湿法炼锌的溶液中提锗时，即利用了 $Fe(OH)_3$沉淀时可吸附锗的性质，保持一定的 Fe/Ge 使锗与铁共沉淀。

四、锗的生物作用

根据微量元素在人体内的生理作用，可以将其分为 3 类：有益、有毒、无作用。最近 50 年来，随着人们对元素在人体中生理作用研究的深入，锗被确认为有益微量元素。

人们研究发现，灵芝之所以能治百病，原因是灵芝中含有大量生物碱，其主要成分是锗与高分子多糖体。灵芝中锗的含量比人参中高出 4～6 倍，具有促进人体血液吸收氧的能力，可增进新陈代谢，延缓衰老，增强免疫力。

第二节　锗的氧化物

锗能与许多金属生成二元化合物，在许多碱金属的锗化物中，锗以阴离子形态存在。如碱金属的锗化物，锗与无机酸生成的氢化物(聚锗烷)，均属于此种情况。锗可形成一系列金属的同质结构体。

锗在与非金属形成的化合物时，金属性较为明显。所以，此种情况下，锗的金属性占主导地位。

锗的氧化物有一氧化锗(GeO)和二氧化锗(GeO_2)。

一、一氧化锗和氢氧化锗

(一) 一氧化锗(GeO)

一氧化锗因制备方法不同可分为黄色、暗棕色、深灰或黑色粉末,在用 H_2还原 GeO_2制备金属锗的过程中,反应的第一步得到 GeO,温度高于 700℃时有 GeO 挥发溢出。加热 $Ge(OH)_2$,经脱水也能获得 GeO。锗和 GeO_2粉末混合加热到 1000℃,得到黄色无定形升华物 GeO,将它在 650℃继续加热,则转变为暗棕色 GeO 晶体。在含 6 当量的盐酸溶液中,用过量 30% 的次磷酸还原含 0.25~0.5mol的 GeO_2 溶液,再用稀氨水中和,也能制得 GeO。

GeO 晶体的密度为 1.83 g/cm^3, 25℃ 时的生成热是 25.0 kJ/mol,标准熵 $S^0_{298}=234.72$ J/(mol·K),GeO 的挥发性较强,其蒸气压与温度的关系方程如下:

$$\lg p = -13786/T + 12.670 \qquad (3\text{-}13)$$

式中,压力 p 的单位是 133.3 Pa。

GeO 在部分温度下的蒸气压见表 3-13。

表 3-13 部分温度下一氧化锗的蒸气压

温度/℃	706	788	816	850	880	923	1023
p/Pa	140	406.5	2639.3	3796.4	4978.8	16662.5	1106300

GeO 在室温下是稳定的,但当温度高于 550℃即被空气氧化生成 GeO_2,在该温度下如果缺氧,则 GeO 会升华。

GeO 很容易被含氨的 H_2O_2溶液氧化。许多氧化剂,如高锰酸钾溶液和高氯酸银溶液等都能将 GeO 慢慢氧化生成 Ge(Ⅳ)化合物。其中与高氯酸银溶液的反应如下:

$$GeO + 2AgClO_4 + 6HF \rightarrow 2Ag + 2HClO_4 + H_2O + H_2GeF_6 + 276.1\ kJ \qquad (3\text{-}14)$$

硫酸、盐酸和苛性碱对 GeO 不能浸蚀,而发烟硝酸可缓慢氧化 GeO。

(二) 氢氧化锗($Ge(OH)_2$)

Ge(Ⅱ)盐水解或 Ge(Ⅳ)盐还原后水解,即可制得 $Ge(OH)_2$。

如，把 GeO_2 溶于稍微过量的5mol/L的KOH溶液，加适量HCl达5mol/L，再加入过量的30%的 H_3PO_2，在90℃温度下保持2 h，冷却后用氨水中和得到黄色 $Ge(OH)_2$ 沉淀。因为 $Ge(OH)_2$ 在空气中会迅速被氧化，所以必须在氮气保护下过滤、洗涤及干燥。

$Ge(OH)_2$ 通常为白色，但因制取方法不同可为黄色或红色。放置时会慢慢脱水，颜色变暗，最后变成暗棕色的GeO。$Ge(OH)_2$ 在氮气中加热到650℃可完全脱水。

新制备的 $Ge(OH)_2$ 易溶于浓盐酸，但是经过陈化后的 $Ge(OH)_2$，由于逐渐脱水，性质也逐渐接近GeO而难溶。在4mol/L HCl中，只能溶解0.001 mol/L。

$Ge(OH)_2$ 是强还原剂，能夺取NaOH中的氧，转变为 $NaGeO_3$。

$$Ge(OH)_2 + 2NaOH \rightarrow Na_2GeO_3 + H_2O + H_2 \qquad (3\text{-}15)$$

$Ge(OH)_2$ 的酸性较弱酸性的 $Pb(OH)_2$ 和 $Sn(OH)_2$ 稍强。

$Ge(OH)_2$ 在碱液中的溶解度见表3-14。

表3-14　$Ge(OH)_2$ 在碱液中的溶解度（mol/g溶剂，25℃）

NaOH/mol	0	9.91×10^{-6}	4.96×10^{-5}	7.453×10^{-4}	1.1680×10^{-3}	2.3360×10^{-3}	3.5040×10^{-3}
$Ge(OH)_2$ 的溶解度	2.31×10^{-5}	1.72×10^{-5}	5.5×10^{-6}	2.5×10^{-6}	1.4×10^{-6}	3.5×10^{-6}	8.2×10^{-6}

二、二氧化锗和锗酸盐

（一）二氧化锗（GeO_2）

单质锗或GeS在氧气中灼热，或用浓硝酸氧化都可制得 GeO_2。由 $GeCl_4$ 水解获得的微小六角形晶体是 GeO_2 的一种变体。它可溶于水，称可溶性 GeO_2。将 GeO_2 和水装入密闭容器中，加热到355℃，并保持100 h可转变为不溶于水的四面体 GeO_2。不溶性的 GeO_2 在1033℃以下是稳定的，在1033℃时会慢慢转变为可溶性的 GeO_2。

二氧化锗为白色粉末。它有3种形态：可溶性的六边形晶体、可溶性的无定型玻璃体和不溶性的四面体 GeO_2。它们的有关性质见表3-15。

表3-15 各种形态的 GeO_2 的有关性质

性质		不溶四面体 GeO_2	可溶六边形 GeO_2	可溶无定型 GeO_2
结晶构造		$a=4.394\sim4.390$ $c=2.852\sim2.850$	$a=4.987\sim4.988$ $c=5.653\sim5.64$	玻璃体
结晶形式		金红石	α-石英 β-石英	
密度(25℃)		6.239	4.228	3.122～3.617
熔点/℃		(1085～1086)±5	(1115～1116)±4	
沸点/℃			1200	
溶解度(g/100g 水)		0.0023(25℃)	0.432～0.453(25℃) 0.551(35℃) 0.617(41℃) 0.96～1.05(100℃)	0.518(38℃)
与盐酸作用		不	生成 $GeCl_2$	生成 $GeCl_4$
与5N NaOH作用		10倍NaOH于550℃作用 5倍 Na_2CO_3 于900℃作用	易	易
与HF作用		不	生成	生成
转变温度/℃		1033 ±10	1033 ±10	
折射率	ω	1.99	1.695	
	ε	2.075～2.0	1.735	1.607

研究表明，GeO_2 的几种形态在一定条件下可互相转变。低温变态的六边形 GeO_2 具有 α-石英型晶格，是一种介稳化合物。当加热到1020℃时，会转变成稳定的 β-石英晶格。若在加压或存在

催化剂的情况下，长时间加热也会逐渐转变为稳定的具有金红石晶格的四面体 GeO_2。当温度高于1049℃，四面体 GeO_2将转变为高温的六边形 GeO_2；快速冷却熔融的 GeO_2，又可获得玻璃体 GeO_2。值得注意的是，可溶六边形 GeO_2若长时间加热会缓慢地变为不溶性的四面体 GeO_2。所以，若要让锗溶出，不应长时间加热含锗物料。

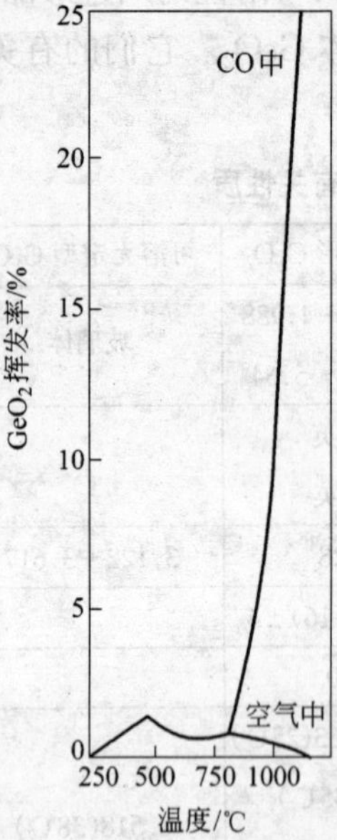

图3-6 气氛和温度对 GeO_2 挥发率的影响

二氧化锗是白色粉末状固体，在正常条件下它都为6:3的 TiO_2结构。它的一些物理性质见表3-15。二氧化锗在熔融态时，其外观很像玻璃。含 GeO_2的玻璃比相应的硅酸盐玻璃具有更高的折射率。

GeO_2在空气中的挥发性很差，而在还原性气氛中挥发性显著提高，这是 GeO_2被还原为蒸气压较大的 GeO 挥发所致。其反应如式3-16。

$$GeO_2 + CO = GeO + CO_2 \qquad (3\text{-}16)$$

气氛和温度对 GeO_2挥发率的影响如图3-6所示。

实测的一些温度下 GeO_2的蒸气压见表3-16。

表3-16 GeO_2的蒸气压

温　度/℃	p/Pa	温　度/℃	p/Pa
886	0.240	1015	1.066
928	0.373	1025	1.866
954	0.493	1065	3.732
975	0.586	1078	5.332
995	0.746		

用泻流法测得的GeO_2之蒸气压，公式如下：

$$\lg p = 2.82 - 6450/T \tag{3-17}$$

（压力单位为133.3 Pa，以下不单独说明均为此单位。）

而在1025～1078℃时，蒸气压公式为（温度范围为886～980℃）：

$$\lg p = 10.16 - 15620/T \tag{3-18}$$

在碳中的情况与在CO中的情况几乎一样。

在氢气中GeO_2还原为金属锗，其反应如下：

$$GeO_{2(s)} + 2H_{2(g)} = Ge + 2H_2O_{(g)} \tag{3-19}$$

但温度高于700℃，在氢气气氛中会产生部分GeO挥发，导致锗的损失。反应式3-19的自由焓与温度的关系为：

$$\Delta G_T = 13750 - 15.60/T \tag{3-20}$$

常温下GeO_2蒸气压很小，离解压也很小，但温度为1000～1100℃时，GeO_2会按下式离解：

$$GeO_2 = GeO_{(g)} + 1/2O_{2(g)} \tag{3-21}$$

其离解压可按下式计算（温度范围为1040～1100℃）：

$$\lg p = 16.245 - 25517/T \tag{3-22}$$

若离解反应按式3-23进行，则离解压可按式3-24计算（温度范围为827～1027℃）：

$$GeO_2 = Ge_{(s)} + O_{2(g)} \tag{3-23}$$

$$\lg p = 10.16 - 15620/T \tag{3-24}$$

GeO_2是一种弱酸性的两性化合物，其酸性不如SiO_2、SnO_2和PbO。经600℃煅烧过的GeO_2在水中的溶解度见表3-17。

表 3-17 GeO_2在水中的溶解度(经 600℃煅烧)

温度/℃	11	20	26	35	41	100
溶解度 ($\times10^{-2}$g/g 水)	0.376	0.430	0.470	0.551	0.617	1.000

GeO_2在无机酸中的溶解度随酸的浓度增加而减小。实验所得 GeO_2在各种酸中的溶解度见表 3-18。

表 3-18 GeO_2在各种酸中的溶解度(25℃)

酸 名 称	浓度/ $mol\cdot L^{-1}$	溶解度/ $mgGeO\cdot L^{-1}$	浓度/ $mol\cdot L^{-1}$	溶解度/ $mgGeO\cdot L^{-1}$
$HClO_4$	1.56	2100	6.92	52
	3.41	640	10.02	4
	5.49	124	11.88	4
HNO_3	2.15	2218	14.40	19
	4.04	1164	16.01	8
	4.97	810	18.52	8
	6.07	540	20.14	6
	8.38	205.4	22.29	15
	10.57	75	24.0	18
H_2SO_4	1.08	3232	8.67	64
	1.77	2248	11.34	84
	2.64	1366	12.36	168
	3.51	795	14.0	232
	4.11	536	15.48	58
	5.32	268	16.63	36
	6.52	128	17.43	20

续表 3-18

酸名称	浓度/ $mol\cdot L^{-1}$	溶解度/ $mgGeO\cdot L^{-1}$	浓度/ $mol\cdot L^{-1}$	溶解度/ $mgGeO\cdot L^{-1}$
HCl	1.04	3212	6.54	2316
	2.04	2284	6.92	3116
	3.17	1688	8.15	10750
	4.03	1212	8.82	4190
	5.03	1138	9.6	410
	6.03	1644	13.39	24
HBr	0.72	3152	7.32	1522
	3.37	1186	7.36	1334
	5.47	514	7.60	692
	6.90	850	8.31	54
	7.17	1230	8.83	54
HI	1.27	2860	4.95	500
	2.33	1708	4.98	428
	3.21	968	5.20	116
	4.17	604	5.79	92
	4.80	536	7.17	20

由表 3-18 可见，GeO_2在氯酸、硝酸和硫酸溶液中的溶解度随酸的浓度增加而减小。GeO_2在 HCl、HBr 和 HI 中的溶解度随酸的浓度增加而增加，而当酸度继续增加达最大值后，再增加酸度其溶解度反而又减小。溶解度的这种变化，可能是由于酸度增大到一定数值时有络合物产生，而增加了溶解度，但酸的浓度再增加时络合物又分解为不溶性的盐所致。如在 HCl 溶液中，当盐酸浓度超过 5 mol 时，便产生挥发性锗的氯络合物 $GeCl_6^{2-}$、$GeCl_5^-$；酸的浓度大于 8 mol 时，这种络合物就分解成不溶性的四氯化锗。

二氧化锗在 HF 酸溶液中的溶解度数据见表 3-19。

表 3-19　25℃时 GeO_2-HF-H_2O 系中 GeO_2 的溶解度

液相分析 /%	质量分数 /%	液相中	底相分析 /%	质量分数 /%
HF	GeO_2	HF∶GeO_2	HF	GeO_2
1.00	1.55	3.37		
2.00	2.43	4.31		
3.00	3.64	4.32		
7.32	9.14	4.19		
12.48	15.25	4.30	3.45	77.45
13.04	15.93	4.28		
16.03	19.62	4.27	4.23	76.58
22.92	28.90	4.17		
25.40	31.20	4.26	6.35	80.49
26.64	32.50	4.20		
70.00	34.70	4.50		
32.80	39.60	4.30		

GeO_2 在草酸（$H_2C_2O_4$）水溶液中的溶解曲线如图 3-7 所示。

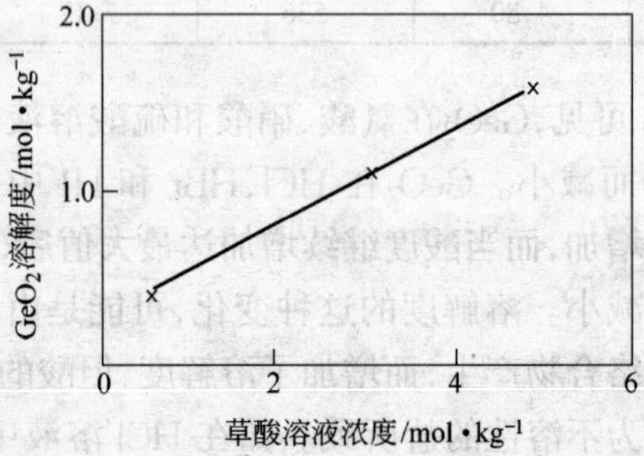

图 3-7　25℃时 GeO_2-$H_2C_2O_4$-H_2O 系中 GeO_2 的溶解度

GeO_2易溶于 NaOH，其溶解度随碱液的浓度增大而增大。GeO_2在不同浓度的 NaOH 中的溶解度可见表 3-20。此性质常被用来溶解 GeO_2物料。

表 3-20　GeO_2在 NaOH 中的溶解度

$NaOH/g\cdot L^{-1}$	0.0	0.05	0.1	0.2	0.4	0.5	1.0	2.0	4.0
$GeO_2/g\cdot L^{-1}$	4.48	4.60	5.05	5.70	7.06	7.81	11.67	17.7	23.85

GeO_2与 10 倍量的 NaOH 加热到 550℃熔融，或与 5 倍量的 Na_2CO_3加热到 900℃熔融，皆生成锗酸盐，这些盐均易溶于水。

GeO_2能溶于熔融的 $Na_2B_4O_7$和 $Na_2P_2O_7$中。酒石酸能溶解 GeO_2，生成 Ge(Ⅳ)的酒石酸络合物。GeO_2能与 BrF_3作用放出定量的氧。

$$3GeO_2 + 4BrF_3 \rightarrow 3GeF_4 + 3O_2 + 2Br_2 \quad (3\text{-}25)$$

GeO_2可与 $SOCl_2$作用。

$$GeO_2 + 2SOCl_2 \rightarrow GeCl_4 + 2SO_2 \quad (3\text{-}26)$$

GeO_2在 500℃时能与 CCl_4发生反应生成 $GeCl_4$

$$GeO_2 + 2CCl_4 = GeCl_4 + 2COCl_2 \quad (3\text{-}27)$$

$$GeO_2 + CCl_4 = GeCl_4 + COCl_2 \quad (3\text{-}28)$$

GeO_2能与 LiH 发生反应，生成 GeO 和元素锗。这些性质类似同族的 SiO_2。

GeO_2可被 CO、C 和 H_2还原。GeO_2-CO_2系自由焓与温度的关系，如图 3-8 所示。

(二) 锗酸盐

锗酸盐有 5 种：正、偏、二、四、五锗酸盐。

GeO_2在水溶液中形成分子分散的或胶体的溶液，这些溶液含有组成简单的锗酸，如 H_2GeO_3、H_4GeO_4、$H_2Ge_5O_{11}$及 $H_4Ge_7O_{16}$等。H_2GeO_3为弱酸，而 $H_2Ge_5O_{11}$比它稍强。在 pH 3.31～3.36 的溶液中几乎不存在 Ge^{4+}。$[Ge_5O_{11}]^{2-}$于 pH 5.5～8.4 下稳定，并

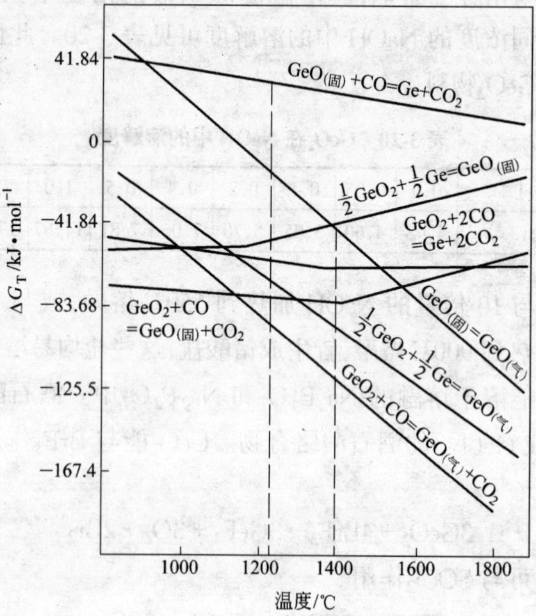

图 3-8 GeO_2-CO_2系自由焓与温度的关系图

存在下述平衡关系：

$$[Ge_5O_{11}]^{2-} + H_2O + 3OH^- \rightarrow 5[HGeO_3]^- \qquad (3\text{-}29)$$

如向此溶液加入 KCl 或 KNO_3，并在 pH 9.2 时，则锗以 $K_2Ge_5O_{11}$ 形态沉出，而在 pH 高于 11 时，则溶液仅存在 $Ge(OH)_6^{2-}$。衍生偏锗酸（H_2GeO_3）和正锗酸的盐类有 Na_2GeO_3、Li_2GeO_3、$BaGeO_3$、Mg_2GeO_4等。碱金属的锗酸盐可溶于水，其水溶液呈碱性。其他金属的锗酸盐微溶于水，且易被酸分解。

Na_2O-GeO_2系相图如图 3-9 所示。从图可见，可生成 Na_2GeO_3、$Na_2Ge_2O_5$和 $Na_2Ge_4O_9$三种化合物。它们的熔点分别为 1083℃、799℃和 1052℃。图上三个共晶点的成分和温度见表 3-21。

表 3-21 Na_2O-GeO_2系共晶点成分及温度

GeO_2含量/%	75.8	78.5	89.2
温度/℃	778	789	1042

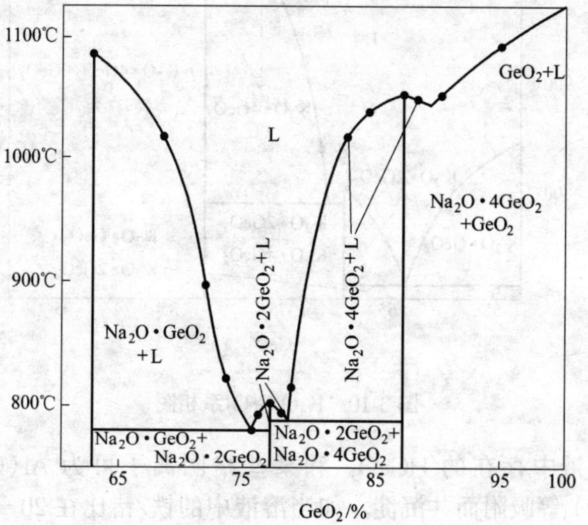

图 3-9 Na_2O-GeO_2系相图

K_2O-GeO_2系相图见图 3-10。从图可见，K_2O 与 GeO_2可生成 K_2GeO_3、$K_2Ge_2O_5$及 $K_2Ge_4O_9$ 3 种化合物。它们的熔点分别为 842℃、797℃、1033℃。

当含 GeO_2 2mol/L 的溶液用 KOH 溶液中和，pH 为 8～10.2 时，会得到白色的微细晶态的 $K_2Ge_5O_{11}$沉淀。它会慢慢溶于水，其水溶液呈微碱性。

GeO_2和 BeO 按相应的摩尔比混合，用 421.5 MPa 压力压成锭后，在 600℃和 100℃温度下各维持 20 h，可生成 Be_2GeO_4。

GeO_2和 MgO 混合后，用 1.44 MPa 压力压成锭后，在 600℃和 1000℃温度下各维持 24 h，可生成 Mg_2GeO_4，它可做荧光灯发光材料。

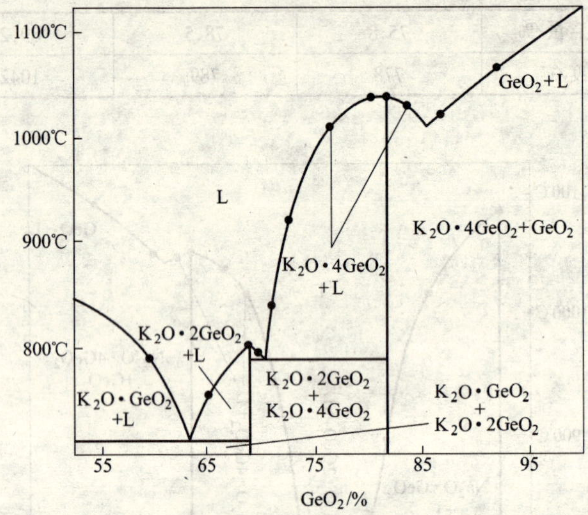

图 3-10　K_2O-GeO_2系相图

溶液中存在的 $HGeO_3^-$ 和某些络阴离子可为 $Al(OH)_3$或$Fe(OH)_3$等吸附而共沉淀。如当溶液中的铁/锗比在 20～100，于 20～80℃及 pH 值为 8 时，即使溶液中有碱金属或碱土金属，或铝、镁、锌等存在时，仅需数分钟即可完全沉出锗，沉锗率可达 97%～100%。这一性质已在湿法炼锌沉锗时得到应用。

第三节　锗的卤化物

锗的卤化物有一卤化物、二卤化物和四卤化物。

一、氯化物

（一）一氯化锗（GeCl）

在光谱中可发现 GeCl，其键力常数计算为 3.92×10^2 N/m。

GeCl 的固态聚合物可以合成。将 $GeCl_4$ 和 H_2气体一起通过 1000℃的加热管或用 H_3PO_2还原 $GeCl_4$的水溶液都能制得$(GeCl)_2$。

$(GeCl)_2$是暗棕色固体，在真空中360℃下稳定，500℃时歧化为$GeCl_4$和Ge。$(GeCl)_2$微溶于水，并缓慢水解。对冷硝酸稳定，热浓硝酸可迅速将它氧化。它溶于沸腾的KOH溶液，并进一步氧化为K_2GeO_3。

（二）二氯化锗($GeCl_2$)

低压13.33 Pa的$GeCl_4$蒸气缓慢通过300℃粉状的锗就会生成$GeCl_2$，它在加热管的较冷一端冷凝成固体，开始呈白色，随着$GeCl_2$层的增厚，颜色逐渐加深至淡黄色。此反应是可逆的，在真空中将$GeCl_2$加热到1000℃或更高的温度时即发生歧化反应，生成$GeCl_4$和金属锗。过量的氢气与$GeCl_4$蒸气从800℃石英管通过，产生一些$GeCl_2$。热分解$GeHCl_3$也得到$GeCl_2$：

$$GeHCl_3 \rightarrow GeCl_2 + HCl \tag{3-30}$$

在室温下$GeCl_2$能被氧慢慢氧化成GeO_2和$GeCl_4$。$GeCl_2$与Cl_2、Br_2容易反应，与Cl_2作用生成$GeCl_4$，与Br_2反应的产物有$GeCl_4$和$GeBr_4$。$GeCl_2$和H_2S在室温下就能起复分解反应，生成GeS和HCl。在盐酸溶液中$GeCl_2$是很强的还原剂。

$GeCl_2$易水解成黄色$Ge(OH)_2$沉淀（它慢慢脱水成暗棕色的GeO），水解产生的HCl能与过量的$GeCl_2$作用，形成$GeHCl_3$。$GeCl_2$与95%的乙醇或氯仿不起化学反应。$GeCl_2$能使软木塞呈深红色。

$GeCl_2$为不稳定化合物，稍微加热就分解为$GeCl_4$与金属锗。它与干的氧气作用生成$GeCl_4$与GeO_2。$GeCl_2$与水或湿的氧气作用而发生水解：

$$GeCl_2 + 2H_2O = Ge(OH)_2 + 2HCl \tag{3-31}$$

$GeCl_2$易溶于浓盐酸中并生成比较稳定的$HGeCl_3$：

$$GeCl_2 + HCl = HGeCl_3 \tag{3-32}$$

（三）四氯化锗($GeCl_4$)

1. 四氯化锗的制备

四氯化锗是锗的一种重要化合物，在应用和提取方面都较为重要。它也是人们了解得最早和研究得最为充分的共价锗化合物。

用氯气作用于金属锗，或盐酸与 GeO_2 共同加热，均可生成 $GeCl_4$。

氯气通过 500～600℃的锗，即生成 $GeCl_4$，将收集的产物进行分馏除去大部分氯，再加铜粉进行蒸馏以除掉残余的氯，蒸馏出的 $GeCl_4$ 收集于冰盐水冷却器中。

以氮气稀释的 CCl_4 蒸气与 GeO_2 在 500℃反应可得 $GeCl_4$。或者在 600℃温度下 $COCl_2$（或 CO 与 Cl_2 的混合物）与 GeO_2 作用也能制得 $GeCl_4$。

2. 四氯化锗的性质

四卤化锗的物理性质见表 3-22。

表 3-22　四卤化锗的物理性质

性　质	GeF_4	$GeCl_4$	$GeBr_4$	GeI_4
颜　色		无　色	白　色	橙　色
晶　型			八面体	立方体
mp/℃	−36.5(升华)	−49.5	26	146
bp/℃		84	186	约 400
蒸发热/$kJ \cdot mol^{-1}$	34.737(升华热)	30.75		84.10(升华热)
蒸发熵/$J \cdot (mol \cdot K)^{-1}$		86.40		154.81
蒸气压/kPa				
−62.7℃	10.12			
−41.4℃	60.25	0.13		
0℃		3.33		
39.4℃		21.46		
81.0℃		9.44		
93.7℃			7.78	
140.0℃			30.93	
180.2℃			87.31	
373℃				0.02
393℃				0.09
408℃				0.18
临界温度/K		548		

续表 3-22

性 质	GeF_4	$GeCl_4$	$GeBr_4$	GeI_4
临界压力/MPa		3.71		
比热/J·(g·K)$^{-1}$	0.551	0.699	0.249	0.181
标准熵/J·(mol·K)$^{-1}$	301.58	347.48	396.52	451.45
密度/g·cm^{-3}(30℃)	2.126(0℃,加压)	1.844	2.1002	4.322(26℃)
表面张力/N·m^{-2}(30℃)		22.44×10^{-3}	35.51×10^{-3}	
介电常数(0℃)		2.491		
Ge—X 键距/pm	167	208	229	250
X—X 键距/pm	273	339	382	409
Raman 频率/cm^{-1}				
ν_1	740	397	235	
δ_{12}		132	80	
ν_{234}		451	327	
δ_{345}		171	112	
磁化率$\times10^6$	−49	−72.0		−174
折射率,白光(20℃)		1.4648	1.6296	
白光(25℃)		1.4614	1.6270	
生成热/kJ·mol^{-1}		690.36	328.44	

$GeCl_4$有较好的热稳定性,它的蒸气加热到 950℃ 仍不分解。600℃ 温度下,氢能将 $GeCl_4$还原成金属锗。

采用 $GeCl_4$氢还原能外延生长锗单晶膜,此种外延膜有较高的纯度,晶体完整性好,可用于制造光敏和光电元件,但锗的利用率低。此外,在 $GeCl_4$氢还原的同时可进行气相掺杂以制备半导体器件所需的各种材料。还原的反应式为:

$$GeCl_4 + 2H_2 = Ge + 4HCl \qquad (3\text{-}33)$$

沉积膜厚 20~80 mm 的反应时间为 15~60 min,在 900℃ 下锗的利用率最大。为了制得一定厚度和具有一定均匀性的锗外延膜,氢气供给量一般应超过理论量的 90~100 倍,提高还原温度会使平衡反应向右移动并使反应速度加快。

在400～500℃温度下，$GeCl_4$与硅反应生成$SiCl_4$和GeSi合金。$GeCl_4$还可与CaO反应，生成$n CaO \cdot m GeO_2$和$GaCl_2$。

$GeCl_4$易于水解，遇到湿空气立即发烟并伴随破裂的响声。在盐酸浓度小于6 mol时也发生水解，其反应如下：

$$GeCl_4 + 2H_2O = GeO_2\downarrow + 4HCl \quad (3\text{-}34)$$

此反应是可逆的，此特性已用于GeO_2的提纯。而盐酸浓度大于6 mol时，反应则向左进行生成$GeCl_4$，此性质又为氯化蒸馏提纯锗提供依据。$GeCl_4$不溶于浓盐酸，和浓硫酸也不发生反应。但溶于无水酒精、二硫化碳、苯、氯仿、煤油和乙醚。$GeCl_4$与亚硫酐能很好混合，和液态磷化氢部分混合。

$GeCl_4$在盐酸中的溶解度见表3-23。

表3-23　$GeCl_4$在盐酸中的溶解度

盐酸浓度/mol	7	7.77	8.32	9.72	12.08	16.14
$GeCl_4$溶解度/$g \cdot L^{-1}$	37	85.36	61.83	17.84	1.83	0.88

$GeCl_4$能与硝酸缓慢反应，生成GeO_2及氮的氧化物。$GeCl_4$与液氮反应，生成二亚胺锗($Ge(NH)_2$)。

$GeCl_4$易溶于乙酸酐，温度高时更易溶解，部分按以下方程进行反应，生成四乙酸锗

$$GeCl_4 + 4(CH_3CO)_2O \rightleftharpoons GeAc_4 + 4CH_3COCl \quad (3\text{-}35)$$

反应是可逆的，因此进行不完全。为了消除CH_3COCl，需要加入TlAc，以生成TlCl沉淀

$$4CH_3COCl + 4TlAc \longrightarrow 4TlCl + 4(CH_3CO)_2O \quad (3\text{-}36)$$

促使上式平衡向右移动。

$GeCl_4$与Grignard试剂、烷基锂(钠)反应能够制备多种有机锗化合物，例如

$$4C_2H_5MgBr + GeCl_4 \xrightarrow{\text{乙醚}} (C_2H_5)_4Ge + 4MgBrCl \quad (3\text{-}37)$$

$$C_6H_5MgCl + GeCl_4 \xrightarrow{\text{四氢呋喃}} C_6H_5GeCl_3 + MgCl_2 \quad (3\text{-}38)$$

所以，$GeCl_4$是制备有机锗化合物的重要原料。

二、锗的其他卤化物

(一) 二卤化物

单质锗和 GeX_4共热可制备二卤化锗 GeX_2(X=F,Cl,Br)。

GeX_2皆为固体，GeF_2是白色晶体，其他 GeX_2都有色，呈黄色和棕色。

1. 二氟化锗(GeF_2)

干燥的 HF 与金属锗装入耐压釜内，在 200℃ 温度下反应，或者单质锗与 GeF_4在 100℃ 以上进行反应皆可制得白色晶体 GeF_2。

在 GeF_2 分子中 F—Ge—F 的键角约为 97°, Ge—F 键长是 172.3pm。GeF_2的熔点为 111℃，它是含有氟桥的聚合物，在它的蒸气中除了 GeF_2，也有它的二聚体和三聚体。

在碱金属氟化物溶液中，GeF_2 与 F^- 离子生成不易水解的 GeF_3^- 配离子，此配离子也能被空气中的氧所氧化，或在强酸中被 H^+ 氧化成 GeF_6^-，其反应如下：

$$GeF_3^- + 2H^+ + 3F^- \longrightarrow GeF_6^{2-} + H_2 \qquad (3\text{-}39)$$

GeF_2能溶于水，将 H_2S 气通入它的水溶液得 GeS 沉淀。

2. 二溴化锗($GeBr_2$)

以锌还原 $GeBr_4$和 $GeHBr_3$或者不足量的 HBr 通过 400℃ 的锗，都能制备黄色固态 $GeBr_2$。

$GeBr_2$的熔点为 122℃。在 40℃ 时它遇干燥的 HBr 即生成 $GeHBr_3$。$GeBr_2$比 $GeCl_2$容易发生歧化反应，在 150℃ 时就能生成 $GeBr_4$和金属锗。$GeBr_2$ 微溶于 5 mol/LHBr 酸，它遇水水解成 $Ge(OH)_2$和 HBr。

3. 二碘化锗(GeI_2)

在氢碘酸介质中，用微过量的 H_3PO_2还原 GeI_4能制得 GeI_2。例如将 20g GeI_4溶于 10 mL57%HI，加 20 mL 水，在搅拌下加入 50%$H_3PO_2$7.6 mL。经回流，红色的 GeI_4转变成亮黄色的 GeI_2。

冷却到10℃，滤出GeI_2，经氢碘酸洗涤后，将它放在真空中或在P_2O_5上干燥即可得GeI_2，其产率为75%。

粉末状的GeS溶解于充分过热的热浓氢碘酸，滤去未溶的GeS，滤液冷却结晶，得GeI_2晶体。

GeI_2晶体属六方晶系，晶胞参数：$a = 424.9$ pm，$c = 683.3$ pm，Ge—I键距为299 pm。它的升华热为125.94 kJ/mol。生成自由能$\Delta G^\ominus$为74.89 kJ/mol。

GeI_2不能被干燥的空气所氧化。它在湿空气中慢慢水解。GeI_2在真空中240℃时升华，加热到540～643℃发生歧化反应，生成Ge和GeI_4。

（二）四卤化物

1. 四氟化锗（GeF_4）

制备GeF_4的最好方法是在石英管中600℃温度下热分解$BaGeF_6$，此方法的优点是容易获得较高纯度的GeF_4。由相应单质可直接合成GeF_4，也可用BrF_3将GeO_2氟化成GeF_4

$$3GeO_2 + 4BrF_3 \longrightarrow 3GeF_4 + 3O_2 + 2Br_2 \qquad (3\text{-}40)$$

此反应能定量进行。

在13.33 kPa压力下，将四氟化锗加热到1000℃时不会分解。GeF_4易水解，水解的结果生成胶状GeO_2沉淀及HF。向GeF_4的稀水溶液中加入KOH，即析出K_2GeF_6沉淀，这表明在GeF_4水溶液中有GeF_6^-离子形成。

当GeF_4气体通过100℃以上的还原锗，或者通过350℃以上的晶体锗，Ge(Ⅳ)被还原，生成白色具有挥发性的固态GeF_2。压力为0.1 MPa的GeF_4气体从热的$AlCl_3$，$MgCl_2$或$FeCl_3$上通过时，发生卤素交换反应，获得GeF_4而不生成混合卤化锗。

将GeO_2溶于浓氢氟酸，配成清澈溶液，然后置于浓H_2SO_4上蒸发可得$GeF_4 \cdot 3H_2O$无色晶体。产物具有很强的吸湿性。它容易溶于水并缓慢水解。$GeF_4 \cdot 3H_2O$受热即分解，故不能用加热脱水的方法来制取无水盐。

2．四溴化锗($GeBr_4$)

(a)四溴化锗的制备。单质锗与溴可以直接化合成 $GeBr_4$。用氮气稀释的溴蒸气通过 220℃ 的锗粉即生成 $GeBr_4$，产物收集在用冷水冷却的收集器中，用蒸馏法除去剩余的溴，收率接近理论产率。或者以粉状的锗与溴液作用 4 h 后，加热使过量的溴蒸发掉，再用 Hg_2Cl_2 除去残余的溴，然后进行蒸馏可得纯 $GeBr_4$。此外也可将 GeO_2 与 10 倍重量的 HBr 一起在油浴上加热 24 h，生成 $GeBr_4$ 后进行蒸馏提纯。

(b)四溴化锗的性质。它是白色晶体，在紫外光作用下呈黄色。$GeBr_4$ 容易水解，遇湿空气则冒烟。

活泼金属例如镁在 25～40℃ 就能将 $GeBr_4$ 还原成黑色金属锗。活泼氯化物($C_6H_5PCl_2$)可与 $GeBr_4$ 进行卤素交换反应，$GeBr_4$ 首先转变成氯溴化锗，然后变成 $GeCl_4$，产率 57%，其他产物还有 $GeCl_3Br$。$GeBr_4$ 与 $GeHCl_3$ 也有卤素交换反应，而 $GeBr_4$ 与 $SnCl_4$ 之间无类似反应。

$GeBr_4$ 与硝酸的反应和 $GeCl_4$ 相似，可被转化成 GeO_2，放出氮的氧化物。$GeBr_4$ 与干燥的 NH_3 能生成白色固体化合物。

$GeBr_4$ 遇 KOH 溶液(1∶4)立即反应，反应过程中先析出 GeO_2，新析出的 GeO_2 又迅速溶解于过量的碱溶液，生成锗酸钾。

$GeBr_4$ 与乙酰丙酮缓慢作用形成二溴化二乙酰丙酮锗。$GeBr_4$ 溶于无水乙醇，CCl_4，苯，乙醚及丙酮，它溶于丙酮后慢慢分解，放出溴蒸气。

3．四碘化锗(GeI_4)

(a) 四碘化锗的制备。单质锗和碘也能直接化合成 GeI_4，这与上述三种四卤化锗的合成相似。以 CO_2 气稀释的碘蒸气通过加热的锗粉，在 220℃ 时开始生成 GeI_4，360℃ 时反应剧烈进行。

GeO_2 与 HI 酸在微沸下反应，然后加热蒸发浓缩，滤出 GeI_4 晶体，或者在反应后用 CCl_4(或苯)萃取，都可得到 GeI_4 粗产品。这

是制取 GeI_4的简易方法。粗制的 GeI_4可通过真空中升华或者在 $CHCl_3$内重结晶等方法加以提纯。

(b) 四碘化锗的性质。GeI_4晶体属立方晶系，$a=1197$ pm，空间群为 Pa3，$z=8$。

GeI_4的热稳定性较差，干燥的 GeI_4加热至 400℃ 即分解。GeI_4的水解不如 $GeCl_4$，$GeBr_4$那么强烈，它在湿空气中缓慢转变成 H_2GeO_3与 HI。在 25℃ ±1℃时的水解反应热为 40.33 kJ/mol

$$GeI_{4(s)} + 3H_2O \rightleftharpoons H_2GeO_{3(l)} + 4H^+ + 4I^- + 40.33kJ/mol \tag{3-41}$$

GeI 与液氨作用的产物是 $Ge(NH)_2$；若以 $C_2H_5NH_2$代替液氨则生成 $Ge(NC_2H_5)_2$。干燥的氨气通入 GeI 的 CCl_4溶液析出白色的 $GeI_4 \cdot 8NH_3$微晶沉淀；如果用有机胺代替氨气则得 GeI_4与 4，5，6，10 个分子胺的加合物。

GeI_4与浓硫酸在室温下经 24 h 而无反应，85℃时它们缓慢反应，析出碘。室温下 GeI_4能慢慢溶于浓盐酸，历时几周才能全部溶解。GeI_4也能溶于 1∶4 KOH 溶液，生成 K_2GeO_3，但比 $GeBr_4$与 KOH 溶液的反应慢得多。

GeI_4与 $SnCl_4$或 $ZnCl_2$，$CdCl_2$，$HgCl_2$，$AsCl_3$或 $SbCl_3$等一起回流能发生完全的卤素交换反应，生成 $GeCl_4$及相应的碘化物。GeI_4和 $SbCl_5$则按下式

$$2SbCl_5 + GeI_4 \longrightarrow 2SbCl_3 + GeCl_4 + 2I_2 \tag{3-42}$$

进行反应。

GeI_4易溶于 CS_2，CCl_4及苯。

三、锗(Ⅳ)的混合卤化物

已经研究过的锗(Ⅳ)的混合卤化物有：GeF_3Cl，GeF_2Cl_2，$GeFCl_3$，$GeCl_2Br_2$与 $GeCl_3Br$ 等。它们的性质介于两种卤素的单一四卤化锗之间，并且都不稳定，容易变成单一的四卤化锗。

GeF_3Cl，GeF_2Cl_2，$GeFCl_3$是在 $SbCl_5$催化剂作用下，由 SbF_3

和 $GeCl_4$ 在真空中反应而得到的。这 3 种化合物都不稳定，在 -78℃ 温度下保存时，就逐渐变成 $GeCl_4$ 和 GeF_4，其反应如下：

$$2GeF_2Cl_2 \longrightarrow GeF_3Cl + GeFCl_3 \quad (3\text{-}43)$$

$$4GeF_3Cl \longrightarrow 3GeF_4 + GeCl_4 \quad (3\text{-}44)$$

$$4GeFCl_3 \longrightarrow GeF_4 + 3GeCl_4 \quad (3\text{-}45)$$

混合卤化锗(Ⅳ)溶于无水乙醇，遇水很快水解，生成 GeO_2 沉淀。它们能与稀 KOH 溶液剧烈反应，生成物都可溶。

四、卤代锗烷(GeH_nX_{4-n})

卤代锗烷中最重要的是三卤代锗烷 $GeHCl_3$ 和 $GeHBr_3$，此外还有 GeH_3Cl，GeH_2Cl_2 及 GeH_3Br，GeH_2Br_2。

1. $GeHCl_3$

$GeCl_2$ 与无水 HCl 容易起反应，产物是 $GeHCl_3$，或者用 $GeCl_4$ 蒸气和 H_2 在石英管中加热到 900℃ 均可制得 $GeHCl_3$。锗粉与用氮气稀释的 HCl 气一起加热到 500℃ 也能制备 $GeHCl_3$。

$GeHCl_3$ 分子具有 $CHCl_3$ 型的四面体结构，Cl—Ge—Cl 键角为 108°17′。$GeHCl_3$ 在 75℃ 蒸馏时有部分分解成 $GeCl_2$ 与 HCl，强热时分解成 Ge，$GeCl_4$，HCl。碘能使 $GeHCl_3$ 转化成 $GeICl_3$，其反应如下：

$$GeHCl_3 + I_2 \longrightarrow GeICl_3 + HI \quad (3\text{-}46)$$

$GeHCl_3$ 在醇类介质中能缓慢分解放出氢气，其反应如下：

$$2GeHCl_3 \xrightarrow{\text{乙醇}} GeCl_4 + GeCl_2 + H_2 \quad (3\text{-}47)$$

$GeHCl_3$ 在辛醇内发生分解反应放出氢气，暴露于空气中能被氧氧化成白色的 $GeOCl_2$。

$$2GeHCl_3 + O_2 \longrightarrow 2GeOCl_2 + 2HCl \quad (3\text{-}48)$$

$GeHCl_3$ 溶于盐酸后用水冲稀时，会立即水解生成 $Ge(OH)_2$ 沉淀。

$$2GeHCl_3 + 4H_2O \longrightarrow 6HCl + 2Ge(OH)_2 \quad (3\text{-}49)$$

$GeHCl_3$与 Na_2CO_3溶液也可生成 $Ge(OH)_2$沉淀，反应如下：

$$2GeHCl_3 + 3Na_2CO_3 + H_2O \longrightarrow 6NaCl + 3CO_2 + 2Ge(OH)_2 \quad (3\text{-}50)$$

此反应实际上是 $GeHCl_3$ 先发生水解反应，产生的盐酸再与 Na_2CO_3作用生成 NaCl 和 CO_2。

2. $GeHBr_3$

用制取 $GeHCl_3$类似的方法可以制得 $GeHBr_3$，或者把 GeS 溶于 40％HBr 溶液也能获得 $GeHBr_3$。

$GeHBr_3$是无色液体，它与 $CHCl_3$，$GeHCl_3$能发生卤素交换反应

$$GeHBr_3 + CHCl_3 \longrightarrow GeHClBr_2 + CHCl_2Br \quad (3\text{-}51)$$

$$GeHBr_3 + GeHCl_3 \longrightarrow GeHClBr_2 + GeHCl_2Br \quad (3\text{-}52)$$

3. GeH_2Cl_2及 GeH_3Cl

在催化剂 $AlCl_3$ 作用下，GeH_4 与适量的 HCl 反应，可生成 GeH_3Cl 与 GeH_2Cl_2。

$$2GeH_4 + 3HCl \longrightarrow GeH_3Cl + GeH_2Cl_2 + 3H_2 \quad (3\text{-}53)$$

经分馏可将 GeH_2Cl_2 与 GeH_3Cl 分离。－78℃ 的液氨能从 GeH_2Cl_2中夺取 HCl，析出褐色金属锗沉淀。

$$GeH_2Cl_2 + 2NH_3 \longrightarrow Ge + 2NH_4Cl \quad (3\text{-}54)$$

GeH_3Cl 中 H—Ge—H 键角为 111°04′。

在真空中，－78～50℃ 温度下，液氨与 GeH_3Cl 起反应生成 GeH_4和$(GeH)_x$。

GeH_3Cl 遇水生成白色沉淀，此沉淀逐渐变成淡黄色。

4. GeH_3Br 及 GeH_2Br_2

在 $AlBr_3$ 催化剂作用下，GeH_4 与干燥的 HBr 起反应，生成 GeH_3Br 及 GeH_2Br_2。在类似条件下，GeH_4 与 HI 不能形成碘锗烷，只能得到 GeI_2。

GeH_3Br 中 H—Ge—H 键角为 112°。

卤代锗烷的一些物理性质见表 3-24。

表 3-24　卤代锗烷的一些物理性质

性　质	$GeHCl_3$	GeH_2Cl_2	GeH_3Cl	$GeHBr_3$	GeH_2Br_2	GeH_3Br	GeH_2I_2	GeH_3I
mp/℃	−71	−68	−52	−25	−15	−32	−44.9	−15
bp/℃	75	69.5	28		89	52		
蒸气压/kPa	3.53	4.92	24.66	0.25	0.87	9.84	0.01	2.67
测定温度/℃	0.7	0.4	−5.0	0	0.6	−3.3	0	0
密度/$g\cdot cm^{-3}$	1.93	1.90	1.75		2.80	2.34		
测定温度/℃	0	−68	−52		0	29.5		
Ge—X 键距/pm	211.4		214.7			229.7		
Ge—H 键距/pm	155		152		155			
Raman 频率/cm^{-1}, δ_{12}	149			95				
δ_3	181			128				
ν_1	409			273				
ν_{23}	438			325				
ν_{45}	699			474				
ν_4	2159			2116				

第四节　锗的硫化物及硫族化合物

一、锗的硫化物

锗的硫化物是比较重要的化合物，因为相当部分锗以硫化物的形态存在于各种硫化矿中。所以硫化锗的性质与锗的提取密切相关。锗有一硫化锗（GeS）、三硫化二锗（Ge_2S_3）和二硫化锗（GeS_2）3 种化合物。其基本性质见表 3-25。

表 3-25　锗的硫化物的物化性质

硫化物	色彩	结晶构造	硬度	比重	熔点/℃	沸点/℃	离解温度/℃	升华温度/℃	氧化温度/℃	还原温度/℃	水中溶解度/%（20℃）	易溶于
GeS	黑	斜方 $a=0.430$ nm $b=1.024$ nm $c=0.365$ nm	2	3.54～4.012	530～665	650～850	>600	>350（真空中）	>300 始	800（H_2）	0.24	$(NH_4)_2S$，热 HNO_3，HCl
GeS	红棕			3.31								HCl，碱
GeS	棕黄											$(NH_4)_2SO_4$
Ge_2S_3	棕黄				728			>650			难	NH_3，H_2O_2
GeS_2	白	斜方 $a=1.168$ nm $b=2.230$ nm $c=0.687$ nm	2～2.5	2.70～2.942	800～840	904	>600 800 完全	420 始 720 完全	>25 始 >380 加快	400（H_2）	0.45	热 碱，NH_3，12 当量 HCl，$(NH_4)_2S$

(一) 一硫化锗(GeS)

制取 GeS 有湿、干两种方法。湿法是从含有两价锗化合物的酸性溶液中通入硫化氢，当 H_2S 通过两价锗的热盐酸溶液时，便立即有暗红色的沉淀物析出。从冷溶液中沉淀出来的是呈光亮的黄色 GeS。在惰性气氛下加热无定形 GeS 到 450℃能使之转变成结晶形 GeS，结晶形 GeS 呈黑色。

干法是以锗酸盐为原料，如果原料中含砷，首先在 800℃于氮气保护下预热除砷，然后往 820℃的粉末锗酸盐通氨气便会生成 GeS。生成的 GeS 挥发后收集于冷凝器内。

也可用氢还原 GeS_2 制取 GeS。将金属锗置于 H_2S 气流中，加热到 850℃便生成 GeS 并开始挥发。挥发物是针状或片状结晶，而粉末 GeS 为黑色。

还可用 H_2S 和氢的混合气体在温度 700℃以上与粉末状的 GeO_2 作用，制取 GeS。

湿法用 H_3PO_4 还原 GeS_2 的方法也可制得 GeS，即将 H_2S 气通入含 6 mol /LHCl 的 $GeCl_4$ 水溶液中，待析出 GeS_2 沉淀后，将容器置于蒸汽浴上加热，并加入 H_3PO_4 搅拌至 GeS_2 沉淀消失，溶液无色清澈为止。将溶液冷却后用 H_2S 饱和，在继续通 H_2S 的情况下，用氨水中和至生成 GeS 沉淀。将沉淀在氮气氛中过滤，并在充氮气且有 P_2O_5 的干燥器中干燥，得到红色无定形粉末状 GeS，在真空中 600℃温度下此 GeS 粉末会升华，转变为黑色正交双棱锥形的 GeS 晶体。

GeS 晶体属正交晶系，晶胞参数 $a = 429$ pm，$b = 1042$ pm，$c = 364$ pm，空间群为 Pnma-D_{2h}^{16}。在 GeS 晶体中每个锗原子周围围绕着 6 个硫原子，形成八面体结构。Ge-S 间距为 247，264，291，300 pm，计算密度为 4.24 g/cm^3。摩尔磁化率为 -4.92×10^{-6}。

GeS 有棕色的无定形 GeS 与黑色斜方晶系的 GeS。前者可在 450℃和氮气氛中经数小时而转变成晶形。GeS 在 350℃时开始按式 3-55 氧化形成 $GeSO_4$。当温度高于 350℃时，则按式 3-56 氧化，其氧化产物主要为 GeO_2。

$$GeS + 2O_2 = GeSO_4 \tag{3-55}$$

$$GeS + 2O_2 = GeO_2 + SO_2 \tag{3-56}$$

氧化初期反应较快，后因 GeO_2膜的形成，减缓了反应的速度。气氛和温度对 GeS 挥发的影响如图 3-11 所示。

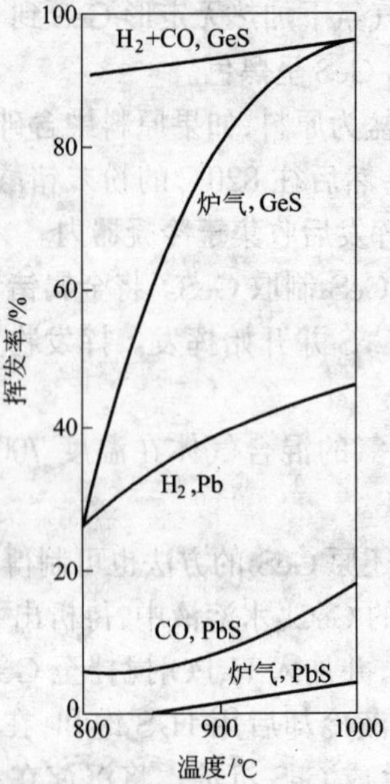

图 3-11　气氛和温度对 GeS 挥发的影响

由图可见，还原性气氛有利于 GeS 的挥发。

GeS 在 500℃温度下有很高的蒸气压，有众多的研究者测定过 GeS 的蒸气压，部分蒸气压数据见表 3-26。

表 3-26　GeS 的蒸气压数据

文献[30]		文献[31]		文献[32]		文献[33]	
温度/℃	p/Pa	温度/℃	p/Pa	温度/℃	p/Pa	温度/℃	p/Pa
305.3	0.27	338	0.061	433	11.89	525	439.89
310.8	0.036	348	0.111	437	16.80	545	759.81

续表 3-26

文献[30]		文献[31]		文献[32]		文献[33]	
温度/℃	p/Pa	温度/℃	p/Pa	温度/℃	p/Pa	温度/℃	p/Pa
319.2	0.059	356	0.173	440	15.46	555	973.09
322.3	0.069	361	0.243	450	24.39	563	1199.7
328.2	0.098	364	0.280	460	25.46	577	1906.2
331.0	0.114	368	0.301	466	41.32	585	2132.8
335.3	0.141	375	0.424	474	62.12	591	2546.0
347.9	4.186	378	0.583	485	81.71	602	3332.5
353.1	4.692	382	0.725	503	110.24	620	4025.7
359.0	6.932	387	0.881	544	97.98	612	4545.5
365.9	16.40	399	1.697	570	32.26	635	6145.1
375.7	15.60			585	71.98	647	7264.9
				630	299.9	662	9091.1

有研究者经综合取平均值导出下列方程。其数据在 300～615℃范围内与实验数据吻合较好。

$$\lg p = -1111.0/T + 1.415 \quad (3\text{-}57)$$

液态 GeS 的蒸气压可用下式计算：

$$\lg p = -852.9/T + 1.1597 \quad (3\text{-}58)$$

GeS 在 390～485℃温度下，不会明显分解。

GeS 难溶于液氨，也不发生氨解，在液氨中的溶度积为 9×10^{-6}。

结晶状的 GeS 是稳定化合物，在热沸的酸或碱中极少溶解，可为 H_2O_2的氨溶液、氨水和高锰酸钾缓慢氧化。酸和碱在沸腾时也可与 GeS 作用。

而粉状的 GeS 却不稳定，在湿空气中会缓慢水解；GeS 遇水即迅速水解生成 $Ge(OH)_2$，并慢慢脱水生成 GeO。GeS 微溶于 NaOH 水溶液。当用酸中和此溶液时，则沉淀出红色无定形 GeS。无定形 GeS 可溶于$(NH_4)_2S$中，当加入酸时，可析出白色 GeS。无定形 GeS 较易溶于盐酸并放出 H_2S，它也易溶于碱式硫酸盐或碱液，而难溶于氨水、硫酸、氢氟酸和其他有机酸。常利用此性质，除去 GeS 中的 GeS_2。

总之，无定形 GeS 对氧化剂的稳定性较差、易于氧化，如它易被热的稀硝酸或双氧水所氧化。在 25℃ 时通氯气于 GeS 上随即生成 $GeCl_4$，当温度高于 150℃ 时 GeS 与气态 HCl 相互作用甚为强烈。530℃ 时 GeS 熔化，其熔体显黑色。

（二）三硫化二锗（Ge_2S_3）

Ge_2S_3 是 GeS_2 的离解产物。

$$2GeS_2 \longrightarrow Ge_2S_3 + 1/2S_2 \tag{3-59}$$

Ge_2S_3 是一种棕黄色的疏松粉末，是具有许多小孔和缝隙的细晶，728℃ 熔化。

Ge_2S_3 几乎不溶于所有的酸，甚至在王水中也不溶。易溶于氨水或 H_2O_2 中。

（三）二硫化锗（GeS_2）

将 GeO_2 溶于 KOH 水溶液，加入硫酸（或盐酸）进行酸化，用 HCl 时使溶液酸度达到 6 mol/L，通入 H_2S 气体，析出白色 GeS_2 沉淀，沉淀完全需要 48 h；或将 GeO_2 溶于 3 mol/L H_2SO_4 达到饱和后，通入 H_2S 气，生成白色 GeS_2 沉淀。迅速过滤，依次用 H_2S 饱和水溶液，H_2S 饱和醇溶液及乙醚洗涤沉淀，然后把它放在真空中干燥。

也可用干法制备 GeS_2。一种方法是在 1000～1400℃ 下，往锗粉通入硫蒸气。另一种方法是在 850℃ 下往锗粉通入 H_2S 和硫蒸气的混合气体。所生成的 GeS_2 都凝集在冷凝器内。此外，在硫蒸气中挥发一硫化锗 GeS 可制取 GeS_2。GeO_2 在硫蒸气中加热到 850℃ 也能制得 GeS_2。气体 $GeCl_4$ 与 H_2S 在 600～650℃ 下反应产物也为 GeS_2。不论用上述哪一种方法所制备的 GeS_2 都接近于其分子化学配比组成。

GeS_2 晶体属于正交晶系，晶胞参数 $a = 1166$ pm，$b = 2234$ pm，$c =$

686 pm, $z=24$。Ge—S_2 键距为 19 pm,空间群为 Fdd2,GeS_2 的密度 $D=2.94\ g/cm^3$,熔点约为 800℃。GeS_2 在水中的溶解度为 0.45 g/100 g。

晶体 GeS_2外形光亮并带有银色珍珠光泽,或在解理平面显珍珠光泽。各种 GeS_2的平面上都有立方形的并兼有使人产生油腻感的细鳞片。沿(001)和稍偏离(010)的解理面是极完全的。GeS_2 的莫氏硬度为 2.0～2.5,20℃时的密度为 2.70～2.94 g/cm^3,熔点为 707℃,温度高于熔点即蒸发。

有许多研究者测过 GeS_2的蒸气压,由此总结的公式见表 3-27。

表 3-27　固体 GeS_2的一些蒸气压力式

测定方法	温度范围/℃	蒸气压力/kPa	测定年份	文献来源
兰特苗尔泻流法	425～550	$\lg p=-\frac{1323.8}{T}+1.116$	1956	[34]
克鲁德申泻流法	420～490	$\lg p=-\frac{1575.87}{T}+1.789$	1956	[35]
泻流法		$\lg p=-\frac{11.822}{T}+13.423$❶	1956	[36]
克鲁德申泻流法	460～650	$\lg p=-\frac{1462.3}{T}+1.658$	1957	[37]
输运法(氩气)	500～800	$\lg p=-\frac{1203.7}{T}+5.86\times\lg T-185.5$	1960	[38]
兰特苗尔泻流法	550～675	$\lg p=-\frac{1423.6}{T}+1.592$	1961	[39]

❶ p 单位为×133.3 Pa。

有研究者对上述公式的计算结果与 500℃时各种方法的实测

值进行比较后认为，兰特苗尔法的测定值偏低，输运法的数据偏高，克鲁德申法较为准确。

气氛和温度对 GeS_2 挥发的影响如图 3-12 所示。

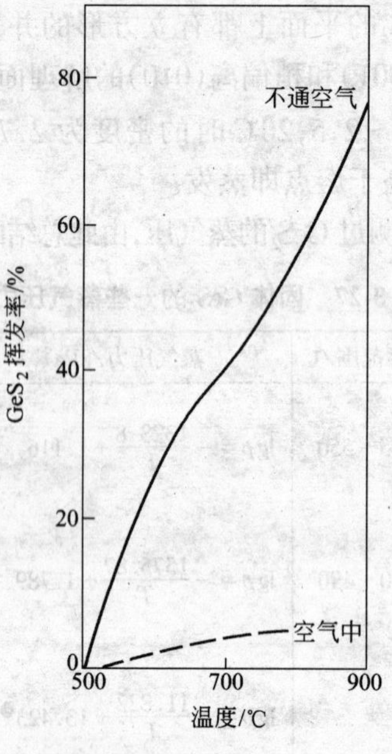

图 3-12 气氛和温度对 GeS_2 挥发的影响

从图 3-12 可见，在缺氧的情况下比在空气中，有利于 GeS_2 的挥发。在生产实际中，可以采用加入一定的还原剂，降低气相中氧含量的方法，促进 GeS_2 的挥发。

一些化合物的蒸气压与温度的关系如图 3-13 所示。

由图 3-13 可见，GeS_2 的蒸气压较之 As_2O_3、As_2S_3 和 GeS 都低，所以在富集锗的过程中，欲使锗富集于烟尘中，应使其以 GeS 形态存在。

在真空或惰性气流中 GeS_2 加热到 460～650℃ 时会发生下列反应：

$$GeS_{2(固)} = GeS_{2(气)} \tag{3-60}$$

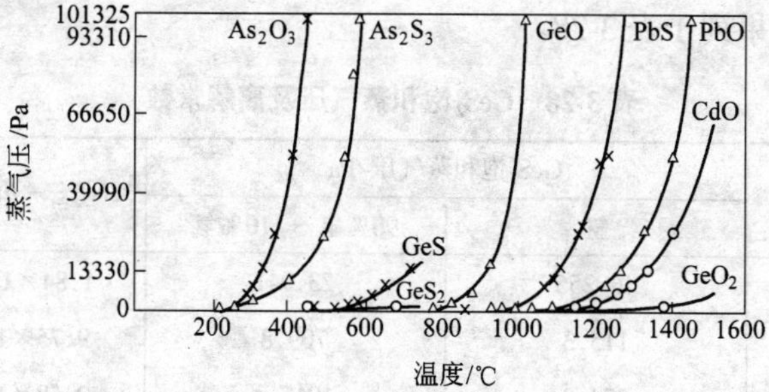

图 3-13　一些化合物的蒸气压与温度的关系

$$2GeS_{2(固)} = 2GeS_{(气)} + S_{2(气)} \tag{3-61}$$

$$2GeS_{(气)} = 2Ge_{(固)} + S_{2(气)} \tag{3-62}$$

$$GeS_{2(固)} = Ge_{(固)} + S_{2(气)} \tag{3-63}$$

据估算在 460～650℃ 范围内，GeS_2 可按反应式 3-61 反应生成 $2GeS_{(气)}$，但趋势不大。图 3-14 给出了用试验结果计算的反应式 3-61和式 3-62 的平衡压力。用外推法计算表明在 800℃ 时 GeS_2 按式 3-61 完全离解。此结果表明，在硫化矿进行焙烧，当温度大于 800℃ 时，矿中的硫化锗应以 GeS 形态存在，而挥发进入烟尘中。

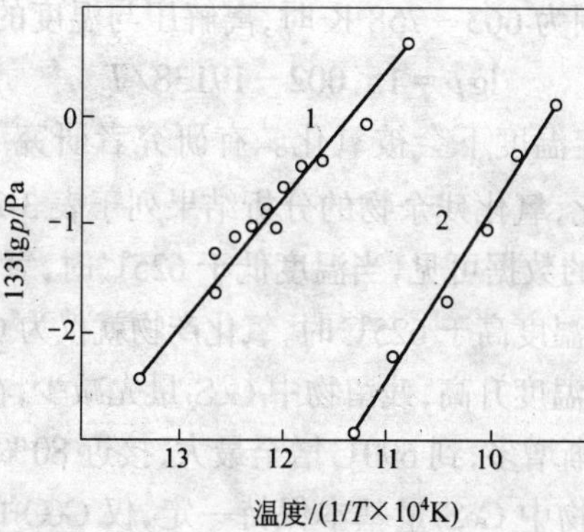

图 3-14　反应式 3-61 和式 3-62 的平衡压力

1—式 3-62 的平衡压力；2—按反应式 3-8 的 GeS_2 的离解压

有研究者研究了 GeS_2 在氩气和氢、氩混合气体中饱和蒸气压,其结果列于表 3-28。

表 3-28　GeS_2 饱和蒸气压及离解常数

温度/℃	GeS_2 饱和蒸气压/Pa		$K_{GeS_2}=p_{GeS}^2 p_{S_2}$
	氩	90%氩 + 10%氢	
500	46.255	23.941	1.84×10^{-11}
550	115.3	709.8	9.75×10^{-9}
600	374.3	1917.4	2.58×10^{-6}
650	1340.6	4710.3	5.12×10^{-4}
700	4376.8	8042.9	2.39×10^{-2}
750	12549.4		
800	42676		

由表 3-28 可见,550℃以上 GeS_2 在含氢氩气中的饱和蒸气压比单纯在氩气中高,这是因为 GeS_2 被氢还原成蒸气压更高的 GeS,氢还能与离解出来的 S 反应生成 H_2S 使反应右移所致。

有人研究了 GeS_2 按下式离解:

$$2GeS_{(气)} = 2Ge_{(固)} + S_{2(气)} \tag{3-64}$$

在温度范围为 663~758 K 时,离解压与温度的关系如下:

$$\lg p = 15.002 - 19138/T \tag{3-65}$$

GeS_2 在一定温度下会被氧化。有研究者研究了 GeS_2 在不同温度下等温氧化,氧化残余物的分析结果列于表 3-29。

从表 3-29 的数据可见,当温度低于 625℃时,氧化产物为 GeO_2 和 $Ge(SO_4)_2$,当温度高于 625℃时,氧化产物就仅为 GeO_2;在氧化时间 60 min 时,随温度升高,残留物中 GeS_2 量先减少,在 455℃达最小 37.4%,后又逐渐增多,到 690℃增至最大,接近 80%;在 440℃随时间的延长,残留物中 GeS_2 量基本保持一定,仅 GeO_2 的量逐渐增加,$Ge(SO_4)_2$ 的量逐渐减少。这些数据对锗在焙烧时的行为有参考价值。

GeS_2不溶于水、酸，室温下 GeS_2遇水缓慢水解，故能明显闻到 H_2S 的气味，如果使 GeS_2悬浮于水中并加热，能定量地生成水合 GeO_2。

表 3-29　在等温条件下 GeS_2氧化的气相产物组成(%)

氧化温度/℃	GeS_2氧化开始后的时间/min				
	20			40	
	GeS_2	GeO_2	$Ge(SO_4)_2$	GeS_2	GeO_2
440	58.2	23.4	18.4	58.8	29.7
455	73.6	14.2	12.2	46.2	35.1
500	58.5	18.1	23.4	53.4	20.0
530	68.6	12.2	19.2	61.4	12.2
570	57.7	17.2	25.1	64.8	18.0
625	71.9	26.9	1.2	64.7	32.9
675	78.5	21.5		74.5	25.5
690	80.5	19.5		79.2	20.8

氧化温度/℃	GeS_2氧化开始后的时间/min			
	40	60		
	$Ge(SO_4)_2$	GeS_2	GeO_2	$Ge(SO_4)_2$
440	11.5	57.8	30.6	11.6
455	18.7	37.4	46.6	16.0
500	26.6	50.0	21.9	28.1
530	26.4	57.1	12.5	30.4
570	17.2	63.6	18.1	18.3
625	2.4	62.6	37.4	
675		70.5	29.5	
690		77.9	22.1	

GeS_2微溶于液氨，在 −33℃ 液氨中的溶解度约为 2.12 g/100 g，溶解过程中不发生氨解反应。金属钠能置换此溶液内的锗，结果得到 Na_2S 及红棕色锗沉淀，其反应如下：

$$GeS_2 + 4Na \longrightarrow 2Na_2S + Ge \qquad (3\text{-}66)$$

若有过量的钠存在，沉淀的锗可与钠化合成Na_4Ge。

GeS_2可溶于氨水及碱性的水溶液，能溶于热碱液，特别是有H_2O_2的碱液。

硝酸可将GeS_2氧化成GeO_2和H_2SO_4。GeS_2溶于12mol/L HCl，放出H_2S气体。

热氨或$(NH_4)_2S$可溶解GeS_2，生成相应的亚酰胺锗。

俄罗斯学者用差热分析、X射线相分析和化学分析研究了SnS-GeS系。该体系的共晶组成为(mol %)：SnS25和GeS75，共晶温度为630℃，在525～605℃的温度区间，发现有SnS的多晶形转变。

二、锗的硫族化合物

锗可生成多种硫族化合物，GeSe、GeTe、$GeSe_2$。

(一) 一硒化锗(GeSe)

GeSe可由单质锗和硒在CO气氛中，500℃温度下直接化合。将H_2Se气体通入$GeCl_2$水溶液，即生成暗红色的GeSe沉淀。

GeSe晶体属四方晶系，晶胞参数 $a = 883$ pm，$c = 976$ pm，$z = 16$。经测定密度为5.30 g/cm^3，熔点约为667℃。

GeSe在空气中被迅速氧化。GeSe不溶于5%HCl、乙醇、醚。可溶于含溴的HCl及含H_2O_2的碱液，并氧化为GeO_2和Se。硝酸会将GeSe氧化为GeO_2和H_2SeO_4。

(二) 二硒化锗($GeSe_2$)

$GeSe_2$也可由单质合成。把化学计量的锗与硒混合后，放在CO_2气体中加热到500℃，即制得有金属光泽的黄橙色的$GeSe_2$晶体。把GeO_2溶于6mol/L HCl溶液，通入H_2Se气体，也能定量析出黄橙色的$GeSe_2$沉淀。

(三) 一碲化锗(GeTe)

Ge-Te系中有GeTe化合物存在。其熔点725℃。GeTe晶体属立方晶系。键力常数为2.9×10^2 N/m。

GeTe 能与热的浓盐酸、硫酸和水反应。王水、H_2O_2和 HCl 的混合物室温就能浸蚀 GeTe。

没有发现 $GeTe_2$化合物。

第五节　锗的氢化物

一、锗的氢化物

(一)一氢化锗$(GeH)_x$

有多种制备 GeH 的方法。碱金属锗化物 MGe 与湿空气或冷水反应；NaGe 与 NH_4Br 在液氨中反应；在 60℃ 温度下金属 Na 与 $GeHCl_3$蒸气反应；在真空中 - 78～ - 50℃ 温度下，液氨与GeH_3Cl作用都可制得棕色无定形固态一氢化锗。一氢化锗常以聚合物形式出现，所以其化学式写作$(GeH)_x$。

$(GeH)_x$不溶于无机及有机试剂。

$(GeH)_x$在干燥或近乎干燥时与空气接触，会立即分解，发生爆炸。在惰性气体或真空中缓慢分解。在真空中 100℃ 温度下缓慢分解，并放出氢气，160℃ 温度下分解时发生爆炸，生成 GeH_4和细粉状的锗。

$(GeH)_x$是一种强还原剂，可与卤素反应生成 GeH_4。HNO_3和 H_2O_2可把$(GeH)_x$氧化为 GeO_2。

(二) 二氢化锗(GeH_2)

在隔绝空气的情况下，用浓盐酸作用于氢化钠和锗化钙(CaGe)的混合物，可制得组成为(GeH_2)的黄色固体聚合物。用等体积的醇和浓盐酸处理 Mg_2Ge，Mg_2Ge 经水解后可得到不纯的$(GeH_2)_x$。热分解 Ge_2H_2也可得少量黄色$(GeH_2)_x$固体。

$(GeH_2)_x$在空气中干燥时会自燃。在隔绝空气的情况下$(GeH_2)_x$加热到 200℃，会缓慢分解为 Ge 和 H_2，加热到 300℃ 分解迅速。干燥的$(GeH_2)_x$被剧烈打击会迅速分解成 Ge 和 H_2，放出的氢气立即燃烧，并引起爆炸。

浓碱液作用于$(GeH_2)_x$，将会使其转变为GeH_4和碱金属的锗化物。浓盐酸与$(GeH_2)_x$作用，会生成H_2、Ge、GeH_4、Ge_2H_6、Ge_3H_8。溴易将$(GeH_2)_x$氧化为$GeBr_4$。$(GeH_2)_x$可被浓硝酸或加H_2O_2的醇和氨水氧化成GeO_2。

二、锗烷

(一) 锗烷的制备

单质锗和氢不能直接化合成锗烷。

锗烷的制备方法较多。早期在乙醚介质中用$LiAlH_4$还原$GeCl_4$制备锗烷，将气体产物中的乙醚蒸气分离出去，可得纯锗烷。将Mg_2Ge在稀酸（如盐酸）溶液中水解，是制备锗烷的古典方法。大约20%～25%的锗转变为锗烷，其中GeH_4占73.6%，Ge_2H_6占20%，Ge_3H_8仅占1%。此外还可从Mg_2Ge的水解产物中分离较高级的锗烷Ge_4H_{10}和Ge_5H_{12}。

用还原剂或者电解法可把水溶液中的Ge(Ⅳ)还原为锗烷。如用镁、锌等可从含Ge(Ⅳ)的硫酸溶液中还原出少量锗烷，并放出大量氢气。

较好的制备锗烷的方法是用NH_4Br与悬浮于液氨中的Mg_2Ge作用，将有60%～70%的锗转变为各种锗烷。

用$NaBH_4$还原酸性溶液中的Ge(Ⅳ)也可以制取锗烷。如把GeO_2溶于1 mol/L HBr溶液，逐滴加入过量的$NaBH_4$水溶液(5 g $NaBH_4$溶于100 mL水)，生成锗烷与氢气，将产物冷却到-196℃，锗烷冷凝即可与氢气分离。所得锗烷中98%为GeH_4，1%为Ge_2H_6。

将GeH_4循环通过低压（0.05 MPa）无声放电，可转变为Ge_2H_6、Ge_3H_8、Ge_7H_{16}、Ge_8H_{18}。

(二) 锗烷的性质

各种锗烷受热均匀分解，且随锗烷中锗原子数的增加，热稳定性减弱。一些锗烷的物理性质可见表3-30。

表 3-30　锗烷的物理性质

性　质	GeH_4	Ge_2H_6	Ge_3H_8	Ge_4H_{10}	Ge_5H_{12}
mp/℃	−164.8	−109	−105.6		
bp/℃	−88.1	29	110.5	176.9	234
熔化热/J·mol^{-1}	835.55				
蒸发热/kJ·mol^{-1}	14.06	26.78	33.47	40.38	47.28
蒸气压/kPa					
−127℃	5.3				
−115℃	14.25				
−95℃	52.35				
−68.1℃		0.64			
−10.2℃		15.27			
0℃		23.90			
18.8℃		50.35			
25.3℃			39.9		
45℃			9.09		
80.9℃			31.7		
99.5℃			54.5		
密度/g·cm^{-3}(在熔点)	1.52 (−142℃)	1.98	2.20		
临界温度/K	308	483	588	665	730
临界压力/MPa	5.48	4.57	3.79	32.5	28.8
生成热/kJ·mol^{-1}	90.37	161.92			
键能/kJ·mol^{-1}					
Ge—H	288.70				
Ge—Ge		158.57			
Ge—H 键距/pm	152.7				
Ge—Ge 键距/pm		241	241		

甲锗烷(GeH_4)在 280℃时缓慢分解成锗和氢，375℃迅速分解。在压力为 26.7 kPa 时，乙锗烷(Ge_2H_6)于 215℃左右分解。丙锗烷(Ge_2H_8)195℃开始分解。丁锗烷(Ge_4H_{10})50℃缓慢分解，

100℃迅速分解成 GeH_4 及液体产物。Ge_5H_{12} 在温度高于 100℃时分解为 GeH_4 及固体产物。当温度在 350℃以上所有较高级的锗烷都分解成锗和氢。有人研究利用此性质制取锗。

锗烷不同于硅烷,在空气中不能自燃,需要加热才能氧化。随锗烷中锗原子的增加,更容易氧化。常温下,GeH_4 能和纯氧混合而不起作用,加热到 160~183℃可逐渐被氧化。如果在减压状态下,加热至 320℃才能发生氧化反应,生成白色的 GeO_2 和 H_2O。Ge_2H_6 比 GeH_4 易氧化,100℃就氧化成 GeO_2 和 H_2O,Ge_3H_8 更易氧化,放在空气中不久就变成白色的 GeO_2 固体。

硅烷在稀碱溶液中迅速分解,而锗烷不同。GeH_4、Ge_2H_6、Ge_3H_8 都不与稀碱溶液作用,与 33%的浓碱溶液也不发生化学反应。

GeH_4 是强还原剂,与 $AgNO_3$ 水溶液反应,能放出氢气,并析出黑色的锗与银的混合物。

GeH_4 及 Ge_2H_6 的液氨溶液有导电性。其中 Ge_2H_6 液氨溶液的导电率比纯液氨大 10000 倍。此溶液能导电的原因是生成了 NH_4^+、GeH_3^- 及 $Ge_2H_4^{2-}$ 离子。GeH_4 的液氨溶液和钠、钾等活泼金属能发生置换反应,放出氢气并生成白色固态 $NaGeH_3$ 和 $KGeH_3$,这两种化合物室温下都不稳定。

Ge_2H_6、Ge_3H_8 均能溶于 CCl_4,并起反应生成 $GeCl_4$。

第六节 锗的合金

锗能与许多金属和非金属单质形成合金,其性质各异。锗可用作金属添加剂,使金属性质变好。锗也可以与硅形成多种成分,性质不同的合金半导体,用途广泛。

锗能与许多金属形成二元合金。锗的二元合金相图见附录Ⅱ。

锗与一些金属和非金属还可以形成一些三元和四元合金。几种典型的合金介绍于后。

一、锗金合金

金属锗与金在氢气中加热到960℃,可制备锗金合金。在锗含量为12%时,具有共晶点,共晶温度为356℃。锗金合金具有很好的可铸性,对金铜合金和金有良好的焊接性。锗-金二元相图如图3-15所示。

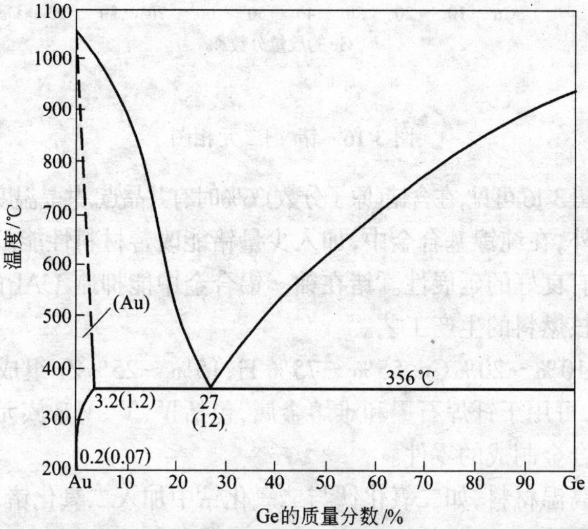

图3-15 锗-金二元相图

二、锗铜合金及其他

锗在铜中有一个较宽的溶解区域。而铜在锗中的溶解度不高。铜中锗含量较高时会形成金属间化合物 Cu_3Ge。合金随锗含量的增加,对酸的抗腐蚀性增加。在铜中加入少量锗能提高合金的硬度,还可使合金不受盐酸和硫酸腐蚀,当合金含锗量>25%时,可不受硝酸腐蚀,而只能溶于王水。锗-铜二元相图如图3-16所示。

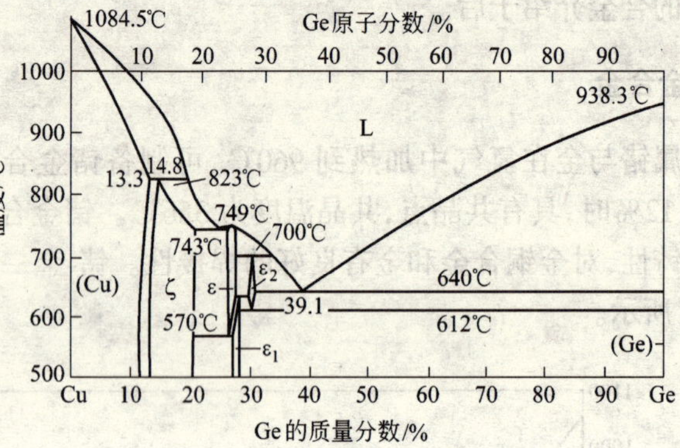

图 3-16　锗-铜二元相图

由图3-16可见,在含锗(原子分数)36%时有共晶点,共晶温度640℃。

此外,在纯镍基合金中,加入少量锗能改善材料性能。锗还能使铍具有良好的延展性。锗在铀－铝合金中能抑制 UAl_4 的生成,简化了核燃料的生产工艺。

由10%～20%Ge、55%～75%Ti、15%～25%Zr组成的锗钛锆合金,可用于钎焊石墨和难熔金属,包括Ⅳ、Ⅴ、ⅥB族元素的单质及其合金制成的零件。

在高温材料,如二氧化钛与二氧化钴中加入二氧化锗,能稳定钴的转变。

锗合金中会生成多种金属间化合物,锗与金属形成的部分金属间化合物的性质见表3-31。

表 3-31　锗的某些金属间化合物性质

化合物	晶　系	空间群	晶胞参数			密　度
			a	*b*	*c*	
LiGe	四方		43.8		58.0	
NaGe	单斜	$P(2_1/c)$	123.3	67.0	114.2	3.09

续表 3-31

化合物	晶 系	空间群	晶胞参数			密 度
			a	*b*	*c*	
KGe	立方		127.8		−2.78	
RbGe	立方		131.9			3.63
CsGe	立方		136.7			4.28
ε-Cu_3Ge	正交	P(6/m)mc	26.5	45.5	42.0	14.00
Mg_2Ge	立方	Fm3m	63.9			3.09
Ca_2Ge	正交	Pnma	90.7	77.3	48.3	
CaGe	正交	Cmcm	40.0	45.8	108.4	
BaGe	正交	Cmccm	50.7	119.8	43.0	
$BaGe_2$	立方	P4,32	145.2			4.28
Sc_5Ge_3	六方	P(6/m)cm	79.4		58.8	2.76
Y_5Ge_3	六方	P(6/m)cm	84.7		63.5	5.40
La_5Ge_3	六方	P(6/m)cm	89.6		68.0	
Ce_5Ge_3	六方	P(6/m)cm	88.8		65.7	
Pr_5Ge_3	六方	P(6/m)cm	88.0		66.0	
Ni_5Ge_3	六方	P(6/m)cm	87.6		65.7	
Sm_5Ge_3	六方	P(6/m)cm	86.5		64.9	
Gd_5Ge_3	六方	P(6/m)cm	85.5		64.1	
Tu_5Ge_3	六方	P(6/m)cm	83.1		62.3	
Lu_5Ge_3	六方	P(6/m)cm	82.4		61.7	
TiGe	正交	Pm2m	38.1	52.3	68.3	5.86
ZrGe	正交	Pnma	70.8	39.0	54.0	
$HfGe_2$	正交	Cmcm	38.2	150.0	37.8	
$V_{11}Ge_8$	正交		134.1	160.9	50.2	6.89
NbGe	六方	$P6_222$	49.6		67.7	

续表 3-31

化合物	晶系	空间群	晶胞参数			密度
			a	*b*	*c*	
α- Ta_5Ge_3	四方	I(4/m)cm	66.0		120.1	
$TaGe_2$	六方	$P6_222$	49.5		67.4	
Cr_3Ge	立方	Pm3n	46.1			7.28
Mo_3Ge	立方	Pm3n	49.3			9.70
Mn_3Ge_3	六方	P(6/m)cm	71.84		50.5	
$Mn_{11}Ge_8$	正交		132.2	158.3	50.9	7.38
Fe_3Ge	立方	Pm3n	35.7			
$FeGe_2$	四方	I(4/m)cm	59.0		49.4	7.70
$CoGe_2$	四方		56.8	56.8	108.1	
NiGe	正交	Pnma	58.1	53.8	34.3	
RuGe	立方	P213	48.5			
RhGe	正交	P(4/n)cm	57.0	64.8	32.5	9.70
PdGe	正交	P(4/n)cm	62.58	57.8	34.8	
$OsGe_2$	四方	C(2/m)	89.9	30.9	76.9	11.10
IrGe	正交	Pnma	62.8	56.1	34.9	
PtGe	正交	Pnma	60.9	57.3	37.1	
$PtGe_2$	正交	Pnma	61.9	57.7	29.1	
$ThGe_2$	四方	P(4/m)bm	79.7		41.7	10.48
U_5Ge_3	六方	P(6/m)cm	85.8		57.9	13.4
Pu_2Ge_3	六方	P(6/m)mm	39.75		42.0	10.60

锗还可形成不多的三元系合金，如铜-锗-硅系合金，铜-锌-锗系合金，钴-锗-碳系合金和铁-锗-碳系合金。铜-锗-硅系可生成均

匀的合金，其晶格常数列于表3-32。

表3-32 铜-锗-硅系面心立方体α-合金的晶格常数

组分/%（原子）			晶格常数/nm
Cu	Si	Ge	
90.0	7.5	2.5	0.3675
90.0	5.0	5.0	0.36247
90.0	2.5	7.5	0.36420

美国的研究人员发现，镱、镓和锗3种金属组成的金属间化合物，在加热条件下，既不膨胀也不收缩，还导电。这种新型材料解决了航天飞机设计中棘手的热膨胀和收缩问题。

此外，锗与硅、砷、锑能形成四元系合金。

三、锗硅合金

硅是应用最广泛的半导体，用硅制造的集成电路已进入千家万户。但是硅是间接带隙半导体，带隙宽度一定，所以限制了它应用的进一步扩展。随着"能带工程"、"材料工程"的深入研究，硅基异质结构应运而生，为剪裁能带、设计异质结构、调整电学和光学性质、制造新功能器件等提供了有力的工具。在硅基异质材料中，SiGe/Si是研究得最多、最深入的一类材料。

（一）晶体结构

Si和Ge两者都具有金刚石型晶体结构，可以形成无限固溶体$Si_{1-x}Ge_x$，组分x可在0～1之间取任意值。金刚石晶体结构是由两套面心立方晶格(fcc)相对位移体对角线1/4而构成的。图3-1为它的元胞结构示意图。

金刚石结构的空间群是Fd3m，其立方元胞包含8个原子，分别占据下列位置：

0	0	0	0	1/2	1/2	1/2	0	1/2	1/2	1/2	0
1/4	1/4	1/4	1/4	3/4	3/4	3/4	1/4	3/4	3/4	3/4	1/4

这里，分数代表一立方体边长为单位的原子位置坐标。金刚石结构中，每个原子有 4 个最近邻原子和 12 个次近邻原子。4 个最近邻原子分别位于正四面体的 4 个顶点，并与该原子形成 4 个共价键。金刚石结构就是靠原子间的共价键形成的，在图 3-1 中共价键用圆棒表示。金刚石结构并不致密，原子实(硬)球只占整个有效空间的 34%。

(二) 晶格常数

Dismukes 等人对整个 $Si_{1-x}Ge_x$ 合金系的晶格常数(和密度)做了精确细致的观测，包括由室温到 800℃的温度范围内晶格常数随温度的变化情况。表 3-33 列出 25℃时 $Si_{1-x}Ge_x$ 合金的晶格常数，表中每行的 Ge 组分改变 5 个原子百分点(5at%)。这些结果与 Vegard 定则得出的结果之间偏差很小。依照 Vegard 定则，以 Si 和 Ge 的晶格常数为两个终端值，$Si_{1-x}Ge_x$ 合金的晶格常数取线形插入值。$Si_{1-x}Ge_x$ 合金实际的晶格常数同 Vegard 定则之间的差别为：

$$\Delta = \alpha_{SiGe} - [\alpha_{Si}(1-x) + \alpha_{Ge}x]$$

表 3-33 同时列出了各种合金的 Δ 值。Δ 值均为负值，最大值在 $x=0.5$ 附近。用蒙特·卡罗方法进行理论计算也得到类似结论。利用文献资料给出的 $x=0\%$、$x=25\%$、$x=100\%$ 时的晶格常数数据，可以得出 $Si_{1-x}Ge_x$ 合金晶格常数 $\alpha_{(x)}$ 与组分 x 呈抛物线关系：

$$\alpha_{(x)} = 0.002733x^2 + 0.01992x + 0.5431$$

由此得出的 $\alpha_{(x)}$ 与实验值的最大偏差仅为 10^{-4}nm。有人对高纯度单晶 Si 进行了高精度测量，得出 Si 的晶格常数 $\alpha_{Si}=0.5431$ nm。据报道，本征 Ge 单晶的室温晶格常数 α_{Ge} 值为 0.56753～0.56759 之间。

表 3-33 $Si_{1-x}Ge_x$ 合金的晶格常数 $\alpha_{(x)}$ 及其与 Vegard 定则的偏差 Δ 随组分 x 值的变化情况 (x 值从 0～100at%，间隔为 5%)

x/at%Ge	$A_{(x)}$/nm	Δ
0	0.54310	—
5	0.54410	−0.0004
10	0.54522	−0.0014

续表 3-33

x/at%Ge	$A_{(x)}$/nm	Δ
15	0.54624	-0.0026
20	0.54722	-0.0041
25	0.54825	-0.0051
30	0.54928	-0.0062
35	0.55038	-0.0065
40	0.55149	-0.0067
45	0.55261	-0.0068
50	0.55373	-0.0069
55	0.55492	-0.0063
60	0.55609	-0.0060
65	0.55727	-0.0055
70	0.55842	-0.0053
75	0.55960	-0.0048
80	0.56085	-0.0027
85	0.56206	-0.0023
90	0.56325	-0.0019
100	0.56575	—

有研究者采用扩展的 X 射线吸收精细结构谱(EXAPS)和 X 射线衍射谱(XRD),分析了 Si 基衬底上 SiGe 应变层中键长的情况。结果表明,Si-Ge、Ge-Ge 和 Si-Si 最近邻距离分别为 0.238nm ±0.002nm,0.242nm±0.002nm,0.235nm±0.002nm,接近组成它们的元素的共价键半径之和,而与 Si-Ge 合金的组分无关。然而晶格常数随 Ge 组分单调变化,因此,结构的改变主要表现为键角的变化,而不是键长的变化。

(三) 锗—硅二元相图

锗—硅二元相图如图 3-17 所示。

硅和锗在固态和液态能无限量地相互溶解。

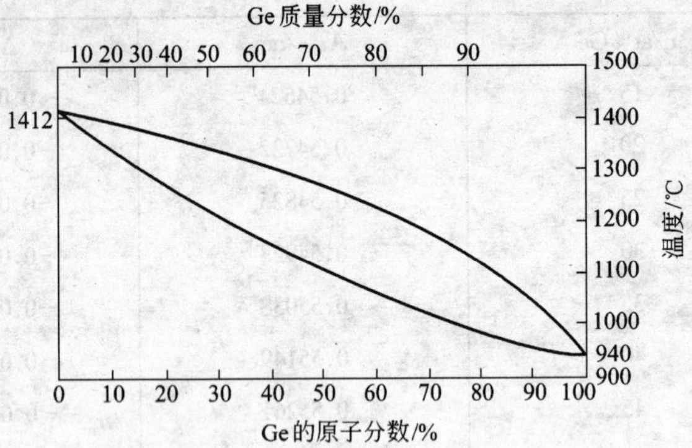

图 3-17 锗—硅二元合金相图

由于在熔融态 SiGe 二元系凝固过程中,Si 组分极易偏析分凝出来,产生所谓准分解现象,因此必须经过努力才能由 Si 和 Ge 混合体制备出均匀的 SiGe 固溶体。

(四) SiGe 合金的有序结构

根据实验观察到,SiGe 合金可能具有图 3-18a,图 3-18b,图 3-18c 所示 3 种有序结构。原始的实验结果表明:Si、Ge 原子在相邻{1 1 1}平面上具有双层堆垛结构,在〈1 1 1〉方向上,元胞的尺度相应增加了一倍,据此人们提出了两种菱形六面体结构模型(RS1 和 RS2),在这两种结构中,化学配比为 $Si_{1-x}Ge_x$。后来又有人提出了一种通用的 SiGe 有序化模型(RS3),在各特定格点处合金组分可以有所不同:

(a) RS1:相距较远的{1 1 1}平面被同类原子占据;

(b) RS2:相距较近的{1 1 1}平面被同类原子占据;

(c) RS3:在各投影格点及各晶列间组分可以不同,α,β,λ 和 δ 对应组分不同的各种富 Ge 或富 Si 格点。

(五) 热导率

20 世纪 60 年代初,普林斯顿实验室对 $Si_{1-x}Ge_x$ 合金的热导率进行了系统研究,采用绝对热导率装置测量了掺杂和未掺杂的

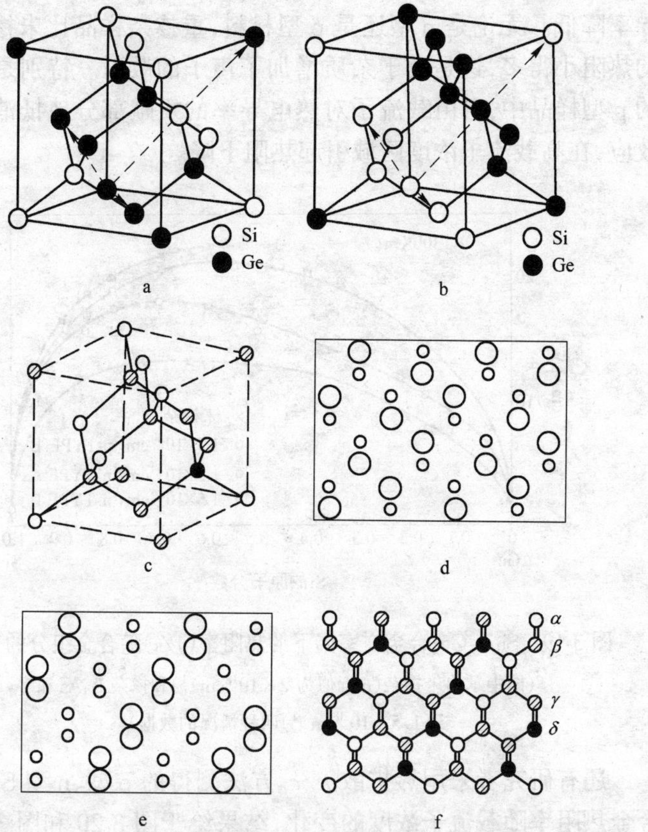

图 3-18　SiGe 的有序化模型

在{111}晶面上双层堆垛结构的 Si-Ge 有序化模型 RS1(见图 3-18a、图 3-18d)、RS2(见图 3-18b、图 3-18e)和 RS3(见图 3-18c、图 3-18f)(上面为元胞结构,下面为〈110〉投影图;大(小)空心圆点代表 Ge(Si)(4,5);4 种投影组分 α, β, γ 和 δ 对应不同的富 Ge 和富 Si 格点(见图 3-18c、图 3-18f);此时立方元胞如图 3-18c 所示,由 8 个结构单元组成,且在相邻单元中,不同原子格点位置按($\alpha \rightleftharpoons \gamma, \beta \rightleftharpoons \delta$)关系转换)

$Si_{1-x}Ge_x$合金在室温下的热阻率($1/\kappa$)随合金组分的变化,如图

3-19 所示。未掺杂样品的热导率最大;随着掺杂浓度的升高,热导率降低。无论是 n 型还是 p 型材料,重掺杂样品比未掺杂样品的热阻小得多,这是由于杂质增加了声子的散射。特别是重掺杂的 p 型样品中,自由载流子对热电导率的贡献部分地抵消了散射效应,在高载流子浓度区域引起热阻下降。

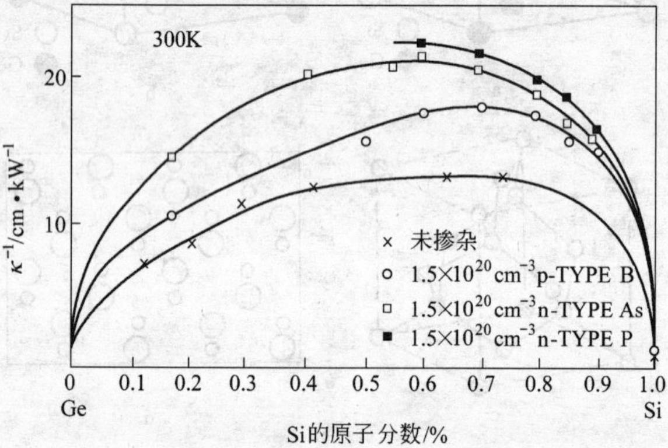

图 3-19　$Si_{1-x}Ge_x$合金在室温下的热阻率($1/\kappa$)随合金组分的变化

(图中示出未掺杂(n 近似为 $2\times10^{18}cm^{-1}$)和掺杂 B、As 和 P($1.5\times10^{20}cm^{-1}$)四种情况的数据)

还有研究者采用热扩散 κ/c_p方法测得的 p 型、n 型 $Si_{1-x}Ge_x$合金热阻率随载流子浓度的变化,结果绘于图 3-20 和图 3-21 中。300 K 下 p 型样品热阻率最大点在浓度为 $3\times10^{20}cm^{-3}$附近。随着温度升高,最大热阻率稍微向低载流子浓度方向移动。

晶粒尺寸对热导率的影响如图 3-22 所示。基于此点,利用精细微晶粒 GeSi 技术可以获得低热导率的合金。

(六) 热膨胀

20 世纪 60 年代 Zhdanova 等研究者测量了 273K 和 473K 时 $Si_{1-x}Ge_x$合金的线膨胀系数 α。图 3-23 给出了相应的数据。

从图 3-23a 可看出,α 值随着组分由 Ge 到 Si 单调下降,而图 3-23b 显示 α 值随温度升高而增加。特别有趣的是,曲线的斜率突变点恰好对应于从类 Ge 能带结构到类 Si 能带结构的过渡。

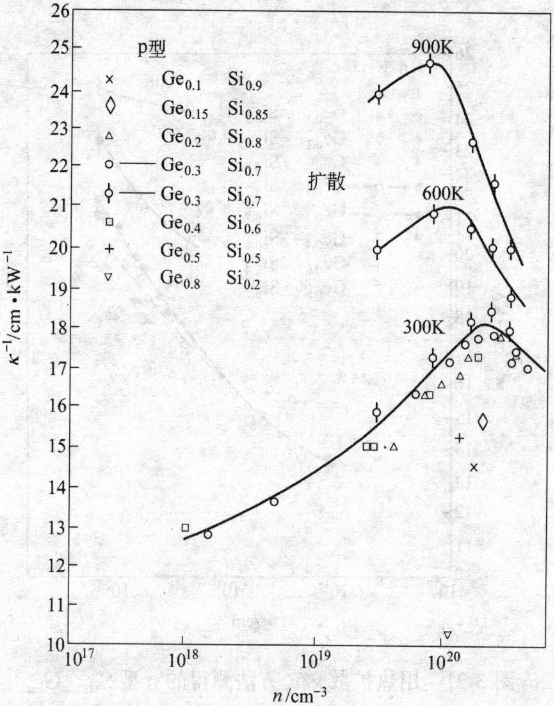

图 3-20 用热扩散 κ/c_p 方法测得的 p 型 $Si_{1-x}Ge_x$ 合金热阻率随载流子浓度的变化

以后许多研究者研究理论模型,从而估算线膨胀系数与温度、Cruneisen 常数 γ 及比热的关系。

(七) SiGe 合金的 Raman 光谱

图 3-24 给出不同组分的 SiGe 合金的 Raman 光谱。

在很宽的组分范围内,Raman 光谱主要为 3 个光学模式振动。其频率分别接近于组成组分材料相应值及它们的线性平均值。它们可归为 Si-Si 原子对、Ge-Ge 原子对和 Si-Ge 原子对的局域振动。局域化是由于 Si 和 Ge 原子质量偏差大引起的。它们的相对强度与对应类型键的相对数粗略地成正比，例如，分别与 $(1-x)^2$、$2x(1-x)$ 和 x^2 成正比。

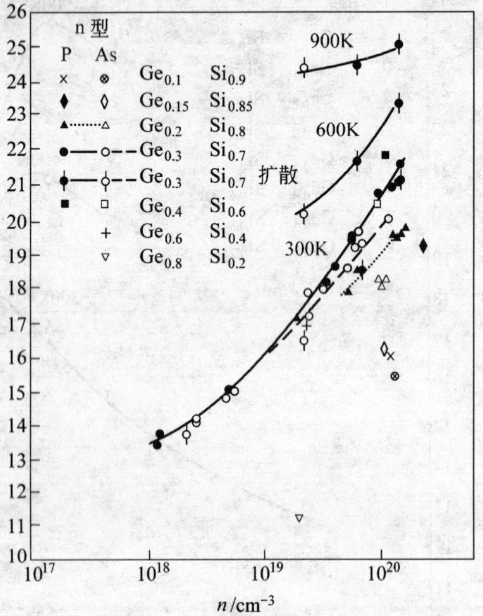

图 3-21 用热扩散 κ/c_p 方法测得的 n 型 $Si_{1-x}Ge_x$ 合金热阻率随载流子浓度的变化

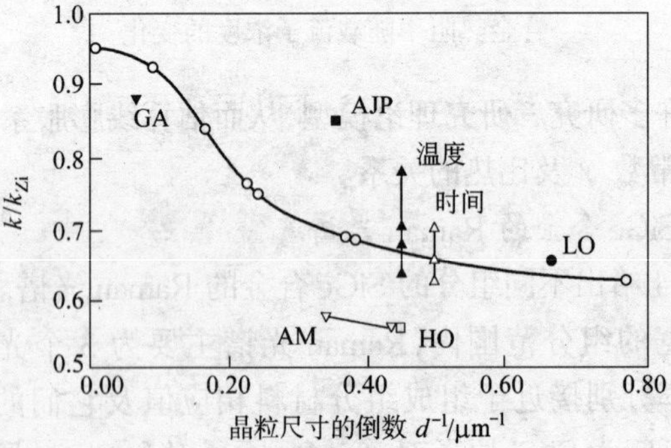

图 3-22 晶粒尺寸对热导率的影响

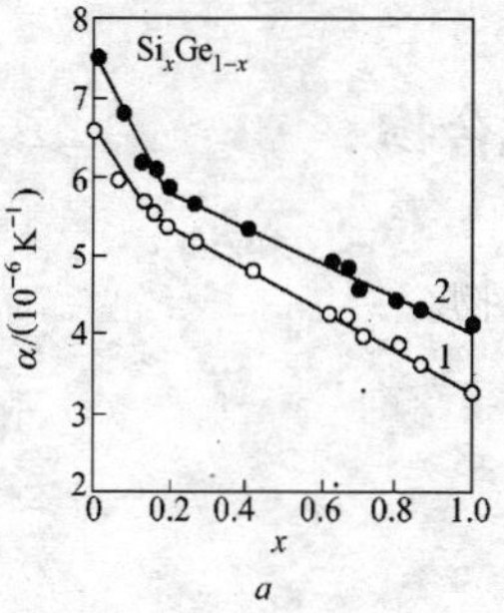

图 3-23*a*　温度为 473K(1) 和 773K(2)时 Si_xGe_{1-x} 的线性热胀系数 α 同组分的依赖关系

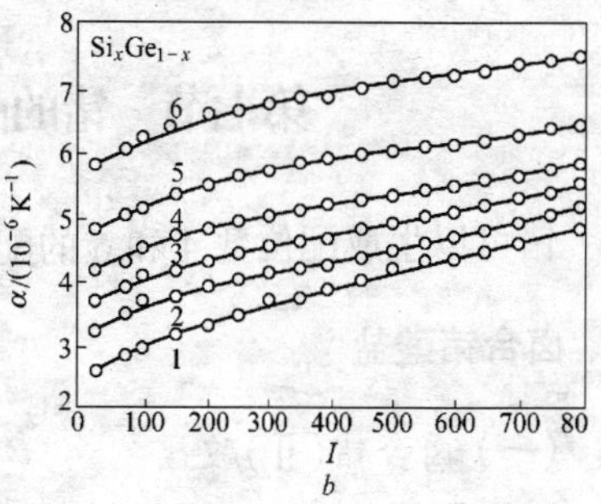

图 3-23*b*　Si_xGe_{1-x} 的线性热胀系数 α 温度的依赖关系(1:Si,2:79.7%的 Si,3:64.9%的 Si,4:40.2%的 Si,5:15%的 Si,6:Ge)

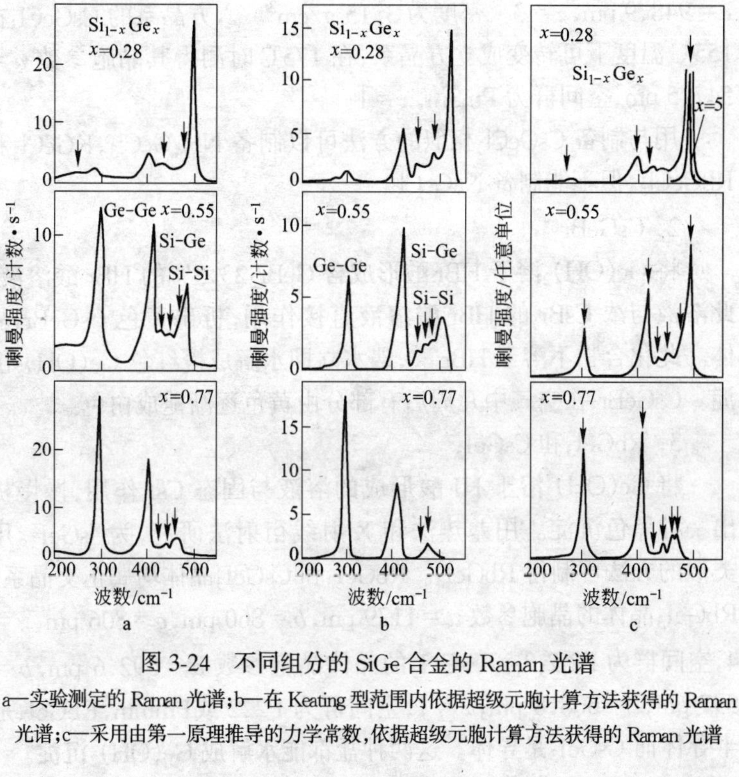

图 3-24　不同组分的 SiGe 合金的 Raman 光谱

a—实验测定的 Raman 光谱;b—在 Keating 型范围内依据超级元胞计算方法获得的 Raman 光谱;c—采用由第一原理推导的力学常数,依据超级元胞计算方法获得的 Raman 光谱

第七节 锗的配位化合物

锗可以生成配位数 4 和 6 的配位化合物。

一、卤合锗酸盐

（一）卤合锗(Ⅱ)酸盐

1. $CsGeCl_3$

将 $Ge(OH)_2$ 溶于浓盐酸制成的溶液与固体 CsCl（或 CsCl 溶于 5 mol/L HCl 的溶液）作用，析出白色 $CsGeCl_3$ 结晶。

室温下，$CsGeCl_3$ 晶体属六方晶系，晶胞参数 $a = 767.4$ pm，$c = 948.9$ pm，$z = 3$。密度为 3.15 g/cm^3。六方晶系的 $CsGeCl_3$ 在 155℃ 温度下可转变成立方晶系，在 175℃ 时测得其晶胞参数 $a = 547.5$ pm，空间群为 Pm3m，$z = 1$。

用与制备 $CsGeCl_3$ 相似的方法可以制备 NH_4GeCl_3，$KGeCl_3$ 和 $RbGeCl_3$，但不能制备 $NaGeCl_3$。

2. CsGeBr

将 $Ge(OH)_2$ 溶于 HBr 酸形成含 $GeBr_2$ 23.5% 的 HBr 酸溶液，此溶液与浓 CsBr 的 HBr 酸溶液直接作用，析出黄色 $CsGeBr_3$ 晶体。此化合物不溶于 HBr 酸，遇水立即水解成橙红色 $Ge(OH)_2$ 沉淀。$CsGeBr_3$ 在空气中几周后有部分由黄色逐渐褪成白色。

3. $RbGeI_3$ 和 $CsGeI_3$

将 $Ge(OH)_2$ 溶于 HI 酸形成的溶液与固态 CsI 作用，慢慢析出一种黑色沉淀。用差热法和 X 射线衍射法研究，为 $CsGeI_3$。用类似的方法可制得 $RbGeI_3$。$RbGeI_3$ 和 $CsGeI_3$ 晶体均属正交晶系。$RbGeI_3$ 晶体的晶胞参数 $a = 1179$ pm，$b = 860$ pm，$c = 806$ pm，$z = 4$，空间群为 $P2_12_12_1$。$CsGeI_3$ 的晶体晶胞参数 $a = 592.6$ pm，$b = 597$ pm，$c = 608.8$ pm，$z = 1$，空间群为 P222 或 Pmmm，$RbGeI_3$ 是半导体而 $CsGeI_3$ 是导体。这两种盐都能水解成 $Ge(OH)_2$ 沉淀。

4. $CsGeBr_5$

向 $GeBr_2$ 溶液内加入 CsBr 得到一种砖红色的盐，在 40～50℃ 干燥后，这种盐的组成接近于 $CsBr \cdot 2GeBr_2$。遇水即水解成橙红色 $Ge(OH)_2$。$GeBr_2$ 溶液与 RbBr 作用不析出类似的化合物沉淀。

（二）卤合锗酸(Ⅳ)及其盐

1. H_2GeF_6 和 K_2GeF_6

可溶性的 GeO_2 溶于过量的 25 mol/L HF（或 40％HF）生成 H_2GeF_6；它在常温下具有挥发性，因此该溶液可在水浴上进行真空蒸馏，但从未分离出 H_2GeF_6。

向 H_2GeF_6 溶液中加入 KOH 或 KF，或者把 KF 加入 GeF_4 溶液中都可获得 K_2GeF_6 结晶。

K_2GeF_6 晶体属六方晶系，晶胞参数 $a = 562$ pm，$c = 465$ pm，$z = 1$，Ge—F 键距等于 177 pm。它与相应的氟硅酸盐类质同晶。K_2GeF_6 的密度为 3.32 g/cm^3，熔点为 730℃，沸点约 835℃。K_2GeF_6 微溶于水，18℃ 时它在水中的溶解度为 0.542g/100g，但不溶于乙醇。

把 RbF 或 CsF 加到 GeF_4 溶液内可制得相应的盐 Rb_2GeF_6 及 Cs_2GeF_6。

另外，GeO_2 溶于 HF 酸，然后与 $BaCl_2$ 溶液作用得白色颗粒状 $BaGeF_6$ 晶体。热分解 $BaGeF_6$ 是制备 GeF_4 的一种方法。

2. H_2GeCl_6 和 K_2GeF_6

$GeCl_4$ 与 12 mol/L HCl 混合即形成 H_2GeCl_6，冷却到 −49℃ 析出结晶。锗在溶液中以阴离子形式存在。

将 $GeCl_4$ 加入 CsCl 的乙醇-浓盐酸（1∶2）溶液中，可制得淡黄色 Cs_2GeCl_6 沉淀，沉淀用浓盐酸洗涤，然后在空气中干燥。

Cs_2GeCl_6 晶体属立方晶系。$a = 1020$ pm，$z = 4$，Ge—Cl 键距为 235 pm，Cs_2GeCl_6 的密度为 3.45 g/cm^3。室温下，它在干燥空气中稳定，微溶于水并迅速水解，不溶于无水乙醇和 12 mol/L 盐酸。

二、硫代锗(Ⅳ)酸及其盐

1. $H_2Ge_2S_5$及$K_2Ge_2S_5$

将新沉淀并已洗净的1 g水合GeO_2悬浮于25 mL无水乙醇中,用H_2S处理,将发生下列反应。

$$2GeO_2 + 5H_2S \rightarrow H_2Ge_2S_5 + 4H_2O \quad (3\text{-}68)$$

反应1 h才能进行完全。将溶液置于无水硫酸镁上干燥并用H_2S饱和。加入用H_2S饱和的200 mL乙醚(0℃)立即分离出一种黏稠的第二相,其中含有极高浓度的硫代锗酸。此溶液在常温下不稳定,但在0℃时分解得很慢。用少量被H_2S饱和的无水乙醚乙酯(0℃)从黏稠液中萃取硫代锗酸,很容易分层,再用干燥空气流干燥产品。

将3 g GeO_2和3g KOH溶于10 mL水,得浓锗酸钾溶液,

$$GeO_2 + 2KOH \rightarrow K_2GeO_3 + H_2O \quad (3\text{-}69)$$

用3.5 mL冰乙酸中和K_2GeO_3溶液可得水合GeO_2在水中的悬浮液,它能与H_2S迅速反应,产生一种无色而稍微黏稠的硫代锗酸钾溶液,

$$2GeO_2 + 5H_2S + 2KAc \rightarrow K_2Ge_2S_5 + 2HAc + 4H_2O \quad (3\text{-}70)$$

$K_2Ge_2S_5$极易溶于水,不能从溶液中析出结晶。加入100mL丙酮,溶液立即分成两层,上层丙酮相含有KAc和HAc,下层水相是很浓的硫代锗酸钾溶液。加50 mL无水乙醇于水相中,立即析出片状$K_2Ge_2S_5$细晶体,产物用醇洗涤,在干燥空气流中干燥。

三、锗钼酸和锗钨酸

将锗酸盐与钼酸盐(或钨酸盐)水溶液酸化,即生成黄色锗钼酸(或无色锗钨酸),可用乙醚萃取,蒸去有机相溶剂即可得锗钼酸(锗钨酸)。例如,7g NaOH溶于200 mL水再溶解5g GeO_2,将此溶液煮沸,在搅拌下慢慢加入70g MoO_3,开始时MoO_3迅速溶解,约加入35g MoO_3时析出沉淀,继续加入MoO_3则沉淀复溶,加完

MoO_3微沸 5 min，冷却后加几百毫升乙醚，再用 4.5 mol/L H_2SO_4 酸化到产生的浑浊消失为止。在 40℃温度下将有机相的乙醚蒸去得锗钼酸。在酸性水溶液中用乙醚萃取及在水中重结晶纯化可得 $H_4(GeMo_{12}O_{40})\cdot aq$，aq 为(26,27,28,30)$H_2O$。

锗钼酸和锗钨酸在酸性溶液中稳定，当 pH 值升到 5.4 或 7.3 时才分解成 GeO_2及钼酸盐或钨酸盐。

第八节　锗的有机化合物

锗能与碳形成牢固的 Ge—C 键（键的离解能，Ge—CH_3 = 247.27 kJ/mol，Ge—C_2H_5 = 237.23 kJ/mol，Ge—C_3H_7 = 237.65 kJ/mol）。因此，锗的有机金属化合物甚多。

有机锗的化合物的许多反应与有机硅相类似，其重要差别在于锗由于惰性电子对效应能形成 Ge(Ⅱ)的金属有机化合物，而硅不能；再由于该族元素(C、Si、Ge、Sn、Pb)E—C 键强度自上而下迅速减小，导致其性质的鲜明差别。

锗烯($R_2Ge=CR_2$)、乙锗烯($R_2Ge—GeR_2$)和锡烯、乙锡烯均已制备成功。如 Si 的相应化合物一样，R 的体积必须足够大，以防止缔合。乙烯锗显然不是平面化合物，对此有多种解释。其中一种观点认为由于多重成键方式——仅由原子上的 sp^2轨道，与另一个原子上的 $p\pi$ 轨道重叠所至。

Ge—Ge 重键比较长，在溶液中发生离解形成二价化合物 GeR_2。与本族元素二价状态由上而下稳定性增大的规律一致，SnR_2物种较 GeR_2稳定。

目前，除简单有机锗化合物外，还制备成功了连接型锗化合物，其结构见图 3-25。其制备方法类似相应硅化合物的制备，但反应都更易进行。其原因可能是这些较大的原子更容易使化合物转化为潜在物种。

20 世纪 90 年代后期还制备出了一系列转卤型多面体化合物，如三菱柱体的 Ge_6R_6(R 为 $CH_2Si(CH_3)_3$)。R 基团的体积对结构有影响。三菱柱体 Ge_6R_6的化合反应如下：

$$6RGeCl_3 + 18Li \longrightarrow Ge_6R_6 + 18LiCl \quad (3\text{-}71)$$

此反应可视为 Ge(Ⅳ)化合物 $RGeCl_3$被还原为 Ge(Ⅰ)簇化物。图 3-26 为此化合物结构。

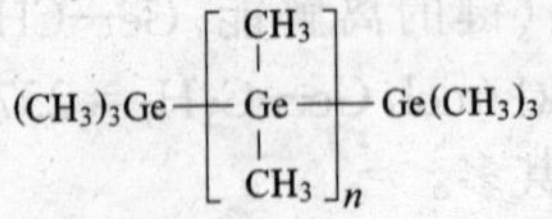

图 3-25　有机锗连接型化合物

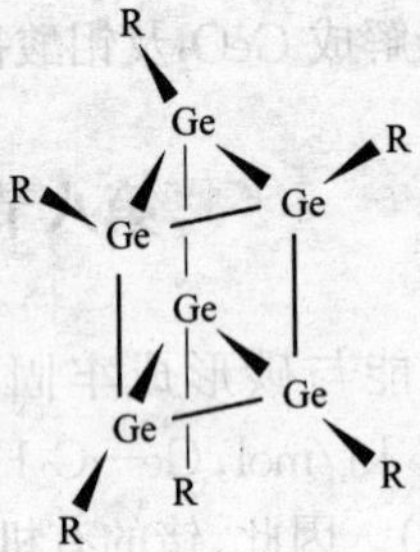

图 3-26　Ge(Ⅰ)簇化物结构示意图

锗还能够形成结构如图 3-27 的巢式簇合物。

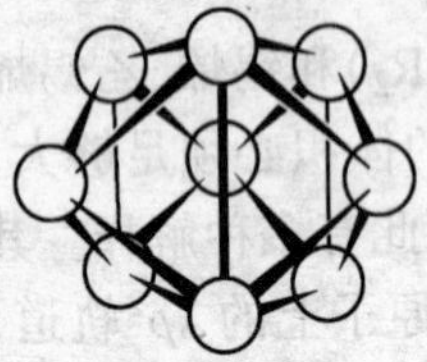

图 3-27　锗的巢式簇合物结构示意图

一、某些有机锗化合物的制备

1. Grignard 试剂可使卤化物烷基化

如：$GeCl_4 + 2RMgCl \longrightarrow R_2GeCl_2 + 2MgCl_2$ (3-72)

此方法的过程很容易控制，可以制取 $RGeX_3$，R_3GeX 和 R_4Ge 型化合物以及二烷基二氯锗烷。用相应的 Grignard 试剂也可以制备烷基锗 RR′R″R‴Ge。

2. 用烷基锌，芳基锌使锗的卤化物，锗的氧化物烷基化

Winkler 于 1886 年首次用此方法制备四烷基，至今这仍然是制备四烷基锗的好方法。用烷基汞代替烷基锌，也可制备四烷基锗。

$$GeX_4 + 2R_2Zn \longrightarrow R_4Ge + 2ZnX_2 \quad (3\text{-}73)$$

3．较低级的卤代烷与锗粉在催化剂作用下可以直接合成二氯(溴)二烷基锗

如： $$2CH_3Cl + Ge \xrightarrow[\text{铜催化剂}]{300℃} (CH_3)_2GeCl_2 \quad (3\text{-}74)$$

此反应也伴随产生少量 $RGeCl_3$ 和痕量 R_3GeCl。

4．Ge—H 化合物对烯或炔进行加成可实现烷基化

例如：$GeHCl_3$ 对端烯的加成：

$$GeHCl_3 + CH_3(CH_2)_nCH = CH_3 \longrightarrow CH_3(CH_2)_nCH_2CH_2GeCl_3 \quad (3\text{-}75)$$

这类反应可以用游离基引发剂作催化剂，或用紫外光，H_2PtCl_6 及铜粉等作催化剂。

在适当温度下 $HGeCl_3$ 能对芳香碳氢化合物加成：

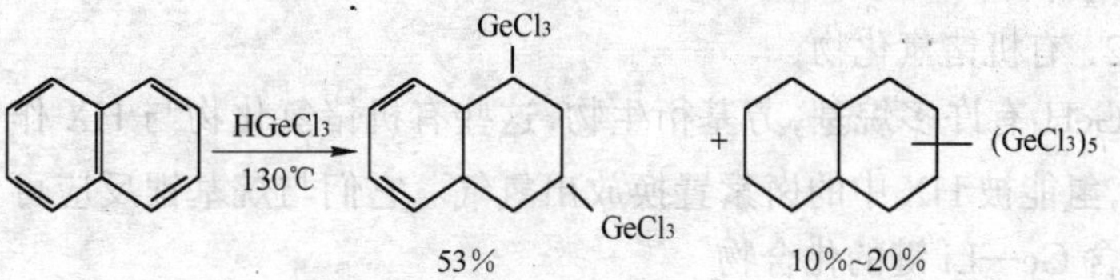

(3-76)

$HGeX_3$ 与噻吩也能进行加成：

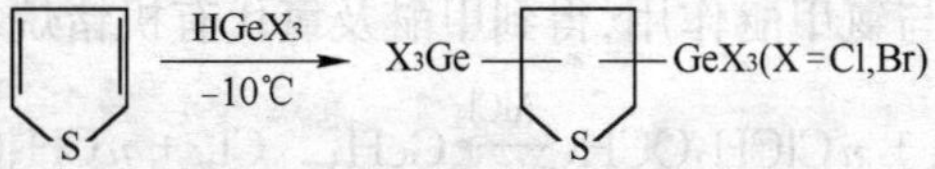

(3-77)

5．利用有机锗碱金属衍生物与不饱和烃的加成作用，是一种简便的方法：

$$(C_6H_5)_3GeLi + C_6H_{13}CH = CH_2 \longrightarrow (C_6H_5)_3GeCH_2CHLiC_6H_{13}$$

$$\xrightarrow{H_2O} (C_6H_5)_3GeCH_2CH_2C_6H_{13} + LiOH \quad (3\text{-}78)$$

二、某些有机锗化合物的性质

1．四烷基锗和四芳基锗

四烷基、四芳基锗所含 Ge—C 键能被 CCl_4 溶剂中的溴所断

裂,例如:

$$(C_6H_5)_4Ge + Br_2 \longrightarrow (C_6H_5)_3GeBr + C_6H_5Br \quad (3\text{-}79)$$

HF 可断开 Ge—C 键,其他卤氢酸要在卤化铝存在下才能断开 Ge—C 键。如:

$$(CH_3)_4Ge + HBr \xrightarrow{AlBr_3} (CH_3)_3GeBr + CH_4$$

$$(C_2H_5)_4Ge + HF \longrightarrow (C_2H_5)_3GeF + C_2H_6 \quad (3\text{-}80)$$

乙酸酐中的 HNO_3 及醇水溶液中的 $HClO_4$ 也能将 R—Ge 键断开。R—Ge 对酸的水溶液中等稳定。

金属 Li 或 Na-K 合金能裂解 $(C_6H_5)_4Ge$,但不能裂解 $(C_4H_9)_4Ge$。

另外,R_2Ge 中的 R 如果是烯类,此化合物在加热加压下可以生成聚合物。

2. 有机锗氢化物

GeH_4 有许多烷基,芳基衍生物,这些有机锗氢化物与 HX 作用时,氢能被 HX 中的卤素置换放出氢气。它们与烷基锂反应可生成含 Ge—Li 键的化合物

$$(C_2H_5)_3GeH + RLi \longrightarrow (C_2H_5)_3GeLi + RH \quad (3\text{-}84)$$

而 R_3SiH 与 LiR 反应只能获得 R_4Si 和 LiH。

R_3GeH_3 与氯甲醚作用,得到甲醚及氯代有机锗烷。

$$RGeH_3 + n\,ClCH_2OCH_3 \xrightarrow{AlCl_3} GeH_{3-n}Cl_n + n\,CH_3OCH_3 \quad (3\text{-}82)$$

3. 有机锗卤化物

已经合成和研究了很多 R_3GeX、R_2GeX_2、$RGeX_3$ 形式的化合物。

有机锗卤化物能够水解,反应是可逆的。$(CH_3)_2GeCl_2$ 水溶液与相应试剂作用可以形成含有 $(CH_3)_2Ge^{2+}$ 离子的硫化物,络酸盐及硫氰酸盐沉淀。表明 $(CH_3)_2GeCl_2$ 发生下列离解反应:

$$(CH_3)_2GeCl_2 \longrightarrow (CH_3)_2Ge^{2+} + 2Cl^- \quad (3\text{-}83)$$

有机锗氯化物与偶氮甲烷反应时,一个氯甲基团取代氯原子,

建立起新的 Ge—C 键，产率为 75%

$$CH_3GeCl_3 + CH_2N_2 \longrightarrow CH_3(CH_2Cl)GeCl_2 + N_2 \quad (3\text{-}84)$$

以 AgCN，AgCNS，AgCNO 等作用于有机卤化物时，发生置换反应，可获得有机锗假卤化物。

4．有机锗氧化物和氢氧化物

用0.1 mol/L NaOH 水溶液滴定 0.6 mol/L $(CH_3)_2GeCl_2$水溶液，其 pH 值由原来的 1.2 升至 12 时也无$(CH_3)_2GeO$ 或$(CH_3)_2Ge(OH)_2$沉淀生成，此现象表示$(CH_3)_2Ge(OH)_2$易溶于水。

$(CH_3)_2GeCl_2$水溶液用石油醚萃取后，把石油醚层强烈地干燥，可形成一种环状的四聚体$[(CH_3)_2GeO]_4$。它的熔点为 92℃，易溶于水，其水溶液经蒸发生成一种聚合物$[(CH_3)_2GeO]_x$，其熔化温度约为 132℃。

在 200℃温度和 13.33 kPa 压力下，$(CH_3)_2GeO$ 在蒸气相中以二聚体$[(CH_3)_2GeO]_2$形式存在。

二乙基锗氧化物是$(CH_3)_2GeCl_2$的水解产物，是一种油状聚合物，在水中的溶解度比$(CH_3)_2GeO$ 小。

参 考 文 献

1 钮少冲等.无机化学丛书第三卷硅锗分族．北京：科学出版社，1988.2，325～379

2 麦耶尔松，泽理克曼.稀有金属冶金学教程.北京：冶金工业出版社，1960

3 中国冶金百科全书总编辑委员会有色冶金卷编辑委员会.中国冶金百科全书有色冶金编委会.北京：冶金工业出版社，1999

4 吴绪礼.锗及其冶金.北京：冶金工业出版社，1988.11

5 周令治．稀散金属冶金．北京：冶金工业出版社，1988.3

6 稀有金属手册编委会.稀有金属手册．北京：冶金工业出版社，1995.12

7 中国有色金属工业总公司．有色金属进展第 28 分册——稀散金属.北京：中国有色金属工业总公司

8 冯桂林，何蔼平．有色金属矿产资源的开发与利用——提取冶金部分．昆明：云南科技出版社，2000.5

9 泽理克曼,克列茵等著.宋晨光等译．稀有金属冶金学.北京:冶金工业出版社,1982
10 四川大学化学系.稀有元素的物理化学及热力学性质手册.北京:科学出版社,1960.7,81～91
11 稀有金属冶金学编写小组．稀有金属冶金学．北京:中国工业出版社,1961.9
12 Erich Kasper 著.余金中译．硅锗的性质.北京:国防工业出版社,2002.9
13 左孝青,王吉坤等．有色金属矿产资源的开发与利用——加工部分．昆明:云南科技出版社,2000.5
14 R.Fabri, F.Cembali, M.Servidori, A.Zani.J.Appl.Phys.(USA), 1993. Vol.74, 1993,2359～2369
15 S.de Gironcoli, P.Giannozzi. Phys.Rev.Lett.(USA), 1991, 66: 2116～2119
16 D.Windech, P.Backer. Phys.Status Solidi A(Germany), 1990, 118: 379～388
17 J.C.Woicik et al.Phys. Rev. B(USA),1991,43:3842～3849
18 H.Kajiyama et al. Phys. Rev. B(USA),1992,45:14005～14010
19 C.B.Vining et al. J.Appl.phys.(USA),1991,69:4333
20 S.De Gironcoli, Phys.Rev.B.(USA),1992,46:2412
21 E.G.Rochow, in J.C. Bailer ed.Comprehensive Inorgenic Chmistry, 2: 1～41 Pergamon Prees,1973
22 D.F.Shriver 等著,高忆慈等译．无机化学．北京:高等教育出版社,1997.7
23 Магунов Р.Л.Ж.Нсорпан.Химия,1992,37(11):2613～2614
24 刘翊纶等．基础元素化学.北京:高等教育出版社,1992
25 王常珍.冶金物理化学研究方法(第三版).北京:冶金工业出版社,2002
26 有色冶金研究院．锗的区域熔化法提纯.北京:冶金工业出版社,1960
27 F.A. 科顿等,基础无机化学.北京:科学出版社,1984
28 J.D. 李氏.新编简明无机化学.北京:人民教育出版社,1982
29 Wirth H.E.,Palmer E.D.,Jphys.Chem.,1956,63:914
30 Shapiro I.,Ditter J.F., Jphys.Chem.,1957,26:798
31 Stock A.,Pehland E.Ber.,1926,62B:90
32 Mehta S.M.,Kantak K.,V.Curent Sci.1946.15:129

33　В.В.Удъвеико,Жнх.,Т.1957.2(2):434
34　B.Chalmers. Modern Research Technique in Metallurgy.1953,170
35　A.D.Kuryz et al.,Phy.Rev.,1956(101):1285
36　Г.И.Петров.Цвет.Металл,1975(10):50～52
37　R. Weiner Innsbyuck,Metall, 1961(2):102～113
38　C.J.Gallapher. Phy.Rev.1952(88):721
39　周令治,邹家炎．稀散金属手册．长沙:中南工业大学出版社

第四章 锗在选矿和冶金过程中的行为

锗与造岩元素硅的地球化学性质相似,大部分锗散布于各种硅酸盐岩石中,所以难以利用。当锗伴生于主金属中,或被某种矿物吸附达到较高含量,或在煤中被富集时,才有回收价值。在第一章中已介绍了锗的地球化学,锗在一些矿物中的赋存状态。本章将介绍锗在某些矿物的选矿和冶金过程中的行为。

在硫化矿的选矿过程中锗的行为取决于锗在原料中的赋存状态——以类质同象的杂质形态存在于硫化物中;或以锗石、硫锗铁铜矿等类型的矿物形态存在,而富集于锌精矿、铜精矿和铅锌混合精矿中。

锗在选矿过程中的行为研究得不太多。因为锗在矿石中的含量很低,仅为百万分之几,甚至千万分之几或更低;也可能选矿是物理过程,不改变锗的赋存状态,很难富集;同时微量锗的分析也较为困难;再则在多数国家,锗没有单独的矿床,选矿时不是主金属,而是作为副产物附带回收。

第一节 典型的含锗矿物、矿床及锗在矿石中的含量

因为在硫化矿的选矿过程中锗的行为取决于其在原料中的赋存状态。所以我们应进一步了解锗在矿石中的含量及赋存状态。

一、锗的矿物

世界上已发现的稀散金属矿物有 195 种,其中锗的矿物有 11 种。锗矿物见表 4-1。

表 4-1　锗矿物

矿　类	矿物名	化　学　式	晶　系	锗含量/%
MeS 及 S	锗石	Cu_3(Fe、Ge、Zn、Ga)-(S、As)$_4$	等轴	6～10.9
	扎伊尔锗矿	$(CuFe)_2$(Fe、Ge、Zn、Ga)(S、As)$_4$	正方	6.38～7.8
	硫银锗矿	Ag_8GeS_6	等轴、斜方	3.65～6.93
	超基性矿	$Pb_{28}Ag_{22}Sb_4Ge_3S_{51}$	斜方	2.2～4
	黑硫银锡矿	$4Ag_2S$(Sn、Ge)S_2	等轴	1.8～1.82
	灰锗矿	Cu_2FeGeS_4	正方	—
MeO 及 O	纳米比亚锗矿	(Pb、Ge、Ga)$_2(SO_4)$-$(OH)_2 \cdot 2H_2O$	六方	6.72～7.8
	钙锗矿	$Ca_3Ge^{4+}(SO_4)_2$-$(OH)_6 \cdot 3H_2O$	六方	—
	烃锗铅矾	$Pb_3[GeO_2(OH)_2$-$(SO_4)_2]$	斜方	7.3
	锗铁石	$GeFe^{2+}(OH)_6$	正方	29
	锗磁铁矿	$GeFeO_4$	等轴	—

二、含锗矿物

由于锗的地球化学性质所决定，锗除以单独的矿物存在，更多的情况下以类质同象进入闪锌矿、赤铁矿、黄铁矿等矿物中。表4-2 给出了锗在某些矿物中的含量。

表 4-2　锗在某些矿石和岩石中的含量(g/t)

矿　物	含　量	矿　物	含　量
黄铜矿	0.5～400	白云母	1～50
方铅矿	1～50	硫砷铜矿	500～1000
闪锌矿	1～350	煤矿	10～1800

续表 4-2

矿　物	含　量	矿　物	含　量
黄铁矿	1～50	锰结核	1～6
辉钼矿	1～10	微斜长石	2～12
磁黄铁矿	0.5～2.8	天河石	8～11
镍黄铁矿	1	锂云母	3
斑铜矿	0.5～9000	锂辉石	20
黝铜矿	4～5000	石油	0.7
辉锑矿	0～20	海水/mg·L^{-1}	0.06～0.7
辰砂	0～6	陨石	1～35
锡石	1～10		

三、典型的含锗矿床

锗可以存在于多种矿物中，所以在铅、锌、铜、铁、锡、铝等多种矿床中都含有锗。表 4-3 给出了某些典型的含锗矿物。

表 4-3　某些典型的含锗矿物

主元素	矿床类型	矿床成因	伴生元素	规　模	实　例
Fe	含锗赤铁矿	低温热液裂隙充填	Ge	小	万寿山
	赤铁矿	浅海沉积	Ge、Se、Te	大	宁乡
Cu	矽卡岩铜矿或铜(钼)矿	岩浆熔离	Ga、In、Ge、Re、Se、Te	小～中	铜录山、城门山
	细脉浸染型铜(钼)矿	中温热液或次火山	Ga、In、Ge、Re、Se、Te	大	德兴
	黄铁矿型铜矿	火山沉积	Ga、In、Ge、Tl、Se、Te		白银
	层状铜矿(含铜砂页岩)	生物化学沉积或侧分泌	Ge、Re、Se、Te	中	会泽、会理

续表 4-3

主元素	矿床类型	矿床成因	伴生元素	规模	实例
Pb、Zn	矽卡岩多金属矿	接触交代	Ga、In、Ge、Tl	小～中	八家子、连南
	多金属矿	高中温热液交代	Ga、In、Ge、Tl、Se、Te	小～中	大宝山、马关
	黄铁矿型多金属矿	火山热液	Se、Te、In、Ga、Ge	中～大	祁连山
	多金属矿	中低温热液	Se、Te、Ge、In、Tl	小～中	凡口、常宁
	氧化铅锌矿、混合铅锌矿		Ge、Ag、Cd	中～大	会泽
Sn	矽卡岩型锡石矿	接触交代	In、Ge、Ga	中～大	个旧
	石英脉锡石矿	高温热液	In、Ge、Ga、Se、Te	小～中	个旧
	锡石-硫化物矿	中温热液	In、Ge、Se、Te	中～大	大厂
	砂锡矿	残坡积	In、Ge、Ga	小～中	大厂
Al	铝土矿	海相胶体化学沉积	Ga、Ge	大	淄博、修文
Mo	矽卡岩型辉钼矿	接触交代	Re、Se、Te、Ga、Ge	小～大	杨家杖子

从表 4-3 可知，在铁矿、铜矿、铅锌矿、锡矿、铝矿和钼矿中都含有锗，是否能回收还要看在选矿过程中能否富集。

第二节　锗石的选矿

因为非洲纳米比亚有含锗品位较高的矿石，在矿石中锗以锗石矿与硫化铅、闪锌矿、白云石、砷黝铜矿和扎伊尔锗矿等共生。所以纳米比亚楚梅布选厂是唯一一个以锗的矿物作为主矿物进行选矿的工厂。表4-4给出了纳米比亚锗石矿和扎伊尔锗矿（硫锗银铜矿）的矿物成分。图4-1给出了锗石矿的选矿流程。表4-5列出了此矿选矿中锗的走向。

表 4-4 纳米比亚锗石矿和扎伊尔锗矿(硫锗银铜矿)的成分(%)

组　分	纳米比亚锗石矿	扎伊尔锗矿(硫锗银铜矿)
Ge	8.70～7.04	7.35～6.57
Ga	0.76～1.85	0.52
Fe	4.56～10.70	13.73～13.78
Cu	45.39～39.44	41.69～42.05
Zn	2.58～3.56	3.53～3.94
Pb	0.66～0.26	痕
Sn		0.16
As	4.13～4.06	0.87～0.79
S	30.65～31.44	31.83～31.67
SiO_2	0.23～1.68	0.20

表 4-5 锗石选矿中锗的分布

序　号	项　目	年产量 /10 kt	年产出率 /%	含锗量 /%	锗重量 /t	锗分布率 /%
1	进料锗石矿	450	100.00	0.015	67.500	100.00
2	锗精矿 (1～3级)	4.52	1.00	0.386	17.447	23.10
3	铜铅精矿	108.48	24.11	0.039	42.307	56.01
4	锌精矿	27.00	6.00	0.024	6.480	8.58
5	尾　矿	310	68.89	0.003	9.300	12.31
6	误　差	0	0	+8.034		11.90

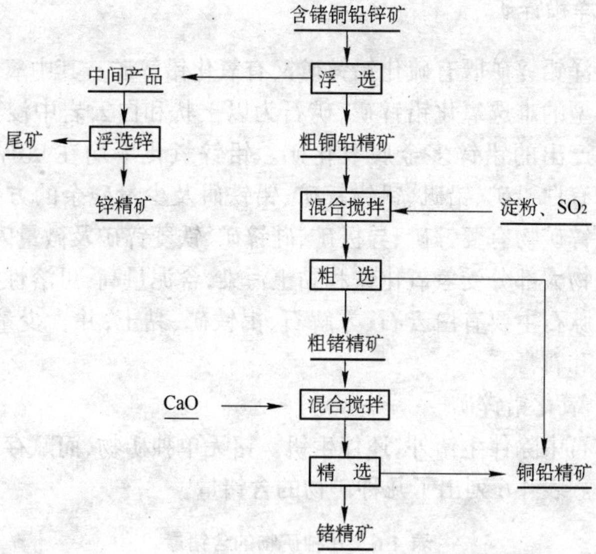

图 4-1 锗石的选矿流程

然而，其他国家没有这种含锗很高的矿物，从表 4-3 中可见，我国的锗主要是以伴生元素存在于铜、铅、锌、铁、锡、铝和钼等金属的矿床中。

第三节 锗在铅锌矿选矿中的行为

铅锌矿中的锗是我国主要的锗资源。锗在三类成因的铅锌矿中，含量较为可观。一类是热液交代型铅锌矿，如湖南水口山矿；二类是沉积改造型铅锌矿，如广东凡口矿；三类是砂铅矿床，如云南会泽和贵州赫章的氧化铅锌矿。在前二类矿中，锗以类质同象赋存于闪锌矿、方铅矿等硫化矿物中，锗的平均品位分别为17 g/t 和 15 g/t。后一类矿中锗以类质同象散布于氧化锌矿石中，锗的平均品位为 390 g/t。上述资源是我国锗的主要来源，目前均已回收利用。

一、会泽铅锌矿

会泽铅锌矿既有硫化铅锌矿又有氧化铅锌矿。其中氧化铅锌矿是典型的难选氧化铅锌矿,矿石为以土状和白云岩中浸染状两种形态产出的铅锌多金属氧化矿。铅锌氧化率均在90%以上。铅矿物有白铅矿、铅矾、钒铅锌矿、铅铁矾及少量残余的方铅矿等矿物。锌矿物有菱锌矿、异极矿、硅锌矿、铁菱锌矿及微量闪锌矿。有用矿物大部分受氢氧化铁和黏土污染,含泥量高,可溶性盐含量也高。脉石主要有白云石、方解石、褐铁矿、黏土,并含少量石英、高岭土和石膏。

1. 氧化铅锌矿

矿石中除伴生锗外,还伴生钒。锗无单独矿物,而赋存于其他矿物中。表4-6列出了几种矿物的含锗量。

表4-6 几种矿物的含锗量

矿 物	钒铅锌矿	硅锌矿	异极矿	白铅矿	褐铁矿	黏土	方解石、白云石
含量/%		1.08	10.90	3.21	15.92	12.64	41
含锗量/$g \cdot t^{-1}$	40	约100	59	21	55	16	约0.3

有研究者研究了4种从此种氧化铅锌矿中选铅锌和锗的流程。其一为先选铅—脱泥后—浮选脱除尾矿;其二为先选铅—脱泥后摇床选锌—反浮选脱出尾矿;其三为先脱泥—选铅—选锌—再磨后反浮选脱出尾矿;其四为重介质旋流器预选—浮铅联合流程。锗在各选矿产品中的分配见表4-7。

表4-7 锗在各选矿产品中的分配

流程(1)						
产物名称	原矿	铅精矿	锌精矿	中矿	矿泥	尾矿
产率/%	100.00	5.66	33.01	13.41	14.37	33.55
锗分布/%	100.00	6.29	35.99	26.65	19.31	11.76

续表 4-7

流程(2)

产物名称	原矿	铅精矿	锌精矿	中矿	矿泥	尾矿
产率/%	100.00	3.81	20.85	8.69	20.55	46.10
锗分布/%	100.00	5.67	34.34	19.40	28.23	12.36

流程(3)

产物名称	原矿	铅锌精矿	锌精矿	中矿	矿泥	尾矿
产率/%	100.00	6.44	22.82	26.25	9.06	35.45
锗分布/%	100.00	6.68	30.00	39.82	11.30	12.22

流程(4)

产物名称	原矿	铅锌精矿	锌精矿	尾矿		
产率/%	100.00	5.83	62.99	31.18		
锗分布/%	100.00	8.78	82.45	8.77		

从表 4-7 的数据可见,在流程(1)和(3)中,矿泥和中矿的锌品位较低,但其锗含量较高,所以有较高的利用价值。流程(4)锌精矿中锗的分布大于 80%。4 种流程中混合铅锌精矿(铅精矿+锌精矿+铅锌精矿+中矿)锗的回收率均接近或超过 70%。

2. 硫化铅锌矿

20 世纪 90 年代发现了硫化矿。近年来,在矿的深部又发现了大型的铅锌矿,主要为混合矿和氧化矿。混合矿中,铅矿物主要为方铅矿,其次为白铅矿和铅矾,还有少量硫锑铅矿、灰硫砷铅矿和灰硫锑铅矿;锌矿物主要为闪锌矿,其次为菱锌矿和异极矿;硫的独立矿物主要为黄铁矿。铁矿物还有褐铁矿和赤铁矿;脉石主要为白云石和方解石;锗主要以分散状态赋存于闪锌矿中,在浮选作业中锗将随闪锌矿进入锌精矿,而在冶炼过程中进一步回收。

混合矿和氧化矿的成分举例,见表 4-8。

表 4-8 混合矿和氧化矿的成分举例(%)

元 素	Pb	Zn	Fe	S	Ge	As	CaO	MgO
混合矿	9.37	28.62	6.19	20.78	0.0086	0.130	15.04	5.55
氧化矿	2.28	22.23	7.86	0.96	0.0021	0.150	12.31	7.25

选矿过程锗的走向见表 4-9。

表 4-9 选矿过程锗的走向

产品名称	产率/%	锗品位/$g \cdot t^{-1}$	回收率/%
硫化铅精矿	10.62	20	4.23
硫化锌精矿-1	29.04	94	54.30
硫化锌精矿-2	4.89	72	7.00
硫精矿	12.03	14	3.35
氧化铅精矿	4.95	13	1.28
氧化锌精矿	14.19	65	18.35
矿泥	8.33	54	8.95
尾矿	15.95	8	2.54
原矿	100.00	50.3	100.00

从表 4-9 可见,原矿中将近 80%的锗都集中在各种锌精矿中,加上铅精矿中的锗已达 85%,这部分锗有望在下一步的冶炼过程中回收。

二、凡口铅锌矿

凡口铅锌矿是我国特大型富含稀散金属的工业矿床之一,原矿含锗 0.0035%,锗的储量占全国储量的 9.35%。已探明 800 多万吨铅锌金属储量,除锗以外还富含银、汞、镓、镉等有回收价值的金属。表 4-10 列出了原矿多元素分析结果,表 4-11 给出了硫化矿物中主要的副产元素含量。

表 4-10 原矿多元素分析(%)

成分	SiO_2	CaO	Al_2O_3	Fe	F	S	Cu	As	Ag (10^{-6})
含量	18.14	5.93	1.28	18.70	0.076	23.40	0.017	0.14	97.20
成分	Sb	Pb	Ge (10^{-6})	Ga (10^{-6})	Cd	Bi	Hg (10^{-6})	Zn	合计
含量	0.036	4.15	19.00	58.00	0.023	0.0051	81.9	8.95	80.877271

表 4-11 硫化矿物中主要的副产元素含量(g/t)

矿物	样品数	Cd	Ge	Hg	Ag	Se	In	Ga	Au
闪锌矿	44	1680	220	463	230	4.8	8.5	183	0.064
方铅矿	40	23	1.7	5	681	0.1		4	0.004
黄铁矿	38	21	2.1	1	10	痕	5.7	2.4	0.059

由表 4-11 可见,锗主要赋存于闪锌矿中,据介绍 93.42% 的锗分布于闪锌矿中。因此在选矿时,提高锌精矿的回收率,就可提高锗的回收率。

在选矿过程中,不同的工艺流程,采用不同的药剂,则锗的分布不同。为提高有价金属的回收率,该矿进行了大量的工作。表 4-12 给出了锗在不同选矿产品中的分布。

表 4-12 锗在不同选矿流程各产品中的分布(含量/$g \cdot t^{-1}$,占有率/%)

年 度	工艺流程		原矿	铅精矿	锌精矿	硫精矿	尾矿
1990	高碱工艺	含量	24.66	5.67	120.00	5.00	6.41
		占有率	100.00	1.47	80.44	6.67	11.42
1993	快速优先浮选工艺	含量	21.70	8.85	118.18	2.24	3.12
		占有率	100.00	2.48	87.89	3.47	6.16

续表 4-12

年　度	工艺流程	原矿	铅精矿	锌精矿	硫精矿	尾矿
1998	电化学调控浮选工艺	含量 21.70	含量 4.00	含量 125.5	含量 1.30	含量 1.90
		占有率 100.00	占有率 1.26	占有率 93.04	占有率 1.64	占有率 4.06
10 年统计		含量 22.60	含量 16.90	含量 120.2	含量 2.79	含量 7.50
		占有率 100.00	占有率 1.93	占有率 86.78	占有率 3.97	占有率 7.50

由表 4-12 可见，锗大部分富集于锌精矿中，10 年统计锗有 86.78%富集在锌精矿中。随着选矿工艺的不断改进，锗在锌精矿中的分布逐渐提高，在原矿锗的品位从 1990 年 24.66g/t 下降到 1998 年以后 21.70g/t 的情况下，锌精矿的锗占有率却从 80.44%提高到 93.04%。尾矿和硫精矿中的锗无法回收，但随着选矿工艺的改进，锗的分布从 1990 年的 18.09%，下降到 1999 年以后的 5.70%。如果铅锌混选生产铅锌混合精矿，锗回收率还有望进一步提高。若把铅精矿中的锗算上，锗的回收率可达到 94.30%以上。

三、其他铅锌矿锗在选矿过程中的分布

国外某选矿厂和国内某选矿厂的情况比较见表 4-13。

表 4-13　国外某选矿厂和国内某选矿厂的情况比较(锗品位和分布/%)

厂号	进料		产出物							
	铅锌矿		铅精矿		锌精矿		混合精矿		尾矿	
	Ge 品位	锗分布	Ge 品位	锗分布	Ge 品位	锗分布	Ge 品位	锗分布	Ge 品位	锗分布
1	0.0025	100.0	0.001	1.0	0.0025	2.5			0.002	96.5
2	0.0001	100.0					0.0001	10.0	0.0001	90.0
3	0.0038	100.0	0.0008	5.2	0.0056	91.8	0.0009	3.0		

注：1、2——国外工厂；3——国内工厂。

从表4-13可见，在1、2选厂(国外工厂)，锗在铅锌矿的选矿中没有得到富集，锗90%以上存在于尾矿中。而在3厂(中国工厂)则不然，约92%的锗都富集在锌精矿中。锌精矿是我国提取锗的重要原料。

我国各种硫化锌精矿中锗的含量见表4-14。

表4-14　我国各种锌精矿中锗的含量

矿　山	锗含量/%	矿　山	锗含量/%
凡　口	0.0061	会泽	0.011
桓　仁	0.0005	大新	0.006
天宝山	0.0005	大厂	0.0005
青城子	0.0006	桃林	0.0006
青　源	0.0005	八家子	0.0009
柴　河	0.0011	厂坝	0.0005
小西林	0.0005	赤铁山	<0.0005
红透山	<0.0005		

第四节　锗在多金属矿选矿时的行为

20世纪，前苏联的学者研究过锗等稀散金属在多金属矿选矿过程中的行为。表4-15列出了锗在各种产物中的品位及分布。

表4-15　锗在各种产物中的品位及分布

厂　号	原　矿	产率/%	产出铜精矿/%	产出锌精矿/%	产出黄铁矿/%	尾矿/%	无名损失/%
1	铜锌矿	100.00	11.45	1.78	58.85	23.31	4.61
	锗品位0.4/$g \cdot t^{-1}$		0.7	1.7	0.4	0.4	
	锗分布/%		18.3	6.9	53.6	21.2	−12.8

续表 4-15

<table>
<tr><th>厂 号</th><th>原 矿</th><th>产率/%</th><th>产出铜精矿/%</th><th>产出锌精矿/%</th><th>产出黄铁矿/%</th><th>尾矿/%</th><th colspan="2">无名损失/%</th></tr>
<tr><td rowspan="3">2</td><td>多金属矿</td><td>100.00</td><td>（铜锌精矿）8.80</td><td>0.10</td><td>91.10</td><td></td><td colspan="2"></td></tr>
<tr><td>锗品位 0.08/g·t^{-1}</td><td></td><td>0.2</td><td>1.2</td><td>0.06</td><td></td><td colspan="2"></td></tr>
<tr><td>锗分布/%</td><td></td><td>23.3</td><td>1.4</td><td>75.3</td><td></td><td colspan="2">+8.7</td></tr>
<tr><td rowspan="3">3</td><td>多金属矿</td><td>100.00</td><td>10.89</td><td>1.73</td><td>85.40</td><td></td><td colspan="2">+1.98</td></tr>
<tr><td>锗品位 0.1/g·t^{-1}</td><td></td><td>0.1</td><td>0.6</td><td>0.11</td><td></td><td colspan="2"></td></tr>
<tr><td>锗分布/%</td><td></td><td>9.6</td><td>8.7</td><td>81.7</td><td></td><td colspan="2">−15.0</td></tr>
<tr><td rowspan="3">4</td><td>多金属矿</td><td>100.0</td><td>11.6</td><td>2.1</td><td>61.8</td><td>20.6</td><td colspan="2">+3.9</td></tr>
<tr><td>锗品位 0.22/g·t^{-1}</td><td></td><td>0.56</td><td>1.1</td><td>0.07</td><td>0.26</td><td colspan="2"></td></tr>
<tr><td>锗分布/%</td><td></td><td>35.3</td><td>12.5</td><td>23.4</td><td>28.8</td><td colspan="2">+15.2</td></tr>
<tr><td rowspan="4">5</td><td></td><td></td><td>优先选铜精矿</td><td>混选铜精矿</td><td>锌精矿</td><td>黄铁矿</td><td>尾矿</td><td>无名损失</td></tr>
<tr><td>多金属矿</td><td>100.0</td><td>6.7</td><td>1.6</td><td>1.2</td><td>19.5</td><td>70.9</td><td></td></tr>
<tr><td>锗品位 0.29/g·t^{-1}</td><td></td><td>0.43</td><td>0.22</td><td>0.40</td><td>0.27</td><td>0.32</td><td></td></tr>
<tr><td>锗分布/%</td><td></td><td>9.1</td><td>1.1</td><td>1.5</td><td>16.8</td><td>71.5</td><td>−10.0</td></tr>
</table>

从以上数据可见，1～3 厂锗均主要分布于黄铁矿中，达 53%～82%，然而品位没有得到提高。4 厂锗主要分布于铜精矿中，在铜精矿中约富集 2.5 倍，但是分布仅为 35%。锗在锌精矿中稍有富集约为 1～5 倍，这是因为锗以类质同象存在于闪锌矿等矿物中，选矿时随锌选出，故在锌精矿中有所富集。5 厂锗主要分布于尾矿中达 72%，没有在产品中富集。

第五节　锗在锌冶金中的行为

因为在多金属矿的选矿过程中,锗主要富集于锌精矿中,所以锌精矿是提锗的重要原料。

一、锗在火法炼锌过程中的行为

锌的火法冶金方法主要有密闭鼓风炉熔炼法和竖罐炼锌法。密闭鼓风炉熔炼法中锗的行为将在第五章详述。

竖罐炼锌由于需要消耗昂贵的碳化硅材料和焦炭,原料制备较复杂,费用高,外部加热限制了设备容量的扩大,环保费用高,在国外已逐渐被淘汰。然而,在我国的部分工厂还采用此流程。

竖罐炼锌的流程为:锌精矿⟶氧化焙烧⟶制团⟶还原蒸馏⟶精馏。

氧化焙烧时,锗不挥发,留在焙砂中。制团采用焦结焙烧时,由于温度700℃左右,又是还原气氛,所以部分锗会以GeO形态挥发,进入烟尘。还原蒸馏时,锗与锌一起被还原为金属状态,由于锗的沸点较高,故留在蒸馏残渣中,有时残渣中锗的含量可达到0.1%~0.5%。残渣即为进一步提取锗的原料。

锗在竖罐炼锌罐渣中的分布,见表4-16。

表4-16　锗在竖罐炼锌罐渣中的分布(%)

矿　物	氧化物	磁铁矿+磁赤铁矿	焦 炭	炭 黑	硅酸盐+锌尖晶石	金 属	罐 渣
品位		0.0103	0.0019	0.0006	0.0022		0.0024
分布	2.5	42.57	31.67	6.33	16.92		100.00

由表4 -16可见,74%以上的锗分布在磁铁矿、磁赤铁矿和焦炭中。

二、锗在湿法炼锌过程中的行为

湿法炼锌过程主要包括锌精矿⟶焙烧⟶焙烧矿浸出⟶

浸出液净化⟶电积⟶熔铸等工序。此外,还有渣处理过程。目前,国内的渣处理主要有回转窑挥发法和黄钾铁矾法。从处理的原料看,以处理硫化矿为主,也有既处理硫化矿,又处理氧化矿的。对锗在冶金过程中的行为有一些研究。

(一) 硫化矿湿法炼锌过程中锗的行为

有研究认为,硫化锌精矿中的锗以 GeS_2 和 GeS 形态存在。在氧化焙烧过程中,由于处于强氧化气氛中,所以锗呈 GeO_2 大部分进入焙砂,少量进入烟尘。湿法炼锌的浸出、净化过程中,约 65% 的锗进入中浸渣,用回转窑处理渣时部分进入炉渣而废弃,大部分进入氧化锌烟尘,含锗可达 0.003% ~ 0.005%,可进一步回收。

1. 中性浸出过程中锗的行为

有研究表明,焙烧产物中的锗约 94% 以类质同象存在于铁酸锌的晶格中,形成 $(Fe,Ge)_2O_4$ 一类的铁酸盐固溶体。据某厂研究,在中性浸出初期,由于酸度较高,约 10% 的锗被硫酸分解,形成锗酸。随着焙砂的不断加入,pH 值不断升高,形成的锗酸又水解沉淀(在标准状态下,Ge^{4+} 水解的 pH 值为 2.72~3.36);在中性浸出的终点 pH 值为 5.2~5.0 时,水解析出的氢氧化铁胶体无选择性地吸附锗的络阴离子 $HGeO_3^-$ 和 GeO_3^{2-},形成锗铁的高聚分子而共沉淀。其主要反应为:

$$ZnO \cdot GeO_2 + H_2SO_4 = H_2GeO_3 + ZnSO_4 \quad (4\text{-}1)$$

$$ZnO \cdot GeO_2 + 2H_2SO_4 = GeO(SO_4) + ZnSO_4 + 2H_2O \quad (4\text{-}2)$$

$$FeO \cdot GeO_2 + 2H_2SO_4 = GeO(SO_4) + FeSO_4 + 2H_2O \quad (4\text{-}3)$$

$$GeOSO_4 + H_2O = GeO_2 + H_2SO_4 \quad (4\text{-}4)$$

$$[Fe(OH)_3] \cdot mFeO^+ + mHGeO_3^- = [Fe(OH)_3] \cdot m(FeO)HGeO_3 \quad (4\text{-}5)$$

有人研究了温度、浸出时间、pH 值稳定时间、终点 pH 值、中性浸出前溶液铁的浓度等因素对锗沉淀的影响。得出的结果如图 4-2~图 4-6 所示。

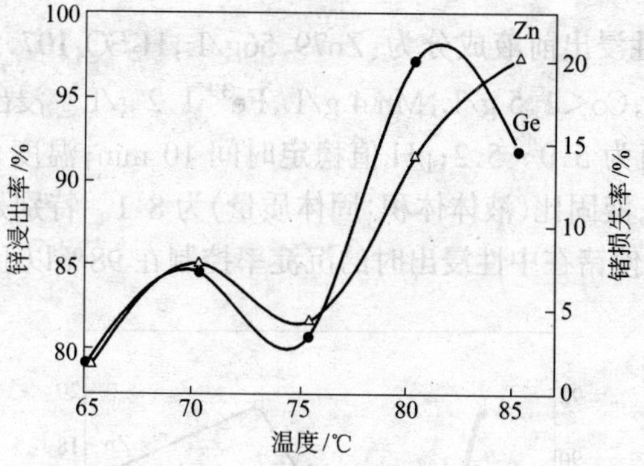

图 4-2　温度对锗沉淀的影响

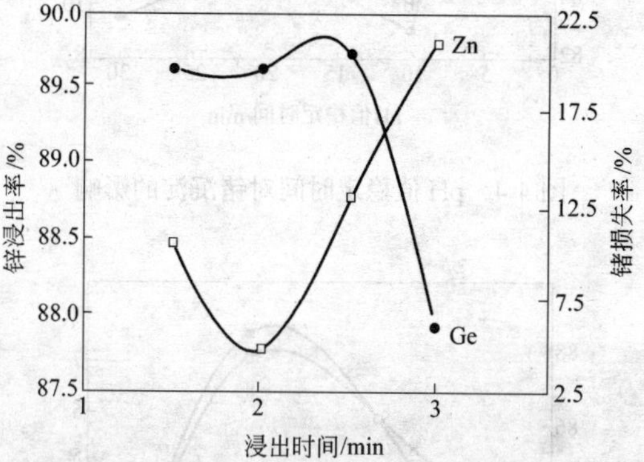

图 4-3　浸出时间对锗沉淀的影响

从图可知:(1)温度越低越有利于锗的沉淀,但是为了保证锌的浸出率,浸出温度不能太低,但是不能高于 70～75℃;(2)浸出时间的延长有利于锗的沉淀,但是延长时间会降低生产率,所以应综合考虑;(3)pH 值稳定时间在 5～10 min 锗的损失率大为下降;(4)当 pH 值大于 5.2 以上锗的损失率大大下降,但是锌的浸出率也大大降低,综合考虑还是只能选取中性浸出的终点 pH 值

5.0～5.2。

在中性浸出前液成分为：Zn79.56g/L，H_2SO_4 107.57 g/L，Cd <1.5 g/L，Co<1.5 g/L，Mn 4 g/L，Fe^{3+} 1.2 g/L。浸出试验控制终点 pH 值为 5.0～5.2；pH 值稳定时间 10 min；温度 75℃；浸出时间 1.5h；液固比（液体体积：固体质量）为 8∶1。特别是控制好铁的浓度，可使锗在中性浸出时的沉淀率控制在 98%以上。

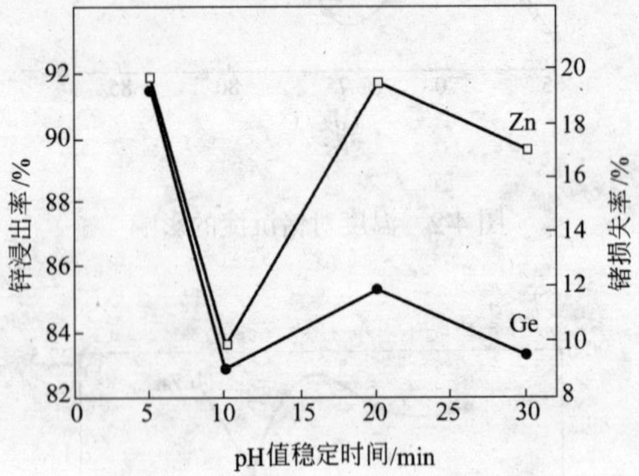

图 4-4　pH 值稳定时间对锗沉淀的影响

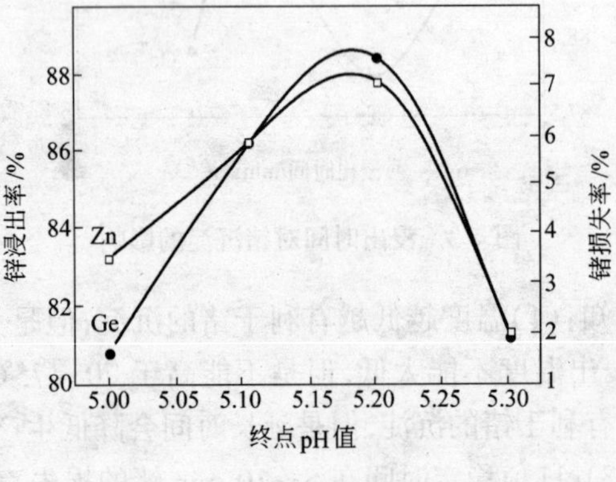

图 4-5　终点 pH 值对中性浸出锗沉淀的影响

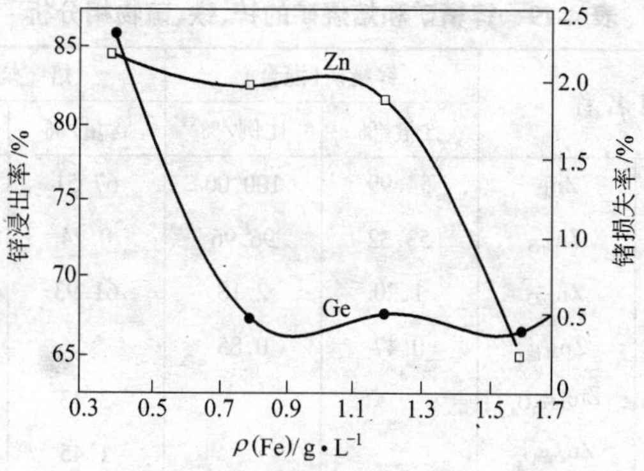

图 4-6　中性浸出前液铁浓度对锗沉淀的影响

另有研究表明，锗在锌浸出渣中主要以类质同象进入铁酸锌中，其数据见表 4-17。

表 4-17　锗在锌浸出渣各物相中的分布(%)

物　相		mZnO·$n$$Fe_2O_3$	Fe_2O_3	Fe_3O_4	ZnO·SiO_2	ZnS	SiO_2	$CaSO_4$
Ge	品位	0.012	0.002	0.002	0.00035	0.0034	0.0005	0.0007
	分布	93.46	1.68	0.44	0.08	2.06	0.61	1.67

2. 热酸浸出—铁矾法除铁、湿法炼锌工艺中锗的回收

某研究以贵州六盘水地区含锗的锌精矿为对象，其原料及物料成分见表 4-18，精矿和焙烧矿的锌、铁、硫物相分析见表 4-19。其流程如图 4-7 所示。

表 4-18　原料及物料成分(%)

物料	Zn	Fe	S	Pb	Ag	Ge	Cu
锌精矿（混合）	55.75	5.56	32.04	1.44	0.010	0.019	0.03
焙烧矿	67.41	6.90	0.99	0.19	0.010	0.023	0.036

表 4-19　锌精矿和焙烧矿的锌、铁、硫物相分析

物相名称		锌精矿(混合)		焙烧矿	
		含量/%	比例/%	含量/%	比例/%
锌的物相	$Zn_{\text{总}}$	54.99	100.00	67.51	100.00
	Zn_{ZnS}	53.32	96.96	0.24	0.36
	Zn_{ZnO}	1.20	2.18	61.93	91.73
	$Zn_{\text{其他}}$	0.47	0.85		
	$Zn_{ZnFe_3O_4}$			3.43	5.08
	Zn_{ZnSiO_3}			1.45	2.15
	Zn_{ZnSO_4}			0.10	0.15
铁的物相	$Fe_{\text{总}}$	5.56	100.00	7.30	100.00
	$Fe_{Fe_2O_3}$	0.74	13.31		
	$Fe_{Fe_n(SO)_m}$	0.075	1.35		
	$Fe_{Fe_nS_m}$	4.74	80.39		
	Fe_{FeS_2}			0.02	0.27
	Fe_{FeSO_4}			0.05	0.68
硫的物相	$S_{\text{总}}$	31.95	100.00	0.92	100.00
	S_{MeS}	31.59	98.87	0.21	22.83
	S_{MeSO_4}	0.36	1.13	0.71	77.17

注:焙烧矿铁的物相未含 $ZnFe_3O_4$中的铁。

沉矾除铁液和沉锗液的成分见表 4-20,锗在中浸液和几种渣中的含量见表 4-21,锗在中浸液和几种渣中的分配见表 4-22。

表 4-20　沉矾除铁液和沉锗液的成分(g/L)

物料名称	Zn	Fe	H_2SO_4	Cu	Cd	Ge
沉矾除铁液	138.3～165.0	0.028～0.860	1.421～3.528	0.020～0.069	0.117～0.146	0.042～0.062
沉锗液	134.1～164.6	0.009～0.15		0.005～0.088	0.113～0.128	0.007～0.562

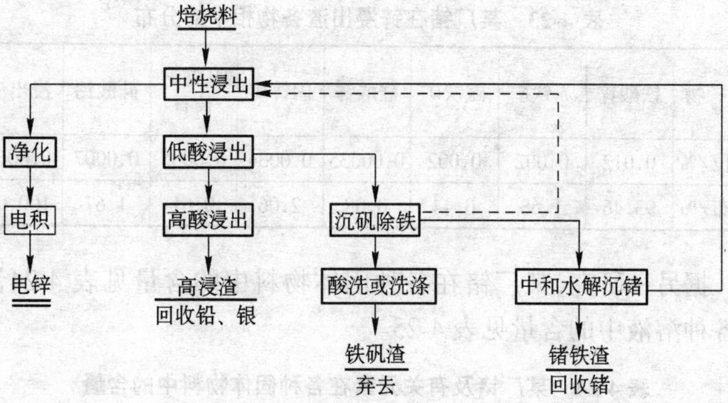

图 4-7　热酸浸出—铁矾法除铁湿法炼锌及回收锗流程

表 4-21　锗在中浸液和几种渣中的含量

物料名称	中浸液/g·L^{-1}	高浸渣/%	酸洗渣/%	沉锗渣/%
含　量	0.0004～0.004	0.02～0.027	0.007～0.033	0.08～0.19
平均含量	0.0017	0.0232	0.0122	0.13

表 4-22　锗在中浸液和几种渣中的分配(全部溶液沉锗)

物料名称	中浸液/%	高浸渣/%	酸洗渣/%	沉锗渣/%
分　配	5.00	7.70	9.67	#57.66/77.00*

注:#—按渣计;*—按液计。

该研究的结果表明,在热酸浸出—铁矾除铁、湿法炼锌流程中回收锗,采用从沉矾后液中和沉淀回收锗的方案是可行的。全部沉矾后液沉锗时锗入沉锗渣量为57%～77%,1/3沉矾后液沉锗时锗入沉锗渣量为75%。综合考虑,1/3沉矾后液沉锗方案更佳。既减轻了沉矾除铁工序的负担,又保证了锌有较高的回收率。锗铁渣量少,锗的品位高,有利于锗的进一步回收,并保持溶液中有足够的铁量,避免中浸工序补加铁,流程更合理。

有资料介绍某厂锗在锌浸出渣各物相中的分布,现列于表4-23,供参考。

表 4-23 某厂锗在锌浸出渣各物相中的分布

矿 物	铁酸锌	赤铁矿	磁铁矿	硅酸锌	闪锌矿	石英+长石	硅酸钙	浸出渣
品位/%	0.012	0.002	0.002	0.00035	0.0034	0.0005	0.0007	0.0064
分布/%	93.46	1.68	0.44	0.08	2.06	0.61	1.67	100.00

据另一研究，某厂锗在各种固体物料中的含量见表 4-24，锗在各种溶液中的含量见表 4-25。

表 4-24 某厂锗及有关元素在各种固体物料中的含量

物料名称	化学成分/%			
	Zn	Fe	As	$Ge/g \cdot t^{-1}$
锌焙砂	60.77	5.66	0.07	10
锌焙尘	55.04	8.78	0.16	10
软锰矿		3.73	0.009	30
球磨渣	40.74	4.91	0.038	140
中浸渣	23.97	12.40	0.68	360
低酸浸出渣	18.49	14.85	0.030	350
高酸浸出渣	13.96	15.83	0.24	7
沉矾渣	11.89	14.84		310
高矾混合渣	8.82	16.95	0.74	320

表 4-25 某厂锗及有关元素在各种溶液中的含量

物料名称	化学成分/$g \cdot L^{-1}$			
	Zn	Fe	As	Ge
贫镉液	198.26	0.56	0.00047	0.000014
废电解液	55.04	8.78	0.16	0.001
球磨液	124.56	0.18	0.00047	痕量
中浸液	136.50	痕量	0.00031	0.000088
低酸浸出液	145.58	0.043	0.0036	0.000040
高酸浸出液	123.94	4.22	0.19	0.000034
沉矾液	144.54	0.16	0.001	0.0025
高矾混合液	73.70	0.54	0.019	0.000036

由表 4-24 和表 4-25 可见,原料(锌焙砂、锌焙尘)中的锗在中浸渣中得到了富集,在低酸浸出时渣中锗含量变化不大,说明低酸浸出时锗的浸出有限,而高酸浸出渣的锗含量明显降低,说明锗主要是在高酸浸出阶段被浸出来。从溶液成分看,沉矾液的锗含量最高,故一些原料含锗高的工厂,在沉矾后沉淀锗铁渣,从锗铁渣再回收锗是合理的。

(二) 回转窑处理渣的湿法炼锌过程中锗的行为

在湿法炼锌生产过程中,绝大部分锗富集在中性浸出渣中。在用回转窑挥发法(威尔兹法)处理锌浸出渣时,由于控制还原气氛,锗被还原为一氧化锗(GeO)而挥发,所以锗富集于氧化锌烟尘中。此外,铅系统的锗、铟富集于炉渣中,经烟化炉烟化而进入氧化锌烟尘中。挥发窑氧化锌烟尘和烟化炉氧化锌烟尘经多膛炉脱氟、氯后,返回锌系统。此氧化锌单独处理,经中性浸出—酸浸—酸浸液—锌粉置换,得到置换渣。此置换渣是提取锗、铟等稀散金属的主要原料,可进一步回收锗、铟。

我国某厂原料中锗的含量见表 4-26,置换渣成分见表 4-27,锗在过程中的分配见表 4-28。经分析在置换渣中锗、铟、镓的物相为:锗 48.2% 为 $m\mathrm{GeO_3}$,33.3% 为 GeO_2;铟 96.2% 呈 $InAsO_4$ 的形态存在,In_2O_3 占 3.8%,还有微量的 In_2S_3;镓以 Ga_2O_3 形态存在。

表 4-26 原料中锗的含量

物料名称	锌系统锌精矿	铅系统	
		铅精矿	水口山粗铅
锗含量/%	0.0019	0.00065	0.0005

表 4-27 置换渣成分(%)

元素	Ge	In	Ga	Zn	Cu	Cd	Fe	As	Pb	SiO_2
含量	0.005~0.05	1~3	0.05~0.1	20~30	3~6	1~3	0.5~1.5	4~7	0.5~1.5	0.5~1

表 4-28　我国某厂锗在过程中的分配(1982 年数据)

序号	项目	Zn		Ge		Ga	
		质量/t	分布/%	质量/kg	分布/%	质量/kg	分布/%
1	投入物料	8725.892	100.00	639.248	100.00	1334.368	100.00
2	回收量	8368.384	95.90	73.407	11.48	46.518	3.48
	电锌	8304.703	95.17				
	氧化锌浸出渣	63.861	0.73	73.407	11.48	46.518	3.48
3	商品带走			9.65	1.51	8.213	0.62
4	损失	375.805	4.10	556.191	87.01	1279.637	95.90
	废水	50.918	0.58	10.196	1.60	26.758	0.62
	烟气	45.891	0.73	16.017	2.50	30.366	2.27
	废渣	62.111	0.71	460.336	72.01	1063.393	79.69
	转移物料	44.184	0.51	60.059	9.40	140.093	10.50
	其他	1554.404	1.77	9.583	1.50	19.027	1.43

从表 4-28 可见,锗的回收率很低,仅为 11.48%。此后该厂进行了大量研究,从含锗 0.08%～0.2% 的置换渣中回收锗,采用硫酸浸出——P 204 + YW_{-100} 协同萃取锗镓的新工艺,取得了良好的经济效益。

据另一资料,锗等有价金属在回转窑处理渣的湿法炼锌过程中的分布见表 4-29。

表 4-29　锗等有价金属在回转窑处理渣的湿法炼锌过分布(%)

元素	进料			产物					
	锌精矿	返回料	铅烧结烟尘	浸出渣	回转窑渣	纯镉	氯化渣	返料	无名损失
Ge	89.0	8.8	2.2	28.8	19.6			26.0	25.6
Ga	93.5	6.5		10.7	18.9			27.2	43.2

从表 4-29 可见，锗在产物中有些分散。分布最多的浸出渣也只占 28.8%，其次为无名损失 25.6%。

有资料给出了某厂回转窑渣中锗在各物相中的分布，列于表 4-30。

表 4-30　某厂回转窑渣中锗在各物相中的分布(%)

物　相	α-Fe+硫化铁	玻璃体	焦　炭	窑　渣
品　位	0.026	0.001	<0.001	0.012
分　布	95.75	3.37	<0.88	100.00

由表 4-30 可见，回转窑渣中的锗主要分布在 α-Fe+硫化铁中。

还有资料给出了锗在回转窑烟尘浸出置换液渣中的物相分布，见表 4-31。

表 4-31　锗在置换渣中的物相分布(%)

锗物相	$MeO\cdot GeO_2$	GeO_2	GeS+Ge	GeS_2	难溶锗	置换渣
锗品位	0.052	0.036	0.010	0.002	0.008	0.108
锗分布	48.2	33.3	9.3	1.8	7.4	100.00

(三) 锗在某些冶炼过程产生的氧化锌烟尘中的含量

锗在铅烟化炉氧化锌、锌回转窑氧化锌及氧化矿烟化炉氧化锌中的含量见表 4-32。

表 4-32　锗在某些冶炼过程产生的氧化锌烟尘的含量(%)

成分	一　厂		二　厂	三　厂
	铅烟化炉氧化锌	锌回转窑氧化锌	锌回转窑氧化锌	氧化矿烟化炉氧化锌
Zn	59～61	66.39	60～68	53～58
Ge	0.008	0.0124	0.005～0.01	0.025～0.032

此外，国内某厂其原料既有氧化矿又有硫化矿。该厂的原料富含锗，在冶炼过程中注意了锗的回收。经过多年的努力，形成了独特的

综合回收铅锌锗的生产工艺。其详细情况将在第五章中叙述。

第六节　锗在其他矿石冶金过程中的行为

从第一节表4-3可见，在某些铁、铜、铅、锡、铝和钼的矿物中都含有锗。在这些矿物的选矿过程中，锗也会部分富集于精矿中。在这些金属的冶炼过程中，又富集于某种产品中，可进一步回收锗。对锗在冶金中的行为有一些研究。

一、锗在铜冶金过程中的行为

铜精矿冶炼的流程包括准备⟶造锍熔炼⟶吹炼⟶火法精炼⟶电解精炼得到阴极铜。锗在铜冶金过程中的行为，早些年有一些研究，主要是在反射炉熔炼、鼓风炉熔炼等传统工艺中锗的行为。近年较为少见，缺乏在闪速炉、熔池熔炼炉工艺中锗的行为，但是这些数据可供参考。

(一) 焙烧

铜精矿的焙烧为氧化焙烧，焙烧温度800～850℃，锗以GeO_2形态存在不挥发。小部分锗可能发生下列反应，因GeS易于挥发而损失。

$$3GeO_2 + 4Fe(Zn)S = 3GeS + 4Fe(Zn)O + SO_2 \qquad (4\text{-}6)$$

(二) 造锍熔炼

1. 反射炉熔炼

据资料介绍，反射炉炼生精矿时，80%～90%的锗进入冰铜，其余进入炉渣和烟尘。反射炉炼焙砂时，60%～80%的锗进入炉渣，40%～20%进入冰铜和烟尘中。进入烟尘的数量的多少，分布与焙烧程度有关。

2. 鼓风炉熔炼

在鼓风炉炼铜精矿时，锗在更大程度上挥发，进入烟尘。前苏联某工厂采用半自热熔炼法熔炼铜矿石时，锗在熔炼过程中的分布为：烟尘40%，冰铜18%，炉渣42%。当炉料含锗为3g/t时，粗烟尘含锗20g/t，细烟尘含锗60g/t。鼓风炉熔炼烟尘的成分见表4-33。

表 4-33 鼓风炉熔炼铜精矿的烟尘成分(%)

元素 厂名	Ge	Zn	Pb	Cd	Cu	As	Cl	S
刚果矿	0.3	28.0	25.0	3.0	1.5	7.3		
德国马斯费尔德	0.007～0.008	23.6～31.36	16.3～19.5	0.10～0.13	0.66～1.06		0.60～1.19	15.1～19.9

在硫化铜矿采用自热熔炼时,熔炼时消耗的焦炭数量较少,利用硫在炉内燃烧发热。炉气中的硫多为单体硫,由于炉内的还原气氛和炉气中的硫蒸汽,促进锗生成挥发性的升华物,所以70%以上的锗进入气相。

在20世纪60年代,云南某矿将含锗铜精矿采用鼓风炉熔炼产出冰铜和含锗的布袋尘。铜精矿含Cu10%～12%,Ge40～60g/t。布袋尘锗的富集比为40～50倍,含Ge 0.2%,SiO_2约16%。将此布袋尘用电炉进一步富集,在自熔渣熔炼条件下,加入10%～13%的碎焦作为还原剂,锗的挥发率达99%,直收率96%～98%,富集比3～4倍,烟尘含锗0.6%～0.8%,冰铜含铜约45%。烟尘可作为进一步提锗的原料。

铜精矿和烟尘的主要成分见表4-34。

表 4-34 铜精矿和烟尘的主要成分(%)

物料名称	Ge	Cu	Pb	Zn	Tl	S
铜精矿	0.0060	14.16	0.037	0.47	—	10.42
布袋尘	0.21	4.41	5.06	17.61	0.0081	6.38
粗烟尘	0.017	14.58	1.19	1.96	0.012	4.10

从表4-34可见,锗和锌主要富集于布袋尘,铊主要富集于粗烟尘。将布袋尘在面积为220 mm×340 mm的小反射炉中进行还原熔炼,得到富锗的二次烟尘。

研究认为发生了以下反应:

$$GeO_2 + CO \xlongequal{} GeO_{(gas)} + CO_2 \tag{4-7}$$

$$GeO_2 + Zn_{(gas)} \xlongequal{} GeO_{(gas)} + ZnO \tag{4-8}$$

$$3GeO_2 + 4Fe(Cu)S \xlongequal{} 3GeS + 4Fe(Cu)O + SO_2 \tag{4-9}$$

$$2MeO_{(\text{碱金属和碱土金属氧化物})} + GeO_2 \xlongequal{} Me_2GeO_4 \tag{4-10}$$

研究认为,还原剂的用量对锗的挥发影响很大,还原剂对锗的挥发率的影响见表 4-35。炉料中锌的还原挥发,对锗的挥发是有利的。加入铁矿石和石灰石对降低炉渣含铜有利,但由于生成锗酸盐,不利于锗的挥发。

表 4-35　还原剂对锗的挥发率的影响

还原剂用量/%	2.0	11.5	13.0	15.0
挥发率/%	80.03	96.55	99.24	97.03

由表 4-35 可见,随着还原剂从 2.0%增加到 10%以上,锗的挥发率从 80%增加到 96%以上,还原剂影响明显。

再次挥发的二次烟尘为白色铅锌烟尘,含 Ge 0.6%~0.8%,As 约 10%,砷绝大部分以 $Zn_3(AsO_4)_2$ 和 $Pb_3(AsO_4)_2$ 状态存在。二次烟尘含 SiO_2 25%~7%。此烟尘经湿法冶金处理,用稀硫酸浸出,液固比 4:1,温度 80℃,时间 2 h,锗的浸出率约 90%。

但该工艺以后未见工业实践的报道。

(三) 转炉吹炼

在转炉吹炼时,锗可能以 GeS 和 GeO 形态挥发,而大部分锗以 $MeGeO_4$ 锗酸盐的形态进入转炉渣。锗在各产物中的含量及分布见表 4-36。

表 4-36　锗在各产物中的含量及分布

物　料	冰　铜	粗　铜	炉　渣	烟　尘
含量/%	0.0003~0.0005			0.0015~0.0035
分布/%	100.00	2~5	80~90	11~16

从表 4-36 可见,80%~90%的锗均进了炉渣,当用烟化炉处

理此炉渣时，大部分锗以 GeO 形态挥发，可与锌等元素一起进入烟尘收集并回收。

(四) 从铜熔炼烟尘中提取锗

国内没有发现大型含锗的铜矿床，仅少数小型的铜矿含有锗，在云南含锗的铜矿床却不少，虽然品位不高，选矿回收率较低，但某厂每年铜矿入炉的锗含量都在 700 余千克至 1 t 以上，主要的矿区是东川铜矿、易门铜矿、个旧大屯矿区及个旧卡房矿区、红旗矿等，1962 年曾对几个矿区的铜精矿含锗进行了普查，1969 年又进行几个月的调查，结果见表 4-37，从中可看出云南铜精矿含锗状况。

表 4-37　云南几个矿区的铜精矿含锗调查结果

矿区名称	1962 年普查结果			1969 年普查结果		
	锗含量/%	精矿量/t	锗量/kg	锗含量/%	精矿量/t	锗量/kg
东川红星矿	0.0044	13350	587	0.0022	13350	293.7
易门铜矿	0.0006	57500	345	0.0004	57500	230
东川因民矿	0.0004	16365	65	0.0009	16365	147.3
个旧大屯矿	0.0005	17000	85	0.0005	17000	85
某厂进炉料	0.0010	104215	1082	0.00074	104215	756.00

1. 回收情况

东川、易门、个旧大屯等地的铜精矿都送某厂处理，进厂原料经烧结后进电炉熔炼成冰铜，熔炼前及熔炼过程未加入还原剂，GeO_2虽然容易还原为 GeO，后者在 700℃ 开始挥发，但因没有足够的还原作用，精矿中的锗约有 60%～80%进入炉渣，少量进入烟尘。

铜精矿本身含少量游离碳（约 1%～2%），其量不足以使 GeO_2充分还原为 GeO。因此进行了添加焦炭的试验，在变压器容量为 50kV·A 的小电炉内，使用与生产炉料相近的配料为试料，添加不同数量的焦粒，分批进行熔炼，每批投料 60 kg，电流控制 400～500A，电压 30～50V，每批试料在 2 h 左右熔化完毕，保温半小时后放渣和冰铜，结果显示，当焦粒配入量为精矿量的 0%～5%

时,挥发情况没有明显的差别,当焦粒用量超过5%时,由于生成铜—铁合金,使锗捕集其中,不但影响锗的回收,同时也扰乱正常的冶炼作业。因此选择了较低的焦粒用量(2%)在小电炉中进行试验,其物料平衡结果见表4-38。

表4-38　锗在试验电炉熔炼产物中的分布

项　目	进炉料	产出物料				
		名称	重量/kg	锗品位/%	锗量/g	占进炉料锗重/%
重量/kg	262.1	炉渣	150.4	0.0006	0.9024	38.3
		冰铜	71.8	0.0005	0.3590	15.2
锗品位/%	0.0009	管道尘	5.06	0.0111	0.5617	23.8
		布袋尘	1.54	0.0176	0.2710	11.5
锗量/g	2.3589	总计			2.0941	88.8
		平衡差			−0.2648	−11.2

从表4-38可看到,在铜精矿熔炼过程中,配加2%焦粒,控制适当的条件,锗有35%挥发捕集于烟尘中,布袋尘的锗品位比精矿提高了20倍。

在生产电炉(功率16500kV·A)加焦粒2%进行生产试验,依照电炉熔炼的正常作业,对每班的进炉炉料、炉渣及冰铜均取样分析。电收尘烟尘隔日放灰计量取样分析锗,经半个月的连续生产试验,结果见表4-39。

表4-39　锗在电炉生产过程熔炼产物中的分布

进　炉　料		产出物料				
		名称	重量/t	平均含量/%	锗量/g	占进炉锗量/%
重量/t	5277	炉渣	3588	0.00076	27268	70.72
		冰铜	1478	0.00030	4434	11.50

续表 4-39

进炉料		产出物料				
		名称	重量/t	平均含量/%	锗量/g	占进炉锗量/%
平均含量/%	0.00073	电收尘烟尘	158	0.00302	4772	12.50
		电收尘出口烟尘			97	0.25
锗量/g	38557	总计			36571	94.97
		平衡差			−1986	−5.03

电收尘烟尘一般成分(%):Ge 0.002~0.003、Cu 9.6、Fe 7.86、Zn 5.9、As 1.1、Pb 0.43、CaO 7.85、MgO 4.91、Al_2O_3 3.18、$SiO_2$16.88、S 7.71,电炉渣一般成分(%):Ge 0.0007~0.001、Cu 0.29、FeO 25.89、SiO_2 40.02、Al_2O_3 4.69、CaO 11.29、MgO 8.33,渣率68%,冰铜产出率28%。

由表4-39可知,在电炉熔炼铜精矿时,添加精矿量2%的焦粒,进行挥发锗的试验,效果并不理想,锗进入烟尘的只占总量的12%,电收尘烟尘品位只比精矿提高4倍,锗大部分进入炉渣和冰铜中,分析其原因可能是:(1)原料含锗品位太低;(2)渣面以上精矿料坡经常维持0.5 m左右,造成炉顶温度低,不利于锗的挥发;(3)还原气氛不够。由于炉内熔体搅动情况不良,固体焦粒不能深入熔体内部和炉料各成分进行良好的接触反应,局限于表面还原,难以促进GeO的生成和挥发。

2. 含锗烟尘电炉再挥发

从大电炉获得的电收尘烟尘,锗品位0.002%-0.003%,$SiO_2$16%,难以直接进行湿法处理,为了进一步将锗富集和脱除SiO_2,进行了烟尘的二次挥发试验。

试验在50kV·A的电炉内进行,烟尘先经制粒、干燥并配加焦粒为还原剂,试验结果见表4-40。

表 4-40 烟尘的电炉再挥发试验结果

焦炭用量	进炉料		渣冰铜			布袋尘锗品位/%
	重量/kg	Ge /%	重量/kg	Ge含量/%	占进炉料中Ge含量/%	
10%	70	0.0023	53.6	0.0006	20.00	0.018
12%	75	0.0026	45.9	0.0006	14.30	0.0155
15%	75	0.0018	45.0	0.0005	16.60	0.0192

炉料含 Ge 0.0018%～0.0026%，配入 10%～15%的焦粒，在电炉中进行二次挥发，当炉料熔化后继续保温挥发 2 h，渣含 Ge 可降到 0.0006%左右，按渣计锗的挥发率为 75.6%～85%，布袋尘含锗品位为 0.0135%～0.0192%，比原烟尘品位提高 5～10 倍，锗富集于烟尘中的实收率可达 60%～80%。

从以上情况判断，该厂原料虽含锗，但品位低，作业制度不能满足锗的挥发要求，因此锗挥发进入烟尘的回收率低，若在进炉铜精矿中配入 2%焦炭，促进锗的挥发，也只有 12%的锗挥发进入烟尘。由此推算，每年进入原料含锗约 1 t，采用加焦促进挥发的措施，也只能回收锗 1000×12%×70%＝84 kg，所以没能产业化。

(五) 鼓风炉熔炼铜精矿时锗的走向

东川红星矿年产铜 3300 t，日产铜精矿 100 t，铜精矿含铜 10%～12%，Ge 40～60 g/t，从 1963 年底到 1967 年初，该矿将铜精矿用鼓风炉熔炼成冰铜，同时挥发锗，达到综合回收锗的目的，布袋尘含 Ge 0.21%，$SiO_2$16%，其中，锗的富集比为 40～50 倍，但因含硅，给湿法处理带来很大的困难，采用重挥发的方法进行锗的再富集及脱硅，采用电炉作为熔炼设备，效果良好，烟尘由含 Ge 0.21%、$SiO_2$16.10%，挥发至 Ge 3.4%、$SiO_2$3%，锗进烟尘回收率为 99.24%，随后锗的湿法处理也比较顺利，1967 年以后该精矿外卖，没有继续处理。

目前，采用闪速炉、熔池熔炼炉等先进熔炼工艺炼铜时，锗的走向未见报道。

二、锗在铅冶金过程中的行为

铅的生产目前仍以烧结—鼓风炉还原熔炼流程为主。

我国的矿石锗集中分布于铅锌矿中，其中含锗硫化铅锌矿经分选产出铅精矿和锌精矿，其中的锗主要随锌走，以同质异象嵌生于闪锌矿中，但在铅精矿中也有少量分布，由于含锗的单独含铅矿物较少，因此含锗的铅精矿数量不多。

（一）烧结过程中锗的走向

铅精矿在烧结阶段，因温度低气氛属于氧化性气氛，GeO_2基本不挥发，而且烧结烟尘返回下一段烧结作业作配料用，锗几乎全部留在烧结块中，进入烟尘的量约在1%以下。

（二）鼓风炉熔炼过程中锗的走向

当烧结块进鼓风炉熔炼时，因炉内还原气氛弱，锗基本不进入烟尘及粗铅，绝大部分进入炉渣中，据我国某些工厂统计，锗在铅鼓风炉熔炼中分布见表4-41。产品中烟尘返回烧结配料，炉渣进烟化炉处理。

表 4-41　锗在铅鼓风炉熔炼中分布(%)

项目 / 厂名	粗铅	炉渣	烟尘	损失	合计
沈冶	0	97.46	1.56	0.98	100
株冶	0	99	1		100

表4-42列出了前苏联某铅锌厂锗在铅生产过程中的分布。

表 4-42　前苏联某铅锌厂锗在铅生产过程中的分布(%)

元素	进料			产物					
	铅精矿	铅渣	返料	粗铅	烟尘	水淬渣	返料	黄渣	无名损失
分布	56~71.4	28.6	15.4~0.9	0.5	2.0	90.6~48.7	8.9	0.9	48.4

从表4-41和表4-42可见，锗主要进入渣中。

（三）鼓风炉渣烟化炉烟化过程中锗的走向

国内从含锗炉渣中用烟化炉回收富集锗的厂家较多，方法及设备基本相同，规模不等。处理的有铅锌密闭鼓风炉渣，铅鼓风炉渣，铅鼓风炉渣和难选氧化铅锌矿等。

在炉渣中除富集了锗外，还富集了锌。在烟化炉中保持较高的温度，加入还原剂控制一定的还原气氛，锗和锌分别还原为 GeO 和 Zn 挥发进入气相，在烟气中又被进一步氧化为 GeO_2 和 ZnO 进入烟尘。烟尘将经过湿法冶金处理回收其中的有价金属，与前面烟尘处理相似。

三、锗在锡冶金过程中的走向

在锡粗炼过程中，产出含锡较高的炉渣。此炉渣需经过烟化炉进行硫化烟化，以进一步回收锡及有价金属。在烟化时采用 0.7 的过剩空气系数，加入渣重约 18% 的粉煤和一定量的黄铁矿。在 1250℃ 下吹炼 90 min，90% 以上的锗可随之挥发出来。据研究，锗的挥发率随黄铁矿加入量的增加而增加。前苏联某厂含锗锡炉渣的主要成分见表 4-43，烟化炉吹炼锡炉渣时黄铁矿加入量与锗的挥发率的关系见表 4-44。

表 4-43　前苏联某厂含锗锡炉渣的主要成分(%)

元　素	Ge	In	Sn	Pb	Zn	Fe	S	SiO_2
炉渣 1	0.001	0.001	0.50	1.12	8.11	35.0	0.36	27.0
炉渣 2	0.015	0.007	1.33	0.82	2.77	21.9	2.70	26.25

表 4-44　烟化炉吹炼锡炉渣时黄铁矿加入量与锗的挥发率的关系(%)

添加黄铁矿情况	渣　1			
	烟　尘		冰铜中锗的分布	废渣中锗的分布
	品位	分布		
不加黄铁矿				
加 5% 黄铁矿	0.006～0.01	93.8	6.3	12.3
加 7% 黄铁矿	0.006～0.01	96.1	2.5	9.1

续表 4-44

添加黄铁矿情况	渣 2			
	烟尘		冰铜	废渣
	品位	分布	分布	分布
不加黄铁矿	0.0017～0.03	82.0	2.8	23.8
加 5% 黄铁矿	0.0017～0.03	91.5	6.6	4.2
加 7% 黄铁矿	0.0017～0.03	97.8	—	2.1

从表 4-44 可见，不加黄铁矿，入烟尘的锗只有 82%；加入 5% 的黄铁矿后，入烟尘的锗增加到 92%～94%；加入 7% 的黄铁矿，入烟尘的锗增加到 96%～98%，效果明显。

四、锗在铁矿冶炼过程中的行为

（一）前苏联的情况

前苏联的几家钢铁厂曾经研究过高炉炼铁时锗的分布，见表 4-45。

表 4-45　高炉炼铁时锗的分布（%）

投入	烧结块	焦炭	合计
	70～95	5～30	100
产出	渣和生铁	烟尘	合计
	约 94	6	100

从表 4-45 可见，焦炭中的锗占入炉物料中锗量的 5%～30%，有相当可观的数量，但是约 95% 的锗进入了渣和生铁，不易回收。若改变作业条件，让锗富集于烟尘，会影响生铁质量。所以，从炼铁过程回收锗的报道不多。

（二）我国含锗铁矿的处理

我国也有富含锗的铁矿，1958 年在江苏溧水南山头一带发现含锗赤铁矿，含锗品位高达 100 g/t 以上，是提锗的好原料，该铁矿质软易碎，显赤褐色，暴露于大气中易风化成粉末，由于锗具有亲铁性，难以用选矿方法分离富集。但矿石中的二氧化锗在高温下容易还原成一氧化锗，后者具有很大蒸气压，容易挥发进入气相，并可以烟尘形态从中回收，因此该矿选用鼓风炉火法富集锗及湿法从烟尘中回收锗的流程。

1. 鼓风炉还原挥发熔炼富集锗

A 矿石性质

块矿破碎到 40～50 mm，可直接入炉，细粒矿粉混以适当水分，压制成 30～50 mm 的矿球，于空气中干燥后即作为入炉原料。该矿黏性较大，造球时不需加黏结剂，在熔炼过程中也不需加入任何熔剂，其性质接近于自熔性矿，锗铁矿化学成分见表 4-46。

表 4-46 锗铁矿化学成分

元素 矿别	Ge	Fe	Cu	S	Pb	Zn
块矿	0.01～0.018	55	0.029	0.163	0.07	0.033
矿球	0.0017～0.012	35～40	0.025	0.068	0.085	0.027
元素 矿别	**As**	**Mn**	**Al_2O_3**	**SiO_2**	**CaO**	**MgO**
块矿	0.3	0.24	3.35	5.40	0.16	0.116
矿球	0.2	0.22	8.36	26.24	0.33	0.26

B 鼓风炉熔炼控制的技术条件

拟定的锗铁矿提锗工艺流程如图 4-8 所示。

鼓风炉挥发熔炼的主要设备为：鼓风炉、热风炉、旋涡收尘器、布袋收尘器以及鼓风机及排风机等。鼓风炉外形类似炼铁的矮高炉,没有出铁口,只有出渣口,为了防止挥发物在炉内冷凝,采用低料柱及热炉顶。

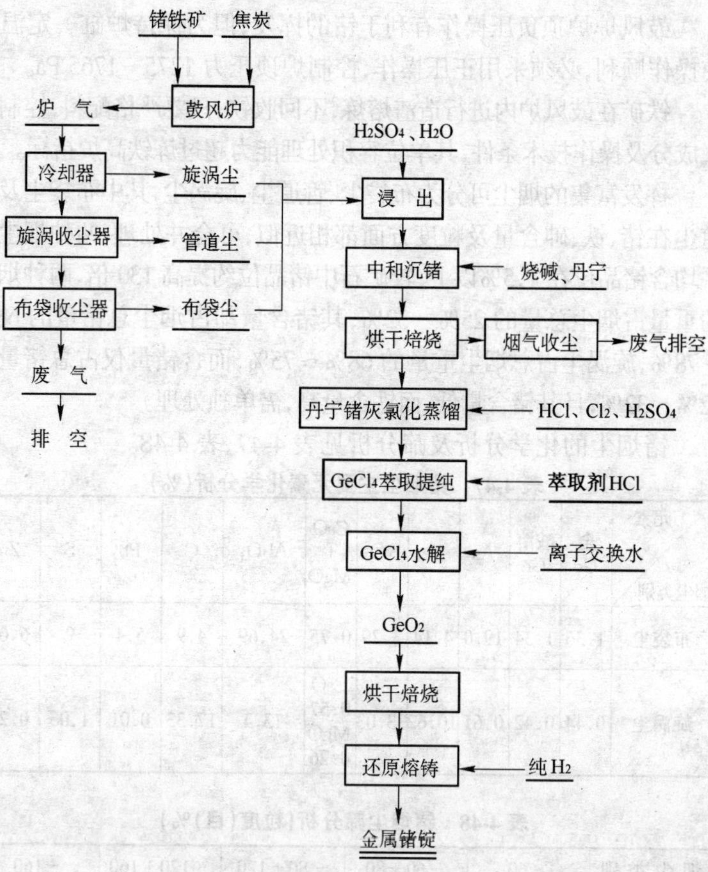

图 4-8　锗铁矿提锗工艺流程图

锗与铁容易生成锗铁合金,锗与钙能生成锗酸钙,二者都影响锗的挥发,因此在冶炼过程中不配加石灰石熔剂,并且控制适宜的还原条件,使铁呈硅酸铁造渣,每批炉料的质量比例为矿石 100,焦炭 40,返渣 10,产生的炉气成分(%)为:CO 14~18、CO_2 10~

12、O_2 0~0.3，其中 $CO/(CO+CO_2)$ 55~65。如此的炉气成分，其还原能力是适当的，太强的还原气氛，会产生金属铁，引起炉缸冻结，过低则锗的挥发率降低。

鼓风炉炉顶负压操作有利于锗的挥发，但为保持炉缸一定温度使操作顺利，必须采用正压操作，控制炉顶压力 1275~1765 Pa。

铁矿在鼓风炉内进行造渣熔炼，不回收铁，只要严格配料，控制炉气成分及操作技术条件，其单位容积处理能力超过炼铁高炉指标。

挥发富集的烟尘可分为布袋尘、管道尘、旋涡尘，其中布袋尘及管道尘在锗、铁、砷含量及粒度方面都相近似，可合并处理，两种烟尘的平均含锗品位在 1.5%以上，较矿石中锗品位约提高 130 倍，两种烟尘的重量占烟尘总量的 25%~32%，其锗含量却占烟尘总锗量的 68%~78%，旋涡尘占总烟尘重量的 68%~75%，而含锗量仅占总锗量的 22%~32%，且其锗含量低，而铁含量高，需单独处理。

锗烟尘的化学分析及筛分析见表 4-47、表 4-48。

表 4-47 锗烟尘主要元素化学分析(%)

烟尘类别＼元素	全 Ge	酸溶 Ge	As	Fe	SiO_2	CaO + MgO	Al_2O_3	C	Pb	S	Zn
布袋尘	1.36	1.34	19.0	4.14	3.29	0.75	24.69	4.9	5.4	9	6.63
旋涡尘	0.44	0.42	0.61	10.62	33.03	CaO 0.57 MgO 0.26	13.4	17.33	0.01	1.03	0.28

表 4-48 锗烟尘筛分析(粒度(目)%)

烟 尘 类 别	+60	-60+80	-80+120	-120+160	-160
旋涡尘	10.2	18.3	17.3	46	8.2
布袋尘	0	0	0	0	100

烟尘将经过湿法冶金处理，回收其中的有价金属，其方法与前面烟尘处理相似。

第七节　锗在煤燃烧时的行为

一、概述

我国从北到南，含锗的煤矿点多而普遍，锗品位约在0.0001%～0.1%，早期提锗一般是在热电厂的烟道灰，炼焦厂的焦油、氨水，煤气洗水池的洗水中回收，随后在张家口发现含锗特别高的煤矿，引起中央领导的重视，当时布置重点开发及回收利用，该煤矿点的锗对我国的早期锗工业的研究开发及生产都起到很大的作用，随后在云南临沧发现含锗量丰富的煤，含量可达Ge0.01%～0.02%，初步测算，临沧煤含锗量可达1440 t，煤中的锗因煤燃烧而富集，煤燃烧后灰分约为20%～30%，烟尘率1%～2%，若锗富集于烟尘，则富集比大大提高。某发电厂锅炉燃用含锗0.0003%的煤，采用链条炉在还原性气氛下燃烧，烟灰含锗0.0028%，约富集10倍，但在粉煤炉中燃烧，该炉为氧化性气氛，烟灰含锗0.0008%，富集比约为3倍，据调查各地区的锅炉燃烧条件不同，烟尘含锗也有微妙变化，结果大体是：

(1) 一般锅炉燃烧条件下烟尘含锗为0.00x%，不同地区略有不同。

如：北京地区0.002%～0.005%；
　　天津地区0.001%～0.003%；
　　东北地区0.003%～0.005%。

(2) 在还原性气氛下燃烧煤，其烟尘含锗量为0.0x%，如：北京玻璃厂烟尘含锗0.01%，沈阳煤气厂烟尘含锗0.03%～0.2%，长春煤气厂烟尘含锗0.03%～0.1%，哈尔滨煤气厂烟尘含锗0.03%～0.08%。

二、完全燃烧时锗的行为

在煤完全燃烧时，例如在锅炉的燃烧室内，锗大部分留在炉渣和烟灰中。如某含锗褐煤,含锗 0.009%,在有过量空气燃烧的情况下,锗的分布见表 4-49。

表 4-49 褐煤在有过量空气燃烧的情况下锗的分布(%)

物料名	炉渣	炉灰	烟尘	随气体损耗
锗分布	51.7	19.0	0.25	29.0

由表 4-49 可见,锗 70.7% 留在炉渣和烟灰中。

三、煤不完全燃烧时锗的行为

当煤不完全燃烧时,情况就不一样了。在煤气发生炉中,由于供氧不足,炉内是还原性气氛。煤中以 GeO_2形态存在的锗,被还原为具有挥发性的 GeO,而进入烟尘和炭黑中。据统计,将近 75%的锗进入烟道尘中,约 25%的锗残留于炉灰和炉渣中。如英国某煤气厂烟尘中含 $GeO_2$0.29%～1.24%,此外还含 0.38%～0.75%的 Ga_2O_3,有回收价值。

我国从煤中提取锗的最大生产基地的情况在第六章详述。

参考文献

1 《稀有金属手册》编委会．稀有金属手册．北京:冶金工业出版社,1995.12

2 周令治．稀散金属冶金．北京:冶金工业出版社,1988.3

3 王吉坤等．有色金属矿产资源的开发与利用．昆明:云南科技出版社,2000.5

4 颜美凤．韶冶锗综合回收技术的发展.有色冶炼,2002.3

5 吴成春．在密闭鼓风炉熔炼过程中锗铟的富集及综合回收.广东有色金属学报,2002,增刊

6 A.H. 泽理克曼,O.E. 克列茵等著.宋晨光等译．稀有金属冶金学.北京:冶金工业出版社

7 何静等．热酸浸出——铁矾法炼锌工艺中富集锗.广东有色金属学报,

2002,增刊21～28
8 邓卫等．凡口铅锌矿稀散金属的选矿研究与综合评述．有色金属,2000(4):45～49
9 吴绪礼．锗及其冶金．北京:冶金工业出版社,1987
10 徐鑫坤,魏昶．锌冶金学．昆明:云南科技出版社,1996.12
11 冯桂林．何蔼平等．有色金属矿产资源的开发与利用——提取冶金部分．昆明:云南科技出版社,2000.5
12 昆明有色冶金研究所,会泽铅锌矿,云南冶炼厂．关于云南冶炼厂锗的资源和电炉挥发试验报告．1969
13 许绍权等硫化锌精矿工艺中稀散金属回收的新途径．有色金属(冶炼部分).1990,(1):32～35
14 昆明有色金属研究所．东川矿务局中心试验所．鼓风炉烟尘电炉熔炼回收锗试验报告,1967.10
15 刘中清等．湿法炼锌中性浸出过程中锗的行为研究．湿法冶金．2000,19(2):43～46
16 苗新民等．电炉锗的分布走向调查
17 陈世民等．从硫酸锌溶液中萃取提锗．云南冶金,2002(3):101～105
18 包福毅,陈世民等．从硫化锌高酸浸出的硫酸锌溶液中萃取提锗全流程研究．中国工程科学,2001(12):58～67
19 昆明冶金研究院．会泽铅锌矿．清华大学核能技术设计研究院．从硫酸锌溶液中萃取锗技术开发研究报告,1999
20 王斌．锗铁渣在含锗烟尘中性浸出时富集锗的研究．有色金属(冶炼部分).2002(4):37～39
21 稀有金属冶金学编写小组．稀有金属冶金学(下册)．北京:中国工业出版社,1961
22 王乾坤,马荣骏．热酸浸出——铁矾法除铁湿法炼锌工艺中锗的回收．湿法冶金．1993(2):20～27
23 中国有色金属工业总公司．有色金属进展第17分册——株冶．北京:中国有色金属工业总公司,1985
24 肖华利．从湿法炼锌中回收锗的生产实践．稀有金属与硬质合金．1993(6)(总113):50～52
25 陈春祥．稀贵金属的生产与发展．株冶科技,1993,21(1):42～45
26 昆明工学院冶金系．湿法炼锌浸出及其渣处理系统走向考察与分

析.1994.6
27 魏昶,王吉坤.湿法炼锌理论与应用.昆明:云南科技出版社,2003
28 李岳泰.铟锗回收方法及其改进.重有色冶炼.1993(2):14~21
29 周令治,邹家炎.稀散金属手册.长沙:中南工业大学出版社,1993

第五章 锗的提取和富集技术

锗很少有品位高的矿石，一般都是在其他金属矿和煤矿中综合回收。锗在主金属的选矿和冶金过程中被初步富集，品位一般只有千分之一以下，还需进一步富集。其富集的方法很多，大致可分为火法冶金富集方法、湿法冶金富集方法和火法—湿法冶金联合富集方法。当富集到一定程度，得到的产品称为锗精矿。最后都是用氯化蒸馏—提纯—水解法制取纯度很高的二氧化锗再根据需要制取不同的产品。

第一节 火法冶金富集方法的原理

火法富集锗的方法很多，主要有优先挥发法、碱土金属氯化蒸馏法、烟化炉挥发法、鼓风炉挥发法、氧化—还原焙烧法、再次挥发法和真空蒸馏法。但是从原理来说，这些方法分别是利用锗的氧化物、硫化物、氯化物……等的蒸气压比其他物质的蒸气压大，优先挥发进入气相，与其他杂质分离；而真空法是利用锗的蒸气压比其他元素蒸气压小，其他组分优先挥发进入气相，而锗留于残渣中，达到分离的目的。

至于烟化炉挥发法和鼓风炉挥发法是以其使用的设备命名，原理仍是相同的。

一、还原挥发的热力学基础

锗与某些元素化合物的蒸气压如图 5-1 所示。

从图 5-1 可见，GeO、GeS 的蒸气压比 As_2O_3 和 As_2S_3 的蒸气压小，比 PbO、PbS、CdO 的蒸气压大。GeO_2 和 GeS_2 的蒸气压较小，但是，在 600～750℃ GeS_2 的蒸气压有一定的数值；当温度大于 1400℃时 GeO_2 的蒸气压有相当的数值。由此可初步判断，当原

料中的锗以 GeO_2 存在时采用还原挥发，使锗以 GeO 存在，在温度大于 800℃ 时就有较大的蒸气压，可以挥发。

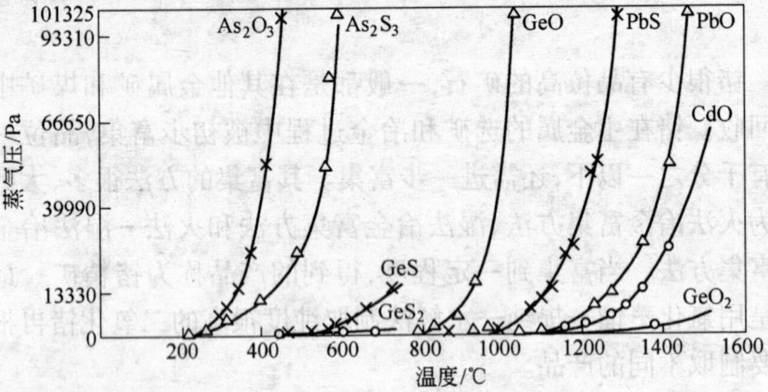

图 5-1　锗与某些元素化合物的蒸气压

1. Ge-O 优势区图

为研究锗的还原挥发，可以用优势区图来阐明此问题。早年的 Ge-O 优势区图没有 GeO 存在的区域，如图 5-2 所示。我们用 FACT Sage 数据库，作了 Ge-O 系 700～1200℃ 时的优势区图。比前面的图丰富了很多，如图 5-3 所示。但是仍然没有 GeO 存在的区域，这与实际情况不符。经分析，Ge-O优势区图反映的是热力

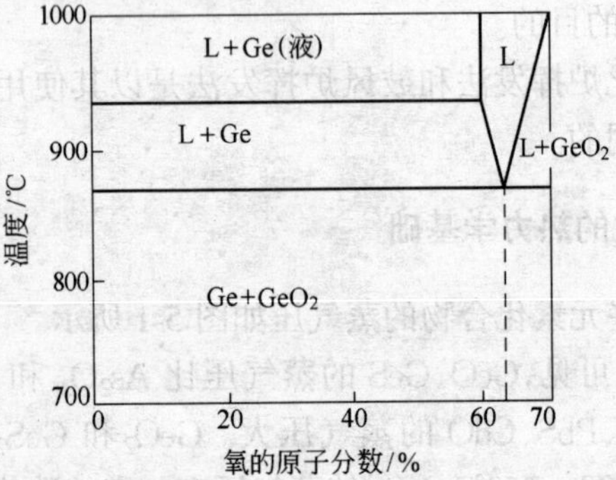

图 5-2　Ge-O 优势区图

学平衡状态，而实际挥发过程没有处于平衡状态，这应为 Ge-O 优势区图没有 GeO 稳定存在的区域的原因。

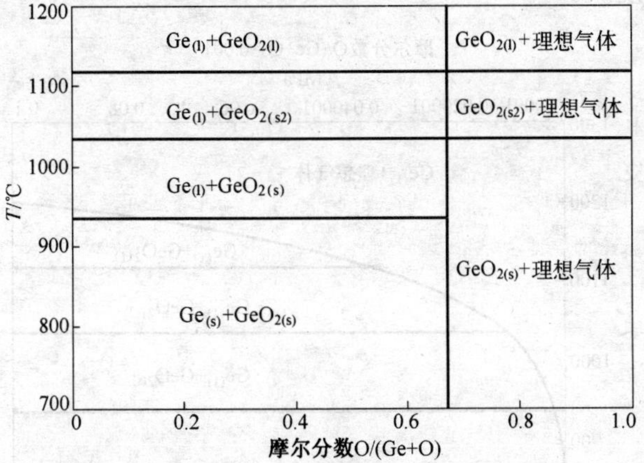

图 5-3　Ge-O 优势区图

2. 不同氧分压的 Ge-O 优势区图

为了进一步研究在不同氧分压情况下锗的行为，又作了 800～1300℃氧分压 0.0001～0.1 MPa 的 Ge-O 系优势区图，如图 5-4 所示。

从图 5-4 可见，图的左上方有一个 $Ge_{(l)}$ 和气体的稳定存在区，气体可能是 GeO_2 和 GeO，而且随着温度的上升，这个区域变大。在没有氧存在时，锗为单独存在的液相；随着氧的加入，出现了 GeO_2，其数量随氧分压的增加而增加；在同一氧分压水平，随着温度的升高，GeO_2 的数量增加。在图的右边是多相共存区，在 940℃以下为 $Ge_{(s)}$ 和 $GeO_{2_{(s2)}}$ 的共存区；在 940℃以上是 $Ge_{(l)}$ 和 $GeO_{2(s)}$ 的共存区；在 1040℃以上时是 $Ge_{(l)}$ 和 $GeO_{2_{(s2)}}$ 的共存区；在 1120℃以上是 $Ge_{(l)}$ 和 $GeO_{2(l)}$ 的共存区；超过曲线是 $Ge_{(l)}$ 和气体的共存区。图 5-4 也没有 GeO 的稳定区，其原因也应与上面的理由相同。

查阅热力学数据手册，710℃为 GeO 的升华温度，相变焓为

209.200 kJ/mol。从此数据可以初步判断，如果物料中含有 GeO，当温度大于 710℃时将全部挥发；当温度接近 710℃时，GeO 也就开始挥发。

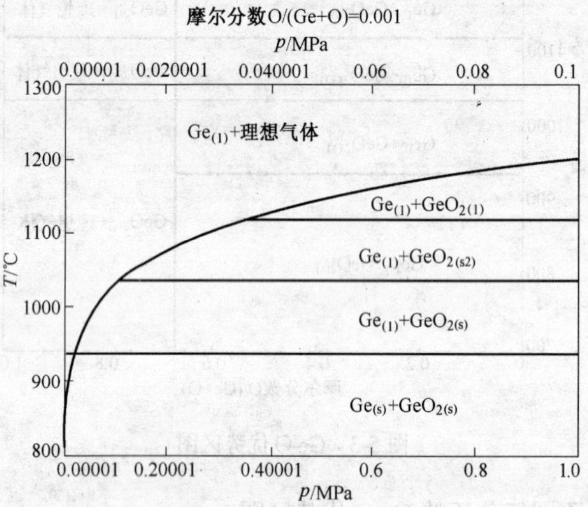

图 5-4　不同氧分压的 Ge-O 系优势区图

3．在 Ge-O 系中加入还原剂

A　还原剂的选择

还原剂的种类很多，可以用碳、一氧化碳、氢气，还可以用锌做还原剂。选择何种还原剂，既要考虑技术问题，如反应进行的程度和速度，更要考虑经济问题。

一氧化碳及氢气与氧的反应如下：

$$2CO + O_2 \xlongequal{} 2CO_2 \tag{5-1}$$

$$2H_2 + O_2 \xlongequal{} 2H_2O \tag{5-2}$$

这两个反应的反应自由能与温度的关系可用以下两式计算，并由此可作图 5-5。

$$\Delta G_1^\ominus = -56480 + 173.64T$$

$$\Delta G_2^\ominus = -503921 + 117.36T$$

从图 5-5 看见，两条直线在 1083K(810℃)时有一个交点，在此温度以下一氧化碳与氧的反应能力比氢气与氧的反应能力强，也就是一氧化碳的还原能力比氢气强，在此温度以上一氧化碳的还原能力比氢气弱。从技术的角度考虑不需要太强的还原气氛，所以选一氧化碳；从经济的角度考虑一般还原挥发都选择较便宜的碳作为还原剂。

B 在 Ge-O 系中加入还原剂碳可能发生的反应

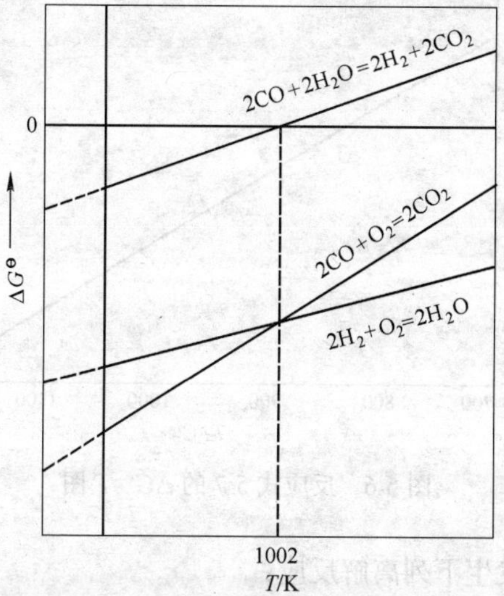

图 5-5 反应式 5-1 和反应式 5-2 的反应自由能－温度关系图

在 Ge-O 系中加入碳可能发生下列还原反应：

$$GeO_2 + C \xlongequal{\quad} GeO + CO \tag{5-3}$$

$$GeO_2 + 2C \xlongequal{\quad} Ge + 2CO \tag{5-4}$$

$$2GeO_2 + C \xlongequal{\quad} 2GeO + CO_2 \tag{5-5}$$

$$2C + O_2 \xlongequal{\quad} 2CO \tag{5-6}$$

$$GeO_2 + CO \xlongequal{\quad} GeO(g) + CO_2 \tag{5-7}$$

$$GeO_2 + 2CO \xlongequal{\quad} Ge + 2CO_2 \tag{5-8}$$

在焙烧的环境中,碳会与炉气中的氧反应生成一氧化碳。且碳与二氧化锗的接触没有一氧化碳与二氧化锗的接触机会多,所以,可以认为还原以一氧化碳还原为主。一氧化碳还原反应式5-7的反应自由能可由下式计算:

$$\Delta G_7^\ominus = 37650 - 47.4T \quad (5\text{-}9)$$

由此计算绘制了反应式 5-7 的 $\Delta G^\ominus$-T 图,如图 5-6 所示。

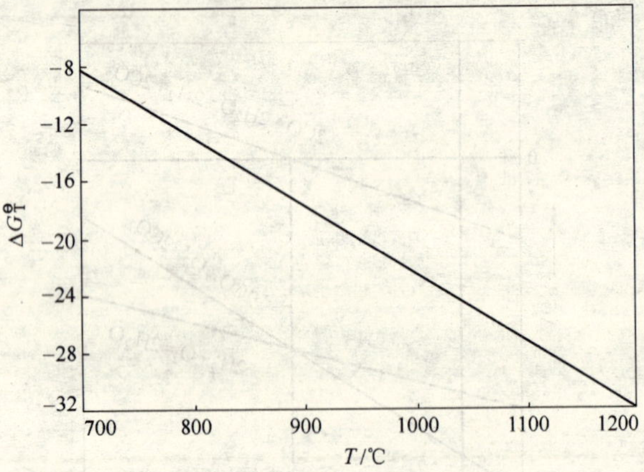

图 5-6　反应式 5-7 的 $\Delta G^\ominus$-T 图

还可能发生下列离解反应:

$$GeO \!=\!=\!= 1/2Ge + 1/2GeO_2 \quad (5\text{-}10)$$

$$\Delta G_{10}^\ominus = 54800 - 42.0T \quad (5\text{-}11)$$

$$GeO_2 \!=\!=\!= GeO + 1/2O_2 \quad (5\text{-}12)$$

$$\Delta G_{12}^\ominus = 116700 - 61.1T \quad (5\text{-}13)$$

经计算,将结果列于表 5-1。

对比表 5-1 的数据,在计算的范围内,相同温度下反应趋势最大的是反应式 5-7,这是我们所希望的。也说明加入了还原剂一氧化碳有利于生成 GeO,有利于锗的挥发。当然实际挥发过程中,锗不是从纯的 GeO_2 还原,所以还原要困难一些。

表 5-1　反应式 5-7、式 5-10 和式 5-12 不同温度的反应自由能和平衡常数

温　度		反应式 5-7		反应式 5-10		反应式 5-12	
℃	K	$\Delta G_T^\ominus$	平衡常数 K	$\Delta G_T^\ominus$	平衡常数 K	$\Delta G_T^\ominus$	平衡常数 K
427	700	4.470	0.04023	25.400	1.176×10^{-8}	73.93	8.322×10^{-24}
527	800	−0.270	1.185	21.200	1.618×10^{-6}	67.82	2.980×10^{-15}
627	900	−5.010	16.462	17.000	7.451×10^{-5}	61.71	1.038×10^{-13}
700	973	−8.470	79.864	13.934	7.422×10^{-4}		
727	1000	−9.750	135.101	12.800	1.595×10^{-3}	55.60	7.076×10^{-13}
800	1073	−13.210	490.244	9.734	1.041×10^{-2}		
827	1100	−14.490	756.176	8.600	1.956×10^{-2}	49.49	1.473×10^{-10}
900	1173	−17.950	2208.56	5.534	9.312×10^{-2}		
927	1200	−19.230	3176.34	4.400	0.1580	43.38	1.259×10^{-8}
1000	1273	−22.690	7854.23	1.334	0.590		
1100	1373	−27.430	23218.68	−2.866	2.859		
1200	1473	−32.170	59245.57	−7.066	11.176		

为了使锗进入气相，与其他元素分离，在富集时应创造条件使其以 GeO 存在。所以当物料中锗以 Ge 存在时应进行氧化，将其氧化为 GeO；而当锗以 GeO_2 存在时应进行还原。为了防止 GeO 氧化为 GeO_2 及 GeO 还原为 Ge，氧化气氛不能太强，还原气氛也不能太强。一些研究者的研究也证明了此问题。第三章图 3-6 给出了气氛和温度对 GeO_2 挥发的影响。

研究表明，当物料在空气中从 250℃ 加热到 1100℃ 时，GeO_2 的挥发率很低；而在 CO 中加热到 700℃，由于 GeO_2 被还原为 GeO 而剧烈挥发。还有研究表明，如果用 H_2 还原，在 500～600℃ GeO_2 会还原为 Ge 而不能挥发。当温度高于 700℃ 有部分还原为 GeO 而挥发。

在实践中，还原挥发法通常用来处理湿法炼锌过程中产生的中性浸出渣。由第四章表 4-16 可见，在中性浸出渣中，93％以上的锗都存在于 $m\mathrm{ZnO}\cdot n\mathrm{Fe_2O_3}$ 中。当中浸渣进行还原挥发时，控

制让锌还原进入气相。GeO_2 除了按式 5-7 被还原外，在有锌蒸气存在的情况下，会按式 5-14 反应，有利于锗的挥发。

$$GeO_2 + Zn_{(g)} = GeO_{(g)} + ZnO \tag{5-14}$$

二、硫化挥发的热力学基础

1. Ge-S-O 系优势区图

在研究铅、锌、铜等重金属的焙烧时，常应用 Ge-S-O 系优势区图分析问题。用 FACT Sage 数据库，作了 1000 K 时的 Ge-S-O 系优势区图，如图 5-7 所示。

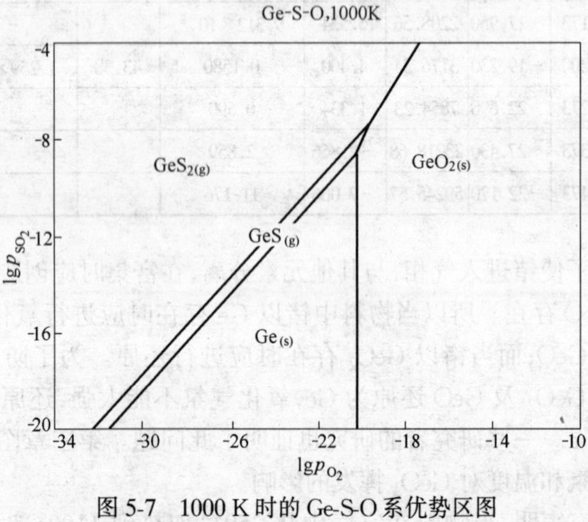

图 5-7 1000 K 时的 Ge-S-O 系优势区图

从图 5-7 可见，图的左上方是 GeS_2 的稳定区，图的右边是 GeO_2 的稳定区，中部下方是 $Ge_{(s)}$ 的稳定区，在中部有一细条 $GeS_{(g)}$ 的稳定区。其区域上线的直线方程为：$y = 12.305 + 1.001x$；下线的直线方程为：$y = 12.224 + 1.028x$；下边为 x 轴；上边为短斜线。由此可见，$GeS_{(g)}$ 是一个稳定区小，即不太稳定的化合物。为使锗以 GeS 形态挥发应控制一定的条件，即在 1000K

时，当氧分压的对数值为 −32.2～−20.3，SO_2 分压的对数值为 −20～−7，同时满足上述两个方程时，才能使 GeS 稳定存在。为保持上述那么低的氧分压，实际上是要保持一定的还原性气氛。

2. GeS_2 和 GeS 的蒸气压

从第三章表 3-26 GeS 的蒸气压，图 3-11 和图 3-14，可知 GeS 的蒸气压比 GeS_2 的蒸气压大，升高温度和弱还原气氛有利于锗的挥发。

实测的 GeS 和 GeS_2 蒸气压的部分数据见表 5-2。

表 5-2 实测的 GeS 和 GeS_2 蒸气压的部分数据

GeS [32]		GeS [33]		GeS_2 [34]	
温度/℃	p/Pa	温度/℃	p/Pa	温度/℃	p/Pa
433	11.96	525	439.9	397	3.63×10^{-12}
437	16.80	545	759.8	407	9.59×10^{-12}
440	15.46	555	973.1	417	2.54×10^{-11}
450	24.39	563	1199.7	427	6.12×10^{-11}
460	25.46	577	1906.2	437	1.48×10^{-10}
466	41.32	585	2132.8	447	3.51×10^{-10}
474	62.12	591	2546.0	457	9.23×10^{-10}
485	81.71	602	3332.5	467	1.84×10^{-9}
503	110.2	612	4025.7	477	4.06×10^{-9}
544	97.98	620	4545.5		
570	32.26	635	6145.1		
585	71.98	647	7264.8		
630	299.9	662	9091.0		

由表 5-2 可见，GeS 比 GeS_2 蒸气压大 10 个数量级以上。

3. 硫化挥发时发生的反应

硫化挥发用于锗的进一步富集，比利时的霍博肯公司用竖炉优先挥发锗。

在锗精矿中锗以硫化物的形式存在，考虑到采用还原气氛有利于锗挥发，在挥发时加碳发生下列反应：

$$GeS_2 = GeS + 1/2S_2 \quad (5\text{-}15)$$

$$\Delta G^{\circ}_{15} = 22700 - 19.65T \quad (5\text{-}16)$$

$$3.51\times10^{-10}GeS_2 + CO = GeS + COS_{(g)} \quad (5\text{-}17)$$

$$\Delta G^{\circ}_{17} = 31200 - 40.65T \quad (5\text{-}18)$$

$$GeS_{(g)} + CO = Ge_{(g)} + COS_{(g)} \quad (5\text{-}19)$$

按式 5-16 和式 5-18，计算 ΔG°_{15}和 ΔG°_{17}，见表 5-3。

表 5-3　式 5-15 和式 5-17 反应的自由能

温度/℃	反应式 5-15		反应式 5-17	
	ΔG°_{15}/kJ·m^{-1}	平衡常数 K	ΔG°_{17}/kJ·m^{-1}	平衡常数 K
700	14.969	0.157	−34.911	75.145
800	6.755	0.469	−51.903	338.033
900	−1.459	1.162	−68.895	1176.707
1000	−9.673	2.496	−85.886	3367.209

从表 5-3 的数据可见，在系统中加入还原剂一氧化碳使反应大为改观，反应自由能变负，平衡常数变大，有利于锗呈 GeS 状态挥发。

有时在烟化炉还原挥发时除了加入还原剂，还加入少量的硫化剂如黄铁矿等，使锗除了生成 GeO 挥发外，还生成 GeS 挥发，这样挥发效果更好。

三、氯化蒸馏法和氯化挥发法的原理

1．氯化蒸馏

氯化蒸馏法，是锗的提取过程中必不可少的一个过程。对于富集到 5%～9%的含锗氧化物（又称为锗精矿），加入 6mol/L 的盐酸，并通入氯气（有时还加入硫酸），锗就溶入溶液生成 $GeCl_4$。在加热到 83～130℃ 的情况下，$GeCl_4$ 挥发进入气相，与其他杂质分离。其反应如下：

$$GeO_2 + 4HCl \longrightarrow GeCl_4 + 2H_2O \qquad (5\text{-}20)$$

原料中含有的少量硫化物，也发生氯化脱硫反应：

$$GeS_2 + 4HCl \longrightarrow GeCl_4 + 2H_2S \qquad (5\text{-}21)$$

在原料中的杂质也大部分发生氯化反应，其产物溶于盐酸中：

$$SiO_2 + 4HCl \longrightarrow SiCl_4 + 2H_2O \qquad (5\text{-}22)$$

$$Al_2O_3 + 6HCl \longrightarrow 2AlCl_3 + 3H_2O \qquad (5\text{-}23)$$

$$MgO + 2HCl \longrightarrow MgCl_2 + H_2O \qquad (5\text{-}24)$$

$$Fe_2O_3 + 6HCl \longrightarrow 2FeCl_3 + 3H_2O \qquad (5\text{-}25)$$

$$CaO + 2HCl \longrightarrow CaCl_2 + H_2O \qquad (5\text{-}26)$$

$$PbO + 2HCl \longrightarrow PbCl_2 + H_2O \qquad (5\text{-}27)$$

$$ZnO + 2HCl \longrightarrow ZnCl_2 + H_2O \qquad (5\text{-}28)$$

$$B_2O_3 + 6HCl \longrightarrow 2BCl_3 + 3H_2O \qquad (5\text{-}29)$$

$$P_2O_5 + 10HCl \longrightarrow 2PCl_5 + 5H_2O \qquad (5\text{-}30)$$

$$Ga_2O_3 + 6HCl \longrightarrow 2GaCl_3 + 3H_2O \qquad (5\text{-}31)$$

某些金属氯化物的蒸气压见表 5-4，四氯化锗的蒸气压与温度的关系见表 5-5。

表 5-4 某些氯化物的蒸气压和温度(℃)的关系

氯化物	压力/kPa						熔点/℃
	0.133	1.33	5.32	13.3	53.2	101.08	
$FeCl_3$	194.0	235.5	256.8	272.5	298.0	319.0	
$FeCl_2$		700	779	842	961	1026	
NaCl	865	1010	1131	1120	1379	1405	800
$MgCl_2$	778	930	1050	1142	1316	1418	712
$GaCl_3$	48.0	76.5	107.5	132	176.3	20	77
Cu_2Cl_2	546	702	838	960	1240	1490	432
$AlCl_3$	100	123.8	139.9	152.0	171.6	180.2	192.4

续表 5-4

氯化物	压力/kPa						熔点/℃
	0.133	1.33	5.32	13.3	53.2	101.08	
$PbCl_2$	547	648	725	784	893	954	501
$ZnCl_2$	428	508	516	610	689	732	365
$SbCl_3$	49.2	85.2	117.8	143.3	192.2	219.0	73.4
$SbCl_5$	22.7	61.8	91.0	114.1			28
BCl_3	-91.5	-66.9	-47.8	-32.9	-3.6	12.7	-107
PCl_5	55.5	83.2	102.5	117.0	147.2	162.0	
PCl_3	-51.6	-21.3	23	21.0	56.9	74.2	-118
$SiCl_4$	-63.0	-34.4	-12.1	5.4	38.4	56.8	-68.8
Si_2Cl_6	40	38.8	65.3	85.4	120.6	139.0	-1.2
$MnCl_2$	8	778	879	960	1108	1190	650
$SnCl_4$	-22.7	10.0	35.2	54.7	92.1	113.0	-3.0
$SnCl_2$	316	391	450	493	577	623	246.8
$CaCl_2$						1600	782
$AsCl_3$						130.2	-8.5

表 5-5　四氯化锗的蒸气压与温度的关系

p/kPa	0.133	0.665	1.33	2.66	5.32	7.98	13.3	26.6	53.2	101.325
温度/℃	-45.0	-24.9	-15.0	-4.1	8.0	16.2	27.5	44.4	63.8	84

对比表 5-4、表 5-5 可见，$GeCl_4$ 的蒸气压很高，在 27.5℃已为 13.3 kPa，63.8℃为 53.2 kPa，在 84℃时为 101.325 kPa，即已沸腾。而其他金属氯化物如镁、铝、铁、钙和重金属的氯化物蒸气压很小，在蒸馏时大部分残留于溶液中；$SiCl_4$ 和 BCl_3 的蒸气压比 $GeCl_4$ 的蒸气压还高，先于 $GeCl_4$ 就挥发出来，采用分段截取馏分的方法就可分离；只有 $AsCl_3$ 的蒸气压与 $GeCl_4$ 的蒸气压相近，不易分离。所以最有害的杂质是砷，通常采用在蒸馏之前加氧化剂，将低价砷氧化为高价砷酸，因其蒸气压较小，不能蒸馏出来，而与锗分离。加氧化剂时砷发生下列反应：

$$AsCl_3 + 4H_2O + Cl_2 = H_3AsO_4 + 5HCl \tag{5-32}$$

与此同时，磷也会被氧化为高沸点化合物 $POCl_3$，因蒸气压小，不能与 $GeCl_4$ 一起挥发而除去。

$$PCl_3 + H_2O + Cl_2 \longequal POCl_3 + 2HCl \qquad (5\text{-}33)$$

蒸馏产物 $GeCl_4$ 经冷凝可被盐酸吸收。

有人研究过 $GeCl_4$ 在盐酸中的溶解度，见表 5-6。

表 5-6　盐酸中的溶解度

盐酸浓度/$mol \cdot L^{-1}$	7	7.77	8.32	9.72	12.08	16.14
$GeCl_4$ 溶解度/$g \cdot L^{-1}$	37	85.36	61.83	17.84	1.83	0.88

从表 5-6 可见，$GeCl_4$ 在盐酸中的溶解度随盐酸浓度的增加而增加，到 7.77 达到最大值，以后随盐酸浓度的增加而减少。所以，用盐酸浸出时要保持较高的盐酸浓度，盐酸的浓度应大于 7 mol/L，以利于锗进入溶液；而蒸馏时，盐酸浓度应大于 9 mol/L，使 $GeCl_4$ 溶解度降低，这样有利于锗的蒸馏。

此外，在进行氯化蒸馏时还常加入硫酸。这是因为在锗氯化的同时，锗精矿中存在的其他杂质也会发生氯化反应，而消耗大量的氯气和盐酸。如果增加盐酸的消耗，会造成氯化氢气体大量逸出，使气相中的 $GeCl_4$ 冷凝困难。所以在氯化浸出过程中，要加入少量硫酸代替盐酸。表 5-7 列出了硫酸加入量与氯化蒸馏残渣含锗量的关系。

表 5-7　硫酸加入量与氯化蒸馏残渣含锗量的关系

试样号	硫酸加入量/mL	产出 $GeCl_4$ 量/mL	氯化渣含锗量/%	氯化渣平均含锗量/%
C-11	80	175	0.63	0.66
C-12	80	133	0.70	
C-13	100	182	0.51	0.61
C-14	100	178	0.71	
C-15	130	180	0.42	0.56
C-16	130	185	0.71	
C-17	160	185	0.34	0.37
C-18	160	178	0.57	
C-20	190	204	0.28	0.297
C-21	190	182	0.26	
C-22	190	192	0.35	
C-23	250	190	0.23	0.218
C-24	250	195	0.20	

表 5-7 数据说明，随着硫酸加入量的增加，氯化渣含锗量逐渐减少。说明硫酸的加入，对氯化蒸馏是有利的。

2．氯化挥发

在从锗含量低的原料中富集锗时，有时也用氯化挥发法，或称氯化焙烧。其方法的实质是利用 $GeCl_4$ 的蒸气压比其他杂质氯化物的蒸气压大，让 $GeCl_4$ 优先挥发达到锗与杂质分离的目的。

有研究者研究了含锗锌氧粉氯化焙烧热力学。研究选择了 3 种氯化剂 NaCl、$CaCl_2$、NH_4Cl。研究表明：(1)当原料中的 ZnO、PbO、GeO_2 和 SiO_2 直接与上述氯化剂在 700℃以下反应时，反应自由能均为正值，反应不能进行；(2)当体系中加入还原剂 SO_2 时，在有空气的情况下，反应都能进行。而且反应自由能负值加大，反应温度降低，可以进行低温氯化。这是由于在有 SO_2 和 O_2 的条件下，促进了下述反应的进行，产生气体氯化剂 Cl_2

$$2NaCl + SO_2 + O_2 = Na_2SO_4 + Cl_2 \tag{5-34}$$

$$CaCl_2 + SO_2 + O_2 = CaSO_4 + Cl_2 \tag{5-35}$$

$$2NH_4Cl + SO_2 + O_2 = (NH_4)_2SO_4 + Cl_2 \tag{5-36}$$

有利于氯化反应的进行；(3)锗的氯化分离是可实现的。因为铅、锌虽然也可以被氯化，但是它们氯化物的蒸气压比 $GeCl_4$ 的蒸气压小很多，$GeCl_4$ 的沸点 84℃，$PbCl_2$ 和 $ZnCl_2$ 的沸点分别为 954℃ 和 732℃，控制一定的温度可以实现分离。而 SiO_2 氯化反应的趋势比 GeO_2 小，所以相同条件下 GeO_2 应可优先氯化；(4)进行低温氯化，理想的氯化剂是 NaCl 和 NH_4Cl。因为在 400℃左右 $GeCl_4$ 可能与 CaO 发生反应，生成不能挥发的 Ca_2GeO_4，影响锗的挥发率，所以不用 $CaCl_2$ 作氯化剂

$$4CaO + GeCl_4 = Ca_2GeO_4 + 2CaCl_2 \tag{5-37}$$

俄罗斯采用食盐(NaCl)作为氯化剂，在 700～1100℃下，进行氯化焙烧，处理含锗的氧化铅锌矿。使锗大部分进入氯化烟尘，再进一步回收。

我国也有人研究过用氯化焙烧法处理含锗 0.006％的炼锌炉

渣,加入15%的食盐,在1420~1480℃下,进行氯化烟化,料中锗的挥发率可达90%以上,烟尘含锗0.03%~0.06%。但是炉温高,能耗大,是其致命弱点。

四、真空蒸馏法的原理

真空蒸馏法主要用于处理火法炼锌的附产物硬锌,硬锌的主要成分见表5-8。

表5-8 硬锌的主要成分

元 素	Ge	Zn	Pb	As	Fe	Cu
含量/%	0.21~0.29	80.61~82.56	9.80~13.21	1.73~2.00	1.36~2.00	0.3~0.85

从表5-8可见,以上元素已占95%以上,是硬锌的主要成分。

锗和某些金属的蒸气压数据见表5-9,不同温度下,锗的蒸气压与某些金属蒸气压的比值见表5-10。

表5-9 锗和某些金属的蒸气压数据

蒸气压 p°/Pa	As	Zn	Pb	Ge
600℃	6.65×10^{4}	1.54×10^{3}	6.06×10^{-2}	4.42×10^{-11}
906℃	4.0×10^{6}	1.01×10^{5}	4.23×10	2.71×10^{-5}
1000℃	1.27×10^{7}	2.33×10^{5}	1.85×10^{2}	5.63×10^{-4}

表5-10 不同温度下,锗的蒸气压与某些金属蒸气压的比值

温 度/℃	$p^\circ_{As}/p^\circ_{Ge}$	$p^\circ_{Zn}/p^\circ_{Ge}$	$p^\circ_{Pb}/p^\circ_{Ge}$
600	1.5×10^{16}	3.48×10^{18}	1.37×10^{9}
906	1.82×10^{11}	3.73×10^{9}	1.56×10^{6}
1000	2.26×10^{10}	4.14×10^{8}	3.28×10^{5}

注:p°为纯物质的蒸气压;p为硬锌中物质的蒸气压。

从表5-9和表5-10可见,砷、锌、铅在600~1000℃范围内的蒸气压比锗的蒸气压大10万倍以上,可控制一定温度,让铅、锌挥发进入气相,锗留于固相中而实现分离。而且有研究表明,在硬锌中全部铅,绝大部分锌都以单质存在;锗以$FeGe_2$存在。所以,$p_{Zn}\approx p^\circ_{Zn}$,$p_{Pb}\approx p^\circ_{Pb}$。因化合物的活度系数$\gamma$小于1,$p_{Ge}=\gamma\cdot p^\circ_{Ge}<p^\circ_{Ge}$,所以更有利于其分离。砷蒸气压最大,但是会与锗锌等形成

GeAs、$GeAs_2$、As_2Zn_3、As_2Zn 等化合物而使其活度系数 γ 小于1,使 $p_{As}=\gamma\cdot p^{\circ}_{As}<p^{\circ}_{As}$,影响砷的挥发。但是这些化合物在 800～1020℃ 大部分将发生离解反应,生成单质砷。铜和铁的蒸气压很小,不会挥发。由以上分析可知,控制适当的蒸馏温度可使绝大部分铅、锌及部分砷挥发,而绝大部分锗将与铜、铁一起留于残渣中,达到与大部分杂质分离的目的。如果考虑以锌的回收为主,也可控制适当温度使锌挥发,铅及其他杂质留在渣中,再进一步处理。

第二节　湿法冶金富集锗的原理

湿法冶金富集锗的方法主要为浸出—提纯—沉积。应用 E-pH图可以较为直观地分析问题。

一、锗—水系的 E-pH 图

锗—水系的 E-pH 图有一些研究者研究过,也有人用 FACT 数据库做过,但是 Pourbaix 的图更为精确细致一些。本书列出 Pourbaix 的 E-pH 图。

(一) 绘制锗—水系 E-pH 图的化学主要热力学数据

表 5-11 列出绘制锗—水系 E-pH 图的主要热力学数据。

表 5-11　绘制锗—水系 E-pH 图的主要热力学数据

物　质	氧化价数	化学式	标准自由焓/cal
固体物质	0	Ge	0
	+2	GeO a	−69900
	+2	GeO b	−62700
	+4	GeO_2 c	−136100
	+4	GeO_2 d	−132000
溶解物种	0	Ge^{2+}	0
	+2	$HGeO_2^-$	−92200
	+4	H_2GeO_3	−186800
	+4	$HGeO_3^-$	−175200
	+4	GeO_3^{2-}	−157900

注:a—棕色水合 GeO;b—黄色水合 GeO;c—不溶性 GeO_2;d—可溶性 GeO_2。

（二）绘制锗—水系 E-pH 图的化学反应方程

z = +4

1．$H_2GeO_3 = HGeO_3^- + H^+$

$$\lg \frac{(HGeO_3^-)}{(H_2GeO_3)} = -8.52 + pH$$

2．$HGeO_3^- = GeO_3^{2-} + H^+$

$$\lg \frac{(GeO_3^{2-})}{(HGeO_3^-)} = -12.72 + pH$$

+2→+4

3．$Ge^{2+} + 3H_2O = H_2GeO_3 + 4H^+ + 2e^-$

$$E_0 = -0.363 - 0.1182pH + 0.0295\lg \frac{(H_2GeO_2)}{(Ge^{2+})}$$

4．$Ge^{2+} + 3H_2O = HGeO_3^- + 5H^+ + 2e^-$

$$E_0 = -0.111 - 0.1477pH + 0.0295\lg \frac{(HGeO_3)}{(Ge^{2+})}$$

1′．$H_2GeO_3/HGeO_3^-$　　pH 值 = 8.52

2′．$HGeO_3^{2-}/GeO_3^{2-}$　　pH 值 = 12.72

3′．Ge^{2+}/H_2GeO_3　　$E_0 = -0.363 - 0.1182pH$

4′．$Ge^{2+}/HGeO_3^-$　　$E_0 = -0.111 - 0.1477pH$

0→+2

5．$Ge + H_2O = GeO + 2H^+ + 2e^-$　　a. $E_0 = -0.286 - 0.0591pH$

b. $E_0 = -0.130 - 0.0591pH$

0→+4

6．$Ge + 2H_2O = GeO_2 + 4H^+ + 4e^-$　　c. $E_0 = -0.246 - 0.0591pH$

d. $E_0 = -0.202 - 0.0591pH$

+2→+4

7．$GeO + H_2O = GeO_2 + 2H^+ + 2e^-$　　ac. $E_0 = -0.206 - 0.0591pH$

ad. $E_0 = -0.117 - 0.0591pH$

bc. $E_0 = -0.362 - 0.0591pH$

bd. $E_0 = -0.273 - 0.0591pH$

z= +2

8. $Ge^{2+} + H_2O = GeO + 2H^+$　　a. $\lg(Ge^{2+}) = -9.69 - 2pH$

b. $E_0 = -4.41 - 2pH$

z= +4

9. $GeO_2 + H_2O = H_2GeO_3$　　c. $\lg(H_2GeO_3) = -4.37$

d. $E_0 = -1.37$

10. $GeO_2 + H_2O = HGeO_3^- + H^+$　　c. $\lg(HGeO_3^-) = -12.83 + pH$

d. $E_0 = -9.90 + pH$

11. $GeO_2 + H_2O = GeO_3^{2-} + 2H^+$　　c. $\lg(GeO_3^{2-}) = -25.60 + 2pH$

d. $E_0 = -22.59 + 2pH$

0→ +2

12. $Ge = Ge^{2+} + 2e^-$　　$E_0 = 0.000 + 0.0295\lg(Ge^{2+})$

0→ +4

13. $Ge + 3H_2O = H_2GeO_3 + 4H^+ + 4e^-$

$E_0 = -0.182 - 0.0591pH + 0.0148\lg(H_2GeO_2)$

14. $Ge + 3H_2O = HGeO_3^- + 5H^+ + 4e^-$

$E_0 = -0.056 - 0.0738pH + 0.0148\lg(H_2GeO_3^-)$

15. $Ge + 3H_2O = GeO_3^{2-} + 6H^+ + 4e^-$

$E_0 = 0.132 - 0.0886pH + 0.0148\lg(GeO_3^{2-})$

+2→ +4

16. $GeO + 2H_2O = H_2GeO_2 + 2H^+ + 2e^-$

a. $E_0 = -0.074 - 0.0591pH + 0.0295\lg(H_2GeO_3)$

b. $E_0 = -0.232 - 0.0591pH + 0.0293\lg(H_2GeO_3)$

17. $GeO + 2H_2O = HGeO_3^- + 3H^+ + 2e^-$

a. $E_0 = -0.177 - 0.0886pH + 0.0295\lg(H_2GeO_3^-)$

b. $E_0 = 0.019 - 0.0886pH + 0.0295\lg(HGeO_3^-)$

18. $GeO + 2H_2O = GeO_3^{2-} + 4H^+ + 2e^-$

a. $E_0 = -0.550 - 0.1182pH + 0.0295\lg(H_2GeO_3^{2-})$

b. $E_0 = 0.394 - 0.1182pH + 0.0295\lg(HGeO_3^{2-})$

$-4 \rightarrow 0$

19．$GeH_4 = Ge + 4H^+ + 4e^-$

$E_0 = -0.867 - 0.0591pH - 0.0148\lg p_{GeH_4}$

锗—水系 E-pH 图如图 5-8、图 5-9 所示。

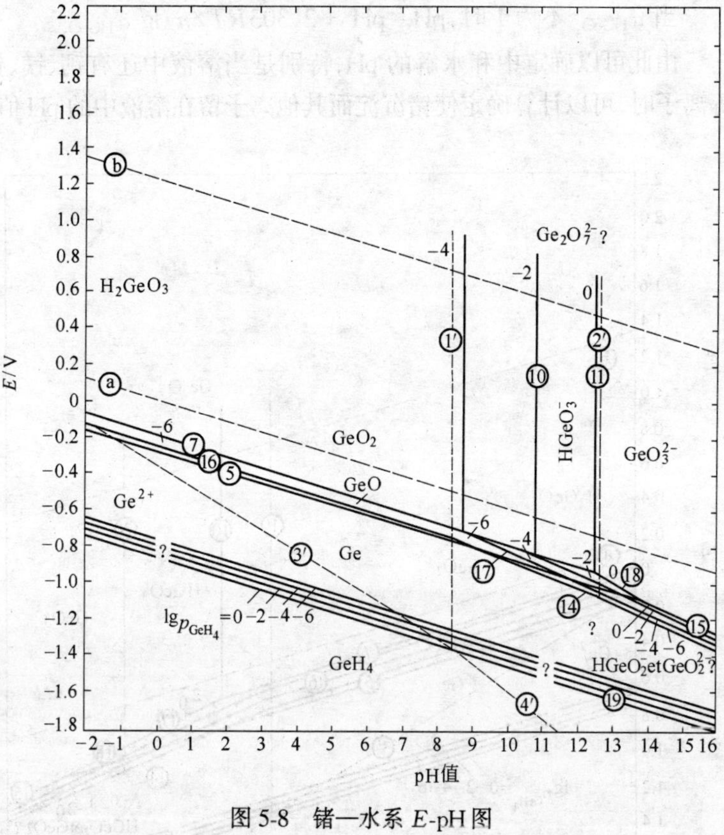

图 5-8　锗—水系 E-pH 图

（图中 GeO 是棕色水合 GeO，GeO_2 为不溶性 GeO_2）

（三）锗—水系 E-pH 图可说明的问题

1．E-pH 图上的线

从 E-pH 图上可见，化学反应可分为 3 类：

第一类只有 H^+ 参加的反应，反应只与 pH 有关。如⑩线，见反应式 10，在 E-pH 图上是一条垂直于 pH 坐标的直线。反应式 10 的 pH^o 可用下式计算：

$$pH^o = 12.83 + \lg[HGeO_3^-] \tag{5-38}$$

当 $a_{HGeO_3^-} = 1$ 时，$HGeO_3^-$ 形成 GeO_2 沉淀的 pH 为 12.83。

当 $a_{HGeO_3^-}$ 不为 1 时，$pH = pH^o + 2.303RT/n \cdot \lg a_{HGeO_3^-}$。

由此可以确定中和水解的 pH，特别是当溶液中还有钙、镁、铝等离子时，可以计算确定使锗沉淀而其他离子留在溶液中的 pH 值。

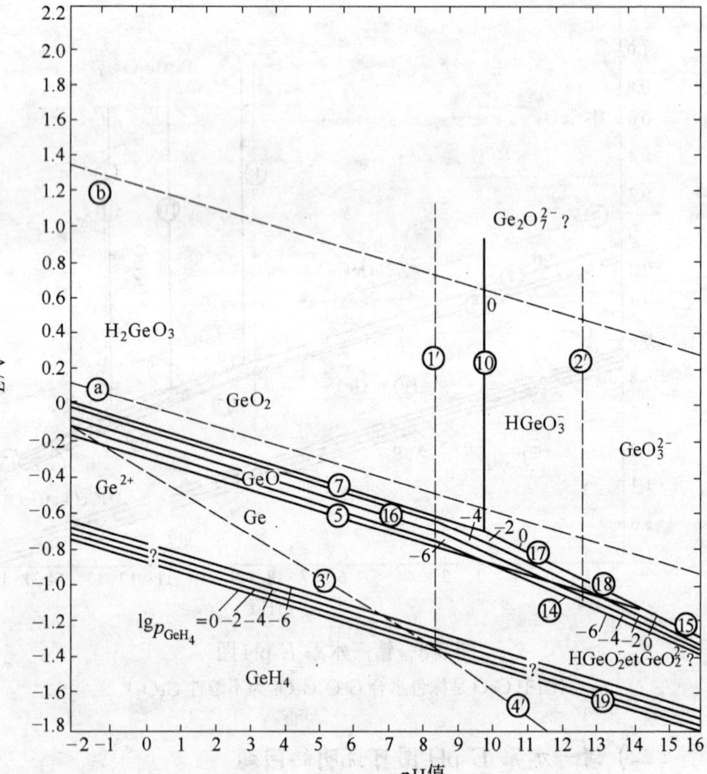

图 5-9　锗—水系 E-pH 图

（图中 GeO 是棕色水合 GeO，GeO_2 为可溶性 GeO_2）

第二类只有电子参加的反应，反应只与电位有关。在 E-pH 图上是一条平行于 pH 坐标的直线。对于锗—水系，由于锗的性质决定，在 E-pH 图上所列范围内见不到平行于 pH 坐标的直线。

锗的切削废料氯化浸出反应，就属于只有电子参加的反应。

第三类既有 H^+ 参加，又有电子参加的反应。在 E-pH 图上是一条斜线。如线③、线④，分别为 Ge^{2+} 与 H_2GeO_3 和 Ge^{2+} 与 $HGeO_3^-$ 的平衡线，其斜率分别为 0.1182 和 0.1477。

2. 从 E-pH 图上可了解的内容

(1) 锗稳定存在的条件：

从图 5-8 和图 5-9 可知，锗的稳定区在图的中部。当 pH 值过高或过低时都会使锗溶解，即可对锗采用酸或碱进行浸出和腐蚀。

(2) GeO 和 GeO_2 稳定存在的条件：

GeO 有一个狭小的稳定区，为(5)、(7)及(17)线包围的区域。棕色水合 GeO 与 Ge 和黄色水合 GeO 与 Ge 的平衡线的斜率均为 0.0591，仅截距不同。棕色水合 GeO 与 GeO_2 和黄色水合 GeO 与 GeO_2 的平衡线的斜率也均为 0.0591，仅截距不同。

GeO_2 的稳定区较大，为(7)线以上和(10)线左边的广大区域。不溶性 GeO_2 的 E-pH 图见图 5-8，可溶性 GeO_2 的 E-pH 图见图 5-9。

在图 5-8 和图 5-9 的最左边，有一个狭小的 Ge^{2+} 存在区。说明要用酸浸法浸出 GeO 与 GeO_2，必须采用较高的酸度。同时也可以说明，在湿法炼锌过程中，中性浸出时，由于酸度较低，锗存在于浸出渣中。只有当酸度进一步提高，锗才可能进入溶液中。所以在采用高温高酸浸出—黄铁矾法处理中性浸出渣时，锗被浸出出来，主要富集在沉矾后液中。在含锗物料的富集时，可以采用酸浸法，使锗进入溶液。

在图 5-8 和图 5-9 的右边有一个相对较大的锗的各种阴离子的稳定区。存在的离子有 GeO_3^{2-} 和 $HGeO_3^-$。在图的右上部可能存在 $Ge_2O_7^{2-}$ 离子。说明用碱浸法，也可以使锗以 GeO 与 GeO_2 转入溶液。

(3) 选择氧化剂和还原剂

如果把锌—水系的 E-pH 图迭加于锗—水系的 E-pH 图上就可以看出,在酸性环境中锌可以把溶液中的锗置换出来。如果把铁—Cl—水系的 E-pH 图迭加于锗—水系的 E-pH 图上还可以看出,$FeCl_3$ 可以做锗浸出时的氧化剂。

此外,要注意的是实际溶液中锗的含量很低,这时锗的溶解物种的存在区域扩大,这就是微量锗会进入溶液的原因之一。

二、浸出—沉淀法

从第四章的分析可知,锗常以类质同象存在于各种矿物中,特别是锌的各种矿物中。在硫化矿的选矿过程中主要富集于锌精矿中。在冶金过程中,锗进入各种物料中。火法炼锌时,锗主要进入粗锌,在精馏过程中富集于硬锌中;湿法炼锌过程中,锗有些分散,主要富集于中性浸出渣中。根据渣处理流程的不同,而富集于不同的产品中。在高温高酸浸出—黄钾铁矾法中,富集于沉矾后液中,经中和沉淀锗铁渣,然后锗铁渣进一步富集回收锗。在回转窑法处理渣时,富集于挥发出来的氧化物烟尘中,此烟尘是重要的提锗原料。在铅锌氧化矿的火法富集过程中,锗富集于氧化物烟尘中。在煤的不完全燃烧过程中,锗也富集于氧化物烟尘中。所以含锗的氧化物烟尘是提取锗的重要原料。

含锗的氧化物烟尘可采用浸出—沉淀法进一步富集锗。浸出既可以采用酸浸,又可以采用碱浸。酸浸可以采用硫酸浸出、盐酸浸出或氢氟酸浸出。

(一) 酸浸

酸浸适合处理含碱性杂质较少的原料。虽然酸浸可以采用硫酸浸出、盐酸浸出和氢氟酸浸出,但是,因为硫酸的价格相对较低,与湿法炼锌的主流程配合较好。所以硫酸浸出采用得最为广泛。

1. 硫酸浸出

在采用硫酸浸出时,要求较高的酸度和温度,否则锗不能转入溶液。

硫酸浸出时发生如下反应：

$$GeO_2 + 2H_2SO_4 = Ge(SO_4)_2 + 2H_2O \quad (5\text{-}39)$$

$$ZnO \cdot GeO_2 + H_2SO_4 = H_2GeO_3 + ZnSO_4 \quad (5\text{-}40)$$

$$ZnO \cdot GeO_2 + 2H_2SO_4 = GeOSO_4 + ZnSO_4 + 2H_2O \quad (5\text{-}41)$$

$$FeO \cdot GeO_2 + H_2SO_4 = H_2GeO_3 + FeSO_4 \quad (5\text{-}42)$$

$$GeOSO_4 + H_2O = GeO_2 + H_2SO_4 \quad (5\text{-}43)$$

某些工厂的硫酸浸出的条件见表 5-12，浸出液成分见表5-13。

表 5-12　某些工厂的硫酸浸出的条件

物料名称		液固比	始酸/g·L^{-1}	终酸/g·L^{-1}	反应时间/h	温度/℃
某厂氧化尘浸出液				pH=1～2		>80
某厂硫化矿焙烧浸出液				50～90		>80
某厂两段浸出	一段	5～6∶1	100～120	0.5～1	1～2	70～75
	二段	5～6∶1	10	1～3		>70

表 5-13　某些工厂浸出液成分(g/L)

物料名称	Zn	Fe	Ge	Si	H_2SO_4
某厂氧化尘浸出液	100～150	2～3	0.03～0.05	0.5～1.0	7～8
某厂硫化矿焙烧浸出液	120～130	10～15	0.01～0.03		50～90
某厂两段浸出的浸出液	110～130		0.03～0.04		

硫酸浸出锗的浸出率约为 70%～75%。

有人研究了锌浸出渣在 80℃时用硫酸浸出 4 h，当硫酸用量从 363 kg/t 锌浸出渣增加到 726 kg/t 锌浸出渣时，锗的浸出率从 28.8%增加到 57.3%，镓的浸出率从 14%增加到 88%；当硫酸用量为 363 kg/t 锌浸出渣，浸出时间 4 h，温度从 25℃提高到 100℃，锗的浸出率从 44%增加到 57.1%，镓的浸出率从 55.1%增加到

63.3%。

由于硫酸单独浸出效果不好，有人采用通入 SO_2 的方法，对镓效果明显，而对锗效果不明显。保持浸出温度 80℃，硫酸用量 363 kg/t锌浸出渣，通入 $SO_2$363 kg/min，时间从 1 h 增加到6 h，锗的浸出率从 46%增加到 59%，镓的浸出率从 81.5%增加到 92%。

2．盐酸浸出

在锗的富集阶段，为与主金属（通常为锌）的生产流程相配合，一般不采用盐酸浸出。在锗精矿处理阶段，采用的盐酸浸出—氯化蒸馏，在第七章再叙述。

3．氢氟酸浸出

在处理高硅物料时，为了破坏包裹锗的硅酸盐或会吸附锗的 $Si(OH)_4$ 的多聚体，常采用氢氟酸浸出。

有人研究了预焙烧锌浸出渣后再硫酸浸出，效果不好。故 Harbuck 等人进一步研究了锗在锌浸出渣中的赋存状态。认为硫化锌在焙烧时发生下列反应，生成硅酸锌：

$$2ZnO + SiO_2 = Zn_2SiO_4 \quad (5\text{-}44)$$

而在硫酸浸出 pH1.5～2 时，会发生下列反应，生成 $Si(OH)_4$ 的多聚体吸附锗：

$$Zn_2SiO_4 + 2H_2SO_4 = 2ZnSO_4 + Si(OH)_4 \quad (5\text{-}45)$$

$Si(OH)_4$ 的多聚体吸附锗，影响锗的浸出率。产生的 $Si(OH)_4$ 越多，吸附越强，锗的浸出率越低。由此提出了降低锌精矿含硅量，降低锌焙烧温度，浸出时加氢氟酸，以破坏 $Si(OH)_4$ 多聚体，提高锗的浸出率。

还有研究认为，在酸浸时加入氟化物，能促使锗酸盐和 GeO_2-SiO_2 固溶体的分解，使其生成锗氟络合物，进入溶液。

$$GeO_2 + 4HF = H_2[GeOF_4] + H_2O \quad (5\text{-}46)$$

$$H_2[GeOF_4] + 2HF = H_2[GeF_6] + H_2O \quad (5\text{-}47)$$

表 5-14 列出了 HF-GeO_2-H_2O 系锗的溶解度。

表 5-14　HF-GeO_2-H_2O 系（25℃）

饱和溶液/%（质量）	HF	1.00	2.00	3.00	7.32	12.48	16.03	22.92	25.40	30.00	32.80
	H_2O	97.45	90.57	93.36	83.54	72.27	64.35	48.18	43.40	35.30	27.60
	GeO_2	1.55	2.43	3.64	9.14	15.25	19.62	28.90	31.20	34.70	39.60
固相		GeO_2									

饱和溶液/%（质量）	HF	35.00	36.02	37.60	39.86	40.66	41.08	41.90	42.20	42.50
	H_2O	21.69	21.28	20.46	16.49	15.35	15.29	13.83	13.20	12.70
	GeO_2	43.30	42.70	41.94	43.65	43.99	43.69	44.27	44.59	44.80
固相		$H_2[GeOF_4]\cdot H_2O$								

饱和溶液/%（质量）	HF	48.00	49.60	51.47	56.00	58.85	61.64
	H_2O	10.03	8.76	8.04	6.33	5.29	3.31
	GeO_2	41.97	41.64	39.49	37.67	35.86	35.05
固相		$H_2[GeF_6]\cdot H_2O$					

从表 5-14 可见，$H_2[GeOF_4]$存在于浓度 35%～48%的氢氟酸溶液中，而 $H_2[GeF_6]$存在于浓度大于 48%的氢氟酸溶液中。GeO_2 的饱和溶解度随着 HF 浓度的增加而增加，但是在溶液含 HF 超过 48%这个与 $H_2[GeF_6]$固相平衡浓度之后，GeO_2 的溶解度随着 HF 浓度的增加反而减少。所以在添加氢氟酸时注意适当的浓度，而不是浓度越高越好。

如有人用 4.5 mol 的硫酸和 0.2 mol 的氢氟酸处理成分为(%)：Ge 0.12、S 0.9、Al_2O_3 15.8、CaO 13.7、FeO 15.8、SiO_2 33.9 的煤灰，在液固比 15 和温度 90℃时，采取两段逆流浸出60 min，可使锗的浸出率达到 85%～90%，滤液含锗 0.07 g/L 以上。此法能强化高温燃烧的煤灰中锗的浸出，对某些含硅的物料也可用。该法浸出率高，流程简短。但是存在 HF 对设备的腐蚀问题，废液需要经除氟处理才能返回利用，这是影响其应用的问题。

4．加压酸浸

有人在试验室研究了加压酸浸，处理锌浸出渣。在 200℃，SO_2 流量每分钟 2200 b/t 锌浸出渣的条件下，镓和锗的浸出率分别达到97%和96%。

日本饭岛冶炼厂采用加压酸浸处理锌浸出渣。在外压0.20～0.25 N/mm^2，SO_2 分压约0.06 N/mm^2，温度100～130℃，用锌电积废电解液浸出3～6 h的条件下，浸出锌浸出渣，除了镓锗外，还使铁、锌和铜都进入溶液。可进一步回收这些有价金属，提高综合回收率。

另据报道，德国达特伦冶炼厂也采用加压酸浸处理锌浸出渣回收锗。

(二) 碱浸

用氢氧化钠等碱的水溶液也可浸出含锗物料。锗的氧化物在碱浸时可发生下列反应：

$$GeO_2 + 2NaOH \longrightarrow Na_2GeO_3 + H_2O \tag{5-48}$$

$$H_2GeO_3 + NaOH \longrightarrow NaHGeO_3 + H_2O \tag{5-49}$$

其他有些金属(Me)如铅、锌等也能溶于碱液，发生如下反应：

$$MeO + 2NaOH \longrightarrow Me(OH)_2 + Na_2O \tag{5-50}$$

据研究，用200～250 g/L的氢氧化钠溶液浸出氧化铅锌矿或氧化铅锌物料时，物料中92%～100%的锗、镓、铼、钼、砷、铅和锌均进入碱性浸出液；当氢氧化钠溶液的浓度低于200 g/L时，物料中的铟、铊、铁、铜和镉不溶，或仅少量溶解；当氢氧化钠溶液的浓度约为200 g/L时，有19%～55%的铟，近50%的铊和铜，将近15%的镉可溶解；氢氧化钠溶液的浓度对锌的溶解影响明显，当氢氧化钠溶液的浓度大于250 g/L时，锌的浸出率达94%；而铅的浸出主要受温度的影响。

据此，可控制适当的条件，让锗尽量多地进入溶液，而杂质金属尽量少进入溶液，或者在富集锗时，先除去易溶的铅锌等杂质金属。

(三) 沉淀

进入溶液的锗可采用沉淀法使其与杂质分离。常用的沉淀方法有中和沉淀法和丹宁沉淀法。

1. 中和沉淀法

中和沉淀法是利用各种金属氢氧化物水解的pH值不同，控制一定的 pH 值使其分离的方法。表 5-15 列出了相关金属离子的水解 pH 值。

表 5-15 若干氢氧化物沉淀的 pH 值(金属离子的活度为 1)

氢氧化物生成反应	容度积(Ksp)	溶解度/mol·L^{-1}	生成氢氧化物沉淀的 pH 值
$Sb^{3+} + 3OH = Sb(OH)_3$	4.2×10^{-42}	1.1×10^{-11}	1.2
$Sn^{2+} + 2OH = Sn(OH)_2$	5.0×10^{-26}	2.3×10^{-9}	1.4
$Fe^{3+} + 3OH = Fe(OH)_3$	4.0×10^{-38}	2.0×10^{-10}	1.6
$Al^{3+} + 3OH = Al(OH)_3$	1.9×10^{-33}	2.9×10^{-9}	3.1
$Zn^{2+} + 2OH = Zn(OH)_2$	4.5×10^{-17}	2.2×10^{-6}	5.9
$Fe^{2+} + 2OH = Fe(OH)_2$	1.6×10^{-15}	0.7×10^{-5}	6.7
$Cd^{2+} + 2OH = Cd(OH)_2$	1.2×10^{-14}	1.2×10^{-5}	7.0
$Mg^{2+} + 2OH = Mg(OH)_2$	5.5×10^{-12}	1.1×10^{-4}	8.4
Ge^{4+}			2.72～3.36

从表 5-15 可见,Ge^{4+} 的水解 pH 值为 2.72～3.36,用水解法沉锗时 pH 值应大于 3.4,为使锗沉淀彻底,pH 值还应控制得更高一些。此外,在湿法炼锌中性浸出时,pH 值控制在 5.2 左右,锗即使浸出出来,也会水解沉淀进入浸出渣。

2. 丹宁沉淀法

丹宁又称为五倍子酸,是一种复杂的高分子有机化合物,分子式为 $C_{76}H_{52}O_{46}$。丹宁分子不稳定,在温度超过 70℃ 时其结构容易被破坏。

目前,对丹宁沉锗的机理还没有统一的认识。一种理论认为,单宁酸与带正电荷的水合二氧化锗接触时,产生电性中和而沉淀;第二种理论认为,水合二氧化锗与单宁酸中的棓酸作用,棓酸起螯合作用,把锗钳制在棓酸中,形成不溶性的丹宁锗沉淀,其反应如下:

$$GeO^{2+} + 2[C_{76}H_{52}O_{46}] \longrightarrow [GeO(C_{76}H_{52}O_{46})_2^{2+}] \quad (5\text{-}51)$$

还有一种理论认为,其沉锗作用是基于锗与丹宁中的羟基作用生成丹宁锗络合物而沉淀。

在进行丹宁沉锗时,一般认为应加入溶液中锗量的20～40倍的丹宁来沉淀锗。有人研究了丹宁沉锗的各影响因素如下:

(1) 溶液酸度的影响:酸度过高会使已沉淀的锗复溶,降低沉锗率,酸度过低又会使硫酸锌中的高价砷、锑、铁和硫酸锌水解沉淀,降低丹宁锗渣的品位,所以酸度要适当;

(2) 溶液中的三价铁离子对沉锗的影响:Fe^{3+}会与丹宁发生反应,产生紫黑色的单宁酸铁胶体悬浮物,恶化丹宁锗渣的过滤性能,造成固液分离的困难,既降低了丹宁锗渣的含锗量,增加单宁酸的消耗,又会引起沉锗后液锗含量升高,所以要控制沉锗前溶液的含铁量;

(3) 溶液中锌离子浓度对沉锗的影响:锌离子浓度越高,越有利于沉锗,但是溶液过高的锌离子浓度,会造成机械夹杂进入丹宁锗渣的锌量增加,降低了丹宁锗渣的锗品位,所以溶液的锌离子浓度也应适当;

(4) 作业温度的影响:沉淀温度过高,会使溶液含锗量上升,沉锗率降低;

(5) 搅拌的影响:搅拌强度过大,搅拌时间过长,会使沉淀颗粒变细,影响固液分离,降低沉锗率。

综合上述因素,丹宁沉锗的一般条件为:pH=2～3,温度50～70℃,搅拌时间10～15min,保持锗浓度20～30 mg/L,锌离子浓度100 g/L,Fe^{3+}<1.5～2 g/L,丹宁用量为锗量的20～40倍。在此条件下,可达到沉锗后液含锗<0.5 mg/L,锗沉淀率>99%。

三、萃取法

萃取法是20世纪70、80年代发展起来的方法。随着有机合成业的发展,出现了许多可供选择的有机萃取剂,这种方法适合处理贫矿、复杂矿和从低浓度的溶液中提取有用成分,对于提取锗较为适合。此方法具有平衡速度快、选择性强、分离和富集效果好、处理容量大、试剂消耗少等优点。

（一）萃取的原理

1. 分配系数

萃取法的实质是利用物质在水相和有机相中溶解分配的差别，而使所需提取的元素富集于某相中的方法。其热力学基础是分配定律，即在一定温度下，两个平衡的液相内溶解某一物质，不论其浓度如何，达到平衡后，其在两相中的浓度比将为一常数。可表达为：

$$K_D = C_{i(or)}/C_{i(aq)} \tag{5-52}$$

式中 K_D——分配系数；

$C_{i(or)}$、$C_{i(aq)}$——分别为某溶质 i 在有机相和水相中的浓度。

严格地说分配系数应以溶质 i 在两相中的活度比 K_a 来表示

$$K_a = a_{i(or)}/a_{i(aq)} = [\gamma_{i(or)} \cdot C_{i(or)}]/[\gamma_{i(aq)} \cdot C_{i(aq)}] = K_D \cdot \gamma_{i(or)}/\gamma_{i(aq)} \tag{5-53}$$

式中 $a_{i(or)}$、$a_{i(aq)}$——分别为溶质 i 在有机相和水相中的活度；

$\gamma_{i(or)}$、$\gamma_{i(aq)}$——分别为溶质 i 在有机相和水相中的活度系数。

在恒温、恒压下，溶质在两相中达到平衡的条件是化学位相等。即

$$\mu^0_{i(aq)} + RT\ln a_{i(aq)} = \mu^0_{i(or)} + RT\ln a_{i(or)} \tag{5-54}$$

$$K_a = a_{i(or)}/a_{i(aq)} = \exp[\ (\mu^0_{i(or)} - \mu^0_{i(aq)})/RT] = K_D \cdot \gamma_{i(or)}/\gamma_{i(aq)} \tag{5-55}$$

由此可见，只有当 $\gamma_{i(or)}/\gamma_{i(aq)} \to 1$ 时，K_D 才等于热力学分配系数 K_a。而且，被萃物质在水相和有机相的分子形态要相同。

2. 分配比、萃取效率、分离系数

A 分配比

在实际体系中常用易于测定的分配比 D。不管溶质 M 在两相中的分子形态是否相同，只考虑其在两相中的总浓度比：

$$D = [\sum C_{Mi}]_{(or)} / [\sum C_{Mi}]_{(aq)} \quad (5\text{-}56)$$

式中，$[\sum C_{Mi}]_{(or)}$和$[\sum C_{Mi}]_{(aq)}$为溶质的各种化学形式在有机相和水相中的总浓度。

由式 5-56 可见，只有溶质在两相中以相同的分子状态分配，并且浓度很低时，分配比 D 才等于分配系数K_D。

B　萃取效率

萃取效率定义为：

$$E = (\text{溶质在有机相中的总量})/(\text{溶质在两相中的总量}) \times 100\%$$
$$= C_{M(or)} \cdot V_{(or)} / [C_{M(or)} \cdot V_{(or)} + C_{M(aq)} \cdot V_{(aq)}] \times 100\% \quad (5\text{-}57)$$

式中，$V_{(or)}$和 $V_{(aq)}$为有机相和水相的体积，将式 5-56 代入式 5-57，得到 E 和D 的关系如下：

$$E = D / [D + V_{(aq)} / V_{(or)}] \times 100\% \quad (5\text{-}58)$$

从式 5-58 可见，萃取效率取决于分配比 D 和相比R（$R = V_{(or)} / V_{(aq)}$）。当分配比 D 愈高，相比 R 愈大时，萃取效率愈高。如果 $V_{(or)} = V_{(aq)}$时，萃取效率只决定于分配比 D。

C　分离系数

当体系中不止一种溶质时，它们分配比的比值即为分离系数（β）：

$$\beta = D_{M1} / D_{M2} = [C_{M1(or)} / C_{M1(aq)}] / [C_{M2(or)} / C_{M2(aq)}]$$
$$= [C_{M1(or)} / C_{M2(or)}] / [C_{M1(aq)} / C_{M2(aq)}] \quad (5\text{-}59)$$

从式 5-59 可以看到，分离系数 β 表征两种溶质分别在有机相和水相中的平衡浓度比值相差的倍数。相差倍数越大，两种物质的分离系数就越大。如果 β 接近 1，则表明两种物质难以分离。

（二）萃取工艺过程

萃取工艺通常包括萃取、洗涤、反萃取（简称反萃）3 个主要工序，其原则流程如图 5-10 所示。

萃取——将含锗的水溶液与有机相（萃取剂）充分接触，使锗与萃取剂作用生成萃合物，进入有机相。萃取分层后的有机相称为负载有机相，水相称为萃余液。

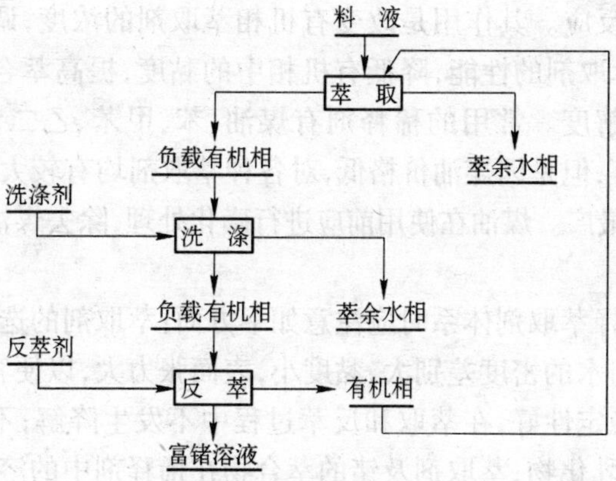

图 5-10 萃取原则流程图

洗涤——用水或某种水溶液与负载有机相充分接触,使进入有机相的杂质回到水相的过程。洗涤要选择只洗去负载有机相中杂质,而不使萃取物分离出来的水溶液。此作业视情况而定,可有可无。

反萃——用适当的水溶液与负载有机相充分接触,使进入有机相的萃合物重新转入水相的过程。所用的水溶液称为反萃剂,得到的水相为富锗溶液。

(三) 萃取体系

目前,国内外常用的锗的萃取剂大致可分为3类:一类为肟类和喹啉类萃取剂。大都是国外产品,要求酸度高,价格昂贵;二类为胺类萃取剂。此类属于阴离子萃取剂,国内有 N_{235},但必须加入络合剂,萃锗已有试验研究,还没有工业实践;第三类为氧肟类(也称异烃肟酸)萃取剂。

在盐酸体系中常用的锗萃取剂有煤油、四氯化碳(CCl_4)、甲基乙丁基酮(MiBK)、烃基肟(LIX-63)及二乙醚等。在硫酸体系中可用 LIX-63 、三辛胺(TOA)、7-十二烯基-8-烃基喹啉(Kelex100(H106))、烷基磷酸(P204)加协萃剂 YW100 等萃取系统。

稀释剂是能溶解萃取剂的有机试剂,是一种惰性溶剂,一般不参与萃取反应。其作用是改变有机相萃取剂的浓度，调节萃取能力，改善萃取剂的性能，降低有机相中的黏度，提高萃合物在有机相中的溶解度。常用的稀释剂有煤油、苯、甲苯、乙二苯、四氯化碳、氯仿等，但是因煤油价格低，对各种萃取剂均有较大溶解能力，所以应用最广。煤油在使用前应进行磺化处理，除去煤油中的不饱和烃。

在选择萃取剂体系时应注意如下方面：萃取剂的选择性好；反萃容易；与水的密度差别大，黏度小，表面张力大，以便容易与水分离；化学稳定性好，在萃取和反萃过程中不发生降解；不与水相生成稳定的乳化物；萃取剂及锗的萃合物在稀释剂中的溶解性好，混合时有良好的聚结性；萃取平衡速度快；使用与储存安全，无毒或毒性小，不易燃，挥发性小；价格适当。

（四）萃取设备

萃取设备应同时具备使有机相和水相充分混合和充分分离的功能。传统的萃取设备为箱式混合—澄清槽。近年来发展了塔式萃取器和环隙式离心萃取器等多种先进的萃取设备。各种设备如图 5-11～图 5-14 所示。

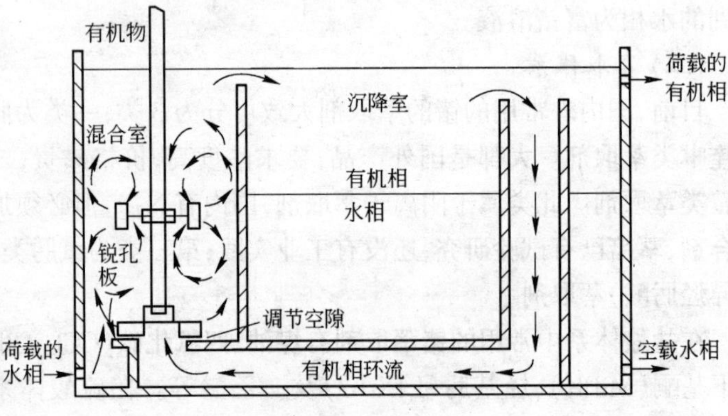

图 5-11　箱式混合—澄清槽示意图

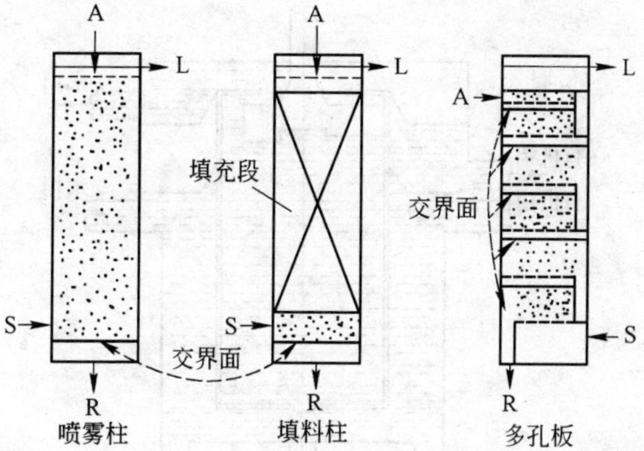

图 5-12　非搅动萃取柱

A—水相进料；S—有机相进料；L—萃有金属的有机相；R—萃余液

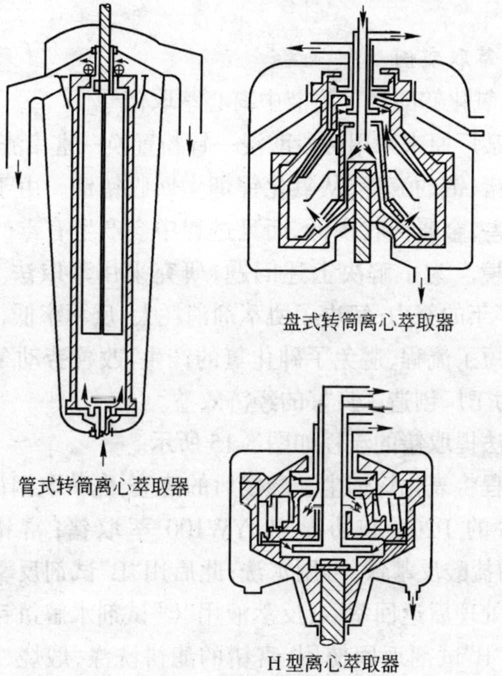

图 5-13　离心萃取器

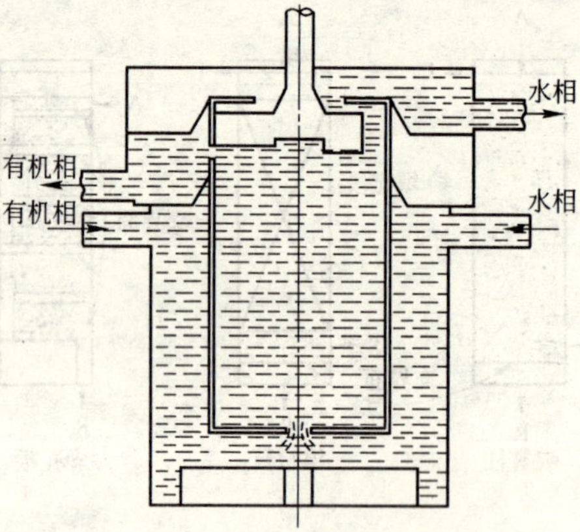

图 5-14 环隙式离心萃取器

（五）萃取实例

1. 从氧化锌酸浸上清液中离心萃取锗

我国某厂原来采用两段酸浸—锌粉置换—富集渣两段酸浸—分别回收锗、铟的流程，从氧化锌烟尘回收锗铟。由于该流程长，劳动条件差，金属回收率低，而且过程中会产生有毒的砷化氢，严重污染环境。为了解决上述问题，研究采用萃取法。1994 年投产，经过多年的努力，解决了协萃剂消耗大，反萃率低，产生乳化等问题。缩短了流程，避免了砷化氢的产生，改善劳动条件，提高了回收率，为工厂创造了良好的经济效益。

萃取法提取锗的流程如图 5-15 所示。

该流程将氧化锌烟尘经酸浸后的溶液，先萃取铟；萃铟的萃余液用 20% 的 P204 和协萃剂 YW100 萃取锗；富锗有机相用 6 mol/L的盐酸反萃铁，再用水洗；此后用“B”试剂反萃锗，贫锗有机相酸化处理后返回萃取；反萃液用“C”试剂水解沉锗，经真空过滤回收的“B”试剂返回使用；富锗的滤饼洗涤、煅烧、球磨后得到锗的富集物。

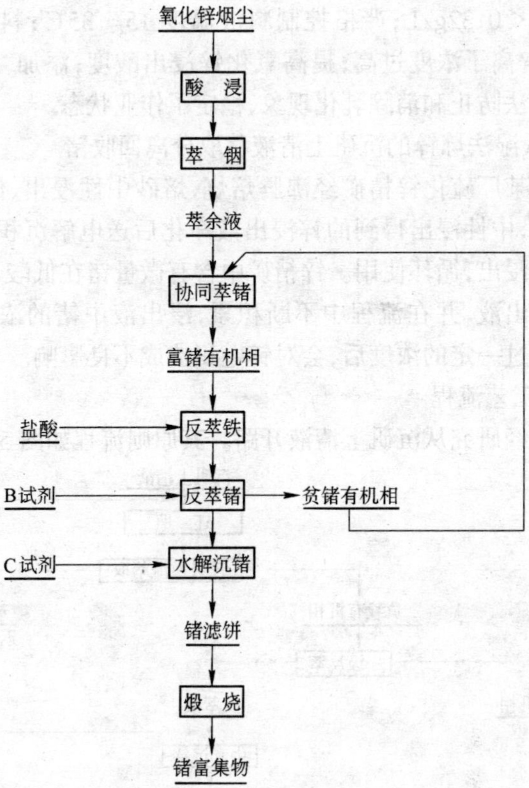

图 5-15 萃取法提取锗的原则流程

该流程萃取锗采用 P204,其分子式为$(C_8H_{17}O)_2P\text{-}OH$,是酸性磷型萃取剂,萃取反应为:

$$nHA_{(o)} + Ge^{n+} = GeA_{n(o)} + nH^+_{(a)} \qquad (5\text{-}60)$$

协萃剂 YW100 为烃肟酸。

该流程减少了锌粉置换和富集渣两段酸浸两个工序,萃取采用环隙式离心萃取器,大大提高了回收率。

在生产过程中采用间断加入协萃剂,代替原来的连续加入协萃剂的方法,使其用量减少为原来的 1/10。采用 B 试剂反萃锗使锗的反萃率从 70%提高到 95%以上。采用料液加明胶除硅,保持料液含硅<0.32g/L；严格控制料液温度15～35℃；料液加水稀释，避免锌离子浓度过高；提高氧化锌浸出酸度；添加"L"试剂破乳化等方法防止和消除乳化现象，稳定了作业状态。

2. 从湿法炼锌的沉矾上清液萃取分离回收锗

我国某厂硫化锌精矿经沸腾焙烧，焙砂中性浸出、低酸浸出、高酸浸出，中性浸出得到的锌浸出液净化后送电解沉积锌。废电解液返回浸出，循环使用。锌精矿中含有微量锗在低酸、高酸浸出时进入浸出液，并在流程中不断积累，浸出液中锗的浓度逐渐增高。锗超过一定的浓度后，会对锌电积造成不良影响。

A 工艺流程

该厂经研究从沉矾上清液开路。其原则流程如图5-16所示。

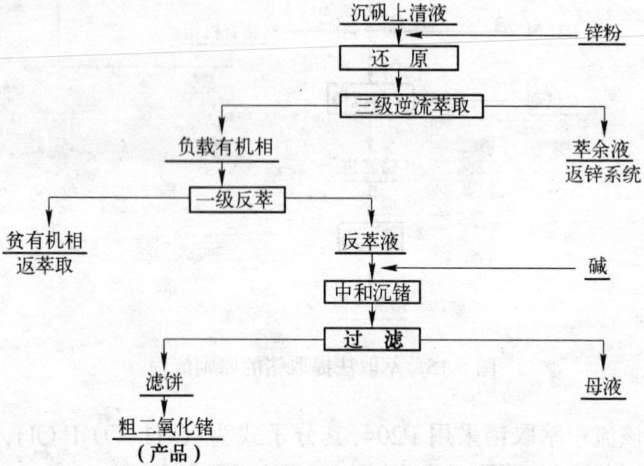

图5-16 萃取回收锗原则流程

沉矾上清液先用锌粉还原，以提高分离杂质的效果和锗的萃取率。还原后的料液和贫锗有机相经分别计量后进入萃取器内进行萃取，得到含锗<2.5 mg/L的萃余液返回锌系统。负载有机相溢流到反萃器，用B试剂进行一级反萃，使锗转入B试剂的水溶液中，此水相称为反萃液，就是产品溶液，溢流出的贫锗有机相返回萃取。反萃液加碱中和沉锗，产出粗二氧化锗产品。中和沉锗

母液返回反萃工序，实现反萃剂的循环使用。

萃取采用国产7815萃取剂，煤油作稀释剂，加部分添加剂；反萃剂采用B试剂；料液——沉矾上清液成分见表5-16，各级萃余水相锗浓度见表5-17。

表5-16 料液——沉矾上清液成分

项目	$Ge/g\cdot L^{-1}$	$Zn/g\cdot L^{-1}$	$Fe/g\cdot L^{-1}$	pH	电位/mV
数量	0.04～0.05	120～130	1～1.3	1	-260～-340

表5-17 各级萃余水相锗浓度（mg/L）

料液	一级水相	二级水相	三级水相	总萃取率/%
40～50	7～8	4～6	0.5～2.5	95

B 作业条件

萃 取 料液流量(A)：40～45 L/min

有机相流量(O)：10～12 L/min

流量比(A/O)：4/1

反 萃 反萃剂流量(A)：0.4～0.5 L/min

负载有机相流量(O)：10～12 L/min

流量比(A/O)：1/25

中和沉淀 pH值 9.0±0.2

C 有关技术经济指标

该流程1999年投入运行，日处理料液70 m^3。流程短，操作简便，连续，易于控制，萃取剂和反萃剂均可循环使用，锗的回收率高，消耗低，取得了较好的技术经济指标。

锗的总萃取率大于95%，反萃率99%。7815萃取剂的消耗5～8 kg/kgGe，B试剂消耗3.5～4.5 kg。萃余液中有机相含量8.32 mg/L，产品液锗含量2.8～3.5 g/L，比原料液提高70～76倍。粗二氧化锗品位30%～45%。

3. 从硫化矿高酸浸出的硫酸锌溶液中萃取提锗

有研究者研究了从硫化矿高酸浸出的硫酸锌溶液中萃取提

锗。从硫酸锌溶液中分离提取锗,既是生产电锌的净化作业,又是综合回收锗的主要来源。该厂原来采用丹宁沉锗的方法,从沉矾后液沉锗。为简化流程,提高锗的回收率,研究萃取法。

A 原则工艺流程

在试验研究的基础上制定了图 5-17 原则流程图。

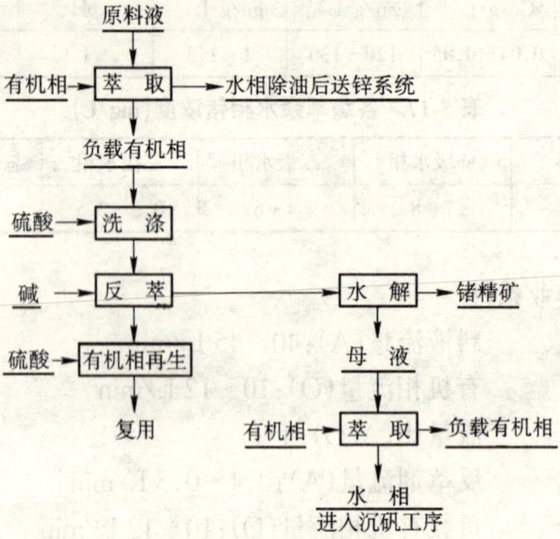

图 5-17 原则流程图

在流程中,采用 3 级萃取,2 级洗涤,4～5 级反萃。萃取采用核工业部北京化工冶金研究院生产的 7815 萃取剂加 T 试剂,磺化煤油做稀释剂;洗涤采用 0.25 mol/L 的硫酸做洗涤剂;反萃用 3 mol/L的氢氧化钠水溶液做反萃剂。

萃取、洗涤和反萃均采用环隙式玻璃钢离心萃取器。

该工艺的特点:(1)为了富集锗,负载有机相洗涤后,不进入反萃。而是返回萃取段再次萃取锗,返回 4～5 次后再进入反萃。这样既提高了有机相的锗浓度,又不影响锗的萃取率。(2)选择性反萃锗后,不反萃铁。避免了氯离子进入体系。这是由于在高酸条件下铁的萃取率比较低,用 3 mol/L 的氢氧化钠水溶液反萃锗时,铁也不进入水相。

溶剂萃取提锗流程总图如图 5-18 所示。

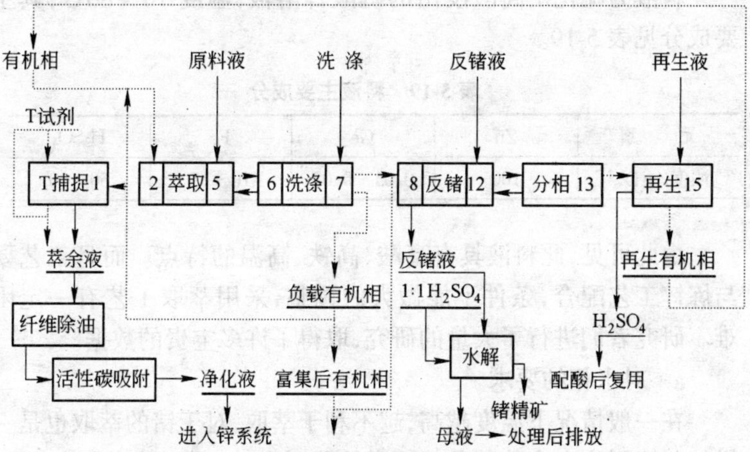

图 5-18　溶剂萃取提锗流程图

B　7815 萃取剂的性能

7815 萃取剂属于螯合型萃取剂，它的化学结构独特，在对金属进行萃取分离时，稳定性好，萃取锗的能力特别强，对其他金属的选择性高。其萃取锗的反应可简化如下：

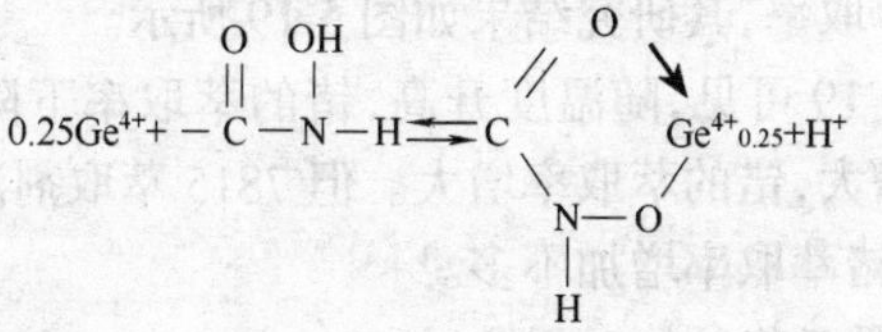

(5-61)

7815 萃取剂的有关参数见表 5-18。

表 5-18　7815 萃取剂的有关参数

项目	外观	闪点 /℃	密度 /g·cm^{-3}	有效含量	水中溶解度 /g·L^{-1}	饱和容量
性状	红棕色油状液体	75～77	0.85～0.87	>50%	0.105	温度 18℃、有机相浓度 0.1 mol/L 时为 1.4 g/L

C　主要工艺参数及影响因素

料液为硫化矿高酸浸出的硫酸锌溶液，温度 70～80℃，其主要成分见表 5-19。

表 5-19　料液主要成分

元　素	Zn	Ge	Fe	H_2SO_4
浓度/$g \cdot L^{-1}$	100	0.01～0.03	10～15	50～90

由此可见，此料液具有高酸、高铁、高温的特点。而且工艺要与炼锌工艺配合，条件不能做大的调整，采用萃取工艺有一定困难。研究者们进行了大量的研究，取得了许多宝贵的数据。

a　对水相的要求

在一般情况下温度越高，越不利于萃取，对于锗的萃取也是一样的。还因为大多数萃取体系萃取锗的能力，随酸度的增加而增加。所用的 7815 萃取剂在研究的萃取体系下，萃取能力也随酸度的增加而增加。

所以对水相的要求是：温度不高于 70℃；硫酸浓度不低于 90 g/L；SiO_2 和铁的浓度分别不高于 0.1 g/L 和 15 g/L。

b　温度对锗萃取的影响

研究了 7815 萃取剂不同浓度，T 试剂 2% 时，温度从 20～80℃锗的萃取率，其研究结果如图 5-19 所示。

从图 5-19 可见，随温度升高，锗的萃取率下降；随 7815 萃取剂浓度的增大，锗的萃取率增大。但 7815 萃取剂浓度增大到一定值再增大，锗萃取率增加不多。

c　主要工艺参数

试验的主要工艺参数见表 5-20。

D　主要技术经济指标

锗萃取率≥96%，锗反萃率≥97%，锗精矿含锗 30%～50%。

该研究已进行了半工业试验。证明由 7815 萃取剂加 T 试剂和磺化煤油组成的萃取体系，适合从高酸、高铁、高温的“三高”料液中回收锗；工艺流程简短畅通；萃余液经处理后，对净化和锌电积没有不良影响。

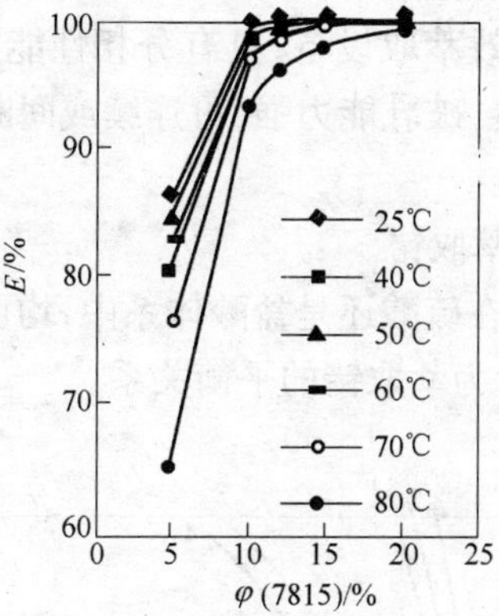

图 5-19 温度对锗萃取率的影响

表 5-20 试验的主要工艺参数

工 艺 段	有 机 相	水相/mol·L⁻¹	相比(O/A)	级 数	温度/℃
萃取	7815 15% + T试剂 20%	L:水 H:原料液	1/5	3	L:常温 H:70
洗涤	负载有机相	H_2SO_4 0.25	10/1	2	环境温度
反萃	满负载有机相	NaOH 3	5/1	4～5	30～40
再生	反萃锗后有机相	H_2SO_4 2	2/1	2	环境温度

4.从氧化铅锌矿富集的氧化物烟尘酸浸液中用萃取法提取锗

某矿氧化物烟尘酸浸液含锗 30～50 mg/L,采用 7815 + T 试剂 + 磺化煤油做萃取体系,NaOH 为反萃剂;采用 ϕ200 mm 环隙式萃取离心器进行萃取。萃取温度 45～50℃;反萃温度 30～40℃。共运行 14.4 d,处理料液 94.295 m^3,得到反萃液 0.878 m^3,制得平均含锗19.13% 的锗精矿 11.8 kg,母液回收锗精矿 2.532 kg,含锗 17.4%。锗的回收率为 94.62%,直收率 80.69%。有机相损耗为

2.24 L/m^3 料液。

该工艺使用的环隙式萃取离心器是清华大学核能技术设计研究院研制的新型高效萃取设备，具有分相性能好，适应范围广，传质效率高，设备紧凑，破乳能力强，可连续或间断作业，操作维修简单等优点。

5．用 LIX-63 萃取锗

据报道不论是在硫酸还是盐酸体系中，均可以采用 LIX-63 萃取锗。图 5-20 所示为萃取锗的平衡关系。

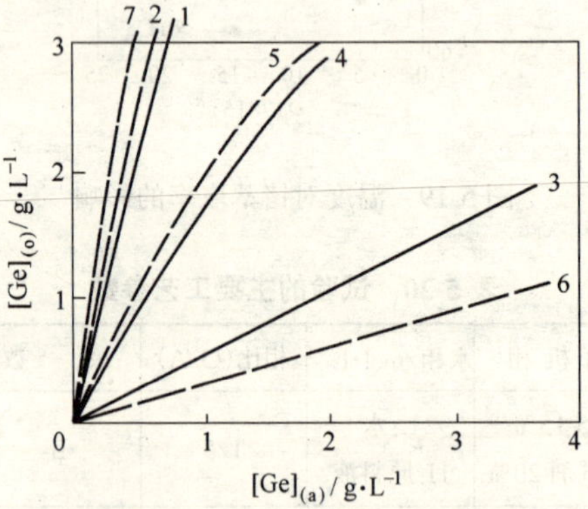

图 5-20　萃取锗的平衡关系

1—用 100％LIX-63，$H_2SO_4$120 g/L；2—用 100％LIX-63，$H_2SO_4$60 g/L；

3—用 50％LIX-63，$H_2SO_4$80 g/L；4—用 50％LIX-63，$H_2SO_4$100 g/L；

5—用 50％LIX-63，$H_2SO_4$60 g/L；6—用 50％LIX-63，$H_2SO_4$30 g/L；

7—用 LIX-63，HCl40 g/L + $H_2SO_4$90 g/L

从图 5-20 可见，用盐酸和硫酸混合体系萃取的效果较好，其萃取效率随着酸度的增高而增加。

萃取的反应如下：

$$\text{萃取：}4\left[R\begin{matrix}H\\OH\end{matrix}\right]_{(O)} + \left[Ge(SO_4)_{2(A)} + H_2SO_{4(A)}\right] \rightleftharpoons$$

$$H_2SO_{4(A)} + \left[R_4H_2GeO_3\cdot 2H_2SO_4\cdot H_2O\right]_{(O)} \qquad (5\text{-}62)$$

负载有机相用水在相比 1 条件下，经 2 级洗涤，洗去硫酸及杂质，以减少反萃时的碱耗。然后，用150～170 g/L的碱溶液，在相比为(O/A)(10～20)∶1的条件下，经过4～7级反萃，锗反萃率高达99%，反萃所得水相含锗高达98 g/L。

反萃的反应如下：

反萃：
$$2[R_4H_2GeO_3\cdot 2H_2SO_4]_{(o)} + 13NaOH_{(a)} \rightleftharpoons 2\left[4R\begin{matrix}\diagup Na \\ \diagdown OH\end{matrix}\right]_{(o)} + [NaH_3Ge_2O_6]_{(a)} + 4Na_2SO_{4(a)} + 5H_2O_{(a)} \quad (5\text{-}63)$$

所得的锗水相与后面再生余液相合并，调整pH值到8.8～9.1，此时水解产生$GeO_2(H_2O)_x$和锗酸钠盐。水解产物经水洗过滤后，即得锗精矿。

LIX-63从硫酸介质中萃取锗的技术条件及结果见表5-21、表5-22。

表5-21 萃取技术条件

过 程	水 相	技术指标		
		相比(O/A)	级数	锗萃取率/%
萃 取	原料液 萃余液	1∶1	7～(4)	99.97
洗 涤	洗 水	1∶1	2	—
反萃锗	锗水相	(10～20)∶1	6～(4)	99
反萃铜	铜水相	40∶1	2	—
再生 LIX-63	再生余液	10∶1	1	—

反萃锗后的有机相需用200 g/L的硫酸，在相比(O/A)40∶1的条件下，经过2级反萃，便可定量反萃铜，获得含铜达16g/L的$CuSO_4$溶液送综合回收铜。反萃铜后的贫有机相，采用132 g/L的硫酸溶液在相比(O/A)10∶1的条件下，经1级再生，即可使Na型的LIX-63转变为H^+型，然后返回萃锗。

表 5-22 各水相成分

过程	水相	组分/$g\cdot L^{-1}$									
		Ge	Cu	As	Zn	Ni	Fe(Ⅲ)	TFe	Cl	H_2SO_4	NaOH
萃取	原料液	5~(4.17)	6.79~(0.2)	2.68~(2)	4.60	0.02	2~3	59.82	0.13	157~(110)	
萃取	萃余液	0.019~(0.04)	6.39~(0.119)	2.68	4.60	0.02	1.5	58.3	0.13	157~(104.6)	
洗涤	洗水	(0.2)	(0.05)	(0.010)						56.2	
反萃锗	锗水相	98~(37.86)	痕	(0.02)				0.45			67~(14)
反萃铜	铜水相	痕	16.0							200	
再生 LIX-63	再生余液	(0.014)	(0.34)							(30)	

有机相的再生反应如下：

$$\left[4R\left\langle\begin{matrix}Na\\OH\end{matrix}\right.\right]_{(o)}+2H_2SO_{4(a)}\rightleftharpoons\left[4R\left\langle\begin{matrix}H\\OH\end{matrix}\right.\right]_{(o)}+2Na_2SO_{4(a)} \tag{5-64}$$

LIX-63 萃锗法原则流程如图 5-21 所示。

在硫酸介质中用 LIX-63 萃取锗，具有萃取选择性好，铜、镍、砷、锌、氯及铁等基本不被萃取的优点。

但是，LIX-63 萃锗，要采用高酸溶液体系及高浓度萃取剂，因而萃取试剂的损失必然较大，导致成本上升。

四、离子交换法

利用离子交换剂与溶液中的离子发生交换反应，进行分离的方法，称为离子交换法。

离子交换法可处理离子浓度小于 10×10^{-6} 的稀溶液，所以适合从含锗很稀的溶液中提取锗。离子交换通常包括两个阶段：吸附和解吸。吸附又称为负载，是将待分离的溶液以一定流速通过负载柱，使金属吸附在负载柱中。当金属离子被吸附剂饱和时，停止供液，转入解吸阶段。解吸又称为淋洗，用一种淋洗剂溶液通过负载柱和分离柱，使吸附于负载柱上的金属离子移向分离柱，并依次淋洗出来。从淋洗出来的溶液中，可进一步分别提取各种欲提取的金属。

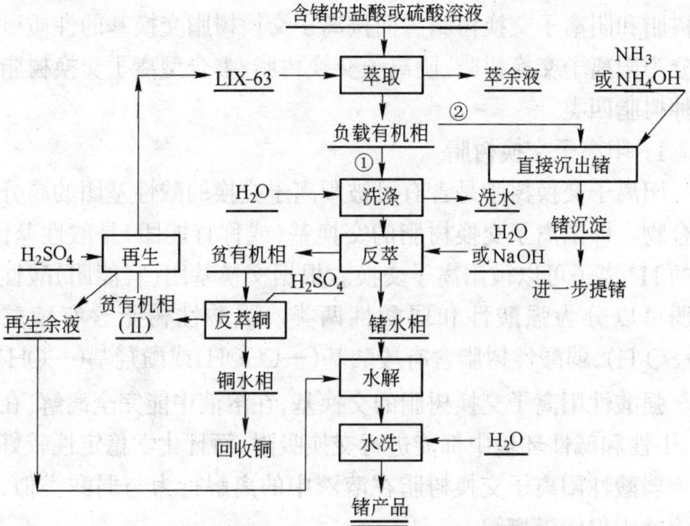

图 5-21 LIX-63 萃锗法原则流程

（一）离子交换剂

从广义上说，具有离子交换能力的物质称为离子交换剂。但通常离子交换剂是指固体离子交换剂。

离子交换剂分为无机离子交换剂和有机离子交换剂两大类。无机离子交换剂由天然的，如黏土、沸石等类矿物合成的，如合成沸石、分子筛、水合金属氧化物、多价金属酸性盐类、杂多酸盐等化合物构成。天然无机离子交换剂由于性质不够稳定，交换容量较小，颗粒易碎不便操作等原因，使用受到限制。而普遍应用的是合成无机离子交换剂。

有机离子交换剂是人工合成的具有离子交换功能团的高分子

聚合物，其中应用最为广泛的是离子交换树脂。湿法冶金中应用的一般就是人工合成的离子交换树脂。

离子交换树脂是一种含有可交换活性基团的高分子化合物。通常由高分子部分，交联剂部分和官能团三部分组成。根据树脂所带官能团的性质和交换机理，离子交换树脂又可分为阳离子交换树脂和阴离子交换树脂。而按离子交换树脂交换基的性质可将其分为阳离子交换树脂、阴离子交换树脂、螯合型离子交换树脂和特种树脂四类。

1．阳离子交换树脂

阳离子交换树脂是含有可被阳离子交换的酸性基团的高分子聚合物。即阳离子交换树脂的交换基（或称官能团）是酸性基团，它的 H^+ 离子可以被阳离子交换。根据交换基团（官能团）酸性的强弱可以分为强酸性和弱酸性两类。强酸性树脂含有磺酸基（—SO_3H），弱酸性树脂含有羧酸基（—COOH）或酚羟基（—OH）。

强酸性阳离子交换树脂的交换基，在溶液中能完全离解，在酸性、中性和碱性环境中都能进行交换吸附，而且化学稳定性较好。

弱酸性阳离子交换树脂在溶液中的离解行为与弱酸类似，在酸溶液中仅能微离解。

2．阴离子交换树脂

阴离子交换树脂是含有活泼的可被阴离子交换的碱性基团的高分子聚合物。根据官能团碱性的强弱也可分为强碱性和弱碱性阴离子交换树脂。强碱性阴离子交换树脂含有季胺基（—$N(CH_3)_3$），弱碱性阴离子交换树脂含有伯、仲、叔胺基（—NH_2、—NHR、—NR_3）。

强碱性阴离子交换树脂，其交换容量不受溶液中 pH 值的影响，羟基树脂似强碱一样，可以完全离解。这类树脂稳定性好，一般氧化剂不能破坏它，在有机溶剂中也稳定。

弱碱性阴离子交换树脂，其交换容量随溶液的 pH 值而变。有的树脂内既含有阳离子交换基，又含有阴离子交换基，此类树脂称为两性树脂。如含有胺基和羧酸基的两性树脂，其化学结构和性质类似胺羧络合剂。

3. 螯合型离子交换树脂

螯合型离子交换树脂是将高选择性的有机试剂引入到树脂基骨架中，使树脂具有选择性交换能力。此类树脂在进行分离时，同时进行离子交换和螯合反应，所以具有高的选择性和高的稳定性。在分离过程中，树脂与金属离子生成了内络盐，所以很稳定。其选择性主要取决于树脂中的螯合结构，因此对无机离子的分离和富集十分有用。如国产的 401 树脂属于胺羧基树脂（—N($CH_2COOH)_2$）。

按官能团的不同，可分为亚氨二乙酸型树脂，偶氮、偶氮胂、8－羟基喹啉类树脂，水杨酸树脂，葡萄糖型树脂等。还有新型的螯合型树脂被研制出来。

以上 3 类树脂的性能比较见表 5-23。

表 5-23 离子交换树脂的性能

分　类	强酸性阳离子交换树脂	强碱性阳离子交换树脂	螯合树脂
交换基	R-SO_3H	($RR'_6N^+OH^-$)	R-N<(CH_2COOH)(CH_2COOH)
标准交联度 DVB/%	8	8	
特殊交联度	(2, 4, 10, 12, 16)	(1, 2, 4, 10, 16)	
离子型	Na^+或H^+	Cl	Na^+
形　状	球　形	球　形	球　形
标准湿润树脂(网目)	20～50, 50～100, 100～200	20～50, 50～100, 100～200	50～100
市售密度/$g\cdot L^{-1}$	Na^+型 850　H^+型 800	700	800
含水率/%	45　53	43	76.2

续表 5-23

分　类	强酸性阳离子交换树脂	强碱性阳离子交换树脂	螯合树脂
容积变化/%	$Na^+ \rightarrow H^+ = +8\%$	$Cl^- \rightarrow OH^- = +20\%$	$Na^+ \rightarrow H^+ = -55\%$
有效 pH 范围	0～14	0～14	>2
选择性	$Na^+/H^+ \approx 1.2$	$Cl^-/OH^- \approx 25$	$Cu^{2+}/Na^+ \approx 100$ Pd≫Cu≫Fe≫Ni>Pb≫Mn≫Ca=Mg>Na
交换容量	Na^+型　H^+型	Cl^-型	
碳酸钙/$g \cdot L^{-1}$	95　85	66	33
mol/kg(干态)	4.8　5.0	3.5	
mol/kg(湿态)	1.9　1.7	1.33	0.33 如 $Cu(NH_3)_4^{2+}$
耐热温度		OH^-型　Cl^-型 50℃　150℃	75℃
溶　剂	不　溶	不　溶	不　溶
抗氧化性	热 15%硝酸缓慢氧化	热 15%硝酸缓慢氧化	良　好
抗还原性	良　好		良　好
相当的商品	强酸 1—×8 Dowe×50—×8 Amberlite IR—120 Doulite C—20 Permutit Q	强碱 201—×8 Dowe×1—×8 Amberlite IRA—400 Doulite A—42 Permutit S—1	Dowe×A—1

4．特种树脂

为了提高离子交换树脂的选择性，提高交换速度，适应检测仪表控制的需要，一类新的特种树脂应运而生。如用于萃取色谱分离稀土元素和贵金属的萃淋树脂，对碱金属和碱土金属具有特殊选择性的冠醚树脂。

(二) 离子交换平衡

离子交换树脂在溶液中溶胀后，其交换基团所离解的离子可以在树脂网状结构内部的水中自由移动，并与溶液中的离子发生交换，经过一定时间可达到平衡。其反应可表示如下：

$$R-H+M^{2+} = R-M+2H^{+} \tag{5-65}$$

整个过程可逆进行，达到动态平衡，并保持电中性。其平衡常数可表示如下：

$$K = [M^{2+}]_r \cdot [H^{+}]^2 / [H^{+}]_r \cdot [M^{2+}] \tag{5-66}$$

式中，$[M^{2+}]_r$ 和 $[H^{+}]_r$ 分别表示树脂中金属离子和氢离子的浓度，$[M^{2+}]$ 和 $[H^{+}]$ 分别表示溶液中金属离子和氢离子的浓度。

在一定条件下，平衡常数 K 的大小表示树脂对金属吸附能力的强弱，不同的树脂的 K 值不同。从式(5-66)可见，K 值越大越好。

通常用分配系数 D 表示离子交换树脂对金属离子的亲和力。分配系数即为金属离子在树脂中的浓度和水溶液中的浓度之比，可表示如下：

$$D = [M^{2+}]_r / [M^{2+}] \tag{5-67}$$

离子交换树脂对两种金属离子分配系数之比称为分离因子。

$$\alpha = D_2 / D_1 \tag{5-68}$$

若 $\alpha \approx 1$ 说明树脂对两种金属的吸附能力相同，二者难以分离；若 α 离 1 越远，说明二者越易分离。

(三) 离子交换实践

离子交换工艺流程如图 5-22 所示。

有人研究了在 pH4～13 之间，阴离子树脂 Amberite IRA－400 对锗的吸附。在 pH6.9～9.4 的溶液中，该树脂吸附 $Ge_5O_{11}^{2-}$，在稍低的 pH 值下，吸附 $HGeO_3^-$ 与 GeO_3^{2-}。当溶液中含有 SO_4^{2-} 时，在 pH7～9 时该树脂可吸附 $[GeO_2(SO_4)]^{2-}$。但若溶液硫酸浓度进一步增加，宜改用 Cl^- 型强碱性阴离子树脂。

还有人研究认为，用强碱性阴离子树脂吸附锗比用中性或弱碱性阴离子树脂效果好，吸附过程最好在弱酸或者弱碱性环境中进行。为了分离锗与砷，可用 ЭДЭ-10(Cl^-型)树脂在 pH4 条件下吸附；在提取 pH7.8～8 的弱碱性溶液中的锗时，可用 ЭДЭП(Cl^-型或 SO_4^{2-} 型)及 AH-2ϕ 阴离子树脂吸附锗，然后用 5% NaOH 溶液解析。还可用 Дауэкс 阴离子树脂吸附含 8 mol/L 盐酸溶液中的锗，然后用 0.5 mol/L 硫酸溶液解析。

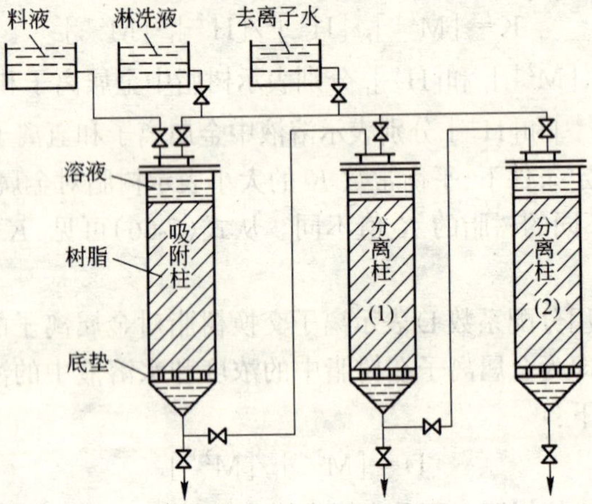

图 5-22 离子交换工艺流程

参考文献

1 Marcel Pourbaix. Atlas Dequilibres Electrochimiques. Gauthier-Villars, 466～469

2 蒋汉赢.湿法冶金过程物理化学.北京:冶金工业出版社,1984.6

3 马荣骏.溶剂萃取在湿法冶金中的应用.北京:冶金工业出版社,1979.3

4 包福毅等.从硫化矿高酸浸出的硫酸锌溶液中萃取提锗全流程研究.中国工程科学.2001,3(12):58～67

5 王纪等.用萃取法从锌浸液中回收锗 .有色金属,2000,52(2)

6 刘一宁等.从氧化锌酸浸上清液中离心萃锗的研究.株冶科技,1993,21(2):39～41

7 李正根等.株冶锌冶炼综合回收溶剂萃取新技术的应用与发展.株冶科技,1998,26(4):
8 肖华利.株冶从锗铟置换渣中提取锗的技术进步.株冶科技,1998,26(2):
9 肖金娥等.我厂锗铟回收工艺的改进.株冶科技,1998,27(2):
10 肖华利等.溶剂萃取锗过程中的乳化与消除.株冶科技,1999,27(2):
11 陈世明等.从硫酸锌溶液中萃取提锗.云南冶金 2002,31(3):101～105
12 李学全,硫酸锌溶液萃取分离锗镓的研究,全国第二届湿法冶金学术会议论文集(下册).湖南长沙.1991
13 谢访友,舒毓章.从株洲冶炼厂氧化锌浸出液中萃取分离锗.有色金属冶炼部分,1997
14 周令治.稀散金属冶金.北京:冶金工业出版社,1988
15 Chen Shiming, Li Xuequan . Huang Huatang, WIN
16 杨显万,邱定蕃.湿法冶金.北京:冶金工业出版社,1998
17 何蔼平等.湿法炼铜技术与进展.云南冶金, 2002,31(3):94～100
18 Edward J. Stevenson. Extractive Metallurgy Recent Advances, Noyes
19 Fumiyuki Nakashio. J. Chem Eng. Jap, 1993, 26(3):123
20 徐鑫坤,魏昶.锌冶金学.昆明:云南科技出版社,1996
21 蔡江松等. 从锌浸渣中回收镓和锗的研究及实践.矿产保护和利用.2002(5):34～37
22 叶大伦等.实用无机物热力学数据手册
23 黄碧芳等.含锗锌氧粉氯化焙烧热力学分析.贵州工业大学学报 30 卷(5),2001.10.14～16
24 周令治,邹家炎.稀散金属手册.长沙:中南工业大学出版社,1993
25 何静等.热酸浸出—铁矾法炼锌工艺中富集锗.广东有色金属学报,2002,增刊 21～28
26 朱祖泽,贺家齐.现代铜冶金学.北京:科学出版社,2003
27 赵俊学等.冶金原理.西安:西北工业大学出版社,2002
28 《化学分离富集方法及应用》编委会.化学分离富集方法及应用,长沙:中南工业大学出版社,1996
29 肖华利.从湿法炼锌中回收锗的生产实践.稀有金属与硬质合金,1993(6):50～52
30 李梦龙.化学数据速查手册.北京:化学工业出版社,2003(3):24～28
31 J E. Hoffmana,汪镜亮译.某些稀有和贵金属提取冶金的进展.国外稀有

金属,1993,9～15
32 Давыдов В И, Диев Н П Ж. Неор. хим, 1957(2)
33 Spandau V H, Klanberg F, Z. Anorg. Allgem. Chem., 1958(295): 291
34 Johnston J, Fenwick F, Leopold H G, International Critical Ⅷ, 1928(204)
35 蔡江松等. 从锌浸渣中回收镓和锗的研究及实践. 矿产保护和利用, 2002(5): 34～37
36 杨显万等. Tl—Cl—水系, Ge—水系, In—水系, Ga—水系图. 昆明工院学报, 1980(2): 68～91
37 李淑兰等. 硬锌真空蒸馏富集锗、铟的研究. 昆明工学院学报, 1994(4): 38～45
38 黄碧芳等. 含锗锌氧粉氯化焙烧热力学分析. 贵州工业大学学报(自然科学版), 2001(5): 13～17
39 杨斌, 戴永年. 硬锌提锌和富集锗铟技术的研究和应用. 真空科学与技术, 1999. 19(10)

第六章　从各种原料中综合回收锗的技术

第一节　从密闭鼓风炉炼锌流程中回收锗

一、概述

英国帝国熔炼公司始创的密闭鼓风炉炼锌法(也称 ISP 法),是火法炼锌工艺中的一项重大技术革新。其最大的特点是原料的适应性强,可处理多种铅锌原料,既包括原生原料,又包括次生原料。尤其适合处理用选矿方法无法分离的铅锌混合矿。还具有综合回收较全面,生产能力大,能耗较传统的湿法流程及竖罐流程节约,同时具有投资省,维护较竖罐炼锌简单,铅、锌回收率都可达 90%以上等优点。因此,在炼锌工艺中此法占有一定的地位。

我国某冶炼厂自 1978 年引进此法,取得良好效益,1993 年又建立第二套系统。该厂鼓风炉炉身断面积 17.2 m^2,目前是世界上使用该法的 12 个国家 14 座炉子之一。该厂目前具有年产 20 万 t 铅锌的生产能力,每年随原料进厂的锗约为十几吨,其生产流程如图 6-1 所示。

二、锗在烧结过程中的分布

该冶炼厂使用的凡口矿区的铅锌精矿含锗较高,因此该厂鼓风炉工艺流程中锗的回收对我国锗原料工业具有重要意义。

密闭鼓风炉炼锌的第一道工序是备料,包括烧结作业,焦炭、空气及熔剂的预热。烧结作业的目的是使铅锌物料同时进行脱硫和结块,产出鼓风炉要求的烧结块和适于生产硫酸的烟气。

锗在原料中以 GeO_2 形态存在,在烧结过程中,由于是氧化气氛,锗仍以 GeO_2 形态存在,98%以上的锗留在烧结块中挥发很少。表 6-1 是烧结过程中锗的平衡。

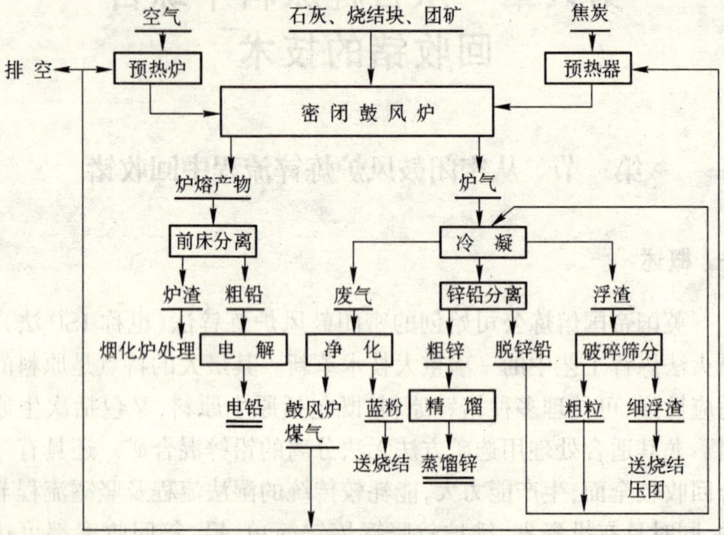

图 6-1 某冶炼厂处理铅锌精矿生产工艺流程示意图

表 6-1 烧结过程锗的平衡

加 入	锗含量/%	占有/%	产 出	锗含量/%	占有/%
铅精矿	0.008	4.75	烧结块	0.0054	98.9
锌精矿	0.0064	73.73	返 粉	0.0061	0.70
铅锌混合精矿	0.004	13.39	电 尘	0.0007	0.20
其他物料	0.0028	8.13	损 失		0.20
合 计		100	合 计		100

从表 6-1 可见，铅锌精矿中的锗，烧结时 98.9% 留在烧结块中。

三、鼓风炉熔炼

经烧结后带有余热的烧结块和经过预热的焦炭，石灰团矿一起从炉顶加入，在鼓风炉内进行还原熔炼，此时氧化锌被还原，锌呈蒸气挥发并通过除尘器进入冷凝器冷凝成粗锌，氧化铅还原成金属铅，以液态向下流动，集存于炉缸内，并与炉渣一起从炉缸排入前床。

在鼓风炉还原熔炼时，烧结块中的锗，与焦炭中的锗一起，大部分与锌一齐被还原进入粗锌，一部分以 GeO 形态挥发进入铅雨冷凝器，在温度低于 800℃ 以下，其中 7.88% 的 GeO 被 CO_2 再氧化成 GeO_2 进入泵池浮渣和蓝粉中循环，其余部分残留在前床渣中。该厂鼓风炉熔炼时锗的分布见表 6-2。

表 6-2　鼓风炉熔炼时锗的分布

加　入	含锗/%	分布率/%	产　出	含锗/%	分布率/%
烧结块	0.0054	90.18	粗　锌	0.012	65.14
焦　炭	0.0030	9.62	粗　铅	微	
补充铅		0.2	泵池浮渣	0.0068	3.51
合　计		100	蓝　粉	8.0100	4.37
			前床渣	0.003	24.58
			损　失		2.4
			合　计		100

由表 6-2 可知，锗主要集中于粗锌、蓝粉、泵池浮渣及前床渣中，其中蓝粉及泵池浮渣返回烧结工序，前床渣进烟化炉，粗锌则进精馏车间处理。从图 6-1 可知，蓝粉及泵池浮渣直接返回烧结工序；前床渣进烟化炉经还原挥发，大部分锗被还原挥发进入烟尘，也返回烧结工序配料。其中的锗在熔炼时又大部分进入粗锌得到回收。

四、粗锌蒸馏

鼓风炉产出的粗锌，品位可达 98% 以上，以该厂为例，粗锌成分为(%)：Pb(1.34)、Fe(0.03)、Cd(0.12)、As(0.05)、Cu(0.02)、

Sn(0.03)、Sb(0.03)、Ge(0.02)余为 Zn,必须进行精炼。精炼的方法很多,有熔析法、重蒸馏法、真空蒸馏法及精馏法,该厂采用的是精馏法,熔析作为精馏的辅助过程。精馏法产出的锌纯度高,达 99.99%~99.999%,含铅低,含铁低,含气泡少,较之电解法有一定的优越性。

精馏法精炼锌是基于锌与各种杂质的沸点不同而进行分馏,锌及一些杂质的沸点是:镉 767℃、锌 906℃、铅 1525℃、铜 2360℃、铁 3235℃、锗 3125℃。因此,锌加热到 1000℃时,锌与镉气化,以蒸气状态蒸发,而其他杂质以液体状态留下来。在 1000℃时 Pb 的蒸气压为 133.3 Pa,而 Cu、Fe 等的蒸气压则极小,为 $133.3\times(10^{-4}\sim10^{-6})$ Pa,因此粗锌经蒸馏后,除 Pb 稍有蒸发外,就可基本上把高沸点杂质除去,含镉的锌蒸气经过冷凝就可以得到纯度很高的含镉锌,继续进行分馏,把液体含镉锌导入另一个蒸馏塔,控制 800℃左右的温度使镉强烈挥发,再把镉蒸气冷凝,就可以得到高镉产物如精锌,蒸馏法精炼锌的原则工艺流程如图 6-2 所示。

粗锌的蒸馏作业可概述如下:将欲进行蒸馏的粗锌锭加入熔化炉内熔化并混合均匀,经过液封加料器加入铅塔,铅塔燃烧室的温度控制在 1100~1200℃之间,以保证锌和镉强烈地蒸发。液体金属由各层蒸发盘的溢流孔流至下面的蒸发盘时,与上升的金属蒸气(主要为锌和镉)密切接触,从而使锌液有充分机会受热蒸发,同时上升气流中夹带的沸点较高的铅雾也有充分的机会被洗涤下来,残留的液体金属锌(约 25%~30%)和高沸点杂质由铅塔最下层流入熔析炉内,熔析精炼的产品有含锌的铅、含铁的锌(即硬锌)和熔析精炼的锌(此锌叫无镉锌或 B 号锌)。

已除去铅及其他高沸点金属的锌镉蒸气上升,经最上面的回流盘导入铅塔冷凝器,蒸气于此冷凝成液体并经液封加料器进入镉塔并实现镉的蒸馏。

锗的熔点 958℃,沸点 3125℃,在铅塔中锗的蒸气压较低,不随锌蒸气挥发,最后从铅塔底部进入熔析炉,并分别进入不同熔析产品中,结果见表 6-3。

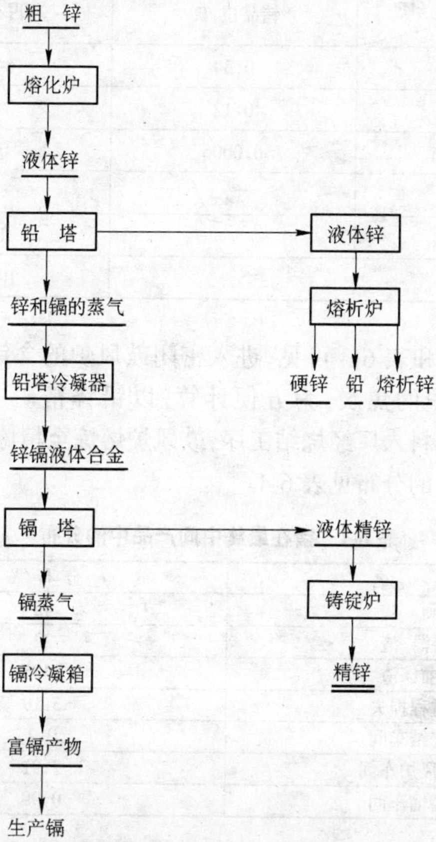

图 6-2 蒸馏法精炼锌的原则工艺流程

表 6-3 锌精馏车间锗平衡

项 目 \ 指 标	锗品位/%	占有/%
加入粗锌	0.012	100.00
合 计		100.00
产出精锌	痕	

续表 6-3

项目＼指标	锗品位/%	占有/%
产出硬锌	0.34	64.10
产出锌渣	0.12	34.55
产出高镉锌	0.0005	0.10
粗　铅	微	
损　失		1.25
合　计		100.00

由表 6-2 和表 6-3 可见，进入密闭鼓风炉的含锗原料是铅锌精矿及鼓风炉的焦炭，为方便计算，以铅锌精矿中的含 Ge 为 100%，则从原料入厂经烧结工序，鼓风炉熔炼至精炼结束，锗在最终中间产品中的分布见表 6-4。

表 6-4　锗在最终中间产品中的分布

品　名	分布/%
硬　锌	42
锌　渣	22
前床渣	24.5
过程损失	3.10
烧结车间	0.2
鼓风炉车间	2.91
精馏车间	0.99

五、从锌渣中富集锗

锌蒸馏过程中产出的锌渣含 Zn75%～60%（其中金属锌 30%）Ge 0.12%，该厂用湿法酸浸流程生产锗精矿，生产流程如图 6-3 所示。

试生产中，一次酸浸投料 500 kg/次，控制液固比为 6，温度 70～80℃，浸出时间 2 h。获得的浸出液为 Zn 120 g/L、Fe 0.5 g/L、As 58 mg/L、Cu 4mg/L、Cd 80mg/L、H_2SO_4 9.6 g/L，密度为 1.28 g/cm^3。

将其进行一次中和除 Fe、As，二次净化除 Cu、Cd，经此两次净化，获得较纯净的硫酸锌溶液后，再蒸发浓缩结晶产出七水硫酸锌，此为白色结晶，作为商品出售，其纯度为(%)：$ZnSO_4$ 90.21～92.80、Pb0.0003～0.0027、Mn0.034、Fe0.016～0.055、Cl 0.0153～0.022 水不溶物 0.018～0.03、游离酸 0.012。锌的回收率为 94.6%。

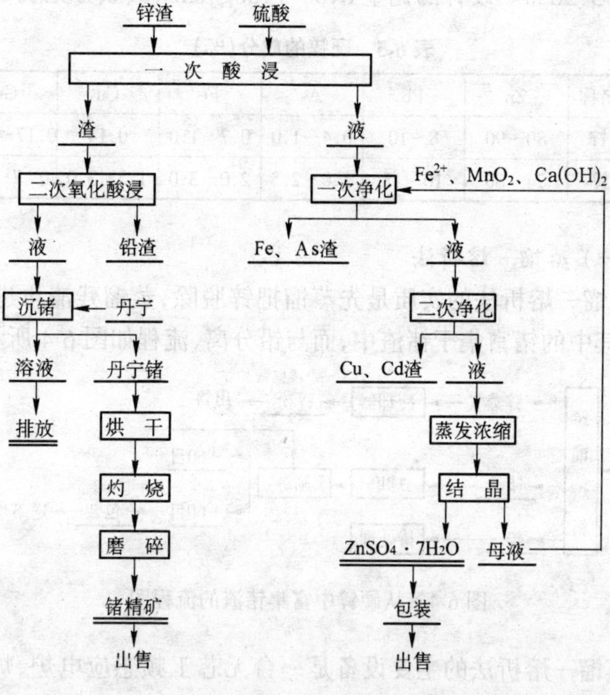

图 6-3 湿法酸浸流程生产锗精矿的生产流程

一次酸浸时，由于锌渣本身所含金属锌的置换作用，90%以上锗被留在一次浸渣中。一次浸渣用硫酸继续浸出，控制条件为：液固比 15∶1，温度 90～100℃，时间 2 h，以高锰酸钾为氧化剂，当其用量为：$KMnO_4/Ge \geqslant 10$ 时，锗的浸出率高达 90%以上，二次酸浸液成分为(g/L)：Ge0.3～0.5、As0.5～1、Cu0.45、终酸 10 g/L，采用丹宁沉淀锗,所得锗精矿含 Ge8%~10%、As1%~2%。从锌渣到锗精矿,锗的回收率为 62.26%。

六、从硬锌中回收锗

锌蒸馏铅塔和 B 号锌塔底流熔析池产出的硬锌是一种以锌铅为主体的含有少量 Fe、As、Ge 等元素的合金。其产出率占处理锌量的 3.26%。硬锌的比重 6.5~7.06g/cm^3,其成分见表 6-5:

表 6-5 硬锌的成分(%)

元素的名称	Zn	Pb	As	Fe	Cu	Ge
铅塔硬锌	80~90	8~10	0.4~1.0	0.7~1.0	0.14	0.17~0.26
B塔硬锌	74~80	10~15	1.0~2.5	2.0~3.0	1.5~3.0	0. 7~1.0

(一) 蒸馏—熔析法

蒸馏—熔析法的实质是先蒸馏把锌脱除,蒸馏残渣再进行熔析,使其中的锗富集于锗渣中,而与铅分离,流程如图 6-4 所示。

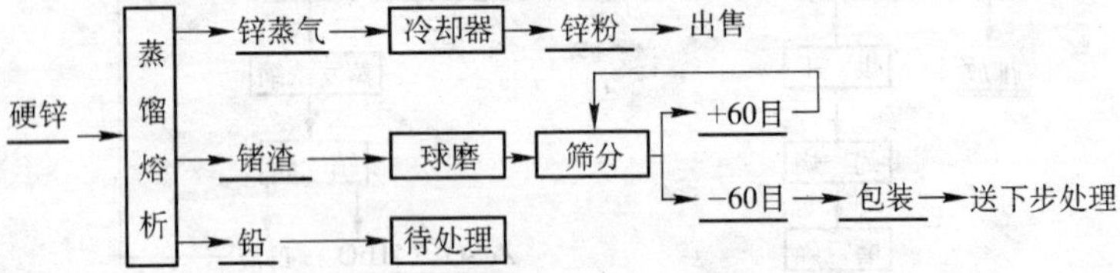

图 6-4 从硬锌中富集锗渣的流程图

蒸馏—熔析法的主要设备是一台无芯工频感应电炉,炉子的额定功率 190 kW,最高使用温度 1200℃,当炉温升到 800℃时,一次加硬锌 500 kg,盖上炉盖,进行蒸馏。蒸馏应在稍高于锌沸点以上的温度下进行,温度太高铅的蒸发量增加,随铅蒸发带走的锗量也增加,影响锌粉的质量和锗的回收率,一般控制在 910~919℃下蒸馏 6 h,脱锌率可达 96%~98%。蒸出的锌蒸气通过置于炉顶一侧的石墨短管,导入设在炉旁的断面为长方形的水套冷却器中冷却成锌粉。正常工作条件,冷却器顶部的温度在 340~360℃之间,蒸馏后期随着锌蒸气进入量的减少，冷却器的温度逐渐降低。当此温度降到220℃以下时，表明蒸锌已完毕。这时，打开炉盖投入下批料再蒸。连续投两批料后，进行降温熔析，熔析是在低于锗而高于铅的熔点的温度下进行。这时，锗渣呈固态浮于铅液表面而被捞出。在550～650℃下熔析，铅与锗的分离效果比较好。

蒸锌及熔析的产品：(1) 蒸锌产出的锌粉含 Zn 99%、Pb 0.26%、Ge<0.01%、As<0.0065%可作商品出售，后改为生产氧化锌；(2) 熔析产出的锗渣含 Ge 4.3%～5.3%，As 23%～25%，磨细后送氯气浸出工段处理；(3) 熔析产出的铅锭送去铅电解精炼车间。

各种物料含锗量见表6-6，锗的金属平衡见表6-7。

表6-6　各种物料含锗(%)

物　料	Ge	Pb	Zn	Fe	As	Cu
隔焰炉底铅	1.01～1.76	16.25～36.27	27.36～66.24	1.63～6.92	1.77～5.20	0.21～1.14
电炉氧化锌	0.093～0.23	0.94～4.56	77.45～79.32		0.079～0.22	
电炉锗渣	4.83～5.37	26.69～32.34	11.89～16.99	17.90～18.56	6.73～10.34	1.56～1.68
电炉底铅	0.89～1.58	64.50～77.34	1.02～3.74	～1.39	2.98～3.98	1.0～1.77

表6-7　锗的金属平衡

投入	隔焰炉底铅大块	元素/品位/%	Ge/1.30	Pb/26.23	Zn/41.16
		300 kg 含金属量	3.90	78.69	123.48
		占有率/%	100.00	100.00	100.00
产出	氧化锌	元素/品位/%	Ge/0.17	Pb/1.89	Zn/78.24
		130 kg 含金属量/kg	0.221	2.46	101.71
		分布率/%	5.67	3.13	82.37
	锗渣	元素/品位/%	Ge/5.03	Pb/29.11	Zn/14.15
		56 kg 含金属量/kg	2.82	16.30	8.09
		分布率/%	72.30	20.17	6.55
	电炉底铅	元素/品位/%	Ge/1.19	Pb/69.46	Zn/2.13
		72 kg 含金属量/kg	0.857	50.01	1.75
		分布率/%	21.97	63.55	1.42
产出分布率累计			99.94	86.85	90.34

锗渣成分：锗渣主要成分，是 Ge 4.3%～5.3%，As 23%～25%，此外还含有 Pb 26%～30%、Zn 10%、Cu 4%～5%，粒度<60 目，锗渣含砷高，锗、砷等各元素均以金属或合金状态存在，这种含锗物料用通常的盐酸氯化蒸馏法处理，产出较纯的 $GeCl_4$ 难以避免砷以 $AsCl_3$ 或 AsH_3 状态逸出，本工艺用氯气氯化浸出—蒸馏法处理，避免了砷以气态进入 $GeCl_4$ 的问题，流程图如图 6-5 所示。

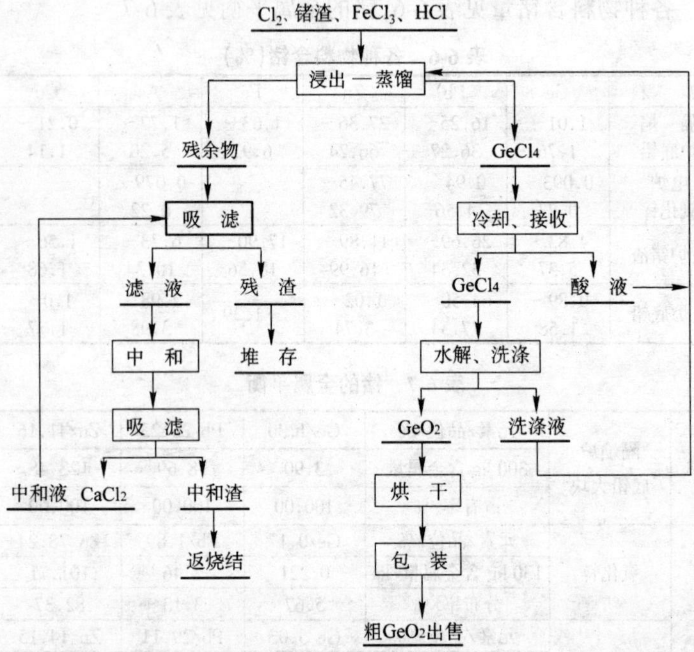

图 6-5 氯化浸出—蒸馏及四氯化锗水解制取二氧化锗流程图

氯化浸出—蒸馏过程在内带锚式搅拌器和内套式蒸气加热器的 300 L 搪瓷釜中进行，釜中先注入按液固比 8∶1，HCl 酸度 pH=1，$CaCl_2$ 300%、$FeCl_3$33～42g/L 等条件配好的溶液。开动搅拌机加入锗渣，在60～70℃下进行通Cl_2浸出，每釜投料30 kg，氯气耗用量约为37～38 kg/釜，大致与各元素通氯反应的理论量相符，过程进行到4～5 h后，通入的氯气不再被吸收时，表示浸出终了。停止通氯，并加大蒸气升温，进行$GeCl_4$蒸馏。因为在浸出时，在Cl_2及$FeCl_3$的氧化条件下，砷已被氧化成As^{5+}状态，在蒸馏时，砷被遗留在蒸馏残渣中。蒸出的$GeCl_4$含As为0.6 g/L，经冷却吸收后可按常规流程延伸处理，该厂直接进行水解—洗涤—过滤—烘干以粗GeO_2形态出售。其含锗量为68%，As<0.1，从锗渣到粗GeO_2过程锗的回收率92.24%。蒸馏残余物经真空吸滤盘吸滤，堆存待处理。此残渣率约20%，含锗0.4%～0.5%、As 1%。

残液含As 20 g/L、Fe 50 g/L、HCl 90 g/L、$CaCl_2$ 310 g/L，将它抽到另一台500 L的搪瓷釜中进行加石灰中和除砷处理，中和在温度60～90℃、搅拌机搅动下缓慢进行，中和进行到pH值为4～5为止，再进行真空吸滤，中和后液含砷降至0.012～0.024 g/L，含$CaCl_2$ 440 g/L。按液计除As效率达99.9%。实践中将中和液以及四氯化锗的接收和水解等溶液均返回氯气浸出配液用，未见不良影响，而且由于$CaCl_2$的返回，降低了氯气浸出的酸度，防止AsH_3产生，有利于过程安全进行，中和渣含As5%，还含有Pb、Zn、Cu等有价元素，可返回密闭鼓风炉烧结配料系统处理。

(二) 硬锌电解法回收锗等金属

硬锌是在锌蒸馏过程中产出的一种以锌为主体的多元合金及化合物，该厂的硬锌成分不同于国内外其他厂家，其特点是不但含锗高，而且含铟高，含银、铜、锡也较高，原生产上用的隔焰炉—电炉蒸锌炉只回收金属锗，且回收率低。电解法是探索提高综合回收率的一条途径，目的是在电解精炼锌的同时，使有价金属进入阳极泥，处理阳极泥达到综合回收的目的。

1. 硬锌电解原理及工艺流程

由于锌的标准电极电位较负，与硬锌中同锌较接近的铟、铁等的电极电位相比也相差0.3 V以上，因此电解时，在阳极、锌首先溶解进入电解液,其它金属电位较正,则富集在阳极泥中,锌在阴极析出,成为精炼锌。电解液选用 $HCl + Na_2CO_3$ 体系,由于电解液微带酸性,对锌及铟、铁、铅、锡都有不同程度的溶解,因而恶化电解条件,电解液需定期净化。其方法是采用传统的氯化除铁,置换去除其他杂质的方法,净化后的电解液再返回电解。工艺流程如图 6-6 所示,硬锌及硬锌熔析后各产品的成分见表 6-8。

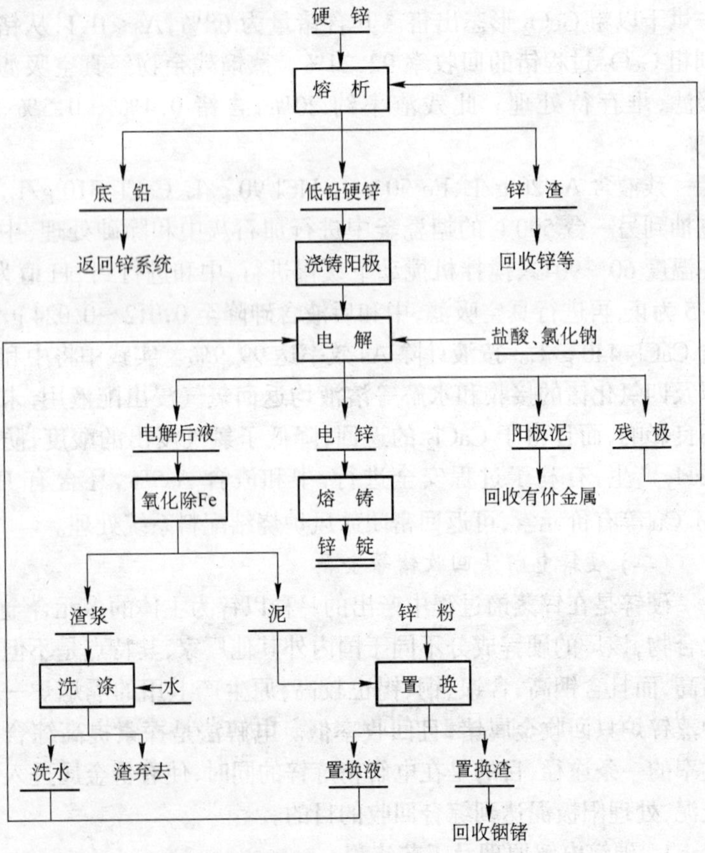

图 6-6 硬锌电解工艺流程图

表 6-8　硬锌及硬锌熔析后各产品的成分表

物料名称＼元素	Pb	Zn	In	Ge	Fe	As	Sn	Ag	Sb	Cu
硬　锌	8.26	84.79	0.661	0.308	0.90	1.20	1.23	0.078	0.37	0.61
阳极板	5.30	88.69	0.65	0.348	0.96	1.36	1.30	0.08	0.38	0.63
底　铅	92.02	9.75	0.813	0.006	<0.05	0.099	0.73	0.003	0.34	0.01
锌　渣	8.74	75.00	0.552	0.278	1.18	3.99	1.46	0.009	0.35	0.47

2. 作业条件、作业情况及结果

A　硬锌熔析

从锌蒸馏精炼中产出的硬锌加入电炉内熔化，控制温度为520～560℃，保温6～12 h，放出底铅后再升温度到600℃左右，搅拌均匀，浇铸成阳极，硬锌中浇铸成阳极的部分约占硬锌重量的90%，其余部分为底铅及残渣约占10%，表6-8即为熔析后的物料成分。

B　电解

a　控制作业条件

(1) 电解液成分(g/L)：Na 40～60，Zn 90～150，Pb<0.2，Fe<0.3，Sb<0.015，In<0.015，Ge<0.01，Sn<0.015，Cu<0.001，酸度pH1～4；

(2) 阴极面积约比阳极大10%，以减少边角枝晶生成；

(3) 阳极套隔膜袋；

(4) 电解液循环使用。

在电流密度180～220 A/m^2，平均槽电压0.75 V，相应电流强度为6.24 A的条件下进行电解，获得阴极含Zn 99.1%，阳极泥含Ge1.15%的结果，其时阴极电流效率为99.3%，盐酸消耗为120 kg/t Zn，直流电耗为619 kW·h/t Zn，锗、银、铜、锑、砷几乎全部进阳极泥，铟、锡、铅也有90%进阳极泥，只有Fe 40%进电解液，60%进阳极泥，有价金属富集倍数达3～3.5倍，电解前后物料成分见表6-9。

表 6-9 阳极硬锌、阴极电锌及阳极泥成分(%)

元素 物料名称	Pb	Zn	In	Ge	Fe	As	Sn	Ag	Sb	Cu
硬锌阳极	5.30	88.69	0.65	0.35	0.96	1.36	1.3	0.08	0.38	0.63
电解锌	0.5	99.10	0.05	0.001	0.002	0.002	0.05	0.007	0.005	0.003
阳极泥	15.6	41.80	1.95	1.15	1.65	4.6	4.02	0.267	1.2	2.10

b 电解液的净化

电解液中需要净化的主要杂质是铁,其次为铟、锡、铅、锗等。除铁采用空气氧化——中和法,控制溶液温度 80～90℃,向溶液中吹入空气,空气压力 10～40 kPa,另外加入少量的双氧水和氯化铜,氧化时间 4～6 h,吹气氧化结束后加氧化锌中和,控制终点 pH4.8～5.0,电解液含铁可从 1 g/L 左右降到 5 mg/L 以下,除铁过程中其他杂质很难除去,因此中和后液再加锌粉置换,控制溶液温度 50～60℃,调 pH 为 2 左右,锌粉加入量为理论量的 1.5～2 倍,搅拌时间 20～30 min,电解液净化结果见表 6-10。

表 6-10 电解液净化前后的分析结果

元素 项目	Pb	Zn	In	Ge	Fe	As	Sn	Ag	Sb	Cu
电解液	0.276	110.2	0.008	0.001	1.07	0.001	0.02	0.0003	0.03	0.0003
除铁液	0.22	95.1	0.026	0.001	0.002	0.001	0.018	0.0003	0.025	0.21
置换后液	0.008	98.6	0.0001	0.0085	0.005	0.0001	0.001	0.0001	0.008	0.0002

c 电解法处理硬锌的优缺点

优点:流程及设备简单,各种有价金属均可回收,且回收率高,原材料消耗少、电耗低,电解环境好,生产成本低,经济效益十分可观,有价金属富集到阳极泥中易于下步回收。

缺点:设备投资较大,技术条件控制要求较严,清理阳极泥工作量大,采用盐酸体系,设备防腐要求较高。

C 阳极泥的处理

硬锌可溶阳极电解法可把 95%的铟和 98%的锗富集到阳极泥中便于回收处理,阳极泥的成分见表 6-9,其粒度 90%以上可过 120 目,阳极泥回收的湿法流程第一步是浸出,可用盐酸或硫酸为浸出剂,两者各有利弊,此处介绍盐酸流程,其流程如图 6-7 所示。

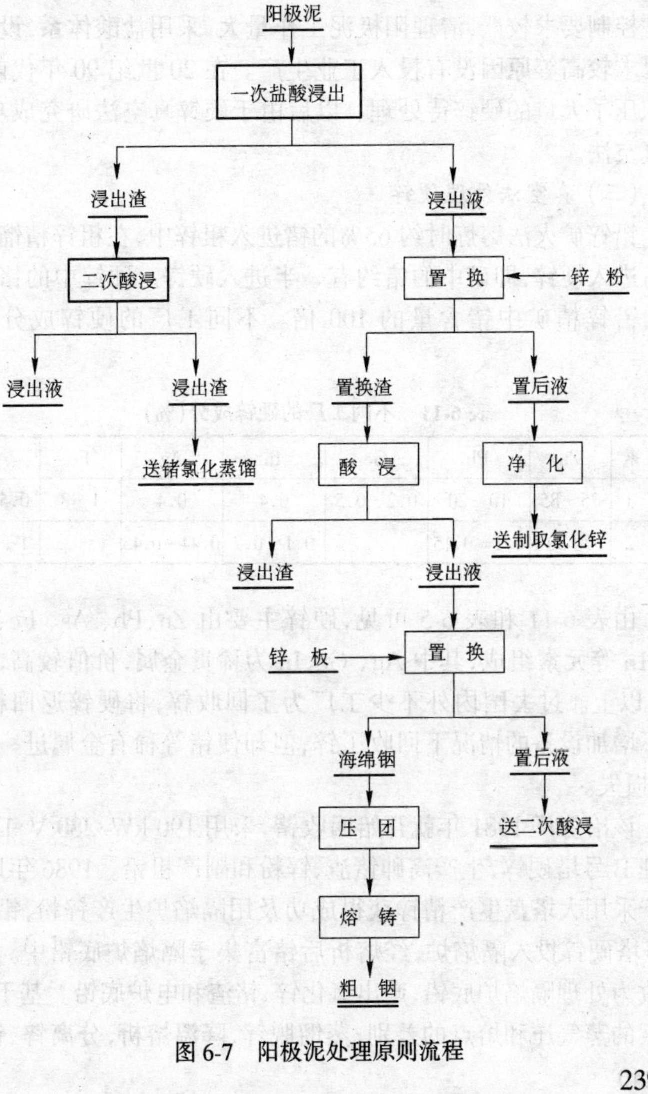

图 6-7 阳极泥处理原则流程

浸出条件：

一次酸浸：浸出温度50～60℃，时间1～2 h，液固比3～6，终酸pH2～5。

二次酸浸：浸出温度为室温，时间1～5.5 h，液固比4～6；

该硬锌电解工艺经过试验研究，但是因为设备投资较大，技术条件控制要求较严，清理阳极泥工作量大，采用盐酸体系，设备防腐要求较高等原因没有投入工业生产。在20世纪90年代前，厂内积压了大量的硬锌待处理。以后由于硬锌真空法研究成功，采取真空法。

（三）真空法处理硬锌

铅锌矿火法熔炼时约65%的锗进入粗锌中，在粗锌精馏时约65%进入硬锌，即矿中的锗约有一半进入硬锌。硬锌中的锗含量约为铅锌精矿中锗含量的100倍。不同工厂的硬锌成分见表6-11。

表6-11　不同工厂的硬锌成分（%）

元　素	Zn	Pb	Ge	In	Ag	Fe	As
工厂1	75～85	10～20	0.2～0.5	0.4	0.4	1～3	0.5～2
工厂2	约80	0.1～0.15		0.1～0.2	0.44～0.45		1～3.5

由表6-11和表6-5可见，硬锌主要由Zn、Pb、As、Fe、Ag、Ge、In等元素组成，其中Ag、Ge、In为稀贵金属，价值较高，锌占3/4以上。过去国内外不少工厂为了回收锌，将硬锌返回粗炼。在不增加设备的情况下回收了锌，但却使锗等稀有金属进一步分散、损失。

该冶炼厂1981年就开始回收锗，采用190 kW/280 V工频炉处理B号塔硬锌，生产高砷锗渣、锌粉和副产粗铅。1986年以后，由于采用大塔盘生产精锌获得成功及用隔焰炉生产锌粉，铅塔和B号塔硬锌投入隔焰炉，经熔析后锗富集于隔焰炉底铅中。工频炉改为处理隔焰炉底铅，产出氧化锌、锗渣和电炉底铅。基于各种元素的蒸气压和熔点的差别，蒸馏脱锌，降温熔析，分离锌、铅，富集锗。锗渣再进一步处理以回收锗。该法在环境、回收率、生产率、能耗和安全性等方面均不令人满意。

昆明理工大学与该冶炼厂于 1989 年开始进行真空蒸馏法的试验研究，经过一系列的研究，于 1996 年用于工业生产，随后该冶炼厂建成真空冶金车间，进行大规模工业生产。

从第五章表 5-4 和表 5-5 可见，砷、锌、铅在 600～1000℃ 范围内的蒸气压比锗的蒸气压大 10 万倍以上，可控制一定温度，让铅、锌挥发进入气相，锗留于固相中而实现分离。虽然砷会与有关元素生成化合物影响挥发，但是仍然有相当部分砷挥发而有利于锗的富集。铜和铁的蒸气压也很小，不会挥发。当然，也可控制较低的温度，主要使锌挥发，得到质量较好的锌。而采用真空法，可以降低蒸发温度，有利于节能。

1. 真空蒸馏设备

真空蒸馏设备由真空获得设备—真空泵，真空炉炉体，真空测量设备 3 部分组成。真空泵一般采用旋片式真空泵即可，真空炉如图 6-8 所示，真空测量设备可采用麦式真空规或真空仪。

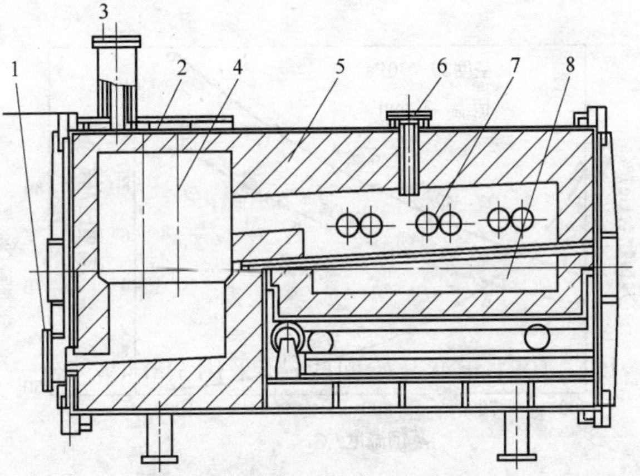

图 6-8　硬锌真空炉示意图

1—放锌口；2—炉壳水套；3—抽气管；4—冷凝墙；
5—砌体；6—测温孔；7—电热体；8—加料车

真空炉炉壳为水套式炉壳，炉内有电加热的发热体，加料车，冷凝墙，放锌口，抽气管，测温孔等部分组成。在一个车间中可以安置多台真空炉，以满足生产的需要。

2. 作业条件及指标

作业采用控制一定条件，使锌蒸发进入气相，再冷凝回收。而其他元素和锗基本不蒸发，留在渣中。主要作业条件和指标如下：

蒸馏温度约1000℃；炉内残压约1500 Pa；冷凝温度约460℃；出料温度约750℃。

处理吨锌电耗约1400 kW·h；处理硬锌单位加工成本约1023元/t。

直接回收率(%)	Zn	Ge	In	Ag
	88	97.84	96.44	96.72

车间环境	粉尘浓度(mg/m^3)	含铅浓度(mg/m^3)
炉头气体	2.9	0.076
炉尾气体	2.1	0.063
国家岗位卫生标准	<5	<0.5

硬锌蒸馏温度对Ge、In、As富集比、分布率的影响如图6-9所示。

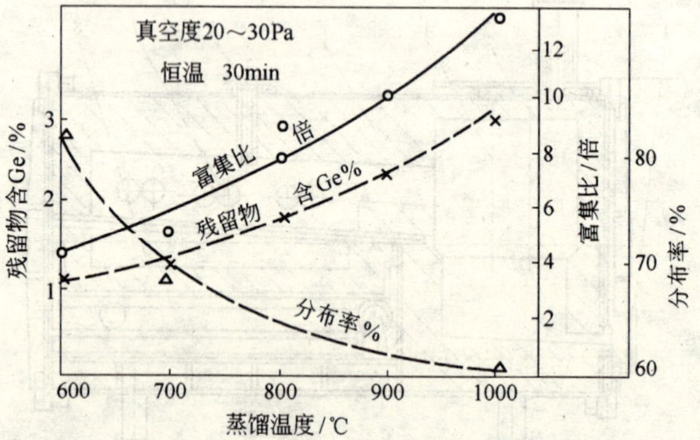

图6-9 蒸馏温度对Ge、In、As富集比、分布率的影响

真空炉处理硬锌的金属分布见表6-12。

表 6-12 真空炉处理硬锌的金属分布

项目		质量/kg	产出率/%	各元素量/kg				
				Pb	Zn	Ge	In	Ag
投入	硬锌	636360	100.00	50782	514560	1763	2278	244
产出	粗锌	460546	72.37	4467	455940	10	18	
	锗渣	112778	17.72	30326	22781	1725	2007	214
	粗铅	10038	1.58	8743	633	2	190	22
	锌渣	19918	3.13	171	19516	4		
	损失	33080	5.2	7075	15687	22	63	8

锗在锗渣中富集了10倍以上,铟富集了3倍多,银富集了5倍。

生产实践表明用真空蒸馏法处理硬锌,工艺流程短,技术新颖,运行稳定,安全可靠,能耗低,无“三废”排放,对环境无污染,能综合回收锌、锗、铟、银,经济效益好。由于该项目的实施,使该厂的锗产量大幅度上升。该厂1990年以来的锗产量见表6-13。

表 6-13 该厂锗的产量(t)

年份	1990	1992	1993	1994	1995	1996	1997	1998	1999	2000	2001
锗产量	1.63	2.1	2.51	2.05	2.765	2.655	3.58	4.438	6.524	7.5	9.328

从表6-13的数据可见,1997年由于采用真空蒸馏技术该厂锗的产量从2.65 t升到了3.58 t,以后产量逐年增加,最高达到2001年的9.328 t。

该技术是锗提取技术方面的重大发明,2003年该技术获得国家技术发明二等奖。

3. 锗渣的处理

锗渣的处理流程如图6-10所示。

七、次氧化锌烟尘中锗的回收

该厂密闭鼓风炉炉渣进烟化炉处理,产出烟尘次氧化锌中含有的锗量约占原料含锗量的20%左右,其主要成分为:Zn50%~65%、Pb5%~10%、As5%~12%、Ge0.04%~0.08%。对其处理以前一直是返回烧结或压团进鼓风炉,以后要求砷开路排出,锌、锗分别以硫酸锌、锗精矿回收，次氧化锌采用浸出—萃取流程处理，其原则流程如图6-11所示。

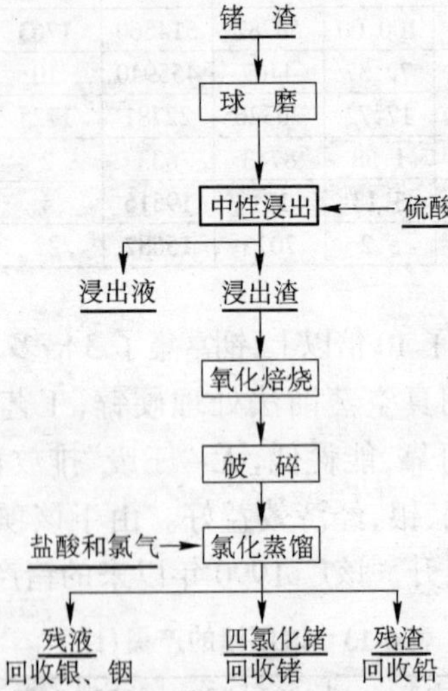

图6-10 锗渣的处理流程

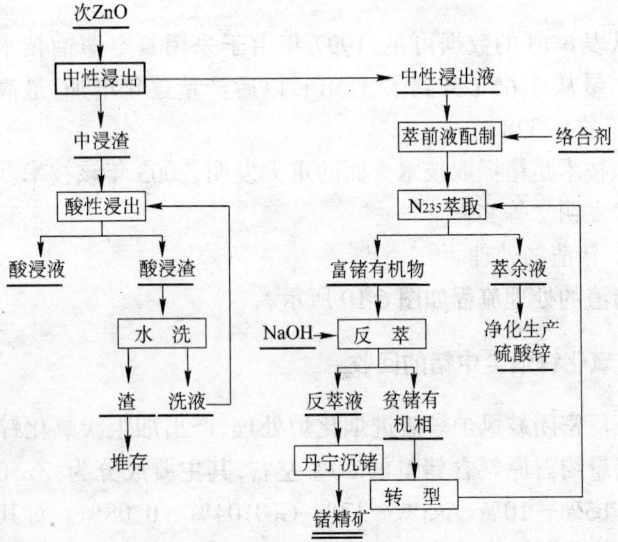

图6-11 次氧化锌烟尘中锗的回收示意图

第二节　从铅锌矿中用火—湿法冶金联合工艺回收锗

一、概述

云南会泽铅锌矿位于云南省滇东北地区会泽县，是我国重要的铅锌矿山，尤其以富含锗而闻名。1997 年探明的储量为：铅 25.68 万 t，锌 51.97 万 t，锗 105.96t，银 268.5t，近几年探明的储量又有增加，锌加铅锌储量约 267 万 t，锗 350t。经过 50 多年的发展，已形成既可以处理氧化矿，又可以处理硫化矿的集采矿、选矿、冶炼、化工、科研开发为一体的股份制大型企业。具有年产铅锌 8.5 万 t，硫酸 6.4 万 t，各种锗产品 10000 kg 的生产能力，是国内最大的矿产锗生产基地。

1988 年以前全部处理氧化矿，生产锌和锗。1988 年麒麟厂硫化矿投产，选出的硫化锌精矿经沸腾焙烧，焙砂采用稀硫酸中性浸出，含氟氯等杂质高的浸出渣返回火法或堆存；中性浸出液经净化—电解—熔铸得锌锭。含杂质高的氧化矿净化液和含杂质低的硫化矿净化液混合生产电锌。

1995 年扩建了一台沸腾焙烧炉和 2 万 t 电锌生产能力，并将中浸渣的处理改为热酸浸出—黄钾铁矾法，提高了锌的浸出率和湿法炼锌的直收率，也改善了锗的回收。

其氧化矿和硫化矿生产锌及锗的原则流程如图 6-12 和图 6-13 所示。

二、鼓风炉生产工艺

原会泽铅锌矿 1973 年前主要处理前人留下来的土炉渣，用鼓风炉化矿并回收粗铅，熔渣流入烟化炉挥发铅、锌、锗等，并使其富集于烟尘中，再将烟尘以硫酸浸出，丹宁沉锗，最终生产电锌和粗锗，而硫酸铅渣经烧结返回鼓风炉炼铅，该法流程简单，生产过程顺利，经济效果亦好，一直沿用到 20 世纪 70 年代，此后因土炉渣资源逐渐枯竭,逐年增大原生资源配入量,现在主要处理难选氧化铅锌矿。其成分见表6-14。

表6-14　难选氧化铅锌矿成分(%)

名　称	Pb	Zn	Ge	SiO_2	Fe	CaO	MgO	Al_2O_3	S
共生块矿	1.88	9.65	0.00036	13.0	16.3	16.0	5.3	2.3	0.12
共生粉矿	4.3	13.6	0.006	17.0	14.2	12.9	4.5	3.7	0.03
砂矿块矿	2.6	18.4	0.005	25.4	13.0	8.9	1.3	6.9	0.16
砂矿粉矿	3.3	20.5	0.004	31.5	13.8	2.7	1.6	9.1	0.16
土炉渣	3.2	8.5	0.005	32.3	26.1	3.1	1.0	4.8	0.1

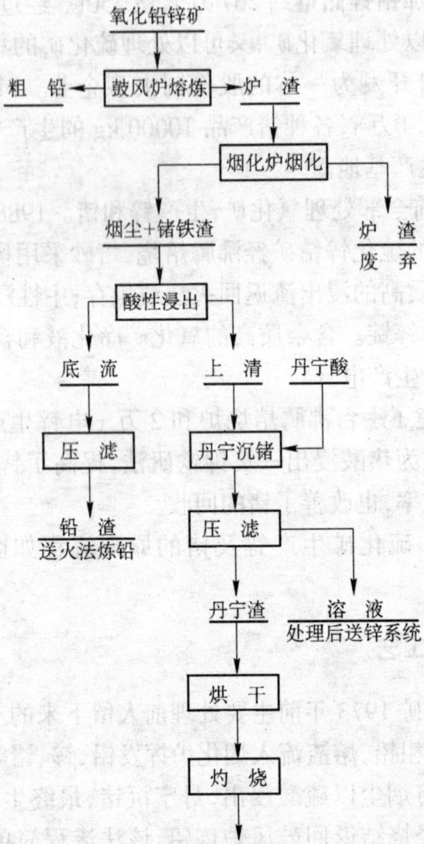

图6-12　氧化矿生产锌及锗的原则流程

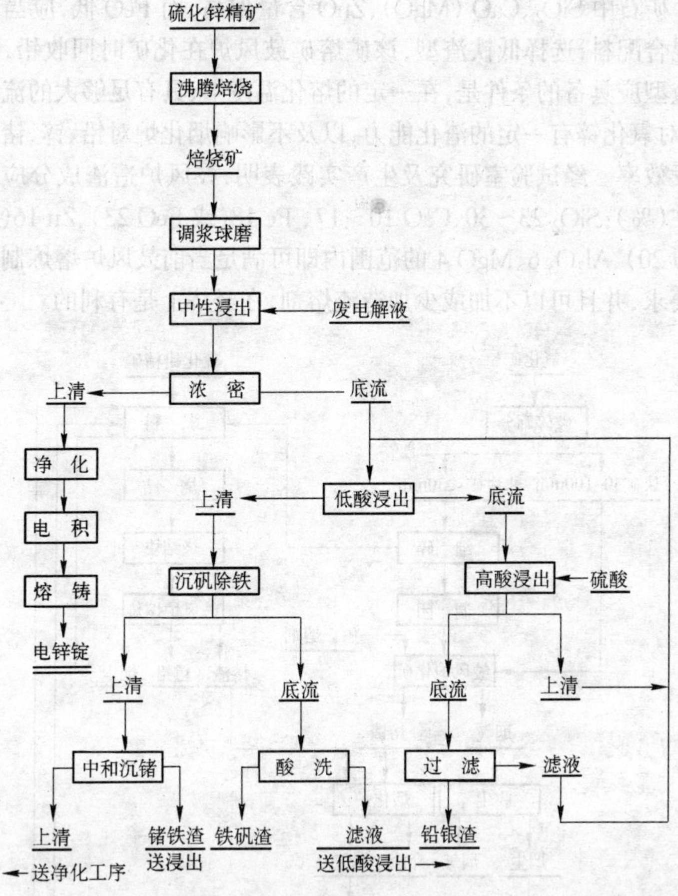

图 6-13　硫化矿生产锌及锗的原则流程

(一) 鼓风炉工艺流程

该厂现有二台鼓风炉,鼓风炉炉床面积分别为 5.6 m^2 和 7.7 m^2,二台烟化炉,烟化炉炉床面积分别为 4.4 m^2 和9.3 m^2。其生产富集锗流程图如图 6-14 所示。

(二) 技术操作条件

1. 配矿

矿石中 SiO_2、CaO (MgO)、ZnO 含量偏高，而 FeO 低，应当进行混合配料，选择低铁渣型，该矿熔矿鼓风炉在化矿时回收铅，合理渣型应具备的条件是，在一定的熔化温度下，具有足够大的流动性，对氧化锌有一定的渣化能力，以及不影响烟化炉对铅、锌、锗的挥发效率。经试验室研究及生产实践表明，鼓风炉造渣成分应控制在(%)：SiO_2 23～30、CaO 10～17、Fe 18(或 FeO 23)、Zn 16(或 ZnO 20)、Al_2O_3 6、MgO 4 的范围内即可满足当前鼓风炉熔炼制度的要求，并且可以不加或少加造渣熔剂，在经济上是有利的。

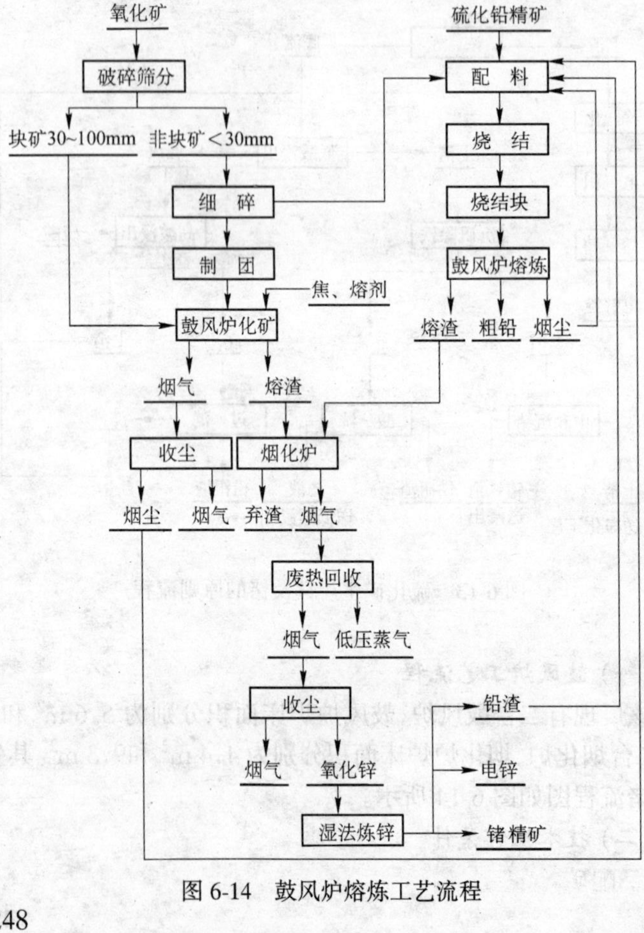

图 6-14 鼓风炉熔炼工艺流程

2. 鼓风炉炉渣的物理化学性质

该厂鼓风炉炉渣的物理化学性质如下：

A 炉渣成分及熔点和热焓

鼓风炉炉渣的成分、熔点和热焓见表 6-15。

表 6-15 鼓风炉炉渣的成分、熔点和热焓

成 分	Fe(FeO)	SiO	CaO	MgO	Al_2O_3	Zn	熔点 /℃	热焓 /$J\cdot g^{-1}$	密度 /$g\cdot cm^{-3}$
渣 1 含量/%	22.3(28.69)	26.34	11.73	4.74	6.12	10.53	1093	1367	3.70
渣 2 含量/%	15.42(19.84)	27.36	15.31	4.76	7.26	12.03	1123	1480	3.604

B 炉渣黏度、电导对温度的关系曲线

炉渣黏度、电导对温度的关系曲线如图 6-15 所示。

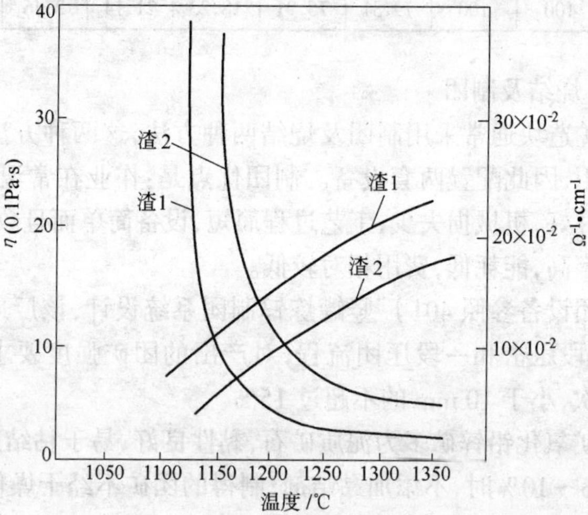

图 6-15 炉渣黏度、电导与温度的关系曲线

$1P$(泊) $= 10^{-1}$ Pa·s

从图 6-15 可见，两种熔渣除铁的含量有显著差别外，其它成分的含量差别较少，表明氧化亚铁对渣的物理化学性能有强烈的影响，FeO 含量低的熔渣熔点高，热焓值增加，黏度也显著增加，电

导降低;随温度升高,炉渣黏度下降,电导上升。

C 该炉渣的矿相结构

炉渣的宏观组织致密、坚硬、呈铁灰色,有大小不均的气孔。渣相主要是铁橄榄石,占渣相的 70% 以上,其次是锌尖晶石和铁锌尖晶石,玻璃相,Pb-As 合金等。其比例可见表 6-16。

表 6-16 炉渣的矿相结构(质量分数/%)

粒 度	百分含量		橄榄石及玻璃相		尖 晶 石		合 金	
	渣 1	渣 2	渣 1	渣 2	渣 1	渣 2	渣 1	渣 2
+0.074	43.8	45.8	35.16	37.24	8.15	7.75	0.49	0.81
+0.037	44.6	30.4	35.46	21.85	8.32	7.51	1.82	1.04
-0.037	11.6	23.8	9.69	16.52	1.76	5.88	0.15	1.10
	100	100	79.31	75.91	18.23	21.14	2.46	2.95

D 烧结及制团

粉矿造块通常采用制团及烧结两种方法,这两种方法都在生产中采用,因此配置两套设备。制团优点是:作业在常温下进行,劳动条件好,机械损失少,工艺过程简短,设备简单而且数量少,劳动生产率高,能耗低,费用相对较低。

制团设备参照 401 厂竖罐炼锌制团系统设计,该厂采用二段碾磨,一段压密和一段压团流程,对产出的团矿强度要求为:1 m 抛高 3 次,小于 10 mm 的不超过 15%。

该矿氧化铅锌矿多为泥质矿石,黏性良好,易于粘结成团 ,当含水 8%~10%时,不添加黏结剂,制得的团矿不经干燥仍能满足鼓风炉对团矿的要求。

烧结是在氧化铅锌物料含硫太高时,用烧结法造块,可脱去适当量的硫,但若混合物料含硫不足 5.5%时,应添加少许焦粉作为补充燃料,以保证烧结能顺利进行和得到合格的烧结块,其技术操作条件与铅精矿的烧结焙烧相同。

三、锗在锌冶炼流程中的分布

(一) 锗在氧化铅锌矿冶炼流程中的走向

在鼓风炉熔炼过程中,控制铅还原,锗与锌一起进入炉渣中。在烟化炉还原烟化时,控制吹炼温度1250℃锗与锌一齐被CO还原,锗以GeO的形态进入烟气,后又被氧化为GeO_2进入烟尘。在烟化过程中产生大量的锌蒸气也会与GeO_2反应,使GeO_2还原为GeO而蒸发,所以锌蒸气的产生,有利于锗的还原蒸发。部分锗可能被还原为金属锗,但是又会与GeO_2反应生成GeO而蒸发进入烟尘。

烟化炉除了处理鼓风炉渣外,同时还处理其他一些含锗的原料,烟化炉物料中锗的投入产出见表6-17。

炉料中的锗95%以上进入布袋尘,有利于回收。

烟尘中的锗在酸浸时进入溶液,再用丹宁沉锗,丹宁锗经干燥、灼烧就得到锗精矿。

(二) 锗在硫化锌精矿冶炼流程中的走向

硫化锌精矿在沸腾焙烧时是强氧化气氛,精矿中以硫化物形态存在的锗会被氧化为GeO_2,与锌一起进入焙砂中。在中性浸出时,又大部分随铁酸锌等难溶矿物进入中浸渣。在中浸渣低酸浸出时,锗被浸出进入溶液。溶液送去进行沉矾除铁时,控制大部分铁沉淀而锗不沉淀,留在溶液中。随后进行中和沉锗,使锗和铁完全沉淀进入锗铁渣。锗铁渣与氧化矿烟化炉的烟尘一起进行酸性浸出,锗进入溶液。用丹宁沉锗,使锗进入丹宁锗渣,再进一步处理回收锗。

经查定锗在流程中的分布见表6-18。

由此可见,从焙砂到锗精矿的直收率不高,仅约30%左右,当然高酸浸出渣中的锗、银和铅等有价金属还要进一步回收。

四、锗铁渣和含锗烟尘的处理

(一) 硫酸浸出

在实际生产中,烟尘含锗约370 g/t,锗铁渣含锗约0.1~0.21 g/L(液固比(8~10):1)。用稀硫酸浸出时发生下列反应:

表 6-17 烟化炉物料中锗的投入产出

项目	投入							产出		
	鼓风炉渣	铁闪锌矿	冷料	洗涤渣	粗尘	中浸渣	合计/kg	布袋尘	废渣	合计/kg
干重/t	8715.371	900.40	1065.40	100.72	406.17	733.57		3242.59	8679.2	
锗品位/%	0.00046	0.00046	0.0003	0.578	0.0176	0.0175		0.0341	0.0006	
锗重量/kg	402.86	7.096	31.974	582.363	71.892	128.924	1225.109	1104.924	52.07	1156.994
锗分布/%	32.88	0.58	2.61	47.54	5.87	10.52	100.00	95.50	4.50	100.00

表 6-18 锗在流程中的分布(进入焙砂的锗为 100)

物料名称	中浸液	沉矾后液	沉矾渣	高酸浸出渣	锗铁渣	酸性浸出液	丹宁锗渣	锗精矿
分布	1.84	40.50	13.16	44.50	38.88	32.98	31.99	29.43

$$GeO_2 + 2\ H_2SO_4 = Ge(SO_4)_2 + 2H_2O \quad (6\text{-}1)$$

$$MeGeO_3 + H_2SO_4 = H_2GeO_3 + MeSO_4 \quad (6\text{-}2)$$

$$Me_2GeO_4 + 2H_2SO_4 = H_2GeO_3 + 2\ MeSO_4 + H_2O \quad (6\text{-}3)$$

当终酸 pH＞1.5 时,锗以 H_2GeO_3 进入硫酸锌溶液。控制温度 70～75℃,浸出时间 90 min,终酸 pH＝1.5～2,锗的浸出率约为 74%。浸出渣仍含锗等有价金属,将返回火法部分回收。

(二) 丹宁沉锗

溶液采用丹宁沉锗工艺。由于硫酸锌溶液还要回收锌,而丹宁是一种高分子有机化合物,其在溶液中存在会恶化锌电解。故丹宁的加入量应为在满足沉锗条件下越低越好。经研究当溶液含锗为 26～45 mg/L 时,丹宁为其 23～33 倍较好;溶液酸度过高会增加丹宁的消耗量,所以溶液酸度不能太高一般为 0.5～1.5 g/L 为宜;溶液铁离子浓度高时,既增加了丹宁的消耗,又会恶化丹宁沉锗的条件,所以铁离子应控制在 40mg/L 以下,温度 60～80℃。

丹宁沉锗的沉淀率为 96%～99%,回收率为 94%～97%。

五、从丹宁锗回收锗

丹宁锗渣经洗涤、脱水、干燥后灼烧得到锗精矿。

(一) 灼烧条件

灼烧条件为:炉膛温度 750～800℃;物料粒度 20～30 mm;加料量约 70 kg/m^2。灼烧在箱式电炉中进行。

(二) 有关物料成分及指标

丹宁渣和锗精矿的成分见表 6-19。

表 6-19　丹宁渣和锗精矿的成分(%)

项　目	Ge	As	Zn	Pb	S	SiO_2
丹宁渣	0.858～1.15	0.12～7.0	6.28～13.25	0.91～6.0	1.57～2.95	4.5～9.0
锗精矿	8～10	0.38～7.5	4.93～18.94	0.95～8.13	2.495～8.89	

灼烧灼减率为 60%～80%,灼烧回收率为 82%～99%。

得到的锗精矿还需进一步处理,进行氯化蒸馏。

六、锗精矿的处理

锗精矿处理的原则流程如图 6-16 所示。

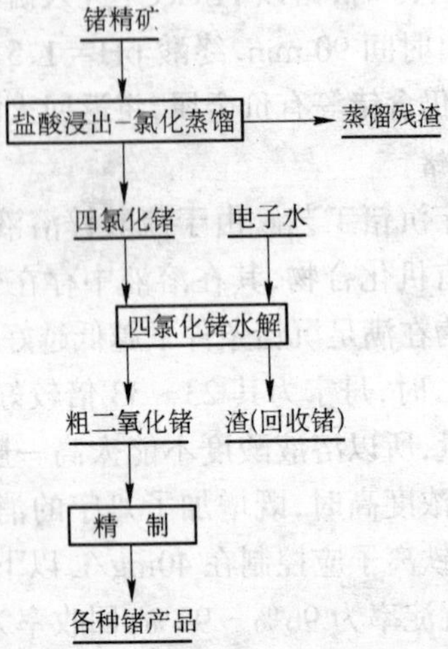

图 6-16　锗精矿处理的原则流程

锗精矿的处理将在第七章中详述。

七、火—湿法联合工艺处理锗氯化蒸馏残渣

氯化蒸馏的锗残渣平均含锗 0.5%,渣中的锗大多数为四方晶型的二氧化锗及未灼烧的丹宁锗均不溶于酸;含硅高,且硅呈酸溶状态,处理过程中形成硅胶固液分离困难。而且残渣酸性大,腐

蚀性强,对环境污染严重。如何有效地从锗残渣中回收锗,一直是一个技术难题。锗残渣中锗的存在形态见表6-20。

表6-20　锗残渣中锗的存在形态

序　号	全　锗	酸 溶 锗	酸不溶锗	酸不溶锗比例/%
1	0.55	0.06	0.4	89.00
2	0.5	0.08	0.51	86.40

从表6-20可见,锗残渣中86%以上的锗都为酸不溶锗。从第三章二氧化锗的性质可知,直接采用湿法处理无法改变锗和硅的存在形态。四方晶型的二氧化锗不溶于水和酸,其在1033℃以下是稳定的,只有当温度达到或超过1033℃时,可以缓慢地转变为可溶性的二氧化锗。所以必须采用火法处理的方法,破坏四方晶型的二氧化锗。

(一) 处理锗残渣的原则流程

该厂通过研究形成了一套行之有效的处理办法,其原则流程如图6-17所示。

得到的锗精矿与其他锗精矿一起处理。

(二) 多膛炉焙烧

多膛炉为一般冶金中用的设备,总面积33.2 m^2,共分4层,每层有效面积8.3 m^2。燃料为-0.075 mm占60%的粉煤。热电偶安装在第二层,测量温度大于1000℃。烟气温度700～800℃,料层厚度500～1000 mm,30 min翻动一次。

锗残渣经多膛炉焙烧后,成分的变化见表6-21。

表6-21　锗残渣经多膛炉焙烧后成分的变化

名 称	干重/t	烧成率/%	元素含量 w/%					
			Pb	Zn	Cl	As	Sb	S
锗残渣	164.427		12.55	3.64	0.325	0.498	1.877	7.29
焙烧渣	133.658	81.28	15.55	3.22	0.359	0.458	2.392	6.06
杂质脱除率/%					10.21		3.47	32.42

注:锗残渣中锗的分析误差较大,故未采用。

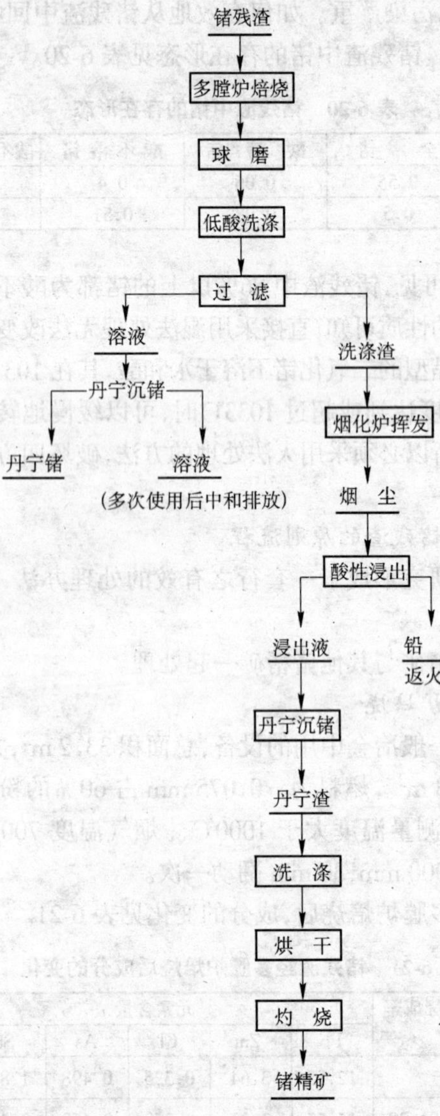

图 6-17 氯化蒸馏锗残渣处理的原则流程

由表 6-21 可见，氯和硫分别脱除了约 10% 和约 32%，其余杂质脱除率均小于5%。

（三）低酸洗涤

锗残渣经焙烧后，用球磨机磨细，再用稀酸洗涤脱氯。

酸洗控制的主要工艺条件为：球磨后粒度 -0.425 mm，浸出温度40～55℃，浸出终点pH值1.5～2.0，液固比(6.5～7)∶1。焙烧渣酸洗后，脱氯率可达35%以上，焙烧和酸洗作业氯的总脱出率可达42%以上。硅大部分转变为不溶性的稳定的硅酸盐固体，所以酸洗后沉锗过滤非常容易。但是酸洗后，溶液丹宁沉锗作业表明回收到的仅是酸溶锗，酸不溶锗在焙烧条件下由于温度不够高，还没有转变为酸溶锗，必须经过烟化炉的高温处理，使其转变为六方晶型等可溶性二氧化锗。

（四）酸洗渣处理

酸洗渣经烟化炉烟化后，用稀硫酸浸出。

烟化炉在1250℃以上进行吹炼作业，炉内存在碳和一氧化碳，在此高温还原性气氛中，四方晶型的不溶性二氧化锗，被还原为GeO，当温度高于700℃时，GeO大量挥发进入气相，在高温下又被氧化为GeO_2，进入烟尘。锗的挥发率为90%以上。

烟尘用稀硫酸浸出，在终酸pH=1.5～2，液固比6:1，温度70～75℃，浸出时间90min的条件下，浸出率可达84%以上，实际生产中锗的湿法冶炼直收率约为74%。浸出渣还含有有价金属，需返回火法工序处理。

该研究在不改变主流程，不增加设备的情况下，成功地回收了该厂堆存了30多年的锗残渣，为锗残渣的处理开辟了一条有效的新途径。

八、萃取法提锗的试验研究

针对该厂丹宁沉锗流程存在灼烧过程锗损失大，污染环境，锗精矿品位低仅为8%～12%等问题，昆明冶研新材料股份有限公司，云南驰宏锌锗股份有限公司和清华大学核能技术设计研究院开展了用萃取法回收锗的试验研究，完成了工艺试验、台架试验和半工业试验。

(一) 料液性质

该厂硫化锌精矿生产系统高酸浸出液的锌、铁、锗和 H_2SO_4 的质量浓度分别为 100 g/L、10~15 g/L、0.01~0.03 g/L 和 50~90 g/L;还含有少量的 Ca、Mg、Na、Cu、Ni、Co、As、Sb 等。对这种高温、高酸、高铁溶液称为“三高”溶液(简称为“H”溶液)。

(二) 萃取体系

选择萃取体系必须考虑如下原则:

(1) 萃取剂必须有良好的萃取锗的性能和对锌、铁等其他金属有好的选择性;(2) 不影响主工艺、主产品,因为硫酸锌溶液的主产品是电解锌,而提取锗是生产电解锌的预备工序和有价金属的综合回收。因此,加入任何添加剂进行锗的萃取都要慎重,而且溶液的酸度、温度都不允许有较大的调整;(3) 必须考虑易于反萃,且反萃剂不应影响总体工艺过程,以利于环保;(4) 必须考虑经济效益,价格昂贵的或消耗较大的萃取剂,不可取。经研究选取了国产氧肟酸类萃取剂 7815 做萃取剂。

1. 料液性质对萃取锗的影响

(1) 料液酸度对萃取锗的影响。在一般情况下,大多数萃取体系萃取锗的能力随着酸度的增加而增强。7815 萃取锗无论是什么样的组成体系,都随酸度的增加而增强,完全符合一般规律。为了弥补高温下萃取锗能力的降低,在不影响主工艺的情况下,对“H”溶液酸度定为质量浓度 $H_2SO_4$90g/L。

(2) 水相条件。根据温度与酸度对萃取的影响,为了获得最好的萃取效果,并考虑电解锌主工艺过程的衔接条件,水相条件定为:温度不高于 70℃;H_2SO_4 的质量浓度不低于 90 g/L;SiO_2 和铁的质量浓度分别不高于 0.1 g/L 和 15 g/L。

2. 有机相体系

在对“H”溶液萃取剂及有机相的组成做了大量实验研究的基础上,选用 7815 作为萃取剂。该萃取剂需加一定的添加剂方能使用。

在大量筛选添加剂实验的基础上,选择了 T 试剂为添加剂。

(1) 7815 萃取剂浓度对萃取的影响。料液为 Ge 的质量浓度 0.033 g/L；H_2SO_4 的浓度 0.5 mol/dm^3 的"H"溶液；温度为 80℃；相比(O/A)为 1/5。

7815 浓度—萃取率的关系如图 6-18 所示(稀释剂均为磺化煤油)。

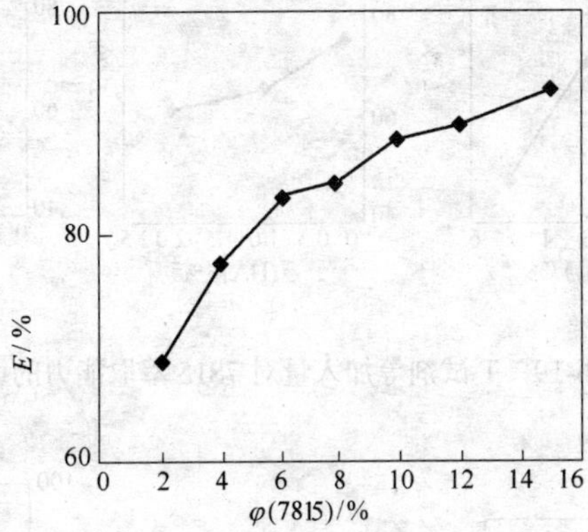

图 6-18　7815 浓度—萃取率的关系

由图 6-18 可以看出，7815 在 80℃时对锗有很强的萃取能力，萃取能力随 7815 浓度增加而加强。但纯 7815 体系黏度大，分相困难，反铁、反锗困难，所以必须加稀释剂。

(2) 不同添加剂对 7815 萃取能力的影响。料液性质同上。研究选取：P_{204}、HA、T 等 3 种试剂。

3 种添加剂在不同体积分数条件下分别对 7815 萃取能力进行实验。

实验结果表明，只有 T 试剂的加入，在高温下不影响 7815 对锗的萃取能力。而且，随着 T 试剂加入量的增加，有机相萃取速度快，黏度低，分相好，反铁、反锗效果好，不乳化。T 试剂等加入量对 7815 萃取能力的影响结果如图 6-19 所示。

(3) 温度对萃取的影响。对 3 个体系进行研究：1) φ(7815)为 15% + $\varphi(P_{204})$为 2%；　2) φ (7815)为 15% + $\varphi(P_{204})$为 2% + φ(HA)

为 2% +(EA)为 2%； 3) 不同浓度的 φ(7815) + φ(T 试剂)为 2%。3 个体系在不同温度条件下进行试验研究,结果如图 6-20 所示。

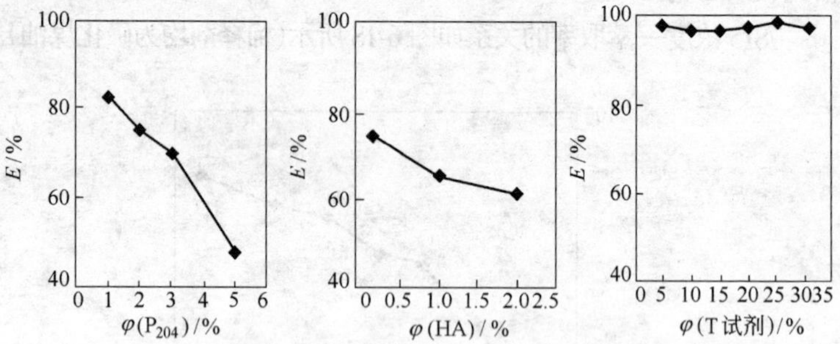

图 6-19　T 试剂等加入量对 7815 萃取能力的影响

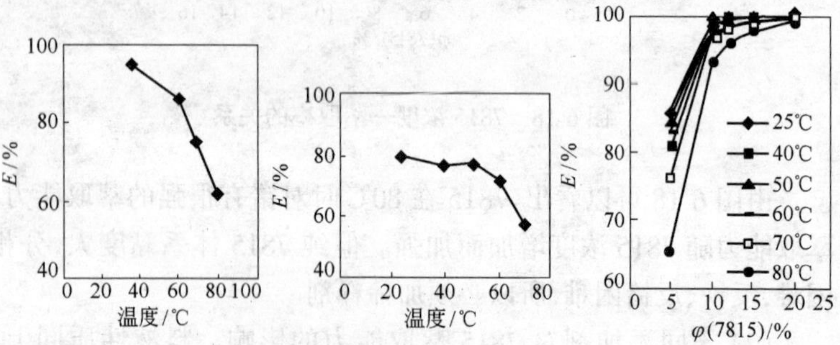

图 6-20　温度对不同萃取体系萃取的影响

结果说明,当 7815 的体积分数大于 15% 时,7815 + T 试剂萃取锗受温度影响较小,在高温下仍有较强的萃取能力。其他体系在高温下萃取锗的能力则明显下降。

综合考虑选择有机相体系是:萃取剂为 φ(7815) = 15% ~ 20%;添加剂为 φ(T 试剂) = 20% ~ 25%;稀释剂为磺化煤油。

(三) 反萃取研究

反萃取工艺参数为反锗液 NaOH 的浓度 3 mol;级数 4~6 级;

流比(O/A)=5/1;温度30~40℃;平衡时间5 min。

此后又做了反萃的串级试验,在负载有机相含锗的质量浓度约为1.0 g/L;铁的质量浓度约1 g/L;反萃水相NaOH浓度为3 mol;级数为4级;温度为20℃;相比(O/A)=5/1。振荡时间为5 min的条件下进行试验。

结果表明,负载有机相不反铁,直接反锗。反萃液出口含锗的质量浓度平均为5.323 g/L。反萃率为95.81%。

说明对于7815+T试剂萃取了锗和一定量铁的有机相用NaOH反萃是可行的。为了加快反应速度,减少接触时间,将温度提高到30~40℃有利于提高反萃率。

(四) 锗萃取工艺流程

经过研究采用萃取法提取锗的总体工艺流程如图6-21所示。

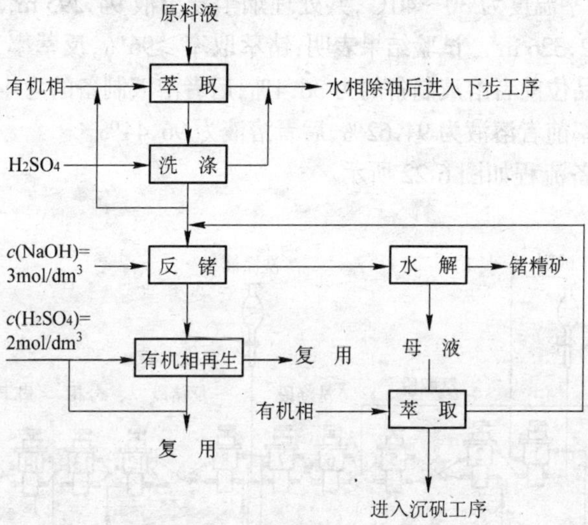

图6-21 萃取法总体工艺流程

该工艺的特点是:(1) 有机相反复多次萃取锗,使锗得到富集。负载有机相经洗涤后不进入反萃锗段,而是返回萃取段再次萃取锗,如此反复4~5次,萃取率仍能达到设计要求。(2) 选择性反萃锗后再不反萃铁。这是由于研究表明，在高酸下铁萃取率是比较低的，而在强碱下，萃取率又是十分高的。这样，有机相中铁的负载量无论复用多少次，都不会超过与含 15g/L 铁和 90g/L 的 H_2SO_4 水相溶液平衡的浓度。而在 NaOH 浓度为 3mol 反萃液中，铁亦不会进入水相而引起水解。所以铁的反萃是不需要的，这样流程便可大大简化。

(五) 半工业试验研究

在以上试验研究的基础上进行了半工业试验，试验原料液为该厂的氧化矿烟尘浸出和硫化矿高酸浸出的硫酸锌溶液，含锗分别为 30～50 mg/L 和 25～35 mg/L，萃取有机相为 7815 + T 试剂 + 磺化煤油，反萃剂为 NaOH，萃取设备为 ϕ200 mm 环隙式玻璃钢离心萃取器。萃取试验对两种原料液分别在 45～55℃和 60～70℃条件下进行，反萃温度为 30～40℃，共处理烟尘浸出液 94.295 m^3，高酸浸出液 122.326 m^3。试验结果表明：锗萃取率≥96%，反萃率>96%，锗精矿品位前者溶液制备的为 36.4%，后者溶液制备的为 44.05%，锗回收率前者溶液为 94.62%，后者溶液为 96.44%。

设备流程如图 6-22 所示。

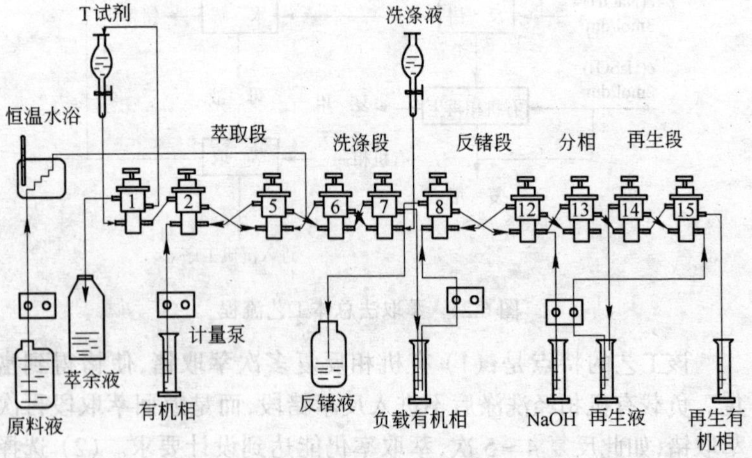

图 6-22　设备流程图

原料液成分见表 6-22，所得锗精矿的成分举例见表 6-23。

表 6-22　原料液成分(g/L)

H_2SO_4	Zn	Fe	Mn	Cu	Ge	Sb	SiO_2	As	Cd
1～7.4	151.2	2.4	27.4	0.001	0.037	0.058	0.496	0.510	0.269
2～96.0	120.68	15.4	34.61	0.17	0.032	0.008	0.203		

注：原料液成分：1—氧化矿烟尘浸出液；2—硫化矿浸出液。

表 6-23　锗精矿成分举例

精矿来源	组 成/%						
	Zn	S	Pb	Ge	As	Sb	SiO_2
高浸液萃取	0.68	1.45	0.13	47.65	0.07	0.125	1.28
氧浸液萃取	5.50		0.19	36.40	0.06	1.16	4.13

由于中和沉淀母液中仍含有一定的锗量，且溶解有萃取剂，为回收锗和有机相采用萃取法回收流程。

回收流程如图 6-23 所示。

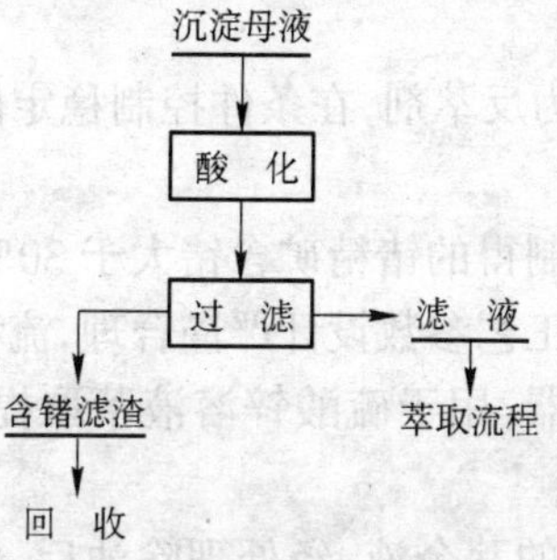

图 6 23　回收母液中锗流程

萃取法与现流程丹宁沉锗法有关指标比较见表 6-24、表6-25、表 6-26。

表 6-24　有关指标

指 标/%		萃取率	反萃率	中和沉锗率	丹宁沉锗率	洗涤回收率	干燥灼烧回收率	锗直收率	锗回收率
萃取法	氧浸液萃取	96.6	>96	83.27				80.69	94.62
	高浸液萃取	97.32	>85	91.50				79.21	96.44
丹宁法					98.00	97.00	92.00	73.66	87.46

表 6-25 锗精矿成分(%)

元素		Ge	Pb	Zn	As	Sb	SiO_2	S	Fe	Mn
萃取法	氧浸液萃取	36.40	0.19	5.50	0.06	1.16	4.13		0.93	0.049
	高浸液萃取	44.05	0.19	1.91	0.04	0.16	2.14	1.79	0.58	0.02
丹宁法		11.46	0.62	35.29	0.62	6.52	2.15	3.74	5.63	

表 6-26 有关消耗指标(试剂消耗 kg/精矿中锗 kg)

指标		7815 萃取剂	T 试剂	磺化煤油	硫酸	氢氧化钠	明胶	丹宁
萃取法	氧浸液萃取	45.201	11.064	31.441	159.7	122.5	5.92	
	高浸液萃取	11.349	11.004	20.850	1393.0	21.3	7.87	
丹宁法								35.80

通过半工业试验说明:

(1) 由 7815 + T 试剂 + 磺化煤油组成的萃取体系,适用于从高温条件下的高酸浸出和烟尘浸出的硫酸锌溶液萃取提锗。

(2) 锗的萃取率对高酸浸出液和烟尘浸出液均达到 96% 以上。

(3) NaOH 作为反萃剂,在条件控制稳定的情况下,锗反萃率可以达到 97%。

(4) 萃取提锗制得的锗精矿含锗大于 30%。

(5) 工艺流程工艺参数设计严谨合理,流程简短畅通。

(6) 离心萃取器,用于硫酸锌溶液萃取提锗是有效的萃取设备。

(7) 萃取提锗的萃余液,经处理除油后,对后期的净化、锌电解无不良影响。

然而 7815 萃取剂价格较贵,是制约采用萃取法的重要因素。

九、对锌系统锗富集工艺的改进

(一) 将锌系统锗铁渣与烟化炉烟尘合并处理

该厂针对烟化炉挥发→烟尘酸性浸出→丹宁沉锗,得到的锗精矿品位低,一般为 10% 左右,最高仅为 15%,给锗的提取带来一定的困难。而锌系统含锗中浸渣经高温高酸浸出→低酸浸出(目的在于中和酸)→沉矾除铁→中和沉锗,此法产出的锗铁渣含 Ge 一般在 100～210 mg/L(渣液固比为(8～10):1),锗铁渣中的 Fe:Ge=(100～180):1,而据有关研究表明,Fe:Ge=60:1 时 Fe 对 Ge 的吸附才较为饱和。故锗铁渣中的 Fe 对 Ge 的吸附远没有达到饱和。

将锗铁渣与烟化炉烟尘合并处理,既提高了铁的利用率,也提高了锗的品位。

该法将锗铁渣在较高的酸性条件下浸出,使渣中的铁以 Fe^{3+} 形态进入溶液,加入烟尘作中和剂,使烟尘中的锗浸出转入溶液。随着烟尘的加入,溶液 pH 逐渐升高,当 pH 值大于 1.6 时,Fe^{3+} 即开始水解成 $Fe(OH)_3$ 沉淀,当 pH 值=5.2 时,水解完全,其水解反应为:

$$Fe^{3+} + 3OH^- = Fe(OH)_3 \downarrow$$

利用 $Fe(OH)_3$ 沉淀对 Ge 的吸附性来实现锗的富集。

1. 原料成分

浸出液采用锌系统电积废液,其化学成分为(g/L):H_2SO_4 173;Zn 40.34;Ge<0.0001。

烟化炉烟尘粒度为 -0.17 mm,化学成分为(%):Ge 0.016;Zn 59.5;Fe 1.55。

锗铁液渣固比为(8～10):1,化学成分为(g/L):Ge 0.1～0.21;Zn 112～191;Fe 10～18。

2. 研究方法

通过改变锗铁渣与废液体积比;前液加水稀释与不加水;锰粉用量及补加 $FeSO_4$;作业温度和搅拌时间进行研究。整个试验均采用机械搅拌、电炉加温。

前液(指锗铁渣、废液或水的混合液)预先搅拌 30 min,温度 50～90℃,使锗铁渣中的 $Fe(OH)_3$ 充分离解,然后缓慢均匀地加入含锗烟尘和锰粉,并控制好温度,边加料边测定溶液 pH 值,至 pH 值达到 5.2 时停止加料,搅拌至预定时间后,用硫氰酸铵法快速测定溶液中的 Fe,此时溶液中的 Fe 一般<1 g/L,再取上清液分

析其中的 Ge、Zn。

中浸后液在不加任何絮凝剂的情况下，能迅速澄清分层，上清率达 80%以上，上清液清亮。

3．研究结果

试验中研究了锗铁渣、废液、水的比例 1∶3∶1，2∶(3～5)∶(1～3)，3∶(4～5)∶(1～3)，4∶(5～6)∶2 等搭配；每升锗铁渣锰粉加入量 7～50 g；烟尘与废液比例 1g∶(3.5～6) mL 等试验，试验结果见表 6-27。

表 6-27　锗铁渣和烟化炉烟尘合并处理试验结果

序号	锗铁渣 /mL	电解废液	水 /mL	锰粉	温度	时间	烟尘	中浸后液① /g·L⁻¹		沉锗率	备注
								Zn	Ge		
1	200	400		10	90	60	90	161.52	0.01114	69.1	
2	300	500		3	90	60	125	135.19	0.0055	86.3	
3	300	500	100	4	90	60	130	131.14	0.00585	83.2	
4	300	400	200	3	85	110	90	127.09	0.00557	76.8	
5	200	400	200	3	80	75	100	113.42	0.00339	88.7	
6	100	300	100	2	80	75	70	114.93	0.00546	83.8	
7	300	400	200	3	80	90	110	116.96	0.00412	86.0	
8	200	300	100	2	85	90	90	115.69	0.00259	92.8	
9	300	400	200	2	80	90	85	114.3	0.00716	68.5	
10	300	450	150	3	80	90	109	120.5	0.00476	83.7	后液含 Fe>1 g/L
11	400	600	200	7	80	90	160	110.38	0.00395	87.7	补加 $FeSO_4$ 量 2 g
12	300	500	300	3	80	90	100	109.87	0.00588	73.1	
13	200	300	200	5	70	60	75	102.78	0.00538	79.1	
14	400	600	200	4	60	120	100	117.47	0.00234	88.3	
15	400	600	200	4	60	150	115	131.64	0.00203	91.2	
16	400	500	200	4	60	90	90	101.26	0.00341	82.7	
17	200	500	300	3	60	90	92	103.29	0.00316	84.3	

续表 6-27

序号	锗铁渣 /mL	电解废液	水 /mL	锰粉	温度	时间	烟尘	中浸后液① /g·L^{-1}		沉锗率	备　注
								Zn	Ge		
18	400	500	200	4	50	90	90	102.78	0.00211	89.3	
19	400	500	200	4	50	90	90	110.38	0.00227	88.5	
20	400	500	200	4	40	90	105				浸出不完全

① 中浸后液体积损失率为 33.5%。

试验结果表明：

(1)锗铁渣、电解废液、水的合理搭配，可为沉锗提供有利的前提条件。在锗铁渣∶废液∶水体积比为 4∶(5～6)∶2，锰粉用量 10 g/L 锗铁渣，温度 50～60℃，烟尘∶废液＝1g∶(5.2～6) mL均可取得较好结果。

(2) 作业温度：随着搅拌时间的延长和温度的降低，有利于提高沉锗率，但时间过长在经济上不合算，温度过低则烟尘浸出不完全。在锗铁渣、废液、水保持上述比例的条件下，温度 50～60℃，沉锗率均在 85%以上，当温度降到 40℃，则浸出不完全。

(3) 烟尘加入比例过大即烟尘∶废液＜1∶5.2，则沉锗率降低到 82%。

(4) 合理的锰粉用量：是 Fe^{3+} 水解完全与否的关键，而 Fe^{3+} 的水解又决定着沉锗率的高低。锰粉用量为 10 g/L 锗铁渣是合理的。

(5) 合理的搅拌时间：延长搅拌时间可使反应更加完全，在上述条件下 90min 的搅拌时间是合理的。

(6) 终点 pH 值：终点 pH 值控制在 5.2～5.4，可使铁的沉淀较为完全，锗的沉淀也较完全。

(二) 采用碎风氧化法除去锌系统溶液中的锗

该厂由于原料含锗高的特性，采用酸性浸出—丹宁沉锗—空气氧化中和—净化除杂工艺流程。在丹宁沉锗工艺中，沉锗后液含锗通常在 1 mg/L，而该溶液将制备成为电解法提取金属锌的新液。所以必须对其进行深度净化,使溶液含锗下降到 0.005～0.01 mg/L,才能满足电解要求。此外,溶液中存在的大量有机还原物干扰净化过程,使新液质量及产量受到影响,给电解作业带来困难。传统空气氧化中和工艺中,由于空气中的氧对铁的氧化速度慢,使作业时间长,生产能力低。如使用高锰酸钾作氧化剂,则既增加生产成本,且溶液澄清、过滤性能较差,制约了该工艺的铁脱除量,不能满足处理高含铁物料的工艺要求。1998 年氧化制液系列新液合格率仅为 70.79%,为此该厂研究成功了“碎风”空气氧化除铁、锗技术。

在硫酸盐水溶液中沉铁,主要根据 α-FeOOH(针铁矿),可以在非常稀的溶液中析出。当溶液中 Fe^{3+} 浓度小于 1 g/L,在低酸情况下,向溶液中鼓入空气,使 Fe^{2+} 氧化,水解而生成 FeOOH 沉淀析出,其析出化学反应如下:

$$2Fe^{2+} + 3H_2O + 1/2O_2 = 2FeOOH + 4H^+ \tag{6-4}$$

在氧(空气)对 Fe^{2+} 的氧化过程中,其氧化速度受氧气的扩散控制。经研究发现,当 Fe^{2+} 浓度大于 200 mg/L 时,氧化速度只决定于溶液中的氧浓度及空气与溶液的接触面积,即

$$v_{(Fe^{2+}\text{氧化速度})} = k_1[O_2]A \tag{6-5}$$

式中 k_1——反应速度常数;

A——气泡与溶液接触面;

$[O_2]$——氧气浓度。

其中 A 值,即气泡与溶液的接触面取决于空气的线速度 v_s 和施于矿浆的搅动功率或分散度(P_T)即

$$A = k_2 . P_T . v_s^{0.53}$$

所以

$$v = k_1 . k_2[O_2]P_T . v_s^{0.53} \tag{6-6}$$

由式(6-6)可知,增大 k_1、k_2 和 $[O_2]$ 均可提高反应速度,但要提高温度或采用富氧。而增大 P_T 和 v_s 可以在不改变温度和采用富氧时提高反应速度,而且增大 P_T 是 1 次方关系,增大 v_s 只是 0.53 次方关系。所以采用“碎风”即增大施于矿浆的搅动功率

的方案。

研制了碎风氧化管——产生“碎风”的装置。

在单宁液成分为 H^+ 1.0 g/L、Zn155 g/L、Fe1720 mg/L、Ge0.93 mg/L 条件下，进行试验结果如下。

1．不同作业时间的影响

不同氧化时间的试验结果见表 6-28。

表 6-28　不同氧化时间对除铁的影响

前液含 Fe^{2+}/$mg\cdot L^{-1}$	氧化方式	作业时间/min	后液含铁/$mg\cdot L^{-1}$
1650	传统氧化	176	13
	“碎风”氧化	115	15

2．不同氧化方式锰酸钾的消耗

不同氧化方式下高锰酸钾的消耗量见表 6-29。

表 6-29　不同氧化方式下高锰酸钾的消耗量

前液含 Fe^{2+}/$mg\cdot L^{-1}$	氧化方式	作业时间/min	高锰酸钾用量/$kg\cdot t^{-1}$(Zn)	后液含铁/$mg\cdot L^{-1}$
1650	传统氧化	100	2.35	17
	“碎风”氧化	100	0.18	12

综合考虑并根据生产实际得出可行性方案如下：控制作业温度 60～70℃、控制溶液含铁 1700～2300 mg/L、采用“碎风”空气氧化，进行生产实践。

生产实践中，采用了二段连续“碎风”空气氧化中和技术，稳定控制溶液含铁和锗量，并保证作业温度等技术条件，大大提高了铁和锗的脱除率，缩短了作业时间，减少了高锰酸钾的用量，降低了成本，还改善了溶液的澄清过滤性能，有关的指标对比见表 6-30。

表 6-30　传统空气氧化和“碎风”空气氧化的指标对比

指标	高锰酸钾消耗/$kg\cdot t^{-1}$(Zn)	中和液含锗/$mg\cdot L^{-1}$	作业时间/min	新液产量增加比例/%	新液含锗合格率
传统空气氧化	1.9201	0.18～0.25	160～180		70.79
“碎风”空气氧化	0.194	0.08～0.13	100～120	12.39	100.00

该技术取得了较好的经济效益。

第三节　国外某些锗工厂的情况

一、概况

国外生产锗精矿、二氧化锗和金属锗的主要国家有 10 个，它们是比利时、美国、前西德、法国、日本、意大利、扎伊尔、奥地利、俄罗斯和乌克兰。

从事锗精矿生产的主要公司有 6 家，其总生产能力为 75～100 t/a；从事高纯二氧化锗和高纯金属锗生产的公司约有 8 家，总生产能力约 160 t/a。表 6-31 和表 6-32 分别列出了国外生产锗精矿及金属锗和二氧化锗的主要厂家。

表 6-31　国外锗精矿生产主要厂家

国　家	公　司	生产能力/$t \cdot a^{-1}$	精矿去向
扎伊尔	盖卡矿业公司	20	霍波肯-奥弗佩尔特冶金公司
美　国	新泽西矿业锌公司	15～40	霍波肯-奥弗佩尔特冶金公司
美　国	埃格尔·皮切尔公司	25	本公司
法　国	潘纳罗亚矿冶公司	35	埃格尔·皮切尔公司 普雷乌隆格金属公司
意大利	帕特索拉矿业公司		
奥地利	布莱贝尔各矿山联合企业	5	普雷乌隆格金属公司、奥托维·米林公司

表 6-32　西方国家生产金属锗和二氧化锗主要厂家

国　家	公　司	生产品种	生产能力/$t \cdot a^{-1}$	精矿来源
美　国	凯威克铍业公司	高纯锗，GeO_2	10	泽西矿业锌公司
美　国	埃格尔·皮切尔公司	高纯锗，GeO_2	30	本公司、潘纳罗亚矿冶公司 帕拉索拉矿业公司

续表 6-32

国　家	公　　司	生产品种	生产能力/$t \cdot a^{-1}$	精矿来源
比利时	霍波肯-奥弗佩尔特冶金公司	高纯锗，GeO_2	50	盖卡矿业公司
德　国	普雷乌隆格金属公司	高纯锗，GeO_2	25	潘纳罗亚、帕拉索拉两矿冶公司 布莱贝尔格矿山联合企业
德　国	奥托维·米林公司	GeO_2	10	布莱贝尔格矿山联合企业
日　本	住友金属矿业公司 日本电子金属公司 东京芝浦电气公司	高纯锗，GeO_2 GeO_2 高纯锗，GeO_2	共 35	进口不详

二、国外著名企业简况

(一) 比利时霍波肯-奥弗佩尔特冶金公司奥伦厂(Olen Metallurgic Hoboken Overpelt)

1953年该厂开始生产锗，是世界上最大的锗产品生产厂家，且产品世界所公认。锗精矿主要来自非洲扎伊尔上加丹联合矿业公司基普希矿、意大利的利佩素拉矿业公司、美国泽西矿业公司等。最高生产能力：二氧化锗 75 t/a；金属锗 50 t/a。

为了提高纯度和降低杂质含量，采取了一些措施：厂房内的空气经过高效过滤处理，用压送方式进行空调，从氯化、精馏到水解生产二氧化锗的整个过程是在一个连续化密闭的石英(或特种塑料)系统中进行。工作人员的工作服由特殊布料制成；对进入工作间的人加以限制；与产品接触的所有材料都经过仔细选择和特殊的清洁处理。其主要产品有：二氧化锗、催化剂、金属锗、晶体管用锗单晶和红外光学用锗晶体等。

该厂原料锗精矿含锗一般为3%～5%。

生产工艺为：锗精矿经焙烧→制四氯化锗→提纯→水解→煅烧得纯二氧化锗。二氧化锗可为产品，也可经还原、区域熔炼、生产单晶锗，或生产四氯化锗。该厂产品质量标准如下。

1. 二氧化锗

纯度：光谱分析检测无痕量元素；煅烧损失（820℃）<0.6%，含氯<0.05%；松装密度 1.4 g/cm³，振实密度 1.8 g/cm³；粒度小于 50 μm。

2. 催化剂用二氧化锗

金属元素 Fe、Cu、Co、Ni、Cr、Mn 杂质总浓度小于 10×10^{-6}，每种杂质浓度小于 5×10^{-6}；GeO_2 含量≥96.5%；1%～1.5% GeO_2 水溶液与等体积的乙烯混合，经蒸馏除水后得到在乙烯乙二醇中透明稳定的 GeO_2 溶液（1%～1.5%），无限期保存，长期暴露在大气中，性质不变。

3. 光纤用四氯化锗

Fe、Co、Ni、Cu、V、Mn 等杂质总量<1 mg/t。

（二）美国埃格尔·皮切尔公司（Engle Picher Co.）

该公司的原料主要是俄克拉荷马州冶炼厂的炼锌渣，小部分为锗的切磨粉、碎屑、腐蚀液。

主要产品的质量标准：

（1）GeO_2：用于催化剂和金属锗的生产，总杂质含量<1×10^{-6}。

（2）$GeCl_4$：用于生产光导纤维，Fe、Co、Ni、Cu、V、Mn，杂质总量<1×10^{-9}。

（3）红外光学用锗晶体：提供多种形式的光学级锗毛坯。

（三）日本电子金属公司

该厂建于 1959 年，是三菱公司的子公司，公司职工 244 人。生产能力：金属锗 7.90 t/a，二氧化锗 9 t/a。该厂原料全部依赖进口。主要产品为：GeO_2、区熔锗。

（四）意大利马格拉港锌厂锗的回收

意大利马格拉港（Porto Marghra）锌电解厂是世界上第一个从锌浸出渣中综合回收镓、铟、锗的工厂。该厂的工艺流程如图 6-24 所示。

锌精矿因产地不同含锗为0.006%～0.17%，焙烧矿平均含

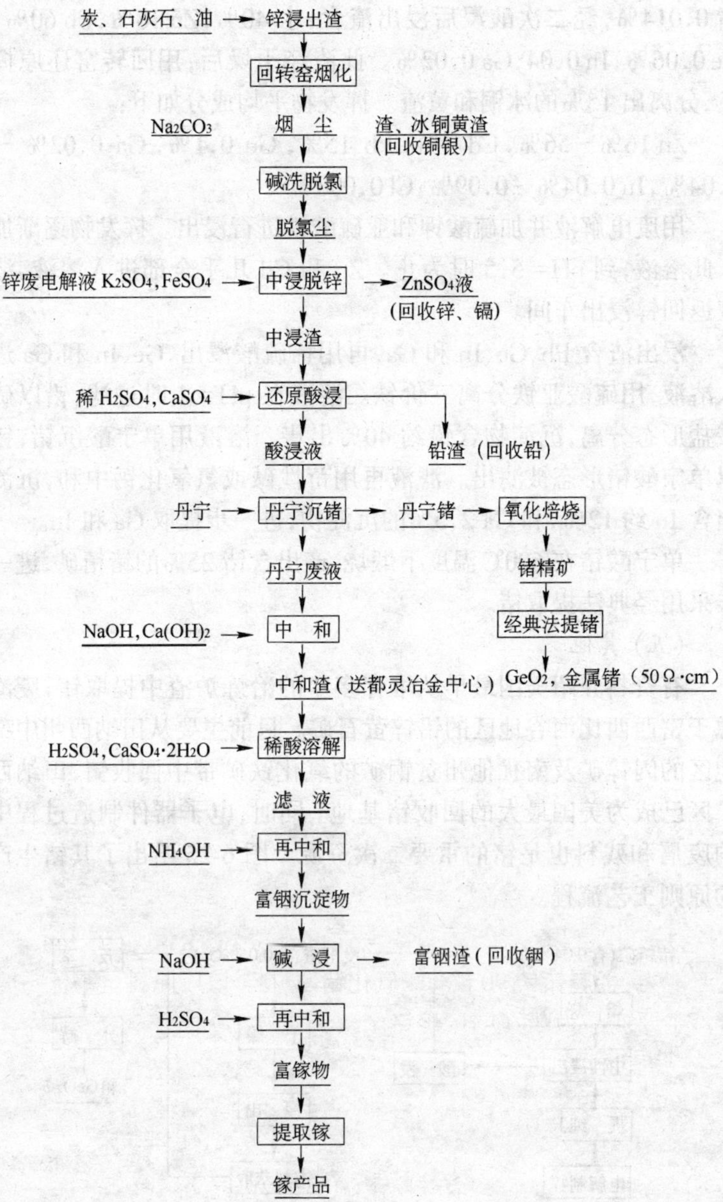

图 6-24　马格拉厂综合提取锗、铟、镓的流程

锗0.014%,经二次酸浸后浸出渣含:水40%,Zn 18%,Pb 60%,Ge 0.06%,In 0.04,Ga 0.02%。此渣经干燥后,用回转窑还原挥发,分离出15%的冰铜和黄渣。挥发物平均成分如下:

Zn 16%~56%,Cd 1%,Pb 15%,Ge 0.1%,Ga 0.02%~0.04%,In 0.04%~0.09%,Cl 0.008%

用废电解液并加硫酸钾和亚硫酸铁进行浸出。挥发物逐渐加入此溶液,到pH=5.5时为止。Zn和Cd几乎全部进入溶液,溶液返回锌浸出车间。

浸出渣含Pb、Ge、In和Ga,再用稀硫酸浸出,Ge、In和Ga进入溶液,用硫酸亚铁分离三价铁。溶液在pH=1时过滤,铅以硫酸盐形态分离,沉淀物含铅约40%出售。溶液用单宁酸沉锗,锗以单宁酸锗形态被滤出。滤液再用苛性碱或氢氧化钙中和,沉淀出含In约12%,和Ga 2.5%的沉淀物,进一步提取Ga和In。

单宁酸锗在600℃温度下煅烧,产出含锗25%的锗精矿,进一步采用经典法提取锗。

(五)其他

有资料介绍美国最早从堆存多年的冶炼炉渣中提取锗,废渣源于密西西比河谷地区的铅锌萤石矿。目前主要从田纳西州中部地区的闪锌矿及南犹他州贫铜矿的氧化铁矿带中回收锗,田纳西矿区已成为美国最大的回收锗基地。同时,电子器件制造过程中的废屑和残料也是锗的重要二次资源。图6-25给出了其锗生产的原则工艺流程。

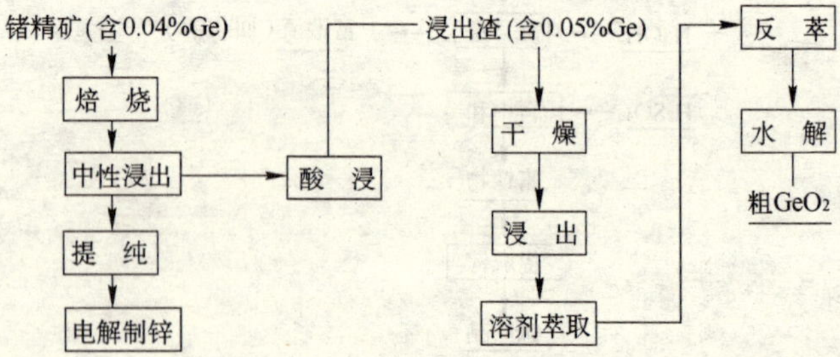

图6-25 美国泽西矿业锌公司和霍波肯-奥弗佩尔特冶金公司的生产流程

此外，俄罗斯从铜精矿冶炼附产物中回收锗的原则流程如图6-26所示。

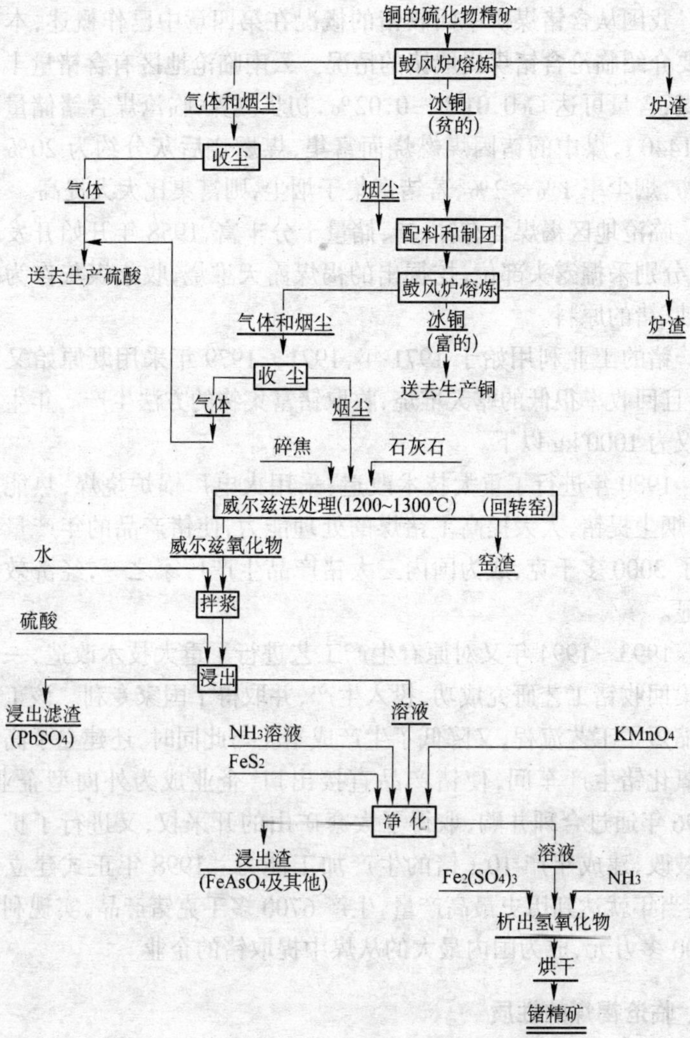

图6-26 铜精矿附产物中提取锗的工艺流程图

第四节　一步法从含锗煤中提锗

我国从含锗煤矿中回收锗的概况在第四章中已作概述，本节主要介绍临沧含锗煤提取锗的情况。云南临沧地区有含锗量丰富的煤，含量可达Ge0.01%～0.02%，初步测算，临沧煤含锗储量可达1440 t，煤中的锗因煤燃烧而富集，煤燃烧后灰分约为20%～30%，烟尘率1%～2%，若锗富集于烟尘，则富集比大大提高。

临沧地区褐煤含有铀、锗，储量十分丰富，1958年开始开发利用，分别采掘露头部位，挖掘出的褐煤露天堆烧，收集煤灰作为提取铀、锗的原料。

锗的工业利用始于1971年，1971～1979年采用既原始又粗放，且回收率很低的露天堆烧，收取锗富集物的方法生产。年生产锗仅为1000 kg以下。

1980年进行了重大技术改造，采用火电厂锅炉烧煤，热能发电，烟尘提锗，大大提高了锗煤的处理能力，使锗产品的年产量增到了3000多千克，成为国内三大锗产品生产厂家之一，经济效益明显。

1993～1994年又对原有生产工艺进行了重大技术改造，一步富集回收锗工艺研究成功，投入生产，并取得了国家专利。该工艺既缩短了工艺流程，又降低了生产成本。与此同时，还建立了高纯二氧化锗生产车间，使锗产品直接出口，企业成为外向型企业。1996年通过合理并购，取得了大寨矿山的开采权，又进行了扩大和技改，建成年产10 t锗的生产加工能力。1998年正式建立公司，当年就达到历史最高产量，生产6700多千克锗产品，实现利税2000多万元，成为国内最大的从煤中提取锗的企业。

一、临沧褐煤的性质

临沧地区含铀、锗褐煤，属于外生沉积矿床，矿物外表特征呈黑褐色致密块状，并有细条带状的显微结构，断口为贝壳状沥青光泽,部分因氧化表面覆盖一层灰白色硅酸盐胶状薄膜,孔隙率特别高,这些微孔依靠毛细管压力促进表面的吸水作用,所以水分一般均较高,由于成煤时间短,挥发分也高。

褐煤中嵌布的矿物有云母、黄铁矿、毒砂、白铁矿、方解石、石英、赤铁矿、褐铁矿,磁铁矿以及极少量的钒钛铁矿。

褐煤中的铀、锗多集中于有机质中,黄铁矿、毒砂、白铁矿等矿物中锗也有富集现象。

临沧地区邦卖中寨矿段褐煤分析结果见表 6-33。其中水分 8.11%,灰尘 17.85%。

表 6-33　临沧地区邦卖中寨矿段褐煤成分及发热值

V(挥发物)		44.24%	S+O	22.76%
S		1.77%	Ge	0.0062%
C		70.50%	U	0.104%
H			Ga	0.00109%
N		1.67%		
发热值	Q_r^f	22961 kJ/kg	Q_{DT}^r	32295 kJ/kg

煤灰成分见表 6-34。

表 6-34　煤灰成分

SiO_2	56.18%	Al_2O_3	27.05%
Fe_2O_3	8.97%	S	0.27%
CaO	1.62%	U	0.583%
MgO	0.38%	Ge	0.0347%

煤灰熔点 T_1(变形)1050℃,T_2(软化)1400℃,T_3(熔化)1420℃,着火温度 250~450℃,真比重 1.42 g/cm³。

二、早期的处理方法

(一) 褐煤堆烧回收锗

褐煤露天堆烧,煤堆下设置炉条及通风孔道以帮助燃烧,这是一种比较原始的燃烧方法,其缺点是:

(1) 热能未能利用;

(2) 露天堆烧过程难免造成铀、锗的机械损失和锗的挥发损失；

(3) 堆烧过程中产出大量碎煤粒，再次燃烧困难；

(4) 铀、锗未合理综合利用。

堆烧煤灰中锗的含量随不同矿段褐煤原煤含锗量不同而有差别，但一般均高于褐煤灰分中锗的含量，如表 6-33 所示的褐煤原煤，经燃烧后煤灰含锗为 0.03% 以上，早期曾直接进行湿法处理提锗，但各项指标均较差。

(二) 鼓风炉挥发富集回收锗

为了提高回收率，以后改堆烧为先进行鼓风炉挥发富集。

其方法是煤灰配入 20%～30% 的石灰，压团、团块再经鼓风炉挥发熔炼，锗富集于烟尘，品位在 5%～10%，作锗精矿出售，未回收铀。

(三)褐煤发电并富集锗

为了改善褐煤堆烧的落后局面，采用褐煤热能发电，并综合回收铀、锗，对褐煤的燃烧方案做过探索，关键在于选择一种合理的燃烧炉型。

1. 在快装锅炉上试烧褐煤

1972 年，在临沧造纸厂 4 t/h 蒸气回程快装锅炉上试烧此种褐煤，试烧时灰渣中有一半以上仍为未燃尽的碎煤粒，烟道灰及烟囱排出烟尘几乎全是煤粉，锅炉操作也很困难，试烧工作不成功，因此要燃用此种褐煤，锅炉必须改造。

2. 粉煤炉或 KSG 立式旋风炉

粉煤炉或 KSG 立式旋风炉都是一般热电厂使用的成熟蒸气锅炉，都是将煤磨成煤粉，送入炉内进行强化燃烧，一般都使用较高的空气过剩系数，因此，炉膛温度高，燃烧效率好，但问题是：(1) 由于炉温高，铀难以回收；(2) 由于氧化气氛强，锗挥发少。

3. 沸腾燃烧锅炉

这是一种燃烧劣质煤的有效炉型，可顺利地用于处理石煤、页岩、褐煤、无烟煤等，特别适合缺乏优质煤的地方处理劣质煤，它的优点是：(1)能强化燃烧，其面积热负荷及容积热负荷均较高；(2)沸腾层中高温炭粒与管壁直接接触，传热系数较高；(3)床层温度较高，即使处理发热值低，灰分高的劣质煤，也易着火燃烧；(4)燃烧炭粒，可以减少磨煤费用。其缺点是受热面布置于床层中，煤粒对管壁的磨损大，其次，床层中细粒煤粉和煤灰易被气流带走，造成飞灰大，含碳高，严重影响燃烧锅炉热放率，这方面国内外厂家都做了大量工作，有了显著成效。据报道，前苏联从页岩(含铀 0.009～0.026)中提取铀，页岩发热值 3135 kJ/kg，在 500～600℃燃烧，铀的浸出率可达 70%，认为对铀的提取最适宜的设备是沸腾燃烧炉。锗在氧化气氛下仍以原来的 GeO_2 形态存在，难以在烟尘中富集，因此煤灰和烟尘都是提铀锗的原料。

沸腾燃烧锅炉对处理临沧褐煤是一种可供选择的比较好的设备方案，因此对此设备进行试验。

试验在小沸腾炉内进行，沸腾炉内设置一组水冷盘管作为锅炉的受热面，并可适当控制温度。试验证明，在 600～950℃范围内均能顺利进行燃烧，温度越高、溢流灰残炭越低，600℃时溢流灰含碳 4.64%，950℃则降到 0.82%，可满足下一步浸出回收铀、锗对原料含碳的要求(含碳＜10%)。小于 1 mm 褐煤在沸腾燃烧过程中煤灰产出率几乎与烟尘的相同，各占约 50%，并且都是进一步提取锗、铀的原料，炉顶气体成分为 $CO_2+O_2=18\%\sim19\%$，尚有少量碳氢化合物存在，溢流灰及烟尘稀硫酸浸出结果表明，沸腾层燃烧温度在 600℃时，铀的浸出结果较好，随着燃烧温度的升高，铀的浸出率降低，烟尘复燃也得到大致相似的结果，在 600～950℃范围内，锗的浸出率波动在 10%～20%，因此铀生产过程中的渣是提取锗的原料，溢流灰若采用浓硫酸熟化后浸出的方法，在 600℃燃烧时铀的浸出率可达 80%以上，而在 800℃燃烧时可达到 60%，试验结果较好。

三、一步法从褐煤回收锗

(一) 工艺流程

考虑到多方面的情况，目前临沧含锗煤，部分用发电厂锅炉燃烧,热能用来发电,煤在还原气氛中燃烧,锗被还原为 GeO 挥发进入烟尘;部分用链条炉燃烧褐煤,热能不利用,目的是使炉温适当,条件易于控制,以便褐煤中的锗能充分挥发,并被收集于收尘设备中,得到富集。烟尘分为布袋尘和旋风尘,布袋尘含锗品位可达到1%以上,旋风尘品位低一些,锅炉中残存的煤灰含锗为0.000x%~0.00 x%,多年堆存待处理。高品位布袋尘送氯化浸出—蒸馏;旋风尘送往湿法进一步富集锗后,再送氯化浸出—蒸馏。该厂一步富集回收锗工艺如图 6-27 所示。

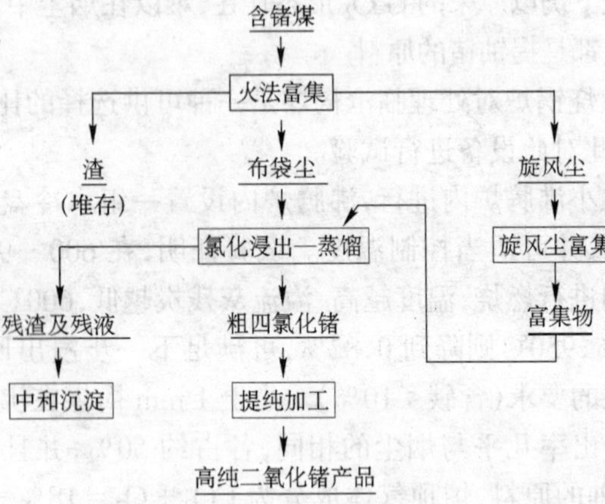

图 6-27 一步富集回收锗工艺

从图 6-27 可见,该流程十分简捷,火法仅一步就将含锗煤富集到可以进行氯化浸出—蒸馏,所以称此法为一步法。由于流程的缩短,既降低了加工费,又提高了回收率。

(二) 火法富集

1. 火法富集设备

火法富集锗的设备为发电链条锅炉,其示意如图 6-28 所示。

2. 投入原料和产出物料

投入的原料为矿山生产的湿煤。某年矿山生产湿煤13156.185 t,含锗品位0.0540%,含锗量7108.803 t。进入各种炉子的原料量见表6-35。

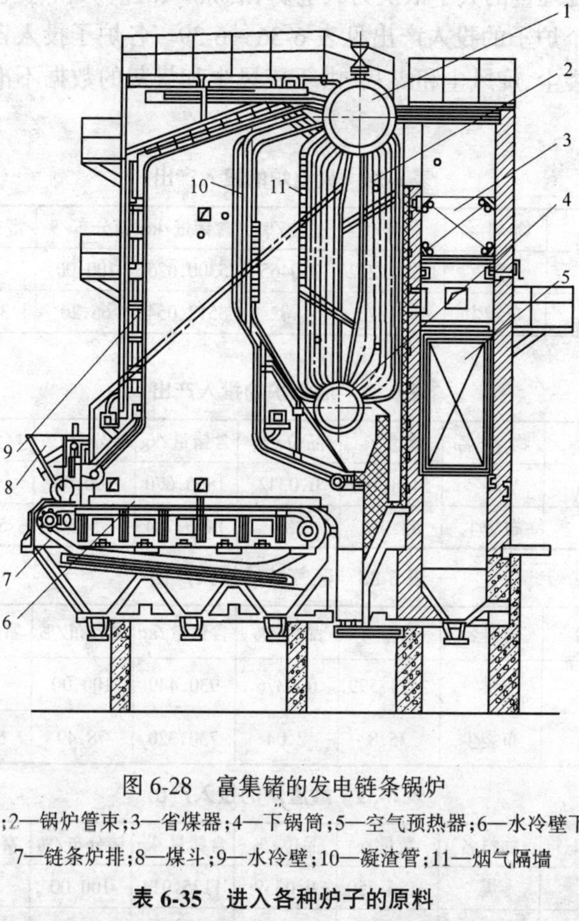

图6-28 富集锗的发电链条锅炉

1—锅筒;2—锅炉管束;3—省煤器;4—下锅筒;5—空气预热器;6—水冷壁下集箱;7—链条炉排;8—煤斗;9—水冷壁;10—凝渣管;11—烟气隔墙

表6-35 进入各种炉子的原料

项 目	入炉煤/t	所占比例/%	品位/%	含锗量/kg	所占比例/%
火电炉	11399.252	50.74	0.0465	5300.625	57.47
冶炼炉	5458.100	24.29	0.0342	1866.670	20.24
蒸气炉	2474.599	11.01	0.0376	930.449	10.08
酸渣炉	3136.250	13.96	0.0359	1125.914	12.21
合 计	22468.201	100.00		9223.658	100.00

从表6-35可知，火电炉的处理量占总处理量的50%以上，各炉子按处理量的大小依次为火电炉、冶炼炉、酸渣炉和蒸气炉。

各个炉子的投入产出见表6-36~6-39。各炉子投入含锗煤，产出布袋尘、旋风尘和煤灰，由于旋风尘和煤灰的数据不准确，故未列入。

表6-36 火电炉的投入产出

项目	物料名	数量/t	品位/%	含锗量/kg	锗分布/%	富集倍数
投入	煤	11399.252	0.0465	5300.625	100.00	
产出	布袋尘	192.970	1.82	3512.054	66.26	39.14

表6-37 冶炼炉的投入产出

项目	物料名	数量/t	品位/%	含锗量/kg	锗分布/%	富集倍数
投入	煤	5458.100	0.0342	1866.670	100.00	
产出	布袋尘	68.960	2.04	1406.784	75.36	59.65

表6-38 蒸气炉的投入产出

项目	物料名	数量/t	品位/%	含锗量/kg	锗分布/%	富集倍数
投入	煤	2474.599	0.0376	930.449	100.00	
产出	布袋尘	35.8	2.04	730.320	78.49	54.26

表6-39 酸渣炉的投入产出

项目	物料名	数量/t	品位/%	含锗量/kg	锗分布/%	富集倍数
投入	煤	3136.250	0.0359	1125.914	100.00	
产出	布袋尘	46.060	1.53	704.718	62.59	42.62

由表6-36至6-39可见，布袋尘的富集比约在40倍以上，除酸渣炉外布袋尘中锗的分布均大于65%。尤其是不考虑发电的蒸气炉和冶炼炉的布袋尘中，锗分布大于75%，一步得到富集原料中3/4锗的富集物，此作业是十分有效的。

四、布袋尘盐酸浸出—氯化蒸馏

布袋尘含锗已达约2%,可以直接送盐酸浸出—氯化蒸馏。

盐酸浸出在搪瓷釜中进行,蒸馏出来的 $GeCl_4$ 进入玻璃的冷凝器,冷凝出来的 $GeCl_4$ 送精制工序。设备与前面工厂的类似。

某年的投入产出见表 6-40。

表 6-40 某年盐酸浸出—氯化蒸馏的投入产出

项 目	投 入			产 出		回收率/%
	数量/kg	锗品位/%	含锗量/kg	产 $GeCl_4$/mL	含锗量/kg	
布袋尘	326850	2.00±	6548.235	7903052	5014.627	76.58

部分材料的单耗列于表 6-41。

表 6-41 部分材料的单耗

项 目	盐酸/kg·kg^{-1}	石灰/kg·kg^{-1}	耗电/kW·h·kg^{-1}
单 耗	4.96	1.34	293.13

五、旋风尘的处理

(一) 处理的原则流程

旋风尘由于含锗品位较低,不能直接送氯化处理,必须进一步富集锗。其富集的原则流程如图 6-29 所示。

(二) 锗的走向及有关指标

某年旋风尘处理的投入产出见表 6-42。

表 6-42 某年旋风尘处理的投入产出

项 目	物料名	数量/t	锗品位/%	含锗量/kg	合计含锗量/kg
投 入	烟尘	50.99	0.547	278.906	
	旋风尘	1.38092	0.06~0.76	780.90	1059.806
产 出	锗精矿	6.819419	9.37	639.006	

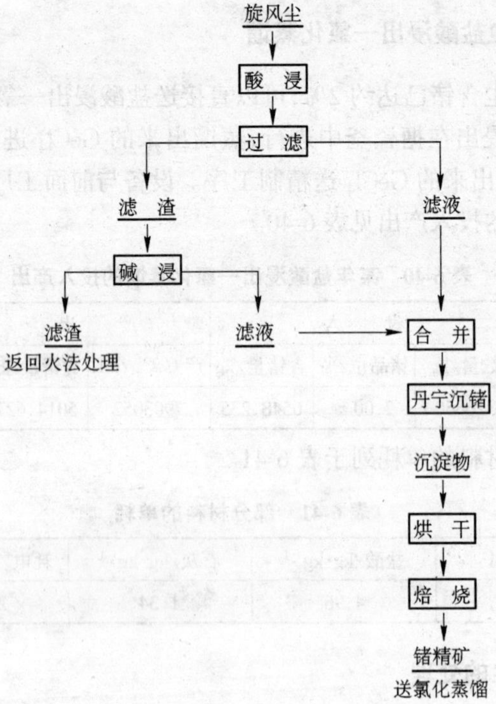

图 6-29　旋风尘处理的原则流程

由此计算得锗的直收率为 60.29%。

有关试剂等的消耗见表 6-43。

表 6-43　有关试剂等的消耗

项　目		酸/t	碱/t	石灰/t	电/kW·h	络合剂/kg	3号沉淀剂/kg
指标	总消耗	801.25	42575	145.145	172802	53925	1124
	单位消耗	0.117 (t/t)	6.243 (t/t)	0.0213 (t/t)	25.340 (kW·h/t)	7.908 (kg/t)	0.165 (kg/t)

注:单位消耗为每吨锗精矿的消耗。

一步法从含锗煤中富集锗的技术,是锗提取的重要技术进步。它使锗的提取过程大大缩短,是我国稀有金属产业发展的重要成果之一。

由于一步法从含锗煤中富集锗技术的成功实践，使该公司的锗产量大幅上升。表 6-44 给出了该公司近些年的锗产量。

表 6-44　历年该公司锗产量(kg)

年　份	1990	1991	1992	1993	1994	1995	1996
产量	2387	3066	1758	2890	2050	2673	2491
年　份	1997	1998	1999	2000	2001	2002	
产量	5210	2918	6097	6513	7776	5833	

由于生产技术的改进，从 1999 年开始生产一级品 GeO_2。GeO_2 的一级品率见表 6-45。

表 6-45　1999 年以来 GeO_2 的一级品率

年　　份	1999	2000	2001	2002
一级品率/%	87.38	78.83	89.42	81.63

第五节　从其他原料中回收锗

一、从含锗废料中回收锗

含锗废料是重要的锗再生资源。由于锗的矿产资源有限，而废料中还含大量锗，一般含锗为百分之几至 99.9%。如区域熔炼的两端切头和切片废料含锗高达 99.99% 以上；腐蚀液、抛光液等含锗约 3～10 g/L；磨片用的金刚砂含锗在百分之几至 15%；在锗器件生产过程中，锗的利用率约为 30%；在光导纤维的生产过程中，锗的利用率大概也只有 30%～70%。所以国内外都很重视从含锗废料中回收锗。既可降低锗产品的生产成本，又提高了资源的利用率，还可提高企业的经济效益。

（一）含锗废料的分类

按锗废料的来源可将其分为 4 类：

(1) 锗生产过程中产生的锗废料；

（2）单晶锗制备锗器件过程中产生的锗废料；

（3）生产光导纤维生产过程中产生的锗废料；

（4）锗制剂生产过程中产生的锗废料。

（二）回收锗的方法

从含锗废料回收锗的方法视其含锗量和杂质情况而定。若废料含锗较高，未受污染，可直接返回氯化蒸馏或还原熔炼；若被油污染，可先燃烧去油；若含铁高可采用磁选法选铁；若含锗量低，还要经富集处理。通常有如下方法。

1．氯化蒸馏残渣的处理

氯化蒸馏残渣含锗较高，一般为 80％以上，但是大多为难溶于酸的四方晶系二氧化锗，故采用碱溶法。用过量的氢氧化钠在 500℃温度下熔融，或与理论量 5 倍的碳酸钠在高于 900℃的温度下熔融。此时发生下列反应：

$$GeO_2 + NaOH = Na_2GeO_3 + H_2O \quad (6\text{-}7)$$

$$GeO_2 + NaCO_3 = Na_2GeO_3 + CO_2 \quad (6\text{-}8)$$

残渣中的锗生成了易溶于水的偏锗酸钠，熔融时渣碱比一般为 1∶（0.75～1.35）。

碱熔融后，用水浸出，锗转入溶液。向溶液中加入硫酸，pH 调到 1～2 之后，用丹宁沉锗。丹宁锗滤出后，经低温灰化，再烧掉有机物，制得锗精矿，送氯化工序。

2．四氯化锗水解母液及氯化蒸馏吸收液中锗的回收

一般采用直接加氯盐法沉淀出相应的锗盐。常用的氯盐有氯化钠、氯化钙和氯化镁等。先将这些含锗的溶液加入玻璃蒸馏瓶中，加入硫酸调整其酸度为 8 mol/L，然后加入氯化剂，则发生下列反应：

$$2NaCl + H_2SO_4 = Na_2SO_4 + 2HCl \quad (6\text{-}9)$$

$$Ge^{4+} + 2\ SO_4^{2+} = Ge(SO_4)_2 \quad (6\text{-}10)$$

$$Ge(SO_4)_2 + 4HCl = GeCl_4 + 2H_2SO_4 \quad (6\text{-}11)$$

四氯化锗在加热到 84～100 ℃时被蒸馏出来。蒸馏后的残液含锗量可从每升几克，下降到 0.02～0.03 g/L，回收率达 85％以上。

3. 单晶和区域熔炼尾料中锗的回收

此类废料含锗较高，可直接用氯化法处理。加入氯气直接与金属锗反应生成四氯化锗。为了提高氯化反应的速度，除了适当提高温度外，主要应增加锗的表面积、孔隙率和增大氯气的流速。可将锗破碎到一定的粒度，以保证氯气与固体锗的接触面积。有应用实例表明经破碎后的锗和氯气在 260～310℃ 下反应 2 h，四氯化锗的产率超过 98%。因为四氯化锗中溶解了少量氯气，所以实际产率为 92%～96%。

其回收的设备如图 6-30 所示。

4. 从单晶锗屑回收锗

单晶锗切片时会产生锗屑。这种锗屑一般含机油和衬垫锯屑，要先燃烧脱油，再球磨至 0.147 mm。然后加入重量比 1∶(1.0～1.5)的碳酸钠混匀，在温度 800℃ 下熔融 2 h，使其中的金属锗氧化，转变为二氧化锗，并与碳酸钠反应生成可溶性的锗酸钠。冷却后磨至 0.147 mm，送氯化工序进行氯化蒸馏回收锗。

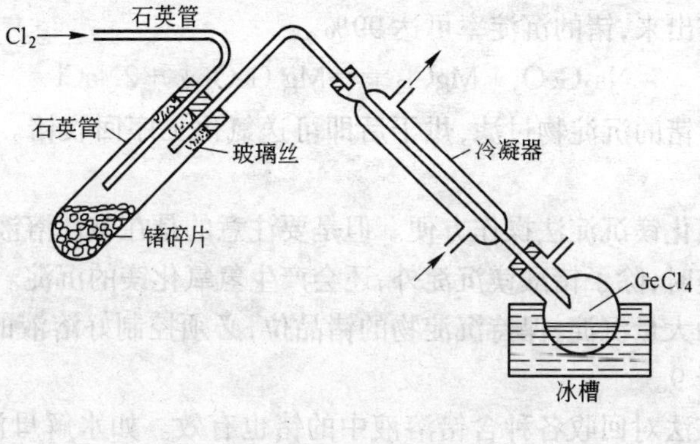

图 6-30　锗废料氯化回收示意图

5. 从含锗金刚砂回收锗

研磨锗单晶时，会有部分锗呈细粉状混入研磨的金刚砂泥浆中。回收锗的方法是将泥浆在 400～500℃ 下烘干，冷却后磨到

0.147 mm，送氯化处理。

为了使在盐酸中几乎不溶的金属锗溶解，要加入锗量11倍的氧化剂。氧化剂有 MnO_2 和 $FeCl_3$，但试验证明 $FeCl_3$ 比 MnO_2 更好。其反应如下：

$$Ge + 4FeCl_3 = GeCl_4 + 4FeCl_2 \qquad (6\text{-}12)$$

如处理含锗7.79%的金刚砂时，加入 $FeCl_3$ 和 MnO_2 的氯化蒸馏率分别为99.37%和89.1%。

6．从碱性腐蚀液回收锗

在晶体管的制造过程中，锗片和管芯进行化学腐蚀和抛光时，用双氧水和氢氧化钠在加热的情况下，进行化学腐蚀抛光，会得到一些含锗酸钠的碱性腐蚀液。此种溶液的特点是锗含量低，体积大。可先用氯盐沉淀法或丹宁沉淀法将锗沉淀下来，再进一步回收锗。但是沉淀过程不安全，而且操作麻烦。有研究表明用氯化镁沉淀法效果较好。

控制pH8～9之间，每升溶液加入30～40 g氯化镁，50 mL氨水，搅拌15 min，$MgCl_2$ 会与锗生成溶解度很低的锗酸镁，从溶液中沉淀出来，锗的沉淀率可达99%。

$$Na_2GeO_3 + MgCl_2 = MgGeO_3\downarrow + 2NaCl \qquad (6\text{-}13)$$

含锗的沉淀物过滤，烘干后即可送氯化工序回收锗。滤液可废弃。

氯化镁沉淀法操作方便。但是要注意的是在碱性溶液中加入氯化镁时，除了锗酸镁沉淀外，还会产生氢氧化镁的沉淀。为了防止镁的大量沉淀，保持沉淀物的锗品位，必须控制好溶液的pH值不大于9。

该法对回收各种含锗溶液中的锗也有效。如水解母液，氯化蒸馏吸收液及金属锗区域熔炼与单晶制备过程中的碱性腐蚀液。

7．从氢氟酸腐蚀液回收锗

对锗锭等金属表面进行化学腐蚀抛光的另一方法是氢氟酸和硝酸混合酸处理法。此时得到的腐蚀液不能直接用氯化蒸馏法处理。因为腐蚀液中的氟离子会腐蚀玻璃蒸馏设备，所以要先使锗与含氟溶液分离。分离的方法较多，有硫酸蒸干法、氨水中和法、硼酸沉淀法、硅酸盐蒸发法和镓盐沉淀法等。

有研究者用萃取法回收锗。在料液 pH 为 1.8～2.3，HF/GeO_2 为 6 时，采用氯盐烃胺溶液萃取锗。其条件为：有机相/水相 = 1/3，当氯盐烃胺浓度分别为 10%和 30%时，萃取率分别为 71%和 96%。

8. 从光导纤维生产中产生的高硅含锗物料中回收锗

目前，光导纤维的发展很快，其用量已占锗消费量的约 50%。石英系光导纤维采用化学气相沉积法（CVD）和气相轴沉法（VAD）生产。在光纤生产过程中要将大量锗、硅、硼的氯化物以气态供给反应器，氯化物在反应器中分解成微粒状氧化物，再将此微粒氧化物热处理成透明的玻璃体。目前此工艺的成品率低，产出 30%～70%的废料。其成分主要是锗、硅、硼的氯化物和水解时产生的金属氧化物。

A　高温还原挥发法

有人采用高温挥发法回收此废料中的锗。即在此氧化物中加入炭粉，混合均匀，放入炉内加热到 500℃，并通入惰性气体或使加热炉减压，使锗以 GeO 形态挥发出来。同时气体中还含有 HCl 和 Cl_2，通常用捕收器捕集 GeO。

也有人采用高温氢还原法回收此类废料中的锗。即将此氧化物放到炉内，加热到 500℃以上，通入氢气和惰性气体，使锗还原为 GeO 形态挥发出来。硅和硼的氧化物也有部分被还原，但是因其蒸汽压低，难以挥发而留在炉内，与锗分离。

上述方法均能有效地回收光纤制造过程中产生的锗废料。

B　氢氟酸浸出法

还有研究者研究了氢氟酸浸出法。其处理的原料成分列于表 6-46。

表 6-46　光纤制造过程中产生的锗废料成分

原料编号	SN-1	SN-2	SN-3	SN-4	SN-5
酸溶锗(Ge)/%	0.83	1.26	2.01	2.57	4.32
全溶锗(Ge)/%	2.19	2.84	3.32	4.63	5.97

由于二氧化硅的包裹,对此原料采用直接蒸馏法、加碱浸出法、加碱焙烧法效果都不太好,锗的回收率仅为31%~87%。此后,研究采用了氢氟酸浸出法。先用氢氟酸浸出,破坏二氧化硅对锗的包裹,然后中和,用丹宁沉淀锗,烘干焙烧后氯化蒸馏提取锗。其流程如图6-31所示。

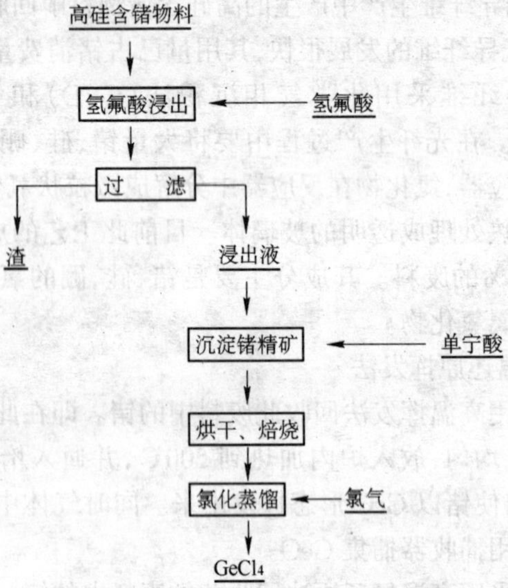

图6-31　氢氟酸浸出法流程

该法的试验结果见表6-47。

表6-47　氢氟酸浸出法的试验结果

试验编号	SN-1	SN-2	SN-3	SN-4	SN-5
浸出率/%	98.56	99.12	98.34	99.50	99.21
锗的回收率/%	93.20	94.76	92.78	95.03	94.74

从表6-47可见,氢氟酸浸出法效果很好,浸出率均大于98%,回收率均大于92%,有效地解决了硅包裹的问题,是回收高硅含锗物料中锗的好方法,但要注意氢氟酸对设备的腐蚀。

9. 从生产光导纤维的废气中回收锗

据英国专利报道，采用碱液吸收的方法，从制造光纤的含锗废气中回收锗。

这种废气中的锗以 $GeCl_4$ 气相存在，将其引入洗涤器。洗涤器的上方有喷嘴，喷洒碱液。洗涤器中通常有填充床或筛板床，以增大气液相接触的界面。碱液应保持较高的 pH 值，以提高对锗的吸收率，pH 值一般为 11～12 为宜。

吸收液经水解，可得到锗的沉淀物。再送氯化蒸馏工序进一步处理。

二、从含锗电解铁中提取锗

(一) 含锗铁的成分

我国某研究院采用电解工艺从含锗废铁中提取锗，副产含锗电解铁，其成分见表 6-48。

表 6-48 含锗电解铁成分(%)

元 素	Fe	Ge	S	P	As	C	Si	Mn
含量	91.43	0.19	0.0044	0.22	<0.01	0.063	0.043	0.017

电解铁中的锗以金属锗的形态存在，含量较高。

(二) 采用的工艺流程

作者曾采用酸浸、碱浸及添加络合剂进行选择性浸出，均未能获得好结果。后分析锗及其化合物的蒸气压，二氧化锗和金属锗的蒸气压均很低，挥发性不好。要使锗挥发必须创造条件使锗生成 GeO 或 GeS。考虑到采用氧化法不利于分散在铁基中的锗氧化，且难以控制将锗氧化为 GeO，而不氧化为 GeO_2 的条件。故设计采用氧化—还原工艺，在氧化阶段将铁氧化为氧化铁(Fe_2O_3、Fe_3O_4、FeO)，锗氧化为二氧化锗(GeO_2)；在还原阶段，铁的高价氧化物向低价转化，体积缩小，形成孔隙有利于还原气氛向内扩散，使 GeO_2 还原为 GeO 的过程进行得较为彻底，锗的挥发也较为完全。其工艺流程如图 6-32 所示。

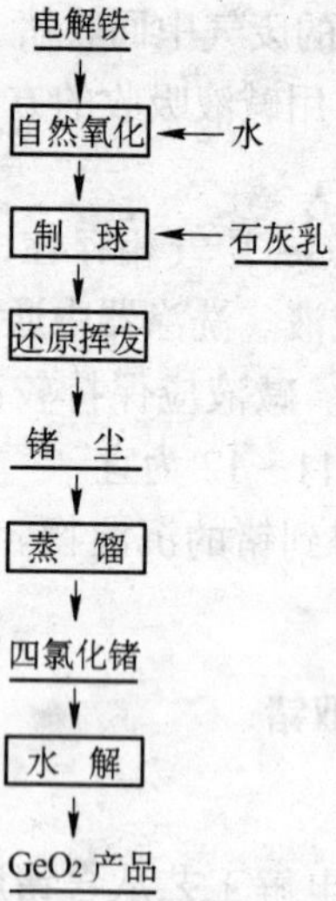

图 6-32　含锗电解铁回收锗的工艺流程

（三）有关条件

1. 氧化工艺

为加速氧化过程，研究了 3 种方法。一是盐酸氧化，经两天铁就全部氧化了；二是硫酸氧化，氧化速度较盐酸慢；三是喷水氧化，比前二者慢，但经 3～4 天铁粉含铁降为 73%～75%，可供下一工序使用。

综合考虑，为防止对设备的腐蚀，并尽量降低成本，采用喷水氧化。在还原工序适当提高温度，同样可获得大于 95% 的挥发率。

2. 还原挥发工艺

（1）温度对挥发率的影响

温度是锗挥发的关键条件之一，温度对挥发率的影响如图 6-33所示。

从图 6-33 可见，只有当温度大于 950℃，在真空和弱还原气氛中锗才能有效地挥发。

（2）气氛对挥发率的影响

不同的气氛对锗的挥发率影响很大,气氛对锗的挥发率的影响见表 6-49。

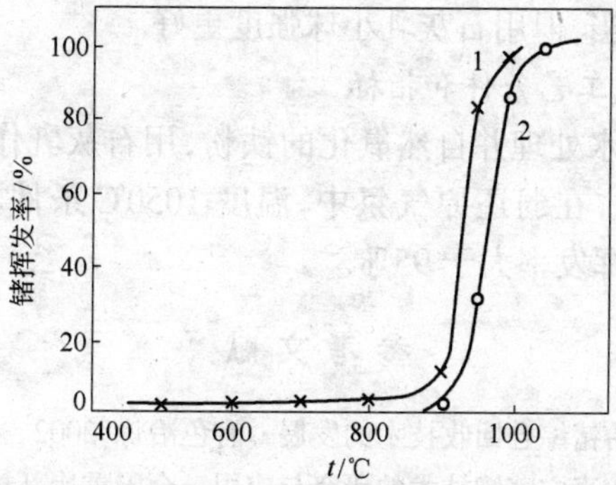

图 6-33　温度对挥发率的影响

(弱还原性气氛,120 min,粉料)

1—经 HCl 处理;2—经 H_2O 处理

表 6-49　气氛对锗的挥发率的影响

气　氛	空　气	氮　气	强还原	弱还原	真　空	HCl 处理,粉料,约 1000℃,120 min
锗挥发率/%	约为 0	约为 0	约为 50	97	97	

从表 6-49 可见,弱还原气氛和真空条件最好。弱还原气氛刚好满足了 GeO_2 还原为 GeO 的条件,所以挥发率高。而真空条件下,发生了 GeO_2 离解为 GeO 的反应和 GeO_2 与铁及其氧化物的交互反应,其产物均为 GeO,所以挥发率也高。其反应如下:

$$2\,GeO_2 \longrightarrow 2GeO + O_2 \qquad (6\text{-}14)$$

$$GeO_2 + 3FeO \longrightarrow GeO + Fe_3O_4 \qquad (6\text{-}15)$$

$$GeO_2 + Fe \longrightarrow GeO + FeO \qquad (6\text{-}16)$$

特别是真空下,气相中 GeO 的压力趋近于零,有利于反应的平衡向右移动,加速了反应的进行。

(3) 制粒挥发

将经喷水自然氧化的铁粉分别加水和加石灰乳作黏合剂制成10～15 mm 的小球，烘干后在 1050℃、弱还原气氛下进行 120 min 还原挥发，锗的挥发率分别为 97% 和 98%，说明用水和石灰乳作黏合剂效果相当，但用石灰乳小球强度更好。

（四）最优工艺条件和指标

经研究用水处理并自然氧化的铁粉，用石灰乳作黏合剂制成10～15 的小球，在弱还原气氛中，温度 1050℃ 条件下，还原挥发120 min，锗的挥发率大于 95%。

参考文献

1 颜美凤．韶冶锗综合回收技术的发展．有色冶炼，2002

2 杨斌等．硬锌真空蒸馏技术的研究与应用．全国重冶新技术新工艺成果交流大会文集

3 戴永年等．有色金属材料真空冶金．有色金属科技进步与展望，1999

4 刘永成等．从电炉锌铅合金中真空蒸馏富集锗铟的扩大试验研究．中国真空学会真空冶金专业委员会 93 年学术研讨会论文集

5 《稀有金属冶金学》编写小组．稀有金属冶金学．北京：中国工业出版社，1961.9

6 《稀有金属手册》编委会．稀有金属手册．北京：冶金工业出版社，1995.12

7 东北工学院重金属教研组．锌冶金．北京：冶金工业出版社，1978

8 陈少纯等．稀散金属产业的现状与展望．广东有色金属学报，2002，增刊 1～6

9 林奋生．氧化—还原挥发工艺从含锗电解铁中提锗．稀有金属，1993(3)：178～181

10 刘宝芬．从含锗废料中回收锗．湿法冶金，1993(2)：16～19

11 黄和民等．高硅含锗物料中锗的提取工艺探讨．广东有色金属学报，2002，增刊 33～35

12 黄和明．从含锗蒸馏渣中回收锗的工艺探讨．广东微量元素科学，1998，7(5)：57

13 黄和明等．从含锗富集物中回收锗的工艺方法探讨．辽宁大学学报（自然科学），1999，26(增)：51

14　黄和明等．从含锗浸出渣中回收锗的工艺方法探讨．江苏冶金，2000，28(2)：43～46
15　褚乃林．锗在信息高速传输主体——光导纤维中应用前景．稀有金属，1998，22(5)：369
16　沈华生．稀散金属冶金学．上海：上海人民出版社，1976(9)：1～64
17　戴永年，杨斌．有色金属材料的真空冶金．北京：冶金工业出版社，2000.3
18　李淑兰等．硬锌真空蒸馏富集锗、铟的研究．昆明工学院学报，1994(4)：38～45
19　陈少纯等．稀散金属产业的现状与展望．广东有色金属学报，2002，增刊1～6
20　邓学广，李清湘．硬锌真空蒸馏脱锌和富集锗、铟，有色金属：冶炼部分，2000
21　邓学广，李清湘．采用真空技术与设备从硬锌中蒸馏脱锌和富集锗铟，有色金属：冶炼部
22　颜美凤．韶冶锗综合回收技术的发展．有色冶炼，2002，3
23　王洪江等．火湿法联合工艺处理锗蒸馏残渣．广东有色金属学报，2002，增刊44～50
24　会泽铅锌矿编．云南会泽铅锌矿志．1992，12
25　包福毅，陈世民等．从硫化锌高酸浸出的硫酸锌溶液中萃取提锗全流程研究．中国工程科学，2001(12)：58～67
26　徐鑫坤，魏昶．锌冶金．昆明：云南科技出版社，1996
27　胡瑞忠等．对煤中锗矿化若干问题的思考．矿物学报，1997(17)：4
28　杨岱西．高杂质全湿法电锌工艺提高电锌高级率．云南省有色金属学会第四次会员代表大会论文集，2002(5)：156～161
29　曲洪涛．浅析控制空气氧化中和后液含锗的措施．云南省有色金属学会第四次会员代表大会论文集，2002(5)：221～222
30　庄汉平等．临沧超大型锗矿床元素地球化学及金属元素有机/无机结合状态，自然科学进展，1998
31　陈世明等．从硫酸锌溶液中萃取提锗．云南冶金，2003(3)：101～105

第七章 锗的生产、提纯及深加工技术

第一节 从锗精矿提取锗

锗精矿是锗提取过程中的一种中间产物，一般含锗 2%～20%。而盐酸浸出—氯化蒸馏法，是锗的提取过程中必不可少的一个过程。由于原料不同，锗的富集过程比较复杂，然而当锗富集到一定程度后都要经过氯化浸出—蒸馏—水解的过程，此过程也称为锗的经典提取方法。锗精矿加入盐酸，并通入氯气（有时还加入硫酸），锗就溶入溶液生成 $GeCl_4$。在加热到 84～130℃ 的条件下，$GeCl_4$ 挥发进入气相，与其他杂质分离。而后将 $GeCl_4$ 吸收入盐酸中得粗四氯化锗，粗四氯化锗经净化，再水解即可制得二氧化锗。此原则流程如图 7-1 所示。

一、锗精矿的典型成分

由各种方法生产的锗精矿的典型成分见表 7-1。

表 7-1 锗精矿的典型成分（%）

厂号 \ 元素	Ge	Pb	Zn	As	Fe	Al_2O_3	CaO	MgO	SiO_2
1	1～20	15～20	5～10	1～5	3～5	6～8	4～6	2～4	20～25
2-1	11.46	0.62	35.29	0.62	5.63				2.15
2-2	36.40	0.19	5.50	0.06	0.93				4.13
2-3	44.05	0.19	1.91	0.04	0.58				2.14

从表 7-1 可见，传统法的锗精矿中只含 20% 以下的锗，其余为大量的硅、铝、铁、钙、镁和锌、铅等的氧化物，少量的砷、磷、锑、硼等的氧化物。表中 2-2、2-3 为萃取法生产的锗精矿含各种杂质都低，锗品位达 30%～40%。

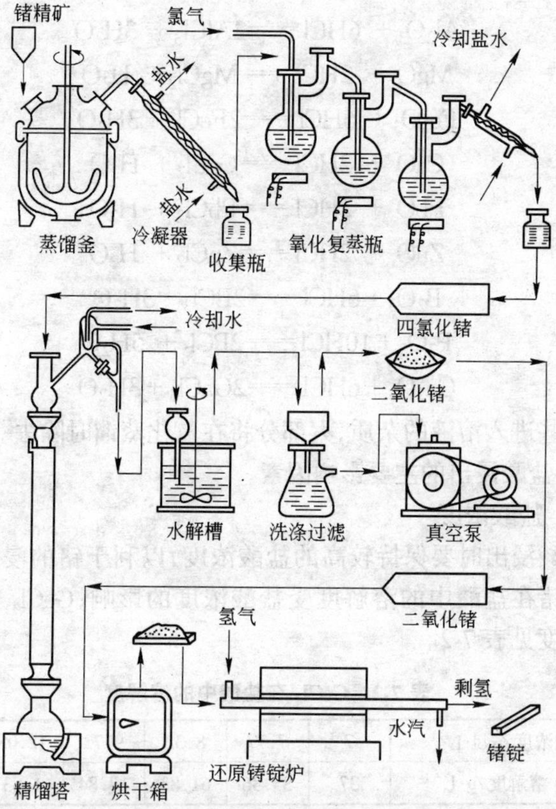

图 7-1 经典氯化法提锗设备流程示意图

二、锗精矿的盐酸浸出—氯化蒸馏

(一) 盐酸浸出

1．盐酸浸出的主要反应

盐酸浸出锗时的反应如下：

$$GeO_2 + 4HCl \xlongequal{} GeCl_4 + 2H_2O \tag{7-1}$$

与此同时，锗精矿中的大部分杂质也随之溶解，生成相应的氯化物进入溶液。

$$SiO_2 + 4HCl = SiCl_4 + 2H_2O \tag{7-2}$$

$$Al_2O_3 + 6HCl = 2AlCl_3 + 3H_2O \tag{7-3}$$

$$MgO + 2HCl = MgCl_2 + H_2O \tag{7-4}$$

$$Fe_2O_3 + 6HCl = 2FeCl_3 + 3H_2O \tag{7-5}$$

$$CaO + 2HCl = CaCl_2 + H_2O \tag{7-6}$$

$$PbO + 2HCl = PbCl_2 + H_2O \tag{7-7}$$

$$ZnO + 2HCl = ZnCl_2 + H_2O \tag{7-8}$$

$$B_2O_3 + 6HCl = 2BCl_3 + 3H_2O \tag{7-9}$$

$$P_2O_5 + 10HCl = 2PCl_5 + 5H_2O \tag{7-10}$$

$$Ga_2O_3 + 6HCl = 2GaCl_3 + 3H_2O \tag{7-11}$$

这些进入溶液的杂质,大部分将在氯化蒸馏时除去。

2. 盐酸浸出的主要影响因素

A 盐酸浓度

盐酸浸出时要保持较高的盐酸浓度,以利于锗的浸出。因为四氯化锗在盐酸中的溶解度受盐酸浓度的影响,$GeCl_4$ 在盐酸中的溶解度见表 7-2。

表 7-2 $GeCl_4$ 在盐酸中的溶解度

盐酸浓度/$mol \cdot L^{-1}$	7	7.77	8.32	9.72	12.08	16.14
$GeCl_4$ 溶解度/$g \cdot L^{-1}$	37	85.36	61.83	17.84	1.83	0.88

从表 7-2 可见,$GeCl_4$ 在盐酸中的溶解度随盐酸浓度的增加而增加,到 7.77 达到最大值,以后随盐酸浓度的增加而减少。所以,浸出时盐酸的浓度应大于 7 mol/L。而蒸馏时,因盐酸浓度大于 8.32 mol/L 以后,随着盐酸浓度的增加,$GeCl_4$ 溶解度下降。所以盐酸浓度应更大,有利于锗的蒸馏。

B 锗精矿中锗存在形态的影响

未见有资料专门研究锗精矿中锗的存在形态,但是从前几章可知,由丹宁沉锗—煅烧法和萃取—中和沉淀法得到的锗精矿,锗都应为二氧化物(GeO_2)。GeO_2 有三种不同晶形:四面体、六边形和无定形。前者不溶,后二者可溶。根据第三章的知识可知,煅烧温度应大于1033℃,有利于转变为可溶性的GeO_2,而提高盐酸浸出率。

（二）氯化蒸馏

1．氯化蒸馏的理论依据

锗和某些杂质的氯化物的蒸气压和温度的关系比较如表7-3和图7-2所示。

表7-3　锗和某些杂质的氯化物的蒸气压和温度的关系

氯化物	压力/kPa					沸点	熔点/℃
	0.133	1.33	5.32	13.3	53.2		
$FeCl_3$	194.0	235.5	256.8	272.5	298.0	319.0	304
$FeCl_2$		700	779	842	961	1026	
NaCl	865	1010	1131	1120	1379	1405	800
$MgCl_2$	778	930	1050	1142	1316	1418	712
$CaCl_2$						782.0	
$GaCl_3$	48.0	76.58	107.5	132	176.3	200	77
CuCl	546	702	838	960	1240	1490	432
$AlCl_3$						>177.8	−18
$PbCl_2$	547	648	725	784	893	954	501
$ZnCl_2$	428	5998	516	610	689	732	365
$SbCl_3$		85.2	117.8	143.3	192.2	219.0	73.4
$SbCl_5$	22.7	61.8	91.0	114.1			28
BCl_3	−91.5	−66.9	−47.8	−32.9	−3.6	12.7	−107
PCl_5	55.5	83.2	102.5	117.0	147.2	162.0	
PCl_3	−51.6	−21.3	23	21.0	56.9	74.2	−118
$SiCl_4$	−63.0	−34.4	−12.1	5.4	38.4	56.8	−68.8
Si_2Cl_6	40	38.8	65.3	85.4	120.6	139.0	−1.2
$GeCl_4$	−45.0	−15.0	8.0	27.5	68.8	84	−49.5
$MnCl_2$	8	778	879	960	1108	1190	650
$SnCl_4$	−22.7	10.0	35.2	54.7	92.1	113.0	−3.0
$SnCl_2$	316	391	450	493	577	623	246.8
$AsCl_3$						130	

从表7-3和图7-2可见,$GeCl_4$的沸点为84℃,钙、镁、铁、铝和

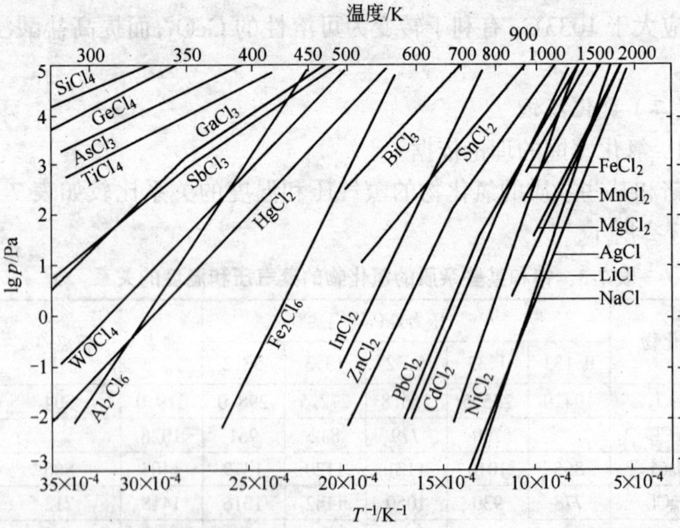

图 7-2 锗和某些杂质的氯化物的蒸气压和温度的关系

重金属氯化物的沸点均很高，易于与锗分离。与其沸点相近的杂质有 $AsCl_3$、$SnCl_4$、Si_2Cl_6、$SiCl_4$、PCl_3、BCl_3。然而，磷、硼在原料中一般很少；锡在原料中的含量也很低，进入溶液的量就更少；$SiCl_4$ 的沸点较低，在 $GeCl_4$ 蒸馏之前先蒸馏出来，可采用分段蒸馏的方法与 $GeCl_4$ 分离。所以最有害的杂质是砷，通常采用在蒸馏之前加氧化剂，将砷氧化为高价砷酸，使其不能蒸馏出来的方法。此时砷发生下列反应：

$$AsCl_3 + 4H_2O + Cl_2 = H_3AsO_4 + 5HCl \qquad (7\text{-}12)$$

与此同时，磷也可氧化为 $POCl_3$ 高沸点化合物，不能蒸馏而除去。

$$PCl_3 + H_2O + Cl_2 = POCl_3 + 2HCl \qquad (7\text{-}13)$$

蒸馏产物 $GeCl_4$ 经冷凝可为盐酸吸收。

2. 溶解反应的动力学

氯化浸出反应为多相反应，多相反应的速度一般由吸附、化学反应和扩散三个步骤决定。由于吸附速度很快，所以多相反应的速度主要取决于化学反应和扩散速度。当以扩散为控制步骤时，称多相反应处于扩散控制区；当以化学反应为控制步骤时，称反应处于化学反应控制区；当扩散和化学反应两者都对多相反应影响很大时，称为混合控制。

扩散速度可用下式表示：

$$dn/dt = D_i \cdot A(C - C_s)/\delta$$

式中 D_i 为 i 离子的扩散系数；C 为反应物在溶液中的浓度；C_s 为反应物在固体表面的浓度。

(1) 如果化学反应速度比浸出剂离子扩散速度快时，$C_s = 0$，属于扩散控制。其速度可用下式计算：

$$v = dn/dt = D_i \cdot A(C - C_s)/\delta = k_1 \cdot A \cdot C$$

(2) 如果化学反应速度比浸出剂离子扩散速度慢时，属于化学反应控制，其速度可用下式计算：

$$v = k_2 \cdot A \cdot C_s^{\,n}$$

(3) 化学反应速度和浸出剂离子扩散速度大小相近时，属于混合控制，其速度可用下式计算：

$$v = k_1 \cdot A \cdot C = k_2 \cdot A \cdot C_s^{\,n}$$

大多数氯化浸出的反应均为一级反应，所以 $n = 1$

$$C_s = k_1/(k_1 + k_2) \cdot C$$

将 C_s 代入步骤(1)或(2)的式中则可得：

$$v = k_2 \cdot A \cdot C_s = k_2 \cdot A \cdot k_1/(k_1 + k_2) \cdot C$$

$$= k_1 k_2/(k_1 + k_2) \cdot AC = kAC$$

从此式可知：如果 $k_1 \ll k_2$，属于扩散控制，其反应速度按式 $dn/dt = D_i \cdot A(C - C_s)/\delta = k_1 \cdot A \cdot C$ 计算；如果 $k_1 \gg k_2$，属于化学反应控制，其反应速度按步骤(2)中的式子计算：如果 $k_1 \approx k_2$，为混合控制，其反应速度按此式计算。

提高温度既能提高扩散速度，也能提高化学反应速度，但是扩散速度的温度系数较小，温度每升高 1℃，扩散速度约增加 1% ～

3%;而化学反应速度的温度系数大,温度每升高1℃,化学反应速度增加10%。

(三) 盐酸浸出—氯化蒸馏的实践

1. 盐酸浸出—氯化蒸馏的设备

盐酸浸出—氯化蒸馏的设备分为浸出蒸馏和冷凝两部分。浸出蒸馏设备为蒸气加热的耐酸搪瓷釜,冷凝设备为玻璃球形冷凝器。其设备如图7-3所示。

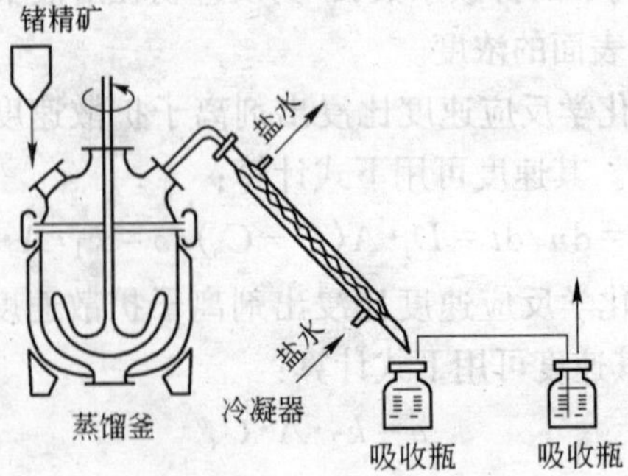

图7-3 盐酸浸出—氯化蒸馏的设备示意图

耐酸搪瓷釜有夹套,可供通入蒸汽进行加热;还装有机械搅拌器,设有装料和卸料阀。釜上的蒸汽出口接着冷凝器,冷凝器用低温盐水进行冷却,冷凝器的出口接着多个装7个当量盐酸的吸收瓶。

2. 作业过程

锗精矿从加料口用密闭料斗慢慢加入,盐酸从高位酸罐经流量计计量后,由加料阀门加入釜内,同时加入一定量的硫酸和少量 MnO_2 或通入氯气,用蒸汽加热,并搅拌,开始氯化浸出。

随着温度上升,氯化浸出逐渐进行,当温度升到100~110℃时,在氯化浸出的同时,易挥发的组分开始挥发。大量的氯化氢气体、氯气、四氯化锗和少量的三氯化砷、四氯化硅和三氯化硼等一齐蒸馏出来,通过蒸汽排气口进入冷凝器,冷凝成液态 $GeCl_4$ 及少量三氯化砷、四氯化硅和三氯化硼,还有微量重金属的氯化物。大量含氯的恒沸盐酸,也进入冷凝器下的吸收瓶。未被冷凝的氯化氢及少量四氯化锗气体,在经过其他的吸收瓶时被逐渐吸收。所以,吸收瓶中的溶液酸度也逐渐升高。当盐酸浓度达到约 12 当量时溶液分层,上层为盐酸,下层为四氯化锗,由于二者比重差很大,两层界面清晰。

还有少量未被吸收的气体,主要是氯化氢气体、氯气和少量四氯化锗蒸气,还需进一步用碱液吸收,以回收。

氯化蒸馏结束,搪瓷釜温度降到室温后,打开排料阀将残液和残渣放入沉清池。沉清后因清液含锗很低排放;残渣含锗很高,需进一步处理,以回收锗。

3. 控制条件

浸出终酸必须保证大于 8 当量,以保证高的浸出率。固液比 1∶3(即 1 kg 锗精矿加 3 升 8～9 当量的工业盐酸)。1 kg 锗精矿加入 190 mL 浓硫酸,90～100 g MnO_2。MnO_2 的加入量也可按下式计算:

$$Q_{MnO_2} = K \cdot Q_{AsCl_3} \tag{7-14}$$

式中,Q_{MnO_2}为二氧化锰加入量;Q_{AsCl_3}为锗精矿中 $AsCl_3$ 的含量。K 一般为 4.6～7.5,即二氧化锰加入量为锗精矿中 $AsCl_3$ 含量的 5～8 倍。加入的二氧化锰可发生下列反应,而减少氯气的消耗量。

$$MnO_2 + 4HCl = MnCl_2 + Cl_2 + 2H_2O \tag{7-15}$$

氯气除了进行反应式 7-12 氧化砷,减少进入四氯化锗的砷量外,还与其他杂质发生如式 7-13 的氧化反应,减少其他杂质进入四氯化锗的量。实践证明,K 值必须大于 5,得到的四氯化锗质量较好,而当 K 值大于 7 所得的四氯化锗质量更好。

4. 有关指标

某单位每次处理 8 kg 锗精矿的设备,锗在氯化浸出—蒸馏过程各产物中的分布,见表 7-4。

表 7-4　锗在氯化浸出—蒸馏过程各产物中的分布

投入			产出						
物料	品位/%	含锗量/g	物料	体积/mL	质量/kg	浓度/g·L^{-1}	品位/%	含锗量/g	分布/%
锗精矿 8.0 kg	2.0	160	$GeCl_4$	225			9.8	138	86.25
			上层液	3.6		0.32		0.0012	
			吸收液	3.0		2.5		0.0075	
			残液	28.8		0.025		0.00072	
			残渣		4.5		4.7	21	13.12
			差值损失					1.0	0.63

从表 7-4 可见，在上层液、吸收液、残液中所含的锗都很少，而残渣中的锗含量很高，必须回收。

三、四氯化锗的提纯

氯化浸出—蒸馏法得到的四氯化锗其纯度不够，还需进一步提纯。其提纯方法有精馏法、硫化锗沉淀法和盐酸萃取法。其中精馏法较为简单、迅速而有效，故使用的较多。

（一）精馏法

1．精馏原理

A　蒸馏原理

蒸馏法的实质是基于四氯化锗与杂质氯化物（主要是 $AsCl_3$）蒸气压的差别，而且二者不形成恒沸混合物，而将其分离。

蒸馏按操作方式可分为简单蒸馏、平衡蒸馏、精馏和特殊蒸馏。

从表 7-3 可见，$GeCl_4$ 的沸点为 84℃，$AsCl_3$ 的沸点为 130℃。$GeCl_4$—$AsCl_3$的状态图如图 7-4 所示。

在图 7-4 中，有上下两条曲线，下面的曲线为沸腾曲线，表示各成分溶液的沸点，该曲线下面是液相区；上面的曲线为凝结曲线，表示各成分气体的冷凝温度，该曲线之上是过热蒸气区；在两条曲线之间是气液相共存区。从图 7-4 可见，$GeCl_4$ 和 $AsCl_3$ 不发生化学反应，可以按任何比例相溶，可以近似为理想溶液，服从

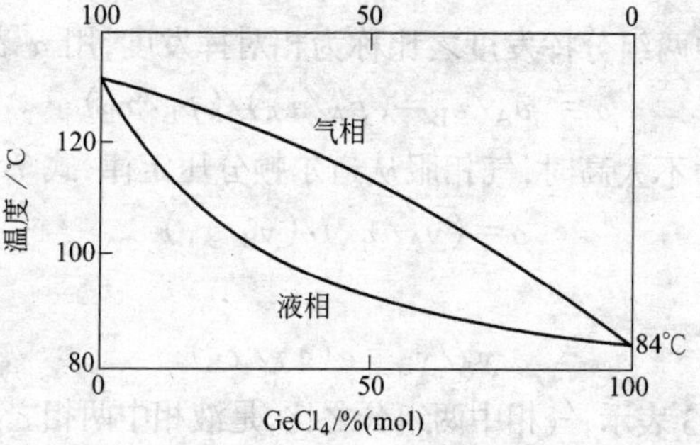

图 7-4　$GeCl_4$—$AsCl_3$ 的状态图

拉乌尔定律。当总压不太高时还服从道尔顿分压定律。平衡相的成分由等温线与沸腾线及凝结线的交点确定,而二者之间的数量比例可用杠杆定律计算。

$$p_A = p^{\circ}_A \cdot x_A \tag{7-16}$$

$$p = p_A + p_B = p^{\circ}_A \cdot x_A + p^{\circ}_B \cdot x_B \tag{7-17}$$

由式 7-17 解得:

$$x_A = (p - p^{\circ}_B)/(p^{\circ}_A - p^{\circ}_B) \tag{7-18}$$

由式 7-16 和式 7-18 得:

$$y_A = p^{\circ}_A \cdot x_A / p \tag{7-19}$$

式中　p°_A、p°_B——某温度 $GeCl_4$ 和 $AsCl_3$ 的饱和蒸气压;

p_A、p_B——某温度 $GeCl_4$ 和 $AsCl_3$ 蒸气压;

x_A、x_B——液相中 $GeCl_4$ 和 $AsCl_3$ 的摩尔分数;

y_A、y_B——气相中 $GeCl_4$ 和 $AsCl_3$ 的摩尔分数。

已知温度,p°_A、p°_B 可查出,根据 x_A 和 x_B 就可算出 y_A 和 y_B。

用 $GeCl_4$—$AsCl_3$ 的状态图还可以方便地分析蒸馏过程。

混合溶液的挥发度可用下式表示:

$$v_A = p_A / x_A \tag{7-20}$$

对于理想溶液,服从拉乌尔定律:

$$v_A = p^{\circ}_A$$

溶液中两组分挥发度之比称为相对挥发度，用 α 表示：

$$\alpha = v_A / v_B = (p_A / x_A)/(p_B / x_B) \tag{7-21}$$

当压力不太高时，气相服从道尔顿分压定律，式 7-21 可写为：

$$\alpha = (y_A / x_A)/(y_B / x_B) \tag{7-22}$$

或

$$y_A / y_B = \alpha (x_A / x_B) \tag{7-23}$$

式 7-23 表示，气相中两组分之比，是液相中两相之比的 α 倍。

而对于理想溶液：

$$\alpha = p^{\circ}_A / p^{\circ}_B \tag{7-24}$$

即理想溶液的挥发度等于该温度下纯组分 A 和 B 的蒸气压之比。

对于 $GeCl_4$—$AsCl_3$ 二元溶液，$x_B = 1 - x_A$，$y_B = 1 - y_A$，代入式 7-23，得：

$$y_A/(1 - y_A) = \alpha \cdot x_A/(1 - x_A) \tag{7-25}$$

略去下标整理得下式：

$$y = \alpha \cdot x /(1 + (\alpha - 1)x) \tag{7-26}$$

当温度确定后 α 已知，可以从进料成分 x 计算出平衡气相成分 y。

B　精馏原理

精馏就是多次部分气化，部分冷凝。图 7-5 表示的是 $GeCl_4$—$AsCl_3$ 系三级蒸馏的温度—组分曲线。设成分为 x_1 的混合溶液，当温度升到液相线开始沸腾。得到的平衡蒸气成分为 y_1，且 $y_1 > x_1$。通过热交换温度从 t_1 降到 t_2，此时气相成分为 y_2，与之平衡的液相成分为 x_2，且 $y_2 > x_2$……。通过多次气—液平衡，气相中 $GeCl_4$ 逐渐得到富集，$AsCl_3$ 逐渐富集到液相中，达到提纯 $GeCl_4$ 的目的。

C　精馏塔的分离过程

在填料式精馏塔中精馏开始时，填料和柱壁被沸腾的 $GeCl_4$

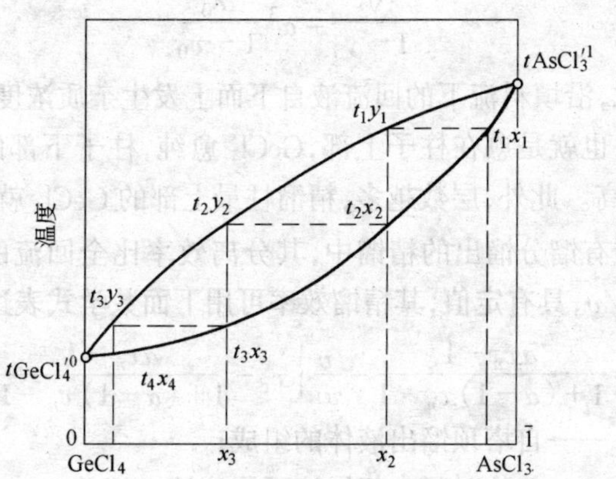

图 7-5　$GeCl_4$—$AsCl_3$ 系三级蒸馏的温度—组分曲线

蒸气加热，过一段时间蒸气到达冷凝段，蒸气在冷凝段中又冷凝成 $GeCl_4$ 液体，沿填充料流下，即所谓回流，回流的组成按下式求出：

$$\frac{y_1}{1-y_1}=\alpha\frac{x_0}{1-x_0} \tag{7-27}$$

式中　x_0——混合液组成，摩尔分子浓度；

y_1——回流液组成，摩尔分子浓度；

α——相对挥发度。

由于回流液需要经过一段时间，在这一期间新的蒸气又达到精馏柱内，在上升的过程中与组成为 y_1 的回流液相遇，在填料上发生热交换，形成新的气液两相，分离出另一组成为 y_2 的蒸气，可写成：

$$\frac{y_2}{1-y_2}=\alpha\frac{y_1}{1-y_1}=\alpha\times\alpha\frac{x_0}{1-x_0}=\alpha^2\frac{x_0}{1-x_0} \tag{7-28}$$

这些蒸气在塔的上部冷凝后，成为第二层回流液随第一层回流液回流下来。后来第三部分组成为 y_1 的蒸气，遇到组成为 x_1 的第一层回流液，分离出组成为 y_2 的蒸气。此蒸气又遇到组成为 x_2 的第二层回流液时又分离出组成为 y_3 的蒸气，可写成

$$\frac{y_3}{1-y_3}=\alpha^3\frac{x_0}{1-x_0} \tag{7-29}$$

因此,沿填料流下的回流液自下而上发生杂质浓度差(组成不同的层),也就是愈在柱子上部,$GeCl_4$ 愈纯,柱子下部的 $GeCl_4$ 含 $AsCl_3$ 愈高。此外,层数越多,精馏柱最上部的 $GeCl_4$ 就越纯。

但在有馏分馏出的精馏中,其分离效率比全回流的低。此时 $v\neq0$, w/v,具有定值,其精馏效率可用下面数学式表达:

$$x_n=\frac{\alpha x_n-1}{1+(\alpha-1)x_n-1}-\frac{v}{w}\left\{x_c-\frac{\alpha x_n-1}{1+(\alpha-1)x_n-1}\right\} \tag{7-30}$$

式中 x_c——自塔顶馏出液体的组成;

w——单位时间内每层流下回流液,mol;

v——顶上馏出的液体,mol;

x_n——n 层中液相(回流)组成;

α——相对挥发度。

在全回流时:

$$x_n=\frac{\alpha x_n-1}{1+(\alpha-1)x_n-1} \tag{7-31}$$

由上式可知,有馏分馏出时,低沸点成分逐层的增加量少于全回流时的量,其减小值为式 7-30 中的第二项,即有馏分馏出时分离效率较差。回流比 w/v 越小或 v/w 越大,精馏塔分离效率越差。

取多大的馏出量,即确定最小回流比。既能保证 $GeCl_4$ 质量(即达到一定的分离程度),也要达到一定的产量。

最小回流比可由下式确定:

$$\left(\frac{w}{v}\right)_{最小}=\frac{x_c-\dfrac{\alpha_x}{1+(\alpha-1)x}}{\dfrac{\alpha_x}{1+(\alpha-1)x}-x} \tag{7-32}$$

由式 7-32 可知,回流比 w/v 越小,当要求顶上馏出物组成 x_c 一定时,所需的层数越多。

在回流比一定时，通过 n 层精馏(即柱顶层)产出组成为 x_n 的 $GeCl_4$ 馏出液，这一理论层数 n 用下式求得

$$n=\frac{\lg\dfrac{x_n(1-x)}{x(1-x_n)}}{\lg\alpha} \tag{7-33}$$

四氯化锗精馏一般采用填料塔或筛板塔，其精馏效率除受上述因素影响外(如回流比、相对挥发度等)，还与柱子绝热或保温状况有关。

从塔上面单元进入的液体 $GeCl_4$ 和在塔下面单元进入的 $GeCl_4$ 气体在中间的单元会建立起新的气液平衡。在此单元气—液之间的关系可用式 7-34 计算。

$$y/(1-y)=\alpha x/(1-x) \tag{7-34}$$

通常称上述单元为一个理论塔板。

对于填料塔，等板理论高度是表征塔提纯效率的重要尺度。可见，在相同理论塔板数的情况下，等板高度愈小，则塔愈短，提纯效率愈高。因此，在精馏 $GeCl_4$ 中应考虑采用高效的填料，以及合理的塔形结构和最佳的操作条件，以保证获得最大的分离因子。

分离因子 SF 可由式 7-35 计算：

$$\mathrm{SF}=x_{头GeCl_4}/(1-x_{头GeCl_4})\div x_{底GeCl_4}/(1-x_{底GeCl_4}) \tag{7-35}$$

即为塔顶液体中 $GeCl_4$ 与 $AsCl_3$ 的浓度比除以塔底液体中 $GeCl_4$ 与 $AsCl_3$ 的浓度比值。

当为全回流时，分离因素 SF 就等于 α^n，说明它与混合物的性质($GeCl_4$ 中含 $AsCl_3$ 量的多寡)有关。也就是说它与相对挥发度 α 和塔的结构性质即理论塔板数有关。

一般来说，$GeCl_4$ 与 $AsCl_3$(主要为 $GeCl_4$)的混合物的沸点差和相应的挥发度，大致可以说明在实际操作中的分离因子与混合物中挥发组分的起始和最终浓度及最小理论塔板数之间的相互联系。

$GeCl_4$ 与 $AsCl_3$ 的沸点差较大，即相对挥发度 α 较大。但是，

当 $GeCl_4$ 中 $AsCl_3$ 含量极少时，在沸腾状态下混合物的温度变化不大(80～85℃)，相对挥发度 α 接近常数，其值可表示为：

$$\alpha=\frac{[GeCl_4]_{蒸}\times[AsCl_3]_{液}}{[AsCl_3]_{蒸}\times[GeCl_4]_{液}} \tag{7-36}$$

有人计算了 $AsCl_3$ 在 $GeCl_4$ 中的浓度低于 0.05 mol 时的相对挥发度为 2.5±0.035。试验结果见表 7-5 和图 7-6。

表 7-5　$GeCl_4$ 中 $AsCl_3$ 的浓度与相对挥发度

温度 t/℃	$AsCl_3$(10^3×摩尔分子数)		α
	液　相	气　相	
125.8	973	856	6.08
117.4	914	635	6.11
111.5	858	514	5.71
99.9	669	282	5.15
96.7	575	227	4.16
93.7	428	161	3.9
91.8	339	135	3.90
90.2	280	107	3.24
87.2	151	56.1	2.99
85.6	98.21	39.3	2.67
85.3	82.5	33.4	2.6
84.8	60.5	25.1	2.5
84.8	58.1	23.4	2.58
84.1	13.1	2.54	2.56
84.1	11.6	4.76	2.45
83.6	6.05	2.55	2.38
83.6	1.36	0.51	2.67
83.6	0.136	0.054	2.52
83.6	0.0096	0.0040	2.40
83.6	0.0084	0.0032	2.63

从图 7-6 中看出，当 $GeCl_4$ 中 $AsCl_3$ 浓度很低时，相对挥发度基本为常数，即液相与气相中 $AsCl_3$ 浓度比保持不变。要进一步分离就需增大理论塔板数，或改变溶液的性质，如加入适当的络合剂等。

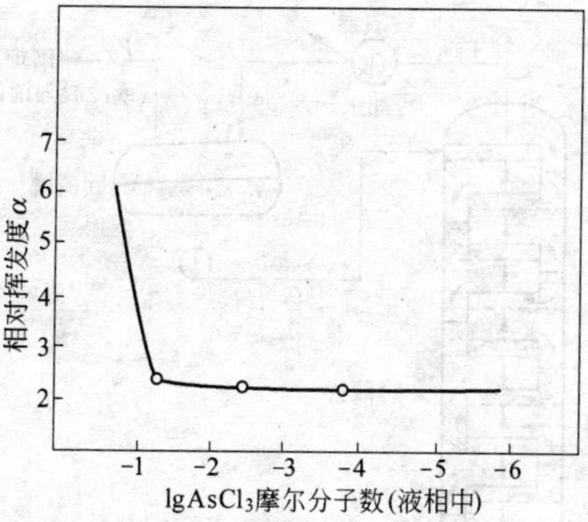

图 7-6　相对挥发度与组成的关系

2．精馏的实践

A　精馏设备

板式精馏塔如图 7-7 所示。

板式精馏塔是一个在内部设置多块塔板的装置。全塔各板自塔底向上，气相中 $GeCl_4$ 浓度逐板增加；自塔顶向下液相中 $GeCl_4$ 浓度逐板降低。温度自下而上逐板降低。在板数足够多时，蒸气经过自下而上的多次提浓，由塔顶引出之蒸气为高纯度的 $GeCl_4$，经冷凝后一部分作为塔顶产品(亦称为馏出液)，另一部分引回到顶部的塔板上，作为回流。液体经过自上而下的多次蒸馏，最后得到的是含 $AsCl_3$ 等杂质高的溶液。

提纯 $GeCl_4$ 的精馏塔是用石英制造的，由精馏釜、精馏柱、精馏柱内的填料或筛板、冷凝器，接收瓶和吸收瓶等组成。

我国采用的精馏塔高 2.5 m，精馏釜容积 5L，塔柱直径 40 mm。接收瓶和吸收瓶均为 3 L 容积的石英玻璃瓶，塔与塔之间用氢氧焰焊接，以防止 $GeCl_4$ 和 $AsCl_3$ 的泄漏。

B　全塔物料衡算

全塔物料流如图 7-8 所示。

由于是连续稳定操作，故进料流量必等于出料流量。

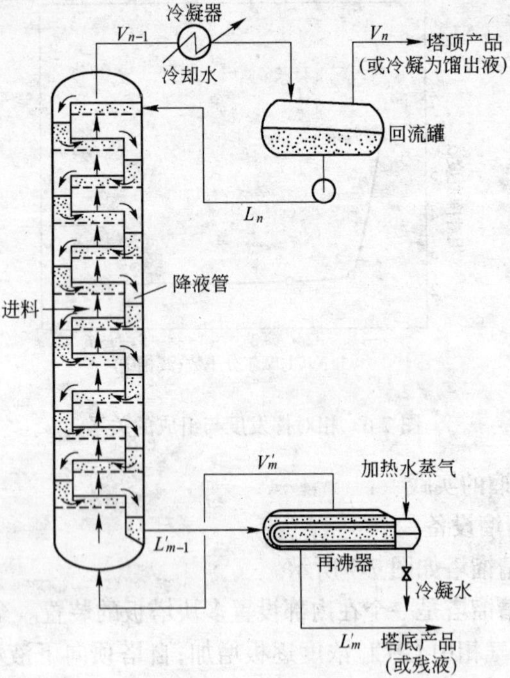

图 7-7　板式精馏塔示意图

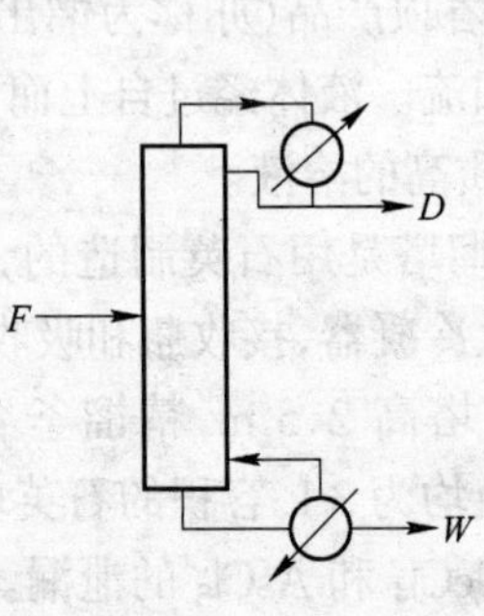

图 7-8　全塔物料流示意图

对全塔物料衡算得：

$$F = D + W \tag{7-37}$$

对全塔易挥发组分的物料衡算得：

$$Fx_F = Dx_D + Wx_W \tag{7-38}$$

式中　F——原料流量，kmol/h；

D——塔顶产品（馏出液）流量，kmol/h；

W——塔底产品（釜液）流量，kmol/h；

x_F——原料中易挥发组分的摩尔分数；

x_D——馏出液中易挥发组分的摩尔分数；

x_W——釜液中易挥发组分的摩尔分数。

式7-37和式7-38中有进料、塔顶产品和塔底产品的流量和组成6个量，若已知其中4个，则可求出另外2个。设计计算时一般进料流量及组成已知，馏出液组成及釜液组成是工艺所要求的，因此，从以上两式就可求出馏出液及釜液流量。

对精馏过程所要求的分离程度除用产品的组成表示外，有时还用回收率表示。回收率是指回收了原料中 $GeCl_4$ 的百分数。如塔顶 $GeCl_4$ 回收率 η 可用下式计算

$$\eta = \frac{Dx_D}{Fx_F} \times 100\% \tag{7-39}$$

C　精馏作业

a　加铜精馏

为了提高精馏的除砷效率，可采用在精馏塔中加铜的精馏。利用铜对砷的亲和力比砷对氯的亲和力大的原理，使其发生反应，生成化合物，可降低 $GeCl_4$ 中砷的含量。

如含20% $AsCl_3$ 的粗 $GeCl_4$ 在直径25 mm内装拉西环，高1.22 m的塔内进行精馏提纯。经测定理论塔板数为40，柱子采用等温夹套，维持84℃的柱温。精馏开始，HCl气体首先蒸出，并通过冷凝器在水吸收瓶内被吸收，在气—液平衡时截取2%的馏出物量。精馏所得的纯 $GeCl_4$ 含砷小于 2×10^{-6}。当填料内加入铜环，通过全回流12～15 h后，由于 $AsCl_3$ 与铜反应生成 Cu_3As_2、

CuCl，精馏出的 $GeCl_4$ 产品含砷降到 1×10^{-6}以下。

在精馏中如果将铜粉加入到精馏釜液内，这时 $GeCl_4$ 中的 $AsCl_3$ 与铜粉便发生作用，生成 $Cu_7As_2Cl_6$，同样有利于提高除砷的效果。

然而加铜除砷，在精馏操作上是不方便的。由于反应后，铜环或铜粉表面生成一层反应产物，阻止 $AsCl_3$ 与铜进一步作用，从而失去了除砷能力，必须换上新鲜的铜环或铜粉。所以每次精馏操作结果后，必须拆除精馏塔，卸出旧的铜环或铜粉。

b　通氯精馏

在精馏时通入氯气，会使低价的 $AsCl_3$ 氧化成高价的不挥发的化合物，也可以达到分离目的。在较低的温度下，$AsCl_3$ 与氯气发生如下反应：

$$AsCl_3 + Cl_2 \longrightarrow AsCl_5$$

而在氯气过量的情况下还会继续反应生成砷酸和盐酸：

$$AsCl_3 + Cl_2 + 4H_2O \longrightarrow H_2AsO_4 + 5HCl$$

通氯精馏能达到令人满意的除砷效果。

但是由于氯气不易冷凝（沸点 －36℃），会带走 $GeCl_4$，使锗回收率降低。

还由于 $GeCl_4$ 中会溶解氯气，在水解时为除去 $GeCl_2$ 中的氯所用洗涤水量增加，造成水解母液内锗的溶解总量的增加，也使锗的直接回收率进一步降低。

c　预复蒸

为解决上述问题，在工业生产中采用预先通氯气饱和 $GeCl_4$，进行简单蒸馏，再精馏的方法，还在复蒸中加入一定量的盐酸，使被氯氧化的氯化砷溶入到盐酸中。这样可获得无色透明含砷少于 1×10^{-6}的较纯的不含氯的 $GeCl_4$，然后再进行精馏提纯。

d　精馏

粗 $GeCl_4$ 用密封加压法能通过一根与精馏釜相通的加料管流进釜内。如果 $GeCl_4$ 未经过复蒸，$GeCl_4$ 含有氯气，精馏前要缓慢升温赶氯。在赶氯过程中，整个精馏设备系统充满氯气呈黄绿色，经过0.5～1 h后，设备内颜色消失，表明赶氯完全，再逐渐升高釜温和柱温，在釜温90～110℃、柱温80～83℃、顶温82～83℃时，$GeCl_4$ 开始馏出，此时不截去馏分，进行全回流，以使填料或筛板被 $GeCl_4$ 充分湿润，以提供良好的热交换条件。当下流的 $GeCl_4$ 液体与上升的 $GeCl_4$ 气体相遇时，气态 $GeCl_4$ 阻止液态 $GeCl_4$ 上升，使全柱充满液体。此时 $GeCl_4$ 发生泡沸的液泛现象，液泛半小时后降低釜温，$GeCl_4$ 蒸出量减少，下流的 $GeCl_4$ 顺利通过填料流入釜内，转入正常精馏操作。

开始先蒸馏出来的是低沸点氯化物杂质，如 $SiCl_4$ 和 BCl_3 等。所以在截取 $GeCl_4$ 产品之前，先分开截取低沸点馏分中的 $SiCl_4$ 和 BCl_3，截取量为 $GeCl_4$ 加入量的10%，当低沸点馏分截取完后，再将截出的纯 $GeCl_4$ 从另一个分支管流入 $GeCl_4$ 接收瓶内。

当 $GeCl_4$ 蒸气进入冷凝器内转为液体时，放出大量的热。放出的热由冰盐冷却水带走，未被冷凝的 $GeCl_4$ 气体通过3个装有7当量的盐酸吸收瓶回收。

D 影响精馏提纯效率的因素

a 回流比

回流比是影响提纯的重要技术条件之一，一般可根据 $GeCl_4$ 中的含砷量通过试验确定。$GeCl_4$ 中含 $AsCl_3$ 较多时，其相对挥发度 α 大。

必须采用较大的回流比，提高板效率，以获得较高的提纯效率。

而 $AsCl_3$ 的含量低于0.05 mol时，α 值减小，并趋向于一个常数，此时回流比对提纯的影响不显著。这时可采用较小的回流比，以获得较大的产率。

有人研究根据不同的含砷量采用不同的回流比，取得了较好效果，现列于表7-6以供参考。

表 7-6　$GeCl_4$ 中 $AsCl_3$ 含量与回流比对提纯效率的影响

样号	原　液	回流比	原液 $GeCl_4$ 中含 $AsCl_3$ 量/%	馏出液 $GeCl_4$ 中含 $AsCl_3$ 量/%	提纯倍数
1	粗 $GeCl_4$	3:1	3.5	0.07	50
2	粗 $GeCl_4$	7:1	26.3	0.06	438
3	粗 $GeCl_4$	9:1	19.0	0.07	271
4	粗 $GeCl_4$	9:1	6.1	0.07	87
5	粗 $GeCl_4$	33:1	17.5	0.0004	43750
6	分馏残液	3:1	50	0.0005	100000
7	分馏残液	100:1	89	0.0008	111250
8	$GeCl_4$ 馏出液	3:1	0.0015	0.0004	3.75
9	$GeCl_4$ 馏出液	7:1	0.005	0.0004	12.5
10	$GeCl_4$ 馏出液	7:1	0.0004	0.0002	2
11	$GeCl_4$ 馏出液	25:1	0.0003	0.0001	3

试验是在容积 2 L 的派勒克斯玻璃塔内进行的，塔高 1.22 m，直径 25 mm，填料为直径 4 mm 的派勒克斯玻璃环。全回流 3 h 后开始蒸馏，蒸出速率为 1 L/h。在回流比 9:1 时，蒸出速率为 100 mL/h。

b　四氯化锗蒸出速率对精馏效率的影响

蒸出速率是精馏过程的重要控制条件。如果 $GeCl_4$ 蒸出速率过大，则柱子内滞留量变大，当达到一定量时，塔内就会产生液泛，此时精馏便失去提纯能力。而如果蒸出速率过小，柱内滞留量随之变小，柱子理论塔板数增加，精馏效果好，但是 $GeCl_4$ 的产率过低，经济上是不合理的。有研究者采用相同的粗 $GeCl_4$ 原料和相同的处理量，以精馏温度和精馏时间长短间接反映蒸出速率。获得精馏后的纯 $GeCl_4$，经水解成 GeO_2，然后再通过用同一设备与条件还原为金属锗。最后通过测定金属锗的电阻率来判断 $GeCl_4$ 的纯度。结果见表 7-7。

表 7-7 蒸出速率与 $GeCl_4$ 质量的关系

精馏釜温 $t/℃$	冷凝器进口温度 $t/℃$	精馏持续时间 /h	$GeCl_4$ 质量① /Ω·cm
<86	<73	17	10~15
88~90	83	8.3	5~10
90~92.5	83	8.15	5
90~95	83	5	0.5~3

① 系指用这些 $GeCl_4$ 制备金属的电阻率。

从表 7-7 中可见,$GeCl_4$ 蒸出速率小的时候,精馏效果好,产品纯度较高,但精馏时间太长。因此在选择蒸出速率时,应兼顾产品的质量和生产效率。

c 在 $GeCl_4$ 中加入添加剂的影响

前面已经提及,当 $GeCl_4$ 中含 $AsCl_3$ 较低时,它的相对挥发度 α 接近常数。即使在较大的回流比的情况下,提纯因子也不大,除非进一步增加理论塔板数(即更高的塔)或进行多次精馏。这又会造成设备造价增高,产率降低和成本上升,所以不可取。

采用在 $GeCl_4$ 中加入适当的添加剂,如某些可与杂质络合的络合剂。如三苯甲醇、双硫腙、α-硝基-β 萘酚、甘氨酸、1,2,5,8-四氢化蒽萉、邻苯二酚等,使 $GeCl_4$ 中的杂质变为不挥发的络合物,结果能得更纯的产品。如往 $GeCl_4$ 中加入三苯甲醇($Ph_3(OH)$)进行搅拌,就可以使硼、铝、镓、铟、铊、钛等杂质沉淀。又如:双硫腙(二苯基硫卡巴腙)可以络合 $GeCl_4$ 中的铁、镁、钛;α-硝基-β 萘酚能络合钙、镁;甘氨酸(氨基乙酸、乙氨酸)能络合铁、硼、镁、铜、钙;1,2,5,8-四氢化蒽萉能络合硼、铁;邻苯二酚能络合铁、镁生成不挥发的络合物;往 $GeCl_4$ 中加入 $AlCl_3$,可增加除磷的效果,因为 $AlCl_3$ 与 PCl_5 反应生成不挥发性的 $AlCl_3 \cdot PCl_5$ 络合物。精馏时残留在釜内达到与易挥发的四氯化锗分离的目的。

此外,还可加入其他添加剂。如向含有 1×10^{-6}Al 的 $GeCl_4$ 中,加入 $GeCl_4$ 体积 1%量的 14%的 NH_4OH,边加边搅拌,中和水解,沉淀后再精馏,可使馏出 $GeCl_4$ 中的 Al 降到 2×10^{-9}以下。

为了保证 $GeCl_4$ 的纯度，应进一步分析其相对挥发度。表 7-8 列出了用循环法、静力学法和蒸馏法 3 种方法测定的相对挥发度 α。其中 α 值中等的采用循环法测定；较大的采用静力学法测定；α 值接近 1 的采用精馏法测定。

表 7-8　某些物质的稀溶液在 $GeCl_4$ 中的相对挥发度 α

杂质	浓度范围/mol	温度/℃	分配系数试验值			根据查义耳定律的计算值
			循环法	静力法	蒸馏法	
C_2H_5Cl	$1.2\times10^{-1}\sim4\times10^{-2}$	42	18 ± 30	24 ± 4		14.0
CH_2Cl_2	$1.6\times10^{-1}\sim1.0\times10^{-2}$ $1.0\sim1.6\times10^{-3}$	42.5	6 ± 2	7.7 ± 0.3	6.00	4.70
$CHCl_3$	$9.3\times10^{-1}\sim3.2\times10^{-2}$ $5.8\times10^{-1}\sim2.0\times10^{-9}$	42.5	2.4 ± 0.2	2.3 ± 0.1	2.20	2.20
CCl_4	$3.0\times10^{-1}\sim2\times10^{-3}$	42		1.34 ± 0.02		1.27
1, 1-$C_2H_4Cl_2$	$7.8\times10^{-1}\sim1.2\times10^{-2}$ $2.6\times10^{-1}\sim3.5\times10^{-11}$	42	3.0 ± 0.4	3.3 ± 0.7	3.20	2.30
1, 2-$C_2H_4Cl_2$	$2.0\times10^{-1}\sim4\times10^{-2}$ $2\times10^{-1}\sim6\times10^{-3}$	20 42	1.1 ± 0.1	1.18 ± 0.02	1.17	1.05
$SiCl_4$	$7\times10^{-1}\sim1.3\times10^{-3}$	42		2.8 ± 0.02		2.51
PCl_3	$4.5\sim82$ $7.4\sim4.3\times10^{-4}$	82~76.2 82.5	1.59 ± 1.29	1.37 ± 0.01		1.27
$AsCl_3$	$9\times10^{-1}\sim1.3$ $1\sim8\times10^{-3}\sim8\times10^{-1}\sim5.5\times10^{-3}$	84.5 83 84	1.65 ± 0.3 2.52 ± 0.035	2.64 ± 0.03		4.6
$SbCl_3$	$2.2\sim37.0$	83.8~84.3	3.8~7.8			80

注：表中 $\alpha=\frac{y}{1-y}/\frac{x}{1-x}$。

此外精馏塔的材质对 $GeCl_4$ 的质量有明显的影响，早些年用玻璃制的精馏塔，现在的精馏塔均用石英制成以保证质量。

(二) 复蒸提纯法

1. 原理

在对产品要求不高的情况下，可以用复蒸法。复蒸法实质上是一次简单的蒸馏，利用杂质和 $GeCl_4$ 的蒸气压的差别，通过复蒸初步除去砷等杂质，同时可以除去油脂等有机物。复蒸时用加入一定量的浓盐酸，使 $GeCl_4$ 中的杂质溶于盐酸，$GeCl_4$ 不溶，而提高复蒸效果。同时如前所述盐酸中应饱和氯气。

2. 实践

复蒸法的设备较简单，如图 7-9 所示。

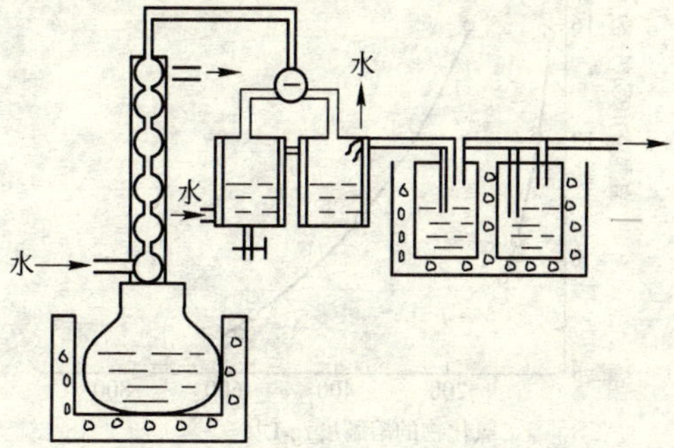

图 7-9 复蒸法的设备示意图

复蒸设备由蒸馏器、冷凝器和吸收器组成。

饱和氯的盐酸按 $GeCl_4$: HCl = 1 : 1～2 配入蒸馏器，得到的 $GeCl_4$ 纯度可达 99.99%。有时复蒸用于精馏前，先初步除杂后再精馏，可提高 $GeCl_4$ 的纯度。

(三) 盐酸萃取法

萃取法是提纯 $GeCl_4$ 的方法之一，可用作 $GeCl_4$ 萃取剂的有非极性的有机溶剂，如氯仿、苯、四氯化碳、乙醚等，还有饱和氯的浓盐酸，工业上常用后者作萃取剂。这种方法常用于对四氯化锗纯度要求不太高的情况。该法具有提纯周期短，产量大，投资省，对砷的脱出很有效的优点。但是提纯效率不如精馏法，对分配系数小的杂质的脱出效果不太好，还受盐酸对容器材质腐蚀的限制。

1. 萃取原理

该法基于 $GeCl_4$ 和 $AsCl_3$ 在浓盐酸中的溶解度不同，$GeCl_4$ 难溶于浓盐酸，而与盐酸相分层。$AsCl_3$ 在浓盐酸中的溶解度大，主要进入盐酸相，只有少数进入 $GeCl_4$ 中。$GeCl_4$ 和 $AsCl_3$ 溶解度随盐酸浓度的变化如图 7-10 所示。

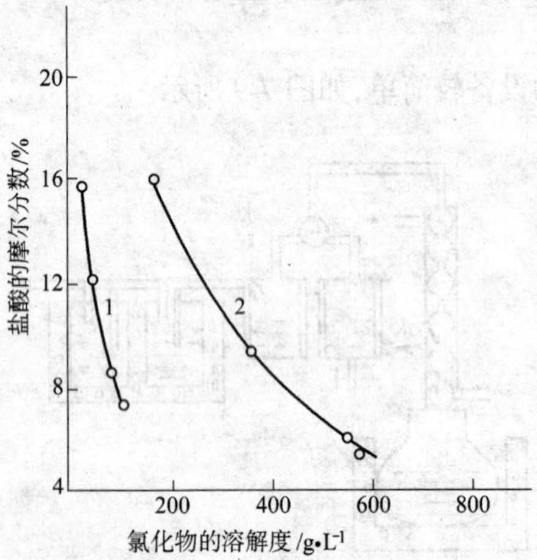

图 7-10　$GeCl_4$ 和 $AsCl_3$ 溶解度随盐酸浓度的变化

1—$GeCl_4$；2—$AsCl_3$

由图 7-10 可见，$GeCl_4$ 在稀盐酸中的溶解度是浓盐酸中的 100 倍，而 $AsCl_3$ 在稀盐酸中的溶解度仅为浓盐酸中的 2 倍。所以用浓盐酸萃取可以有效地分离 $AsCl_3$。

有研究者研究了 $GeCl_4$ 和 $AsCl_3$ 在浓盐酸和稀盐酸中的溶解度，其数据见表 7-9 和表 7-10。

表 7-9　25℃时 $GeCl_4$ 在盐酸中的溶解度

盐酸的摩尔分子数	$GeCl_4$(g/g 盐酸)	$GeCl_4$ 的摩尔分子数
16.14	0.882×10^{-3}	0.00411
12.08	1.826×10^{-3}	0.00852
9.72	17.821×10^{-3}	0.0832
8.32	61.83×10^{-3}	0.288
7.77	85.36×10^{-3}	0.398

表 7-10　25℃ 时 $AsCl_3$ 在盐酸中的溶解度

盐酸的摩尔分子数	$AsCl_3$(g/g 盐酸)	$AsCl_3$ 的摩尔分子数
15.87	181.5×10^{-3}	1.00
9.52	316.7×10^{-3}	1.75
6.86	506.0×10^{-3}	2.79
5.71	582.5×10^{-3}	3.21

表上数据再次说明，$GeCl_4$ 和 $AsCl_3$ 溶解度的差别是很大的。

有研究者研究并绘制了温度在 5℃ 以下时，$AsCl_3$ 的分配系数在不同浓度的盐酸中的变化，如图 7-11 所示。

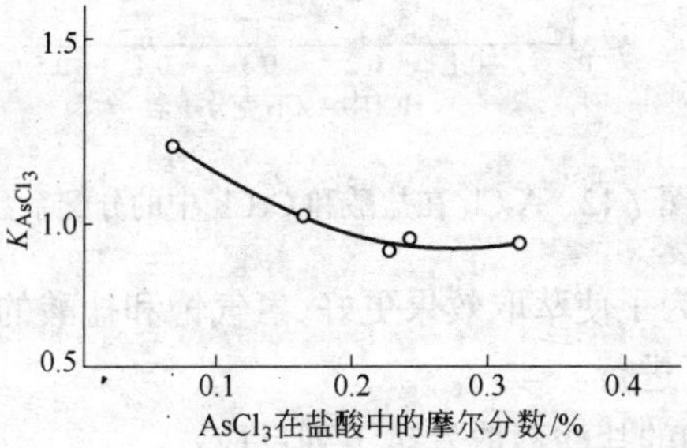

图 7-11　$AsCl_3$ 的分配系数在不同浓度的盐酸中的变化

从图 7-11 可见，$AsCl_3$ 在盐酸中的分配系数，随其在盐酸中浓度的增加而稍减小。

还有研究者研究了三氯化砷在盐酸和 $GeCl_4$ 中的分配系数，如图 7-12 所示。

从图 7-12 可见，三氯化砷在盐酸和 $GeCl_4$ 中的分配系数，随 $AsCl_3$ 在盐酸中浓度的增加而急剧减小。当浓度大于或等于 0.1 克分子时，此分配系数接近或等于 1。而用饱和氯气的盐酸，由于发生下列反应：

$$AsCl_3 + Cl_2 + 4H_2O \longrightarrow H_3AsO_4 + 5HCl \qquad (7\text{-}40)$$

$AsCl_3$ 氧化为 H_3AsO_4，降低了 $AsCl_3$ 的浓度，所以有利于萃取

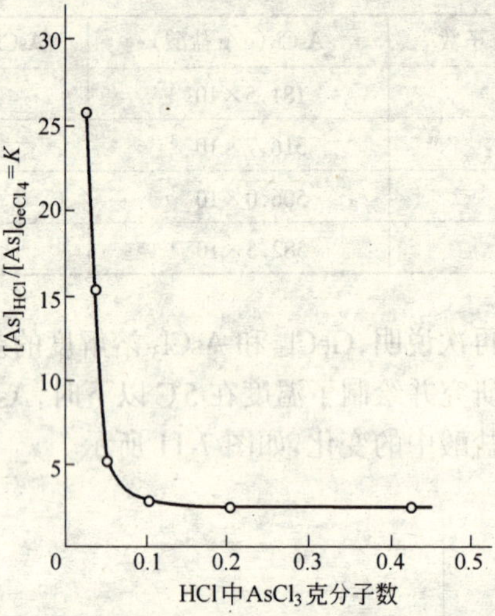

图 7-12　$AsCl_3$ 在盐酸和 $GeCl_4$ 中的分配系数

过程的进行。为了使萃取效果更好，氯气饱和盐酸的萃取在 0℃或更低的低温下进行。

氯气饱和的盐酸萃取发生下列反应：

$$AsCl_{3_{GeCl_4}} \rightleftharpoons AsCl_{3_{HCl}} \tag{7-41}$$

当平衡时

$$\frac{C_A}{C_B} = K \tag{7-42}$$

式中　K——分配系数；

C_A、C_B——$AsCl_3$ 分别在盐酸和 $GeCl_4$ 中的摩尔分子浓度；

这个反应的物质平衡方程为：

$$V_A C_A + V_B C_B = V_B C_0 \tag{7-43}$$

式中　V_A 和 V_B——分别为盐酸和 $GeCl_4$ 的体积；

C_0——$AsCl_3$ 在 $GeCl_4$ 内的原始浓度。

对多段萃取,可表示为:

$$\frac{C_n}{C_0}=\left(\frac{1}{Kr+1}\right)^n \tag{7-44}$$

式中 C_n——n 次萃取后 $AsCl_3$ 在 $GeCl_4$ 中的浓度;

r——V_A 变为 V_B 的速度。

设 r 为常数,则每次萃取都能建立平衡,这时 K 与 $AsCl_3$ 的浓度无关。

用氯气饱和盐酸时,液相内发生如下反应:

$$AsCl_3+4H_2O+Cl_2 \longrightarrow H_3AsO_4+5HCl$$

在平衡时

$$K'=\frac{a_{H_3AsO_4}a_{HCl}^5}{a_{AsCl_3}a_{H_2O}^4a_{Cl_2}} \tag{7-45}$$

式中 a——各组分的活度。

由于反应降低了 $AsCl_3$ 在盐酸中的浓度,增加了从 $GeCl_4$ 萃取除砷的效果。

2. 萃取实践

萃取可以采用多种方式。

A 错流萃取

采用错流萃取,即 $GeCl_4$ 和饱和氯气的盐酸错流进行,在每一级都加入新的盐酸。其萃取倍数、分配系数和萃取比的关系见下式:

$$E=K\cdot V/v \tag{7-46}$$

式中 E——$AsCl_3$ 的萃取倍数;

K——分配系数;

V——萃取剂的体积;

v——$GeCl_4$ 的体积。

从式 7-46 可见,要想使萃取倍数增大,即 E 值增大,$AsCl_3$ 的萃取率提高,除使 $AsCl_3$ 的分配系数 K 较大外,还可增大萃取剂的体积 V,或减小 $GeCl_4$ 的体积 v。

经过 n 级萃取后残留在 $GeCl_4$ 中的砷量,可用式 7-47 计算:

$$\phi = 1/(E+1)^n \times 100\% \tag{7-47}$$

从式 7-47 可知,要想使残留在 $GeCl_4$ 中的砷量减小,一是增大 E 值;二是增大 n 值,即增加萃取级数。有研究表明,提纯效率与萃取级数成指数关系,如图 7-13 所示。

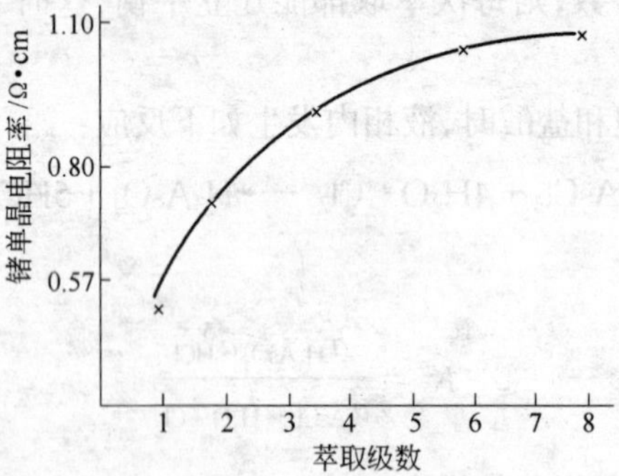

图 7-13　提纯效率与萃取级数的关系

从图 7-13 可见,在萃取级数较小时,随着萃取级数的增加,提纯效果明显增加。但增加到一定值时,再增加级数,提纯率增加不明显。

在采用错流萃取时,每一级都加入新的盐酸,由于盐酸总量的增加,$GeCl_4$ 在盐酸中溶解的总量也增加了,所以影响了直接回收率。

B　逆流萃取

采用逆流萃取时,$GeCl_4$ 和饱和氯气的盐酸逆向而行。即新的萃取剂与萃取末段的 $GeCl_4$ 接触;末段萃取剂与萃取第一段的最不纯的 $GeCl_4$。逆流萃取可以节约萃取剂,提高 $GeCl_4$ 的直接回收率。因为在连续萃取时,萃取倍数是相等的,砷的萃取率可用下式计算。

$$\phi = (E-1)/(E^{(n+1)}-1) \times 100\% \tag{7-48}$$

当 $n=1$ 时,砷的萃取率可用下式计算:

$$\Phi = 1/(E+1) \tag{7-49}$$

与错流萃取相比,更为节约和有效。

萃取可以在填料塔或几个串联的带搅拌器的陶瓷反应器中连续进行,其设备如图 7-14 所示。

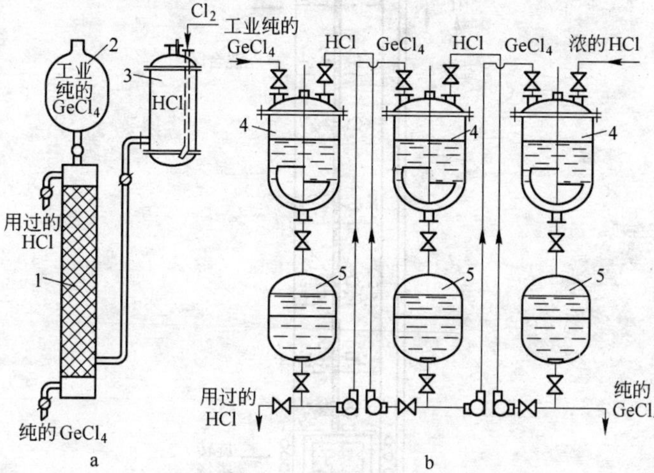

图 7-14　萃取设备示意图

a—塔式萃取器;b—在反应器中萃取(三级—逆流)

1—萃取塔;2—原始四氯化锗容器;3—饱和氯气的(氧化剂)盐酸容器

4—反应器-萃取器(陶瓷);5—澄清器(分为 HCl 和 $GeCl_4$ 两层)

逆流萃取的设备还有磁力搅拌塔式萃取器,如图 7-15 所示。

萃取塔的塔身用硬质玻璃钢制成;搅拌轴为聚乙烯棒,在轴上相隔一定距离安装一组搅拌桨叶,搅拌轴密封在一个外包聚氯乙烯的旋转转子上,转子由塔外的旋转磁场带动,转速可调。

$GeCl_4$ 从塔顶流入,塔底流出;饱和氯的盐酸从塔底流入,塔顶流出。由于 $GeCl_4$ 和饱和氯气的盐酸都有很大的挥发性,所以塔是密封的,整个萃取过程密封进行。塔的密封装置在图 7-15 可以看见,密封液采用 CCl_4。溶入 CCl_4 的 $GeCl_4$ 可定期用水反萃回收。萃余的 $GeCl_4$ 是提纯的 $GeCl_4$,因比重较盐酸大,在塔底的沉

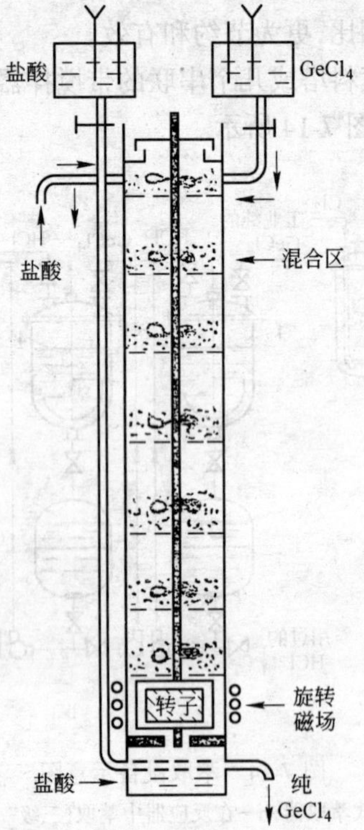

图 7-15　磁力搅拌塔式萃取器

清区与盐酸分层，经排出管排出塔外。萃取杂质后的饱和氯气盐酸，从塔顶部溢流管流出，并返回氯化工序，进一步处理。

逆流萃取由于设备密封性好，便于管道化，操作简单，劳动条件较好，对环境污染较少。产出的 $GeCl_4$ 纯度达到 99.99%。

(四) 硫化锗沉淀法

俄罗斯的研究者研究过此方法，用于处理含砷、锑较高的四氯化锗。将含砷、锑等杂质的四氯化锗在盐酸浓度为 6 当量的条件下，通入硫化氢，沉淀出 GeS_2、As_2S_3 和 Sb_2S_3。将此混合硫化物逐渐加入 50% 的 NaOH 溶液中，使其溶于溶液中。将此溶液放到装有碱液的蒸馏设备中，通入氯气使砷氧化，再向溶液中加入盐酸，在弱氯气流中进行氯化蒸馏，将四氯化锗通入水中，则得到 GeO_2。将得到的 GeO_2 重复溶入碱液中。再用氯气氧化及氯化蒸馏的方法净化。

在得到混合硫化物后，也可将其溶于氨水中，用硫酸调至 pH =2，再通入硫化氢，砷、锑、铜、钼等许多金属的硫化物均沉淀出来。而大部分锗以硫代锗酸盐的形态留在溶液中，与杂质分离。此后用硫酸将溶液酸度调至 6 当量，锗便按下式沉淀出硫化锗。

$$(NH_4)_6Ge_3S_7 + 3H_2SO_4 = 2GeS_2 + 3(NH_4)_2SO_4 + 3H_2S \tag{7-50}$$

为了使锗沉淀的更完全，可向溶液中通入硫化氢。沉淀物先用饱和硫化氢的酒精洗涤，再用水和乙醚洗涤。这时得到的是比较纯的硫化锗。将硫化锗在 100℃ 温度下干燥，用 60％的 HNO_3 分解硫化锗，可得到水合二氧化锗。

$$3GeS_2 + 4HNO_3 = 3GeO_2 + 6S + 4NO + 2H_2O \tag{7-51}$$

用硝酸分解硫化锗的反应在用冰冷却的烧瓶中进行，硝酸应缓慢加入。反应产生的硫浮于溶液表面，反应完全后除去。得到的水合二氧化锗，用 2～3℃ 的冷水洗涤后，干燥、煅烧，即可得到产品二氧化锗。

产品二氧化锗纯度符合要求，但较精馏法复杂，所以较少采用。

四、从四氯化锗水解制取二氧化锗

（一）制取二氧化锗的方法

1．四氯化锗水解的原理

四氯化锗水解制取二氧化锗的反应如下：

$$GeCl_4 + (2+n)H_2O = GeO_2 \cdot nH_2O + 4HCl + Q$$

因为水解过程放出大量的热，所以水解过程要在冰盐水冷却下进行，以利于反应进行得完全彻底，获得较高的水解直收率。

此外，所得的 $GeO_2 \cdot nH_2O$ 在水中有较高的溶解度 0.004 mol/L。而在盐酸中的溶解度随盐酸浓度的变化而变化，如图7-16所示。

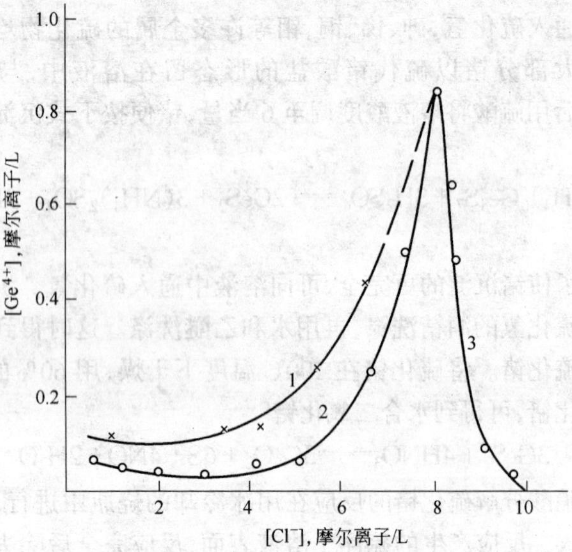

图 7-16　GeO_2 在 HCl 中的溶解度

1—水解放置 1 h 后 GeO_2 的溶解；2—水解放置 100 h 后 GeO_2 的溶解度.

从图 7-16 可见，GeO_2 的溶解度随 HCl 浓度的增加而略降低，在 5.3 mol/L 左右达到最低，此后随 HCl 浓度的增加而增加在 8 mol/L 时达最大值。所以最好使水解过程的 HCl 浓度保持在 5 mol/L 左右。按重量计算，$GeCl_4$:H_2O 约为 1:4，按体积计算约为 1:7.2。

有研究者研究认为，GeO_2 的溶解是因为生成络合物：

$$H[Ge(OH)_xCl_{5-x}]\text{或}H_2[Ge_2(OH)_xCl_{6-x}]$$

而且 x 为 3～4 所致。

从表 7-2 可知，当盐酸浓度＜7.7 mol/L 时，$GeCl_4$ 在盐酸中的溶解度随盐酸浓度的增加而增加。也就是说盐酸浓度高 $GeCl_4$ 不会水解，当盐酸浓度降低到 5 mol/L，$GeCl_4$ 才开始水解，所以盐酸浓度<5 mol/L，是水解的必须条件之一。

从动力学方面考虑，在一般条件下水解速度缓慢。如果将 $GeCl_4$ 以很缓慢的速度加入纯水中，最初生成的 GeO_2 溶于水中，当继续加入 $GeCl_4$，水解继续进行。当 GeO_2 达到饱和时，开始析出针状 GeO_2 沉淀。研究表明最初的水解反应生成的是偏锗酸。

$$GeCl_4 + 3H_2O = H_2GeO_3 + 4HCl \tag{7-52}$$

在溶液饱和后，偏锗酸离解形成 GeO_2。

$$H_2GeO_3 \longrightarrow GeO_2 + H_2O \tag{7-53}$$

此反应在水解几小时后才产生，要水解完全需要几周。

在快速加入 $GeCl_4$ 时，由于水解过程来不及反应完全，因而形成了坚硬 GeO_2 外壳包含有 $GeCl_4$ 液滴的大颗粒，使 $GeCl_4$ 与水的接触面积减小，放缓了反应的速度。这种外壳不易被 $GeCl_4$ 浸透。随着水解过程的进行，外壳向 $GeCl_4$ 液滴内部扩展，外壳厚度进一步增加。在 $GeCl_4$ 与水的相互作用终止之后，生成空心球状的 GeO_2 聚合体。由于水对 GeO_2 外壳的渗透力较大，待壳内 $GeCl_4$ 液滴被渗入的水分解完全后，球内还剩下有 HCl 气体。这种球状聚合体的体积常达到 3～5 mm，有时漂浮在水解母液表面。大部分 GeO_2 空心球体，伴随水解过程破裂成许多碎小的 GeO_2 颗粒。这是由于 GeO_2 空心球体内的 HCl 蒸气冲破外壳表面而造成的。与此同时，还伴随有 HCl 气体在水解母液中的溶解过程。

有研究认为，快速水解过程是处在非平衡浓度的盐酸介质中进行的，最终水解产物 GeO_2 是依次经过几个中间产物不断分解获得的：

$$GeCl_4 + H_2O \longrightarrow H_2[Ge(OH)_3Cl_3] \longrightarrow H[Ge(OH)_4Cl] \longrightarrow H_2GeO_3 \longrightarrow GeO_2 \tag{7-54}$$

X 射线分析表明，快速水解和慢速水解虽然水解机理不同，但

得到的 GeO_2 都是六方晶形的 GeO_2。

要制取高纯度的 GeO_2，水解的水要求为电子级的水，其制备方法于后。所用容器的材质必须对 $GeCl_4$、盐酸和 GeO_2 稳定。过去常用石英容器，现在用有机玻璃或搪玻釜。

2. 影响水解的因素

A 温度的影响

水解的温度对水解过程影响很大。

从式 $GeCl_4 + (2+n)H_2O \longrightarrow GeO_2 \cdot nH_2O + 4HCl + Q$ 可知 $GeCl_4$ 水解是放热反应，降低温度有利于平衡右移，使水解进行得彻底。由于反应速度快，形核速度大于晶核生长速度，所以得到的 GeO_2 粒度较细。而如果水解温度较高，则不利于反应式的彻底进行，且较高的温度有利于晶核生长，所以会得到较粗颗粒的 GeO_2。有研究给出了不同温度对水解的影响，如图 7-17 所示。

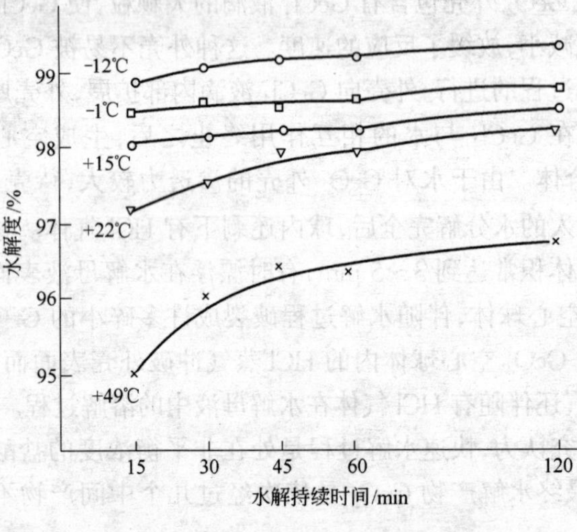

图 7-17 水解温度对水解度的影响

（水解比 $GeCl_4$∶H_2O = 1∶6.3，水解液含 9 当量盐酸）

从图 7-17 可见，温度 49℃，水解不完全，120 min 水解率仅达约 96.5%；而温度 22℃，15 min 水解率可达约 97%；-12℃，15

min 水解率就接近 99%。

B　时间的影响

从图 7-17 还可看出,在试验范围内,水解进行得很快,不论温度高低,15 min 水解率均大于 95%;延长时间水解率略有增加。

C　水解比的影响

所谓水解比,即水和 $GeCl_4$ 的比例。在原理部分已讨论过其重要性,有研究者做过试验,其结果如图 7-18 所示。

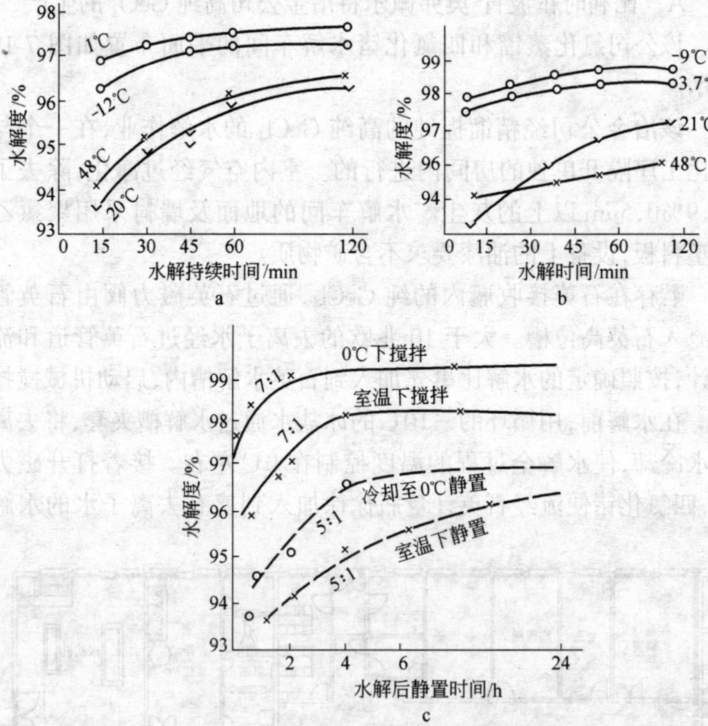

图 7-18　不同水解比对水解的影响

a—水解比 10:1,3.5 当量盐酸;b—水解比 5:1,6.15 当量盐酸;c—不同水解比

比较图 7-18a、b 可见,b 图水解比 5:1,比 a 图水解比 10:1 为低,从图 7-18 可见,同样的温度,不同水解比 7:1 比 5:1 为好,这

与原理部分的讨论是一致的。

D　搅拌的影响

$GeCl_4$ 的水解过程受扩散的影响，搅拌加强了扩散，并改善了传热条件，所以有利于水解反应的进行。

如图 7-18c 所示，列出了一些研究者的研究结果。相同条件下，搅拌比不搅拌好，水解度大为提高。

3．水解的实践

A　比利时霍波肯-奥弗佩尔特冶金公司高纯 GeO_2 的生产

该公司氯化蒸馏和四氯化锗水解车间的平面布置如图 7-19 所示。

该冶金公司经精馏提纯的高纯 $GeCl_4$ 的水解作业，在一个与氯化工序隔开单独的房间内进行的。室内空气经过净化，除去了 99.9%0.5μm 以上的灰尘。水解车间的地面及墙衬采用聚氯乙烯塑料板，设备上的油漆要求不含矿物质。

贮存在石英接收瓶内的纯 $GeCl_4$，通过石英磁力阀由石英管道流入石英高位槽。大于 10 兆欧的去离子水经过石英管道和流量计，按照确定的水解比事先加入到石英水解槽内，启动机械搅拌器。在水解前，用循环的 −10℃ 的冰盐水通过水解槽夹套，将去离子水冷却，使水解全过程的温度控制在 0℃ 左右。接着打开磁力阀，四氯化锗便流经石英计量瓶徐徐加入到盛有去离子水的水解

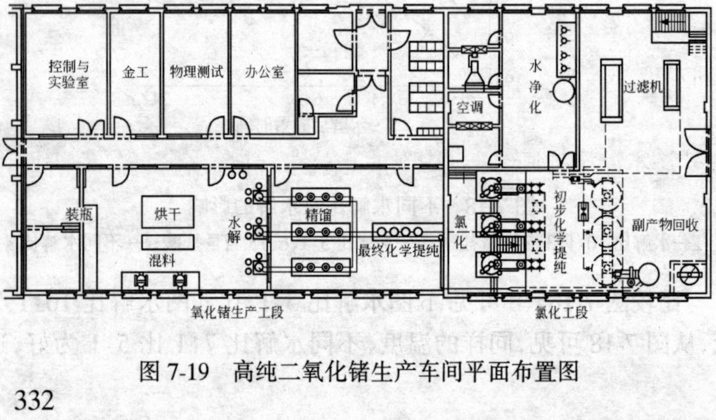

图 7-19　高纯二氧化锗生产车间平面布置图

槽内开始水解。

$GeCl_4$ 流速一般控制在 30～40 min 内加完 2 L。水解时间约 2 h。水解结束后，用同体积的水洗涤两次，除去残留在 GeO_2 中的盐酸。再沉清 1 h 后，用虹吸管抽出上清液，随之开动搅拌器再用虹吸管抽出 GeO_2 泥浆到布氏过滤漏斗内进行抽滤。经过滤干的 GeO_2 转入石英皿内，送进石英烘箱中在 350℃ 左右烘烤 10～12 h。烘干后的 GeO_2 装瓶待用。

水解槽用不透明石英玻璃制造，套在有机玻璃槽内，机械搅拌桨用有机玻璃制成，安装在一有减速装置的转动轴上，用马达带动，转速 40～50 r/min。过滤漏斗用聚四氟乙烯或有机玻璃制成。滤布为奥隆布化纤防蚀材料，确保 GeO_2 不受污染。

过滤 GeO_2 用的布氏漏斗安放在吸滤瓶上，吸滤瓶用耐酸塑料泵抽滤。

所获得的 GeO_2，用氢还原制得锗金属的电阻率一般可达到 10～20 Ω·cm。

B 我国某厂的高纯 $GeCl_4$ 水解

a 原生产情况

该厂原来采用间断式生产方式。

水解桶是用有机玻璃黏结成直径 336 mm，高 420 mm 的 37 L 桶。

先在有机玻璃水解桶内装 12 L 电导水（即去离子水），用纱布圈封好桶口，放入长方形的冰盐水铁槽里，用塑料板和胶管捆扎压紧固定牢。然后，安装好搅拌桨并启动，缓慢加入 1.7 L$GeCl_4$ 溶液，注入冰盐水冷却，进行水解生产，60 min 水解完毕，取出水解桶，并用水冲洗桶底、桶边沾附的冰盐水，静置水解桶。然后取出过滤，得到高纯 GeO_2。

该工艺的主要问题是生产前后的准备工作和冲洗需 1 个多小时，每桶都照此步骤进行水解生产，每天要从冰盐水铁槽中取出或放入 24 桶水合 GeO_2 溶液，这样劳动强度大又易发生质量和人身安全事故，造成出废品和锗直收率指标低；有机玻璃水解桶易老化，曾发生过脱落、裂纹和破损，造成 GeO_2 跑、冒、滴、漏，年损失锗约 4 kg，每年需更换 10 个水解桶，而且订购运输困难；各种设备长期在 $GeCl_4$，HCl 和 Cl_2 等强腐蚀性气体的腐蚀下工作，受腐蚀严重，特别是电机皮带传动机械装置易腐蚀生锈，转速不匀，振动很大，噪声震耳，粉尘等杂质易抖入产品中影响质量。

b 改造后的情况

针对上述问题，该公司 1995 年对水解设备和工艺作了较大改造。

通过试验，该公司选用耐酸、耐碱、耐温度急变，并附有冷却夹套装置的“搪玻璃反应釜”（简称搪玻釜），作为水解容器，并证明它不受腐蚀，根据水解生产原理、搪玻釜性能和生产实际情况，对水解工序提出了如下的技术改进：1）用 4 个 50L 搪玻釜取代 36 个 37 L 有机玻璃桶，作为水解容器；2）精心设计、制作卸料阀，解决密封卸料等难题；3）用可控硅无级调速电机取代原皮带轮传动，作为传动装置；4）根据新设备的应用和产品质量的要求，重新制定相应的生产工艺技术操作规程。

该公司自行设计安装搪玻釜及其附属设备，于 1995 年进行了工艺设备调试。单体试车中，发现卸料阀渗漏溶液，并有溶液从釜内飞溅出，于是进一步改进卸料阀的结构，并改变搅拌桨叶片的方向和角度。工艺设备联动调试之初，又发现产出的水合 GeO_2 溶液难以卸出，且过滤性能差、产品粒度粗、杂质高和气味难闻呛人。于是再次完善了卸料阀的构造，调整生产工艺技术条件，冰盐水的冷却方式由串联改为并联，并增设了塑料抽气罩。

通过调试、测定和修订，制定出“$GeCl_4$ 水解生产的技术操作规程”和新的操作方法。于 1995 年 7 月 20 日生产出合格产品，当年 8 月份就连续生产出 11 批，共 660 kg 优质 GeO_2-06 牌号高纯二氧化锗，$GeCl_4$ 水解新技术改造获得成功。以后该公司采用新工艺进行生产。

新工艺的主要优点：

第一，率先采用搪玻釜取代有机玻璃桶，特别是解决了卸料阀的密封等技术难题，生产连贯性好，大大减轻工人的劳动强度；

第二，新工艺使该公司设备配套，年可增产锗 1500kg；

第三，新工艺使“GeO_2-06”牌号品级率提高 11%，产品质量大大提高；

第四，既增加锗产量，又减少了有机玻璃桶的消耗，还避免了老工艺的跑、冒、滴、漏，损失锗的问题，所以经济效益显著。

（二）电子级水的制取

为了保证二氧化锗的纯度，水解时要用纯度很高的电子级水（Water，electronic grade）。

1. 电子级水的性能及标准

分子量 18.0153。无嗅、无味、无色的透明液体。在 25℃ 时理论纯水电阻率为 18.25 MΩ·cm，在 4℃ 时密度为 1.000000 g/mL，pH 值（25℃）为 6.999。沸点 100℃，凝固点 0℃。电子级水的标准可见表 7-11。

表 7-11　电子级水标准（GB11446—89）

分　项	EW-Ⅰ	EW-Ⅱ	EW-Ⅲ	EW-Ⅳ	EW-Ⅴ
电阻率/MΩ·cm(25℃)	18 (90%) 最小 17	15 (90%) 最小 12	10 (90%) 最小 8	≥2	≥0.5
大于 1μm 颗粒数/个·mL^{-1}	1	5	10	100	500
钠含量，最大值 μg/L	0.5	5	10	200	1000
铁含量，最大值 μg/L	0.5	5	10	100	500

2. 生产流程

用城市自来水生产电子级水的生产流程如图 7-20 所示。

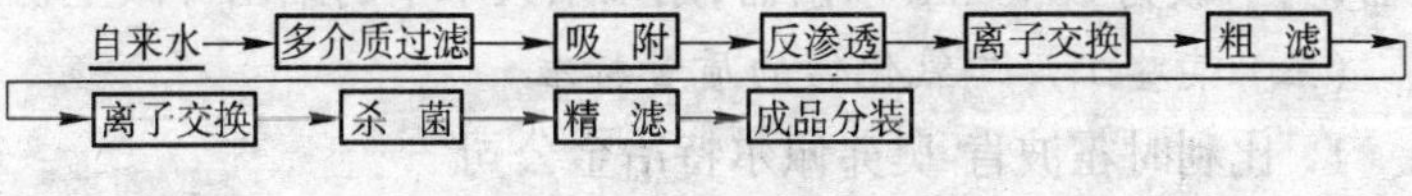

图 7-20　电子级水的生产流程

3. 生产设备

在电子级水的生产过程中，需要许多设备。如：原水储罐、原水泵、多介质过滤器、活性炭吸附器、反渗透装置、初混床(离子交换)、3μm 微孔滤膜过滤器、粗纯水槽、循环泵、精混床(离子交换)、紫外线杀菌器、精滤器(0.2μm 微孔滤膜)、超净工作台。

4. 生产工艺

城市自来水为原水,通常总含盐量为(200~500)×10^{-6}范围内,要经过如图 7-20 的多道工序才能得到电子级的水。

其中多介质过滤和吸附可称为预处理。选用无烟煤和石英砂作为多介质过滤器的滤料,用活性炭进行吸附。可除去原水中的机械杂质、有机物和细菌。

采用反渗透膜技术可以除去水中的溶解性无机盐、有机物、胶体、微生物、热源及病毒等。反渗透膜一般为醋酸纤维素、聚酰胺复合膜,其孔径为 0.4~1.0 μm,当施加的压力超过自然渗透压时,原水中的盐类、细菌及不溶物被截流,而穿过膜的为含盐量极低的淡水,脱盐率超过 95%。

离子交换混合床主要用于除去无机离子,可以除去溶解的无机盐离子,溶解的气体,如 SO_2、NH_3 及微量 Cl。

微孔过滤是目前应用广泛的分离技术,也是制备电子级水的关键技术之一。通过 0.1~10μm 微孔膜过滤可以除去溶液中的胶体、微粒、微生物和细菌。在电子级水的制备过程中,采用 3~10 μm 过滤器作粗滤,采用 0.2 μm 或 0.45 μm 过滤器作精滤。可以除去水中的微粒、树脂碎片、细菌等。精滤常用于水终端或用水再处理。

在精处理系统中还采用两级紫外线杀菌器,一级为 185 nm 杀菌器,另一级为 2540 nm 杀菌器,用来杀灭水中的细菌等微生物。

(三) 某些工厂二氧化锗的质量标准

1. 比利时霍波肯-奥弗佩尔特冶金公司

该厂生产的 GeO_2 质量与物理性能:

燃烧损失(820℃煅烧)	0.6%(最大)
含氯	0.05%(最大)

表观密度:

流动装瓶	1.4g/cm^3(轻敲)
轻敲	1.9g/cm^3
粒度(平均直径)	<50 μm

经光谱分析确定无痕量元素存在。每批 60kg GeO_2,根据参考锭测定如下:还原并铸锭约 2kg GeO_2 样品,用四探针测量其电阻率,全锭电阻率大于 20 Ω·cm(锭底表面 20℃ ±0.5℃用两探针法)。

2. 前苏联的质量标准

前苏联公布的 GeO_2 质量标准:

纯度大于 99.999%　燃烧损失不大于 3.2%(950℃)

杂质	Al	Ga	Fe	Si
含量/%	$\leqslant 2\times10^{-5}$	$\leqslant 2\times10^{-6}$	$\leqslant 3\times10^{-5}$	$\leqslant 6\times10^{-4}$
杂质	Mg	Cu	As	Sb
含量/%	$\leqslant 3\times10^{-1}$	$\leqslant 5\times10^{-6}$	$\leqslant 5\times10^{-5}$	$\leqslant 2\times10^{-5}$
杂质	P			
含量/%	$\leqslant 5\times10^{-6}$			

3. 我国某厂

我国某厂有关锗产品的质量标准如下:

(1) 二氧化锗　纯度 99.999%,杂质(Cu、Ni、Co、As、Fe、Al、Pb)含量总和≯0.001%;

(2) 四氯化锗　十二个杂质(As、Fe、Cu、Ni、Pb、Mg、Co、Zn、V、Mn、Cr)总含量$\leqslant 1\times10^{-6}$;

(3) 光纤级四氯化锗　杂质总含量$\leqslant 0.01\times10^{-6}$;

(4) 有机锗　杂质(Al、As、Cd、Cr、Cu、Fe、Hg、Ni、Pb)每个杂质含量$\leqslant 1\times10^{-6}$。

4. 南京锗厂

南京锗厂的产品质量标准如下:

(1) 锗片　各种规格圆形或方形晶片,供制作半导体器件或红外光学器件;

(2) 锗粉　纯度99.999%，粒度95%≤0.074 mm，用作化学试剂；

(3) 有机锗　羧乙基锗倍半氧化物，纯度99.5%，用作保健品；

(4) 光纤级四氯化锗　纯度99.99999%，(分析12个杂质元素)；

(5) 区熔锗锭　电阻率≥47 Ω·cm(23±0.5℃)，制备锗晶体和锗合金；

(6) 还原锗锭　电阻率≥10 Ω·cm(23±0.5℃)，制备高纯锗原料；

(7) 二氧化锗　纯度99.9999%，(分析12个杂质元素)，烧损(820℃)≤0.6%，粒度95%≤0.074 mm，用作塑料催化剂和半导体锗；

(8) 单晶锗　掺杂剂Sb、In、Ga，电阻率P型0.8～40Ω·cm，N型0.25～50Ω·cm，位错密度：1000～6000个/cm^2，寿命60～1000 μs，供制作锗晶片。

第二节　金属锗的制取和提纯工艺

一、金属锗的制取

高纯锗目前均采用高纯的GeO_2，用氢还原来制备，现在有人研究用锗烷热解来制备高纯锗，此方法目前还处在研究阶段，将在本书第八章介绍。

从热力学的角度说，采用C或CO还原都是可以的。但是因为碳本身不如氢气易提纯，杂质会对锗造成污染；还因C或CO还原时还会发生副反应生成GeO，GeO易于挥发会造成锗的损失，所以现在都是采用氢还原而不采用碳或一氧化碳还原。

(一) GeO_2还原的热力学

GeO_2氢还原的反应属于气—固反应，反应分两段进行。

$$GeO_2 + H_2 = GeO + H_2O \qquad (7\text{-}55)$$

$$GeO + H_2 = Ge + H_2O \qquad (7\text{-}56)$$

总反应为：　　$GeO_2 + 2H_2 \longrightarrow Ge + 2H_2O$　　(7-57)

当用氢气还原固体 GeO_2，得到固体 Ge 和水蒸气时其反应可写为：

$$GeO_{2(s)} + 2H_{2(g)} \longrightarrow Ge_{(s)} + 2H_2O_{(g)} \tag{7-58}$$

反应标准自由焓与温度关系式：

$$\Delta G_T^\ominus = 13750 - 15.60\,T \tag{7-59}$$

由式 7-59 计算绘制 $\Delta G_T^\ominus$ -T 图如图 7-21 所示。

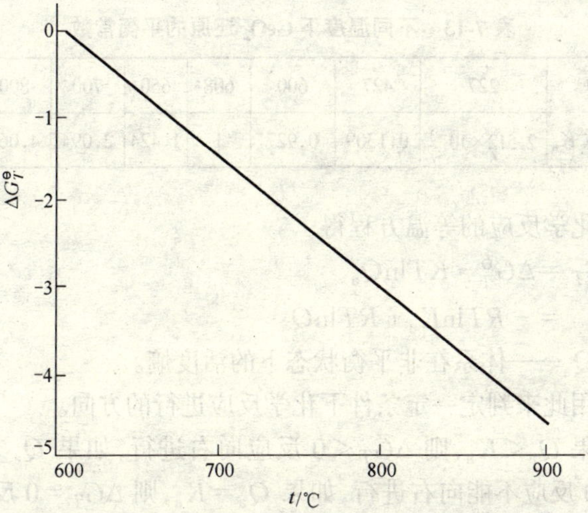

图 7-21　$\Delta G_T^\ominus$ -T 图

由于 GeO_2 还原为 Ge，要先经还原为 GeO 的阶段（见式7-55、式 7-56），再还原为 Ge。而 GeO 的蒸气压，较 GeO_2 大很多，如果温度控制不当，将造成 GeO 大量挥发损失，降低直收率，GeO 的蒸气压，可用式 3-13 计算，某些温度的蒸气压数据见表 7-12。

表 7-12　GeO 某些温度的蒸气压

温度/℃	650	700	740	750	760	780	800
蒸气压/Pa	0.723	4.230	15.340	20.838	28.144	37.784	88.473

对比图 7-21 和表 7-12 的数据，在 608.4℃ 时，反应式 7-58 的 $\Delta G_T^{\ominus}=0$，温度再升高，$\Delta G_T^{\ominus}<0$，即反应可以向右进行。而 GeO 的蒸气压，在 740℃ 为 15.340 Pa，以后随温度升高，蒸气压升高得较为明显。由此可知，控制的还原温度应大于 608.4℃，愈大愈好，而从防止 GeO 挥发损失的角度应使温度愈低愈好。综合考虑，应控制还原温度在 650～740℃ 之间，既利于 Ge 的生成，又使 GeO 的挥发损失较小。

此外，计算了反应式 7-58 的平衡常数见表 7-13。

表 7-13　不同温度下 GeO_2 还原的平衡常数

温度/℃	227	427	600	608	650	700	800	900
平衡常数 K_a	2.512×10^{-3}	0.1309	0.927	1	1.424	2.094	4.062	7.038

由化学反应的等温方程得

$$\Delta G_T=\Delta G_T^{\ominus}-KT\ln Q_a$$

$$=-RT\ln K_a+RT\ln Q_a$$

式中　Q_a——体系在非平衡状态下的活度熵。

可用此来判定一定条件下化学反应进行的方向。

如果 $Q_a<K_a$，则 $\Delta G_T<0$ 反应向右进行，如果 $Q_a>K_a$，则 $\Delta G_T>0$ 反应不能向右进行，如果 $Q_a=K_a$，则 $\Delta G_T=0$ 反应处于平衡状态。

反应式 7-58 的平衡常数可写为：

$$K_a=\frac{p_{H_2O}^2\cdot a_{Ge}}{p_{H_2}^2\cdot a_{GeO_2}} \tag{7-60}$$

当 Ge 和 GeO_2 为固相时可认为其活度为 1，式 7-60 可简化为

$$K_a=p_{H_2O}^2/p_{H_2}^2 \tag{7-61}$$

当 $p_{H_2O}=0.5$，$p_{H_2}=0.5$，温度 650℃。

$$Q_a=0.5^2/0.5^2=1$$

当 650℃ 时，$K_a = 1.424$，$Q_a < K_a$，所以反应能向右进行。

有研究者综合计算了 GeO_2 氢还原最重要的反应：

$$GeO_{2(元方)} + 2H_2 = Ge_{(s)} + 2H_2O_{(g)} \tag{7-62}$$

$$GeO_{2(元方)} + H_2 = GeO_{(s)} + H_2O_{(g)} \tag{7-63}$$

$$GeO_{(s)} + H_2 = Ge_{(s)} + H_2O_{(g)} \tag{7-64}$$

$$GeO_{2(元方)} + H_2 = GeO_{(g)} + H_2O_{(g)} \tag{7-65}$$

$$GeO_{(g)} + H_2 = Ge_{(s)} + H_2O_{(g)} \tag{7-66}$$

在不同气氛和温度下的反应自由能—温度关系，如图 7-22 所示。

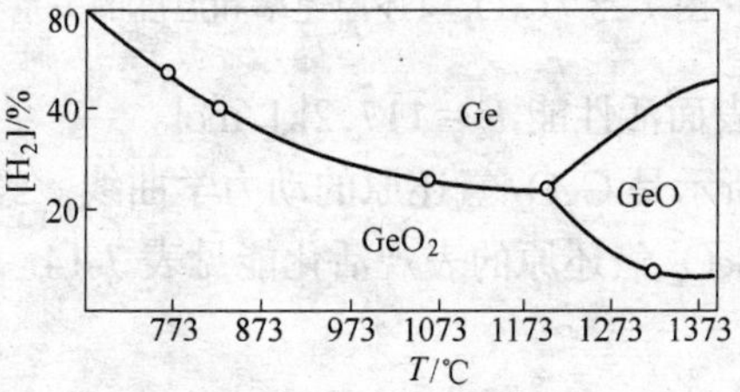

图 7-22 不同温度、气氛下 Ge-O-H 平衡图

从图 7-22 可见，Ge，GeO 和 GeO_2 各有其稳定区。随温度的增加，GeO_2 还原为 Ge 所需的气相 H_2 浓度降低，随气相氢气浓度的增加，还原温度可以降低；图 7-22 中在约 1200K 处有一个三相点，此后随温度增高 GeO 稳定区逐渐增大。由此还原温度应小于 1200 K，即约 927℃。

（二）GeO_2 还原的动力学

有研究者研究了 GeO_2 还原动力学。图 7-23 为 GeO_2 氢还原速率与温度的关系。

从图 7-23 可见，在 700℃ 以上，温度与还原速度不成线性关系，这是由于挥发性的 GeO 冷凝在低温的石英皿表面所造成。整理上面的实验数据得出还原速度与温度关系方程：

$$\lg v = 7.75 - 1650/T \tag{7-67}$$

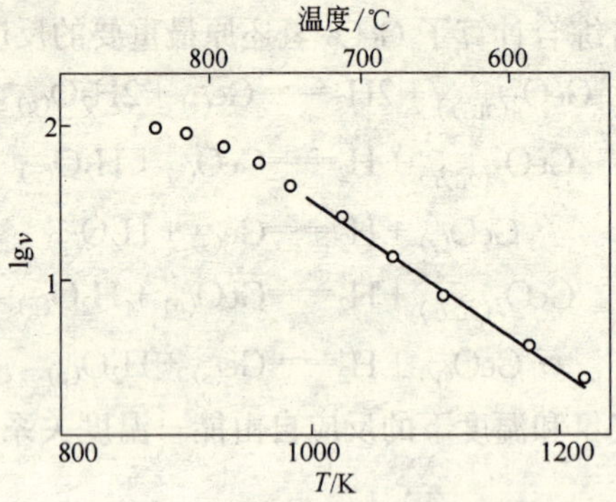

图 7-23　GeO_2 氢还原速率和温度的关系

经计算，表面活性能 $E = 117.2kJ/mol$。

图 7-24 所示是 GeO_2 氢还原的动力学曲线。经整理计算得到不同粒度的 GeO_2 氢还原的表观活化能见表 7-14。

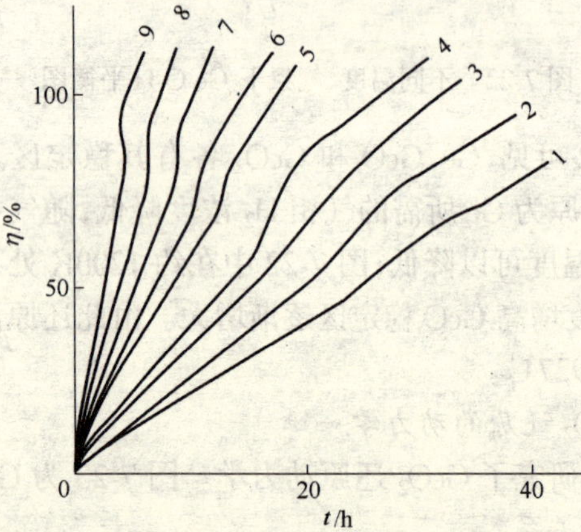

图 7-24　GeO_2 氢还原的动力学曲线

1—550℃；2—575℃；3—600℃；4—625℃；5—650℃；

6—700℃；7—750℃；8—800℃；9—850℃

表 7-14　六角晶形 GeO_2 氢还原表观活化能值

粒度/μm	反应速率/v	活化能 E /kJ·mol^{-1}	粒度/μm	反应速率/v	活化能 E /kJ·mol^{-1}
<40	1.0×10^9	24.3	150～180	1.0×10^8	109.6
40～80	5.6×10^8	117.1	180～250	1.0×10^8	109.6
80～100	1.8×10^8	114.6	250～420	14.0×10^7	102.1
100～150	2.5×10^8	113.4			

（三）GeO_2 还原生产锗的实践

1．GeO_2 氢还原设备

GeO_2 氢还原设备如图 7-25 所示。

图 7-25 的上部是氢气净化装置，下部是二氧化锗还原炉。

（1）氢气净化装置主要包括装有铜屑的加热炉，加热到 700～800℃使氢气中的氧与铜反应生成氧化铜和水而除去；2 为冷凝器使生成的 H_2O 冷凝除去；5 为浓硫酸吸收瓶，进一步除去氢气中的水；11 为五氧化二磷吸收瓶，使氢气再干燥。对于氢气是否干燥，可用四氯化钛进行检测。让氢气通过四氯化钛如果发生的白烟很少，说明水分很少即可应用。

（2）还原装置：还原装置由盛 GeO_2 的石英舟、石英管和镍铬丝加热的管式电阻炉组成。图 5-25 中 17 是拉石英舟的镍铬丝。

2．还原过程

将 GeO_2 放于石英舟中，推入炉子的加热部分；通入氢气，氢气的流量应用适当的流量计计量；将炉子升温在 650～680℃进行还原，得到粉状的金属锗。在还原终了时，将炉温升至 1000～1100℃，使锗熔化。将舟从高温区缓慢拉出，控制温度将杂质赶至尾端，此种作业称为定向结晶法。切去锗锭尾端，其余部分的纯度大大提高，电阻率可达 20 Ω·cm 以上。

如果采用石墨舟盛 GeO_2，则事先要经过处理除去杂质，以免影响锗的纯度。常用的方法是将石墨舟在经常更换盐酸的情况下煮沸几天；或让其在氯气流中，800～900℃下加热 2 h，使杂质氯化挥发，再在氢气流中，于 1200～1400℃下加热 2 h，然后在高真空

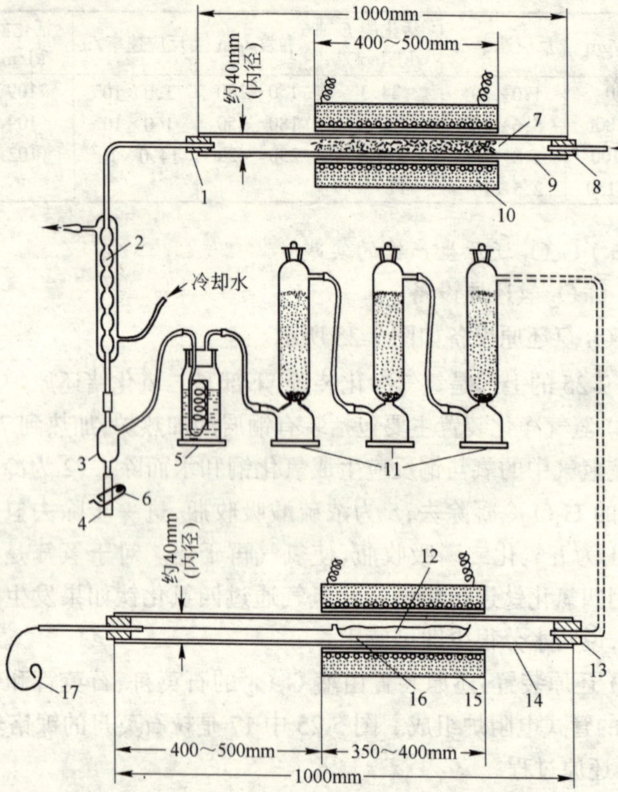

图 7-25　二氧化锗氢还原设备示意图

1—胶皮塞(由于它要受热氢气的强热,最好是用硅橡胶塞);2—球形冷凝器;3—水滴容器;4—放水胶皮管;5—浓硫酸吸收瓶;6—弹条夹子;7—铜线(1.2 kg);8—胶皮塞;9—石英管;10—脱氧用镍铬线管状电炉(约 800℃);11—五氧化二磷吸收瓶;12—二氧化锗(150～200 g);13—胶皮塞;14—石英管(不透明);15—还原用镍铬线管状电炉(最高 100℃);16—石英舟皿(30×20×250 mm);17—镍铬线(还原完毕后,用此将舟皿拉到冷却区内,以缩短操作时间)

中加热到 1000℃以上,以除尽杂质。

锗在凝固时体积会膨胀,所以舟的断面应做成上宽下窄,并有适当斜度，舟的底部有较大曲率的形状，以防止舟在锗凝固时破裂。

还原得到的锗锭在混合酸（20% HF + 80% HNO_3）中浸泡 3 min，除去表面的杂质，再用蒸馏水洗涤、干燥，即为金属锗成品。

炉子里出来的气体，除水蒸气外还有没反应的氢气和挥发出来的锗（可能是 GeO 和 GeH_4）。先进入充满水的扩散器以捕集锗，再进入氢气再生系统。扩散器中的水饱和锗后，使其沉淀为锗精矿，再进一步回收锗。

（四）其他生产金属锗的方法

1. 连续还原法

上述二氧化锗氢还原法，氢气和舟内的 GeO_2 只在表面接触，对于料层内部的反应，要待氢气向内扩散，与 GeO_2 接触才能反应，所以还原过程缓慢。为了加速还原过程，缩短还原时间，研究发展了连续还原法。

A 水平移动舟连续还原法

该法仍然是在如前的管式电炉中进行。该法使盛 GeO_2 的舟与氢气逆向而行，并依次通过预热区、还原区和熔锭区。其温度分布如图 7-26 所示。

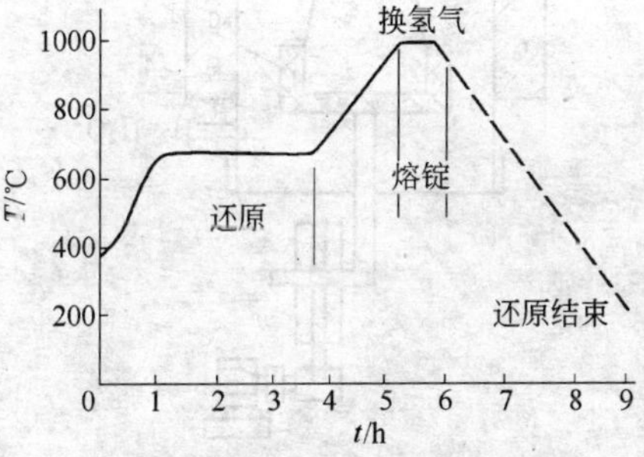

图 7-26 水平移动舟连续还原法的温度分布图

从图 7-26 可见，该法在炉内控制了不同的温度区域，当小舟缓慢移动时，使 GeO_2 逐渐预热、还原、熔化、定向结晶、冷却，最后出炉。此方法使炉温稳定，既提高了炉寿，又节约了许多辅助时间，使生产率大大提高。

此外，类似的还有水平移动吊斗式。将 GeO_2 装在石墨吊斗中，吊斗借助机械推动沿管移动。在还原区控制 650～710℃，在熔化区控制约 1000℃。吊斗移动速度与料层厚度有关，当料层厚 40～45mm 时，吊斗移动速度为 7～8 mm/min。

B　无舟连续还原法

水平移动舟连续还原法虽有进步，但是与固定舟还原法一样还是属于固定床还原法，没能根本改变气—固反应传热、传质的强化问题。此后发展了沸腾层连续还原法、过滤层连续还原法和烧结成形还原法，都属于无舟连续还原法，使生产率进一步提高。

二氧化锗氢还原烧结成型设备如图 7-27 所示。

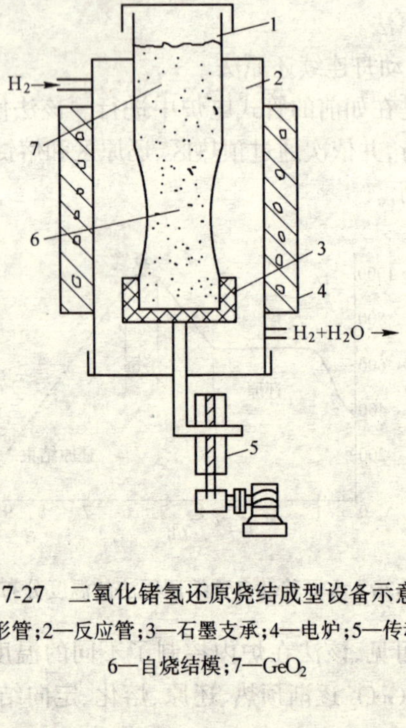

图 7-27　二氧化锗氢还原烧结成型设备示意图

1—成形管；2—反应管；3—石墨支承；4—电炉；5—传动机构；6—自烧结模；7—GeO_2

设备由石英成型管、反应管、石墨支承，加热电炉，控温设备，传动机构等组成。把 GeO_2 粉装在成型管内，放入反应区，当温度达到 610～630℃时，GeO_2 开始还原，当还原率达到 2%～10%时，让 GeO_2 下降脱离成型管，在自由空间保持一定长度，加大 GeO_2 与氢气的接触，继续还原。还原生成的金属锗粉在下降过程中烧结成锗锭。继续下降进入熔化区，熔融锗进入区熔舟。

研究表明，当温度低于 610℃烧结锭不易脱模；当温度高于 630℃有烧结 GeO_2 粘结成型管内壁的情况。控制好条件 GeO_2 烧结锭能顺利脱模。该方法的平均还原速度比水平舟还原法高几倍。

2. 其他方法

早些年有用锌还原的方法。方法基于如下反应：

$$GeCl_{4(g)} + 2Zn_{(g)} = Ge_{(s)} + 2ZnCl_{2(g)} \qquad (7\text{-}68)$$

还原在约 930℃下进行，反应器为石英管，管上焊接有通入 $GeCl_4$ 和锌蒸气的管子，$GeCl_4$ 和锌蒸气经预热后加入反应器中，反应生成的锗与过量的锌生成合金，并冷凝在反应器壁上，在氮气氛中 930～950℃下，长时期加热，可除去大部分锌。锗中残留 0.2%的锌可用真空蒸馏法除去。反应副产物 $ZnCl_2$ 和锌的混合气体进入冷凝器。该方法比较繁杂，副产物 $ZnCl_2$ 等如何处理都是问题，现在已很少用。

此外，文献中曾有用熔盐电解法从 GeO_2 制取金属锗的报道。在带有石墨阴阳极的石墨坩埚中，将 GeO_2、锗氟酸钾（K_2GeF_6）和冰晶石（Na_3AlF_6）熔融，送电进行电解，在阴极上析出金属锗。过程因中间产物 GeO 的挥发，产出率低，故也没人采用。

新的方法是用锗烷分解产生锗，将在第八章介绍。

二、金属锗的提纯

用氢气还原得到的锗，其比电阻一般仅为 1～2 Ω·cm 说明杂质含量还高，达不到产品的要求，必须进一步提纯。此时用化学法已无法再进一步提纯，而要采用物理冶金的方法。

物理冶金的方法有定向结晶、区域熔炼和拉单晶法,其净化的原理是相同的。

(一) 物理提纯的原理

物理冶金净化法是基于在液相和固相平衡时,杂质在两相中的平衡浓度不同。杂质和锗组成的相图在富锗端无非有两种类型:一种是杂质的溶入使主金属熔点升高,如图 7-28a 所示;另一种是杂质的溶入使主金属的熔点降低如图 7-28b 所示。

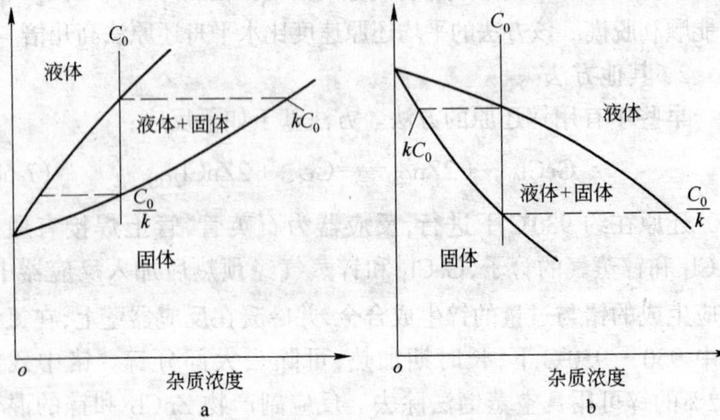

图 7-28 锗和杂质 B 在富锗端的相图

设平衡时杂质在固相中的浓度为 C_s,在液相中的浓度为 C_L,其比值 k 称为分配系数。即:

$$k = C_s/C_L \tag{7-69}$$

可能净化的程度取决于 k 值,从图 7-28 可见,在图 a 的情况下 $k>1$,在图 b 的情况下 $k<1$。设最初熔体中杂质浓度为 C_0,在固相的最初的无限小体积中的杂质浓度为 kC_0。当 $k<1$(图 7-28b)时,$kC_0<C_0$,因此液体就富有杂质;在 $k>1$(图 7-28a)时,$kC_0>C_0$,固相的最初体积则富有杂质。根据继续凝固的程度,杂质的浓度沿锭长不断变化。

$kC_0<C_0$ 则杂质富集于液相,$kC_0>C_0$ 杂质便富集于固相,所以都可以使杂质与锗分离。

某些杂质在锗中的分配系数值可见表7-15。

表 7-15　某些杂质在锗中的分配系数

元　素	k 值	元　素	k 值	元　素	k 值
Ag	10^{-4}	Cu	1.5×10^{-5}	Si	5.5
Al	0.1	Co	10^{-6}	Sb	0.03
	0.073	Fe	1×10^{-5}	Sn	0.02
As	0.04		3×10^{-5}	Tl	4×10^{-5}
	0.02	Ga	0.1	Te	约 10^{-6}
Au	3×10^{-3}		0.087	Zn	0.01
B	17.7	In	0.001		4×10^{-4}
	20.0	Ci	2×10^{-3}		
Bi	4×10^{-5}	Ni	5×10^{-3}		
	4.5×10^{-5}		3×10^{-6}		
Cd	约 10^{-5}	P	0.12		
			0.08		

(二) 定向结晶法

定向结晶法的实质是把一狭长的金属锭全部熔化，然后按一定速度从一端向另一端缓慢冷却而凝固。金属中分配系数 $k<1$ 的杂质富集到锭尾，$k>1$ 的杂质富集到锭首。定向结晶法提纯锗的设备如图7-29所示。熔炼系在真空中或氢气氛中进行。将锗熔

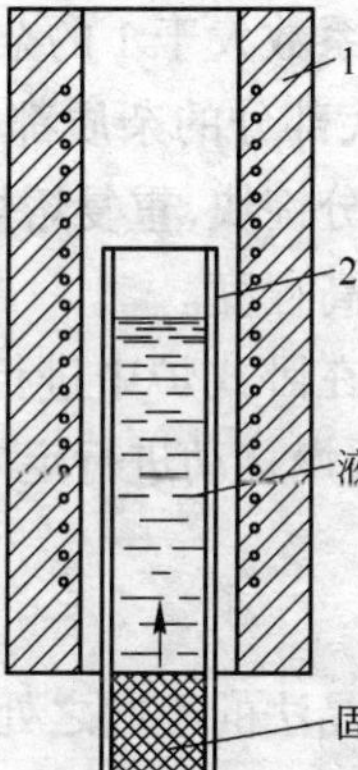

图 7-29　定向结晶法提纯锗设备

1—加热器；2—坩埚(箭头表示结晶方向)

化于石墨、石英或上釉陶瓷坩埚中，坩埚缓慢从加热带推出。假定分配系数 k 为常数，杂质在固相中的扩散速度可忽略不计，液相中的扩散速度很大，以致液相中杂质浓度均匀时，则杂质的分配情况可由下式计算：

$$C_l = kC_0(1-g)^{k-1} \tag{7-70}$$

式中 C_0——杂质原始浓度；

C_l——距锭端 l 处的杂质浓度；

g——合金凝固部分重量；

k——杂质在固相和液相中的分配系数。

上式还可表示为如下形式：

$$C_l = kC_0\left(1-\frac{l}{L}\right)^{k-1} \tag{7-71}$$

式中，L 为全锭长度，其余同上。

在实际生产中，上述假设并不完全存在，所以式 7-70 和式 7-71只能近似反映定向结晶的情况。

各种分配系数下杂质沿锭长的分布如图 7-30 所示。

从图 7-30 可见，分配系数大于 1 的杂质都富集在锭的最初凝固部分，而当 $k<0.1$ 的，大部分的杂质都富集在锭块最后十分之几的部分。假若切去这部分锭块，重复熔炼，并数次切去锭块端部就可以达到除去杂质的极高程度。

此外定向结晶也可以在卧式炉中进行，还可以如前所述在还原末期将锭熔化后，让其缓慢移动进行定向结晶，使提纯过程有效进行。

(三) 区域熔炼法

区域熔炼法与定向结晶法的不同之处是，在结晶开始前，不将整个锗锭熔化，而只是熔化锭的一小部分。其示意图如图 7-31 所示。

将锗金属锭放在烧舟 3 中，放入石英管 1 内，石英管外有加热环 2，使锗锭局部熔化，形成狭小的熔区 5，当环形加热器从石英管

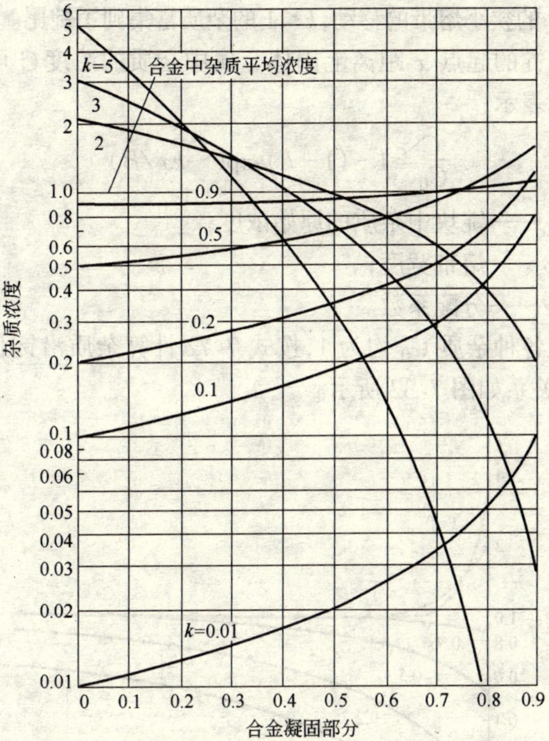

图 7-30　各种分配系数下杂质沿锭长的分布

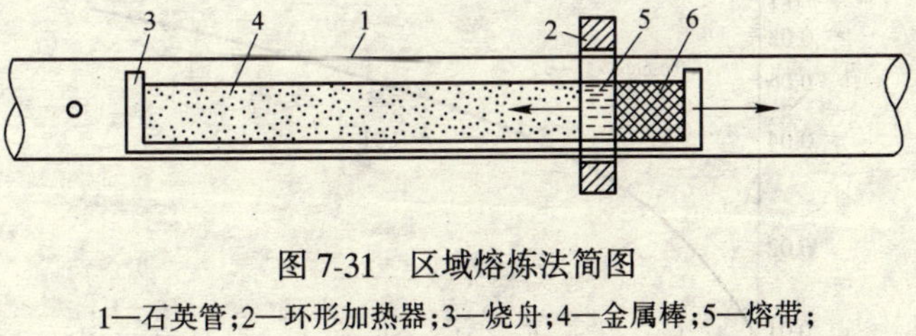

图 7-31　区域熔炼法简图

1—石英管；2—环形加热器；3—烧舟；4—金属棒；5—熔带；

6—纯金属结晶

的一端缓缓向另一端移动时，熔区也随之移动。在此过程中 $k<1$

的杂质富集于液相中，$k>1$ 的杂质富集在首先凝固的首端。随着宽度为 L 的狭小熔带的移动，$k<1$ 的杂质富集到了锭尾。

在距锭的起点 x 距离上固体金属中杂质的浓度 C 可以用以下方程式表示：

$$\frac{C}{C_0}=1-(1-k)\exp(-kx/B) \tag{7-72}$$

式中 C_0——锭块中杂质的原始浓度；

B——熔带宽度；

k——分配系数。

当视各种杂质 C_0 均为 1，按式 7-72 计算杂质沿锭长的变化与 x/L 关系如图 7-32 所示。

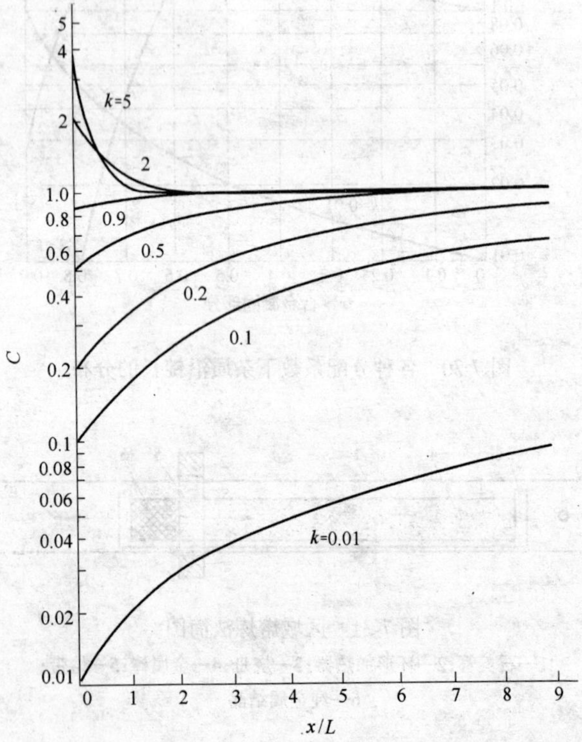

图 7-32 不同杂质一次区熔提纯后沿锭长的分布

当 k 值小时（<0.1）熔带沿锭通过一次，锭块就可得到较大的提纯，虽然在这种情况下在一次行程中提纯的程度比“定向结晶”法为小。沿锭多次重复移动熔带就可以达到进一步的提纯。

从式 7-72 还可看出，除分配系数 k 外，熔区宽度也影响净化效果，熔区越宽，净化效果越好。当然熔区也不能太宽。

安置多环型加热器可以使该过程显著合理化，这些环形加热器如图 7-33 所示，可以按一定距离造成几个熔带。

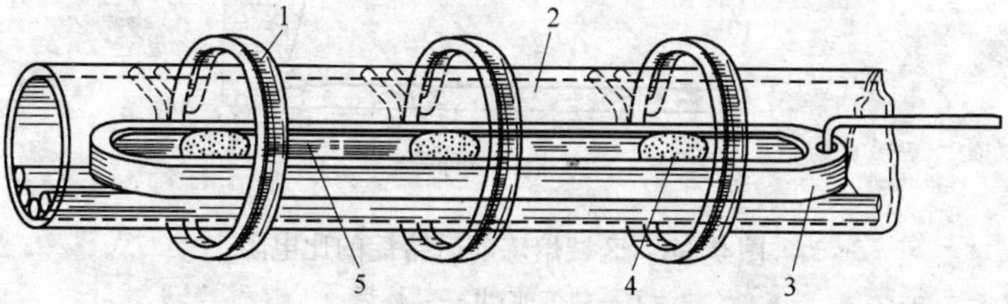

图 7-33　多环型加热器的区域熔炼设备示意图
1—环形感应加热器；2—石英管；3—舟皿；4—熔带；5—固相

在这种情况下，沿锭通过的每一熔带为一个提纯阶段。在安置 6 个加热带时，全部带经过锭块 1 次等于 1 个熔带经过 6 次行程。

此外，一般提纯次数 $N=(1\sim1.5)L/B$，约 20 次左右，式中 L 为锭长，B 为熔区宽度。当 C_0 太大时，只要经过几次提纯后切掉前后端，再进行区熔提纯即可。加热环的速度不宜太快，一般以 10 cm/h 左右为好。

当 $k>1$ 时，杂质富集在熔带运行方向相反的方向。

通过区域熔炼，可成功地制得砷和锑杂质降低到 10^{10} 个锗原子中含 1 个 As 和 Sb 原子的锗。

精炼前后锗的比电阻如图 7-34 所示。

有研究者采用国产 TGP-10 型高频感应加热区熔提纯机，按下列方法生产出锭长 80% 为杂质浓度 10^{10}cm^{-3} 量级的 p 型材料，其中约有 30% 净杂质浓度小于 $5\times10^{10}\text{cm}^{-3}$。这样的多晶材料就可以放入特殊设计的单晶炉里拉制锗单晶。

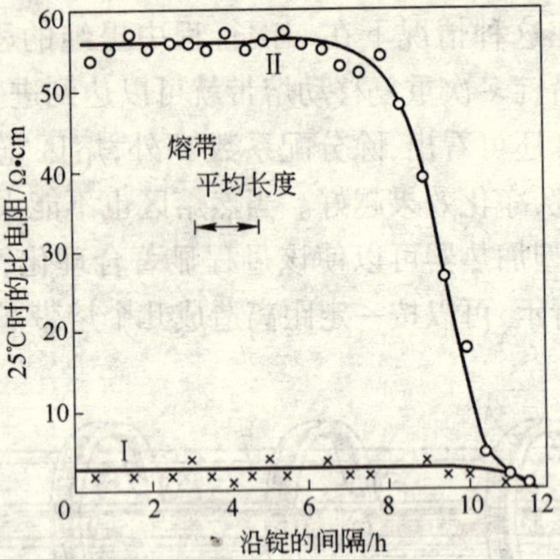

图 7-34　区域熔炼前后锗锭的比电阻

Ⅰ—精炼前；Ⅱ—精炼后

为了缩短熔区，使热量集中，加热器双层线圈（里三圈外两圈）。熔区移动速度为 10cm/h，石英舟采用 ϕ4.5 cm，长 60 cm 的国产高纯半圆形舟，可装 3 kg 锗原料。锗锭材料是国产的锗材料。冲洗的去离子水其电阻率接近 18 MΩ·cm。清洗用的化学试剂包括硝酸、盐酸、氢氟酸、双氧水和甲醇等，都为半导体 MOS 纯。

区域熔炼法的具体操作过程如下：

A　锗原料清洗

在特定的通风超净工作台中进行锗材料的清洗，为了防止污染及损伤手，必须戴上橡皮手套并再套上一层一次性的塑料薄膜手套，按下列顺序进行：

(1) 用 HNO_3:HF(3:1)溶液腐蚀锗材料表面；(2) 用 DDW 去离子水冲洗；(3) 用 H_2O:HCl:H_2O_2(4:1:1)溶液再次腐蚀锗材料表面；(4) DDW 去离子水冲洗；(5) 甲醇冲洗，脱水，待风干。

B　石英舟和石英管的清洗

石英舟及区熔炉石英管的清洗过程按下列顺序进行：

(1) HNO_3:HF(3:1)溶液腐蚀；(2)DDW 去离子水冲洗；(3)

HF溶液腐蚀 3～5 min；(4)DDW 去离子水冲洗；(5)H_2O:HCl:H_2O_2(4:1:1)溶液腐蚀；(6)DDW 去离子水冲洗；(7)甲醇冲洗，脱水，待风干。

C 锗原料的熔铸

将清洗好的锗原料放入涂有炭层的高纯石英舟中进行铸锭，使之几何形状、尺寸大小规范化。应避免涂炭层和涂硅烟层的石英舟在装料、锗熔化和凝固时涂层被擦破、脱落而造成粘连致使舟破裂。

D 石英舟的预处理

为了提高石英舟涂层的附着力，石英舟表面需要打毛。将清洗好的石英舟挂在通风的超净工作台中的架子上，开口斜朝下进行涂层。涂炭烟层的方法是：用煤气灯点燃丁烷，然后从舟的一端开始烟熏，慢慢向另一端移动，注意涂层的均匀，然后放置冷却，备铸锭用。涂层还可以阻挡舟中杂质进入锗材料。

涂硅烟层的方法是：用三芯石英喷灯（分别通氩气、硅烷、氧气），点燃硅烷，在燃烧硅烷的过程中火焰从舟的一端开始慢慢向另一端移动，使之涂上一层无晶形硅层，其厚度要均匀，并尽可能厚一些，以不起层脱落为好。由于燃烧时氧、氢的存在，刚涂好的硅烟层含有水分，故必须待冷却、水分蒸发干后才能作区熔提纯之用。

E 装入锗料

将铸好的锗锭按上述清洗过程清洗后放到涂有硅烟层的石英舟中，并推进高频区熔炉中准备进行区熔提纯。

F 对气体的要求

保护气体氩气纯度为 5 个 9，氧气是 6 个 9，硅烷是用氢稀释的含量 5％的半导体纯气体。

G 进行区域熔炼

抽真空到 $1.33\times10^{-4}\sim1.33\times10^{-5}$Pa，保持一段时间后关闭真空泵，再慢慢通入纯化后的氢气，待到气压正常后，控制氢气流量在 0.6 L/min 之后，打开区熔机开关，开始区熔，线圈移动速度为 8～10 cm/h，区熔次数大于 20 次。在两次区熔之间要冷却 1 h。

H　分析结果

把区熔提纯后的锗锭取出，按一定距离间隔切片，切片用 W28 号磨料研磨后可见到多晶中的单晶。取其中单晶片制作霍尔片，在液氮温度下利用霍尔法测量，得出净杂质浓度及导电类型。

如图 7-35 所示列出了按上述方法制得的锗锭中杂质的分布。

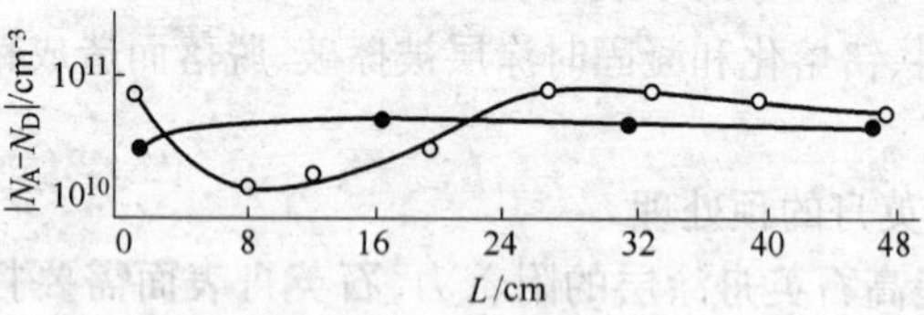

图 7-35　净杂质浓度随锗锭长度 L 的分布

○—实验锗锭（区熔提纯 22 次）；

●—LBL.127 锗锭（区熔提纯 28 次）

第三节　锗的深加工技术

区域熔炼法和定向结晶法提纯的金属锗为多晶锗，晶粒排列和取向不同，各向异性，并存在大量晶格缺陷和晶界聚集大量杂质，不符合使用的需要。如果在熔融锗中只有一个晶核并控制适当的温度梯度，这个唯一的晶核便会结晶长大，那么凝固出来的固体锗就是晶格较完整的单晶体。

一、锗单晶的制取

培育单晶最常用的方法是直拉法（CZ 法）和水平法两种。

（一）直拉法

直拉法又因工艺的差别分为直拉法和浮埚法。

1. 直拉法

A　原理

此方法实质是将籽晶插入熔体内，当温度平衡后旋转籽晶并向上提升，则新凝固出的晶体在籽晶上长大生成单晶。

B 工艺流程

清洗石墨坩埚→籽晶的选取→籽晶、锗料的清洁处理→炉膛和籽晶夹头的清洁处理→装炉→抽真空、通保护气体→逐渐升温，使锗料全部熔化→拉晶→拉晶完成后，降温，切断电源，自然冷却→取单晶。

其中拉晶过程为：

(1) 熔完后将温度降到近于下种所需的温度，把坩埚调到适当的高度，使熔体处于一个合适的温度场中。

(2) 将籽晶降到离液面 3 mm 左右的位置，进行预热。

(3) 转动籽晶杆和坩埚，使其转速适当。

(4) 下种：将籽晶插入熔体适当的深度(一般为 3～5 mm)，这个过程通常称为下种。待温度稳定以后，根据籽晶的形变或光圈的大小来判断熔体温度的高低，通过仔细的微调，使籽晶和熔体浸润良好，便可开始拉晶，拉速调到 1.1 mm/min 左右。

(5) 收颈：待籽晶浸润良好以后，先拉一段细颈，由粗逐渐变细，这一过程通常称为收颈。其最细直径为 1.5～2.0 mm 左右，其长度应为 15～20 mm 左右。

(6) 放肩：为了拉出一定粗细的单晶，当细颈收到一定程度后，稍降温度，由细颈缓慢放粗至所需直径，这一过程通常称为放肩。放肩角度为 45°左右较好。

(7) 垂直生长：当放肩至一定程度后，可稍升一点温度使单晶垂直下长，这一过程通常称作垂直生长。在此过程中一定要注意温度变化，以保持单晶直径均匀。

(8) 收尾：当快要拉完时，尾部 2 cm 左右可适当拉细些，这一过程通常称作收尾。

(9) 提起：拉完后，快速上升籽晶杆或下降坩埚，使单晶离液面适当高度(一般为 2 cm 左右)。

拉晶过程示意图如图 7-36 所示。

C 设备

直拉法的设备如图 7-37 所示。

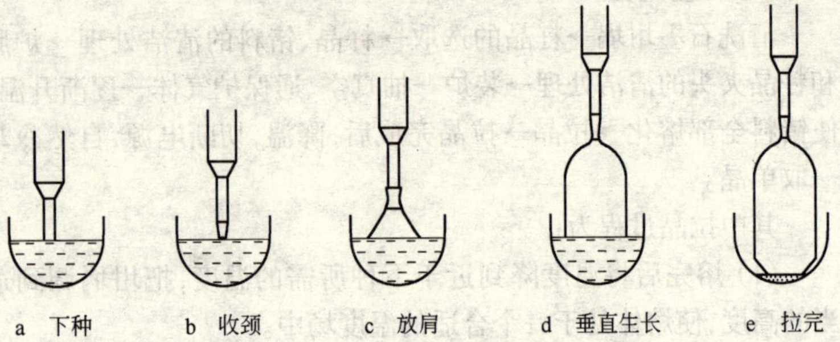

图 7-36 拉晶过程示意图

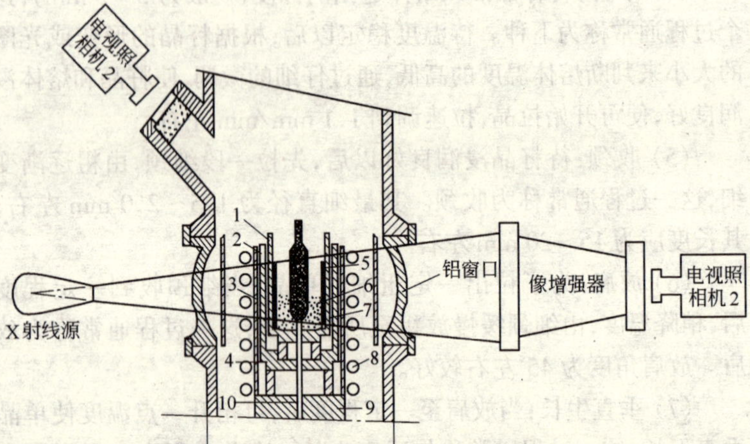

图 7-37 拉晶设备示意图

1—后置加热器；2—盖；3—辐射屏蔽；4—对流屏蔽；5—石英坩埚；6—氧化硼膜；7—石墨坩埚；8—射频线圈；9—基座；10—热偶

D 主要优缺点

直拉法是制备锗单晶的主要方法，其优点为成晶率高，培育的单晶完整性好。

其缺点是直拉法生长单晶，属正常分凝过程，锗中大部分杂质

的分配系数 $K \ll 1$,所以杂质在锗晶体剖面的分布不均匀,浓度从晶体籽晶端向尾端逐渐增加,这影响了锗单晶的使用。

2. 浮埚法

A 工艺特点

浮埚法实质上是改良的直拉法,即在装料的坩埚内增加一个悬浮的内坩埚。此内坩埚的底部有一个小孔,大部分锗装在外埚,少量的锗和确定量的掺杂剂放在悬浮的内坩埚中。当拉晶时,内埚因晶体长大而消耗的锗,由外埚通过其底部的小孔流入内埚,而得到补充。因为坩埚是悬浮的,所以内坩埚中熔体的体积能自动保持常量,又由于浮埚内杂质的分配系数远远小于1,所以生长出的锗单晶其纵向杂质浓度分布均匀,使锗单晶的性质均匀稳定。

B 设备

浮埚法的设备如图7-38所示。

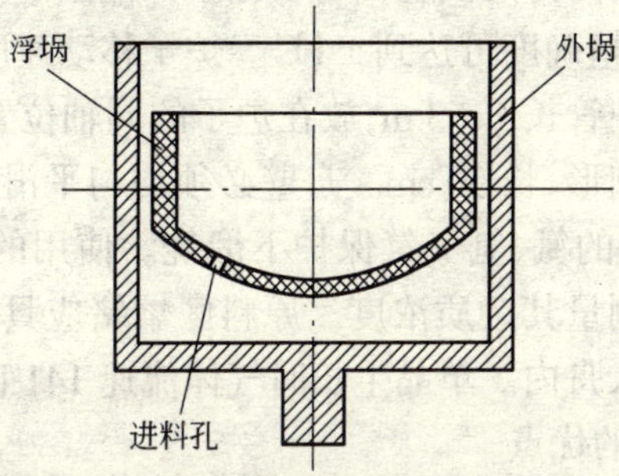

图7-38 浮埚构造断面图

C 优点

浮埚法的主要优点是改善了锗单晶电阻率的剖面分布,提高了其成品率。

(二) 水平法

1. 工艺特点

水平法即区域水平法生长锗单晶,其原理与区域熔炼相似。但设备上作了一些改进,即在熔区前安装了一个附加预热器,在熔区后增加了保温后热器。多晶锗经腐蚀、清洗后放入涂有炭烟的石英舟，舟的头端放有2～3 cm长的籽晶。

2．主要设备

水平法的主要设备为水平单晶炉。它主要由石英炉管、加热线圈、传动机构和加热控制系统所组成。一般石英炉管的直径为60 mm，管外缠绕有14圈环形加热圈，采用ϕ0.64 mm的Pt-Rh(10%)金属丝，相隔一定的间隙绕成ϕ63 mm的环，将环置于石英炉管外面，且与石英管同轴。此加热元件用氧化铝套管套着，以便于保温，然后全部封在隔热室内。石英炉管两端设有水冷金属夹套，靠近水套处放有螺旋状的不锈钢隔热屏蔽，可以在石英炉管内移动，以调节温度梯度。加热元件通过串联电阻控制，用一个电压变化±1%的稳压器供电，总的输入平均功率1 kW。用Pt/Rh(13%)热偶封在石英管内，与置于炉底中心的加热圈处于同一间距处测温。热偶测得的温度在自动记录仪上显示。利用控制电阻控制温度，控温精确度可达到±1℃。炉子移动速度1～26 cm/h。

透明石英炉管长1.53 m，放在炉子的同轴位置上。装锗的石英舟截面为半圆形，长50 cm。舟壁必须均匀平滑，经腐蚀清洗涂层后，在1200℃的氮、氢气氛保护下煅烧。使用的籽晶长10 cm，取向[111]，先测量其杂质浓度。原料区熔锗应具有均匀断面，经严格处理后放入舟内。单晶生长时气体流速141 L/h。

3．水平法的优点

水平法可以生长出2～8 cm^2的优质单晶。并具有成本低，设备简单，操作方便，纵向电阻率分布均匀等优点。但由于单晶生长过程始终必须和舟壁接触，单晶完整性比直拉法差。如果设计的设备有一个合适的热场和保温得当，位错密度可降至$5\times10^3 cm^{-2}$以下。

（三）其他方法

1．定向结晶法

针对用CZ法拉制更大直径的单晶受到限制，俄罗斯Смиров等采用定向结晶法拉制了大尺寸(ϕ520 mm)锗单晶，单晶的形状由坩埚的形状限定，重量大于50 kg，而且性能很好，其电阻率不均匀性小于12%,红外吸收系数≤0.015 cm^{-1}(10.6 μm),位错密度不大于$4\times10^4/cm^2$。1989年加里宁大学 Каплунов 发表了“拉制大尺寸锗单晶的热场调节原则”一文,通过计算,为了拉制直径达750 mm的锗单晶,其拉速和保温罩温度分别为$(3\sim4)\times10^{-5}m/s$和600～700 K。

1992年 Каплунов 在生产大尺寸单晶时进行了热平衡条件的理论研究,其计算结果用生产ϕ300～620 mm锗晶体的试验方法验证。

2. 斯捷潘诺夫法

该法是 Степанов 发明的,特点是可以从熔体中生长出任意截面形状的晶体。如图7-39所示是该设备的示意图。

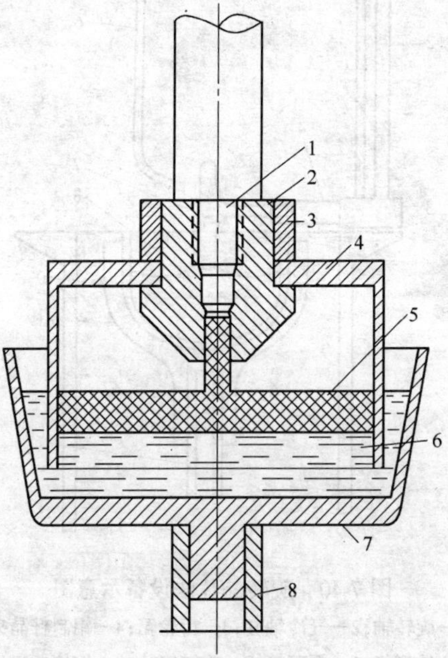

图7-39 斯捷潘诺夫法设备示意图

1—上杆;2—籽晶夹;3—上圆环;4—成型结晶器;
5—结晶;6—熔体;7—坩埚;8—石墨环

该设备的成型结晶器是按所需截面形状设计的，在此结晶器中可以拉出三角形、六角形、正方形、长方形、圆筒形、楔形等 12 种形状的晶体。1959 年斯捷潘诺夫发明此方法后，在前苏联得到广泛应用。用此方法相继制成大截面的成型单晶，如 $\phi80\sim300$ mm，$\phi800$ mm 的成型单晶，乌克兰扎波罗热钛—镁联合企业还采用此法，同时从熔体中拉出 19 根 $\phi12$ mm 的单晶棒。

3. 旋转晶片法

旋转晶片法即应用旋转的浸入熔体的成型器生产出所需的锗单晶。如图 7-40 所示为该法的设备示意图。

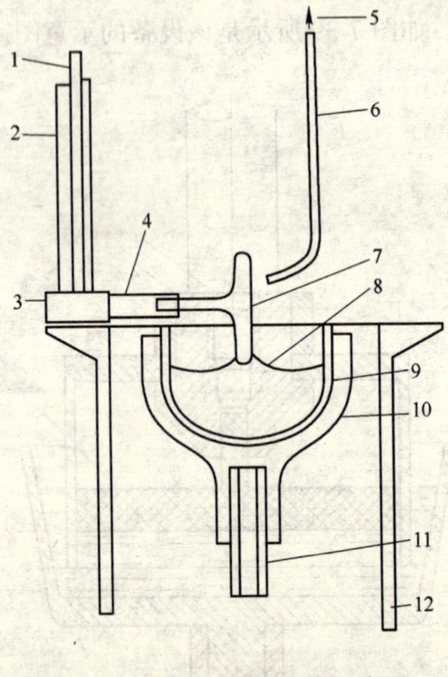

图 7-40 旋转晶片法设备示意图

1—旋转轴；2—气冷轴套；3—齿轮箱；4—钼制籽晶夹；5—高纯氩气；6—石英管；7—旋转锗片；8—熔体；9—坩埚；10—石墨衬；11—石墨支座；12—开缝石墨加热器

美国和乌克兰均采用此法生产锗单晶。

4. 垂直梯度凝固法(VGF 法)

该法可克服 CZ 法系统中高的轴向温度梯度和径向温度梯度使单晶产生较大热应力,晶体重力作用会使晶体变形而产生机械应力,从而导致位错增加,降低单晶光学性能,而需在一定温度下经过长时间退火以消除应力,提高光学性能的问题,并使其在加工时不易碎裂。

VGF 法的设备如图 7-41 所示。

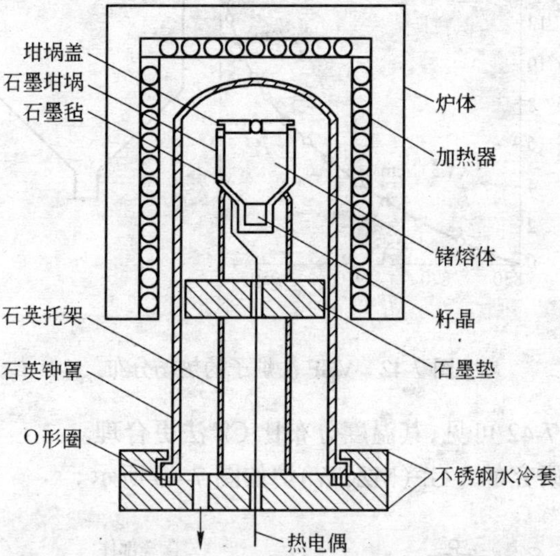

图 7-41 VGF 法的设备示意图

石墨坩埚在一个石英钟罩里。使用的石墨坩埚很有特色。一个光滑柔软的石墨毡衬紧贴在坩埚内壁与之相吻合,以“替代吸收”由于晶体与容器膨胀系数不同而产生的应力;坩埚顶部的石墨盖的特殊作用是减少锗在固化时因密度减小导致体积膨胀而产生的应力。

整个单晶生长过程包括:初始熔化,恒温 3 h,然后以 2℃/h 的速度缓慢冷却直至整个熔体固化。温度梯度为:熔体中间平均

8℃/cm,在籽晶与熔体界面一侧,最陡为 15℃/cm。整个过程在 9.33×10^4 Pa 的氩气氛中完成。可以生长出直径达 200 mm 的单晶。VGF 单晶位错密度(EPD)在 500~1000 cm^{-2}之间,折射指数均匀性 Δn 约为 10^{-4},8~12 μm 毛坯的透过率为 47%。

VGF 法炉子的热场分布如图 7-42 所示。

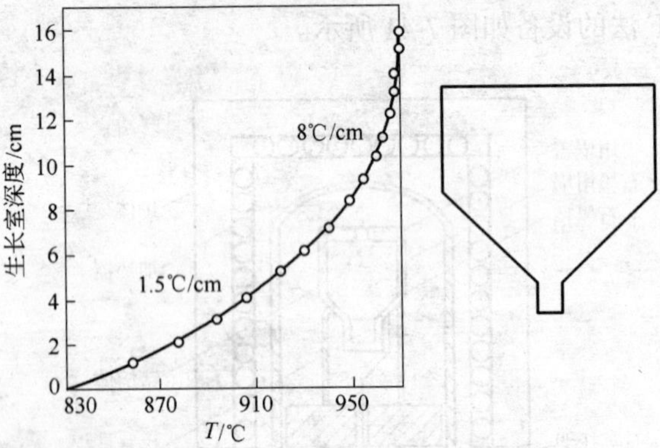

图 7-42　VGF 法炉子的热场分布

由图 7-42 可见,其温度分布比 CZ 法更合理。

德国研究的 VGF(MZCW)炉如图 7-43 所示。

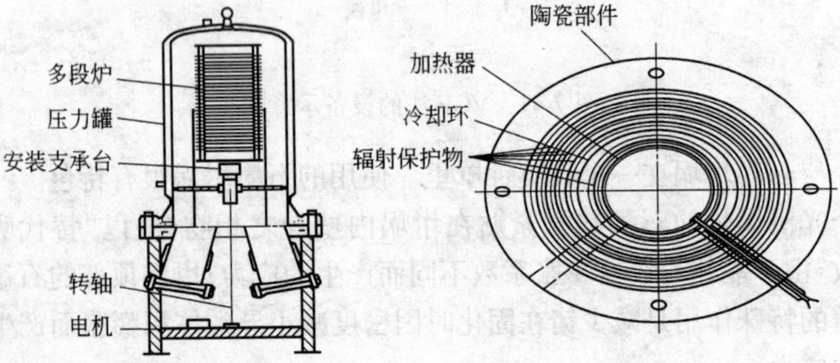

图 7-43　VGF(MZCW)炉示意图

该VGF炉体包括26段加热和冷却段(每段长约2cm),其中22段能被独立控制加热或冷却。其主要特点是采用"冷壁"技术获得热绝缘;设计成标准结构,易于安装拆卸和清洗。

所谓"冷壁" 技术,是用辐射保护物达到阻止热扩散。每段加热体的中心是电阻加热丝,外层有辐射保护物和冷却环(冷却剂是压缩空气)。加热丝、辐射保护物和冷却环支撑在一个陶瓷结构的部件上。每个加热段有2～3个热偶控制。整个MZCW系统装在一个不锈钢高压罐内,可承受氩气或空气达4×10^6 Pa,这样可以生长ϕ50～75 mm的锗单晶体(最大直径可达200 mm)。又可以生长GaAs和InP等半导体材料。

VGF系统的全部工艺过程均由计算机自动控制。表7-16是VGF炉的热性能参数。

表7-16　VGF炉的热性能参数

性　　能	参　　数
温度/℃	1300～1350
温度梯度/$K\cdot cm^{-1}$	≥150
加热速率/$K\cdot s^{-1}$	≥5
冷却速率/$K\cdot s^{-1}$	≥5
加热功率/kW	1.5～2

VGF法生长的锗单晶由于其尺寸足够大,位错密度小,因而除用于光学用途外,也是GaAs太阳电池的良好衬底。

以色列研究了籽晶垂直梯度法(SVGF法)其设备如图7-44所示。

熔体中的平均温度梯度为8℃/cm,籽晶熔体交界面冷速为2℃/h,分两步退火,先在高温下退火,后在475℃下退火,所得ϕ100 mm的单晶,(111)面的EPD仅为$5\times10^2\sim10^3/cm^2$。1991年Azoulay又采用石墨毯做坩埚的内衬,克服锗-石墨间的热膨胀系数差所产生的严重应力。

5. 热交换法生长锗单晶

日本东京电子冶金研究所前岛善文等在直拉硅单晶炉内采用

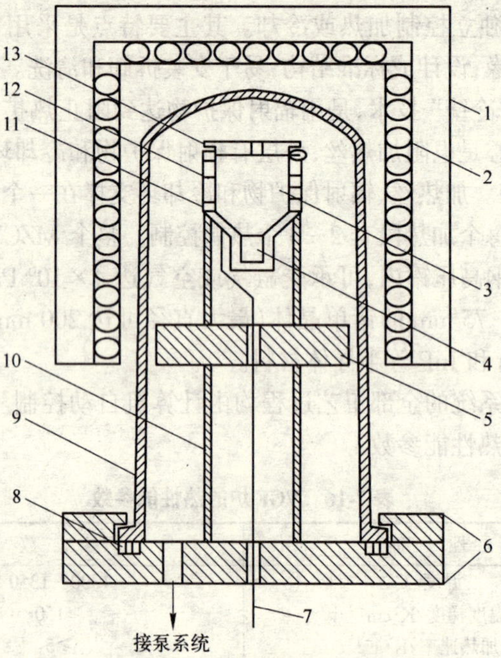

图 7-44　SVGF 法设备示意图

1—炉子;2—加热元件;3—Ge 熔体;4—籽晶;5—石墨罩;
6—不锈钢冷却水套;7—Pt/Pt-13%热电偶;8—石墨环;
9—石英保温罩;10—石英支架;11—石墨垫圈;
12—石墨坩埚;13—坩埚盖

独特的石墨加热系统,用热交换法生长出 ϕ130 mm 的锗单晶。这种方法的特别之处在于坩埚的构造使导入气体除去锗的凝固热。如图 7-45 所示是热交换法坩埚的构造图。材料为高纯石墨,坩埚底加工的特别薄,生长开始时在此处首先形成晶核,通过埚底与托盘之间流动的气体把成核生长时产生的凝固热带走,从而保证生长成单晶。热交换气体用氮气和氢气(按一定流量比)。从晶核形成到晶体生长完全结束,冷却速度为 0.03～0.05℃/min。不需要籽晶。生长的锗单晶位错密度为 800cm^{-2},折射指数均匀性 $\Delta n \approx 10^{-4}$。

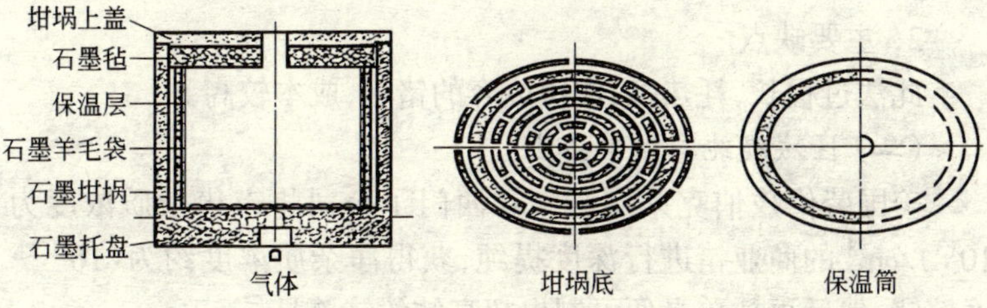

图 7-45　热交换法坩埚构造示意图

几种锗晶体生长方法以及晶体性能比较见表 7-17。

表 7-17　几种锗晶体生长方法及晶体性能比较

方　法	生长晶型	位错 EPD/cm^{-2}	折射指数 Δn	直径/mm	成本
CZ 法	单晶、多晶	5×10^3	$10^{-4}\sim10^{-5}$	<300	高
VGF 法	单晶	500～1000	10^{-4}	<200	中等
热交换法	单晶	800	10^{-4}	<200	低
定向凝固法(铸造)	异形多晶			<800	低

二、超高纯锗单晶制备

制备高纯锗探测器需要超高纯锗单晶作为原材料,20 世纪 60 年代初用于探测器的锗单晶是掺镓的电阻率为 20～40 Ω·cm 的优质材料,再用锂漂移补偿以获得净杂质浓度极低的本征区。但被漂移进去的锂极易从锗内蒸发或沉淀,使探测器失效。为此,Ge(Li)探测器必须在低温下保存。以后,锗的提纯技术得到改进,可以直接制出净杂质浓度约 $10^{10}/cm^3$ 超高纯锗单晶,免去了用锂补偿的缺点。HpGe 探测器性能已达到 Ge(Li)探测器性能水平,并已部分取代 Ge(Li)探测器。

(一) 多次再结晶法

1. 工艺特点

直拉法是一个正常凝固过程,杂质按其自身的分配系数富集在锗晶体的尾端,切去这部分,进行第二次拉晶,反复多次一直达到所需要的纯度。

2. 主要缺点

此法过程长，耗热多，淘汰废弃的锗多，成本较高。

(二) 区域提纯与拉单晶法

美国劳伦兹伯克莱实验室和西门子公司将市售杂质浓度为 10^{13})/cm^3 的商业锗进行深度提纯，获得净杂质浓度约为(10^{10} ~ 区熔锗，然后再拉单晶便可制出超高纯的锗单晶。

区域熔炼采用自感加热熔化，用外电阻炉或石英封装的石墨环作为热启动器，舟长 60 cm，单熔区。锭长与熔区宽度比为 20∶1，以氮、氢混合气体作保护气氛，提纯约 20 次。拉单晶条件基本与普通拉单晶相同。但单晶炉的高频感应圈的导电散热片，要放置在去离子水槽中，以使温度分布均匀，并减少气体把管壁上的杂质带到熔体内。

三、重掺杂锗单晶的制备

这种锗单晶主要用作二极管等电子产品以及红外探测器。

(一) 直拉法

1. 工艺

用于制作隧道二极管的锗单晶要求具有载流子浓度(10^{19} ~ 10^{20})/cm^3。这种单晶可用砷和镓掺入锗中制成合金，按计算量在石墨坩埚内用直拉法制取。

2. 设备

直拉法制备重掺杂锗单晶的设备如图 7-46 所示。

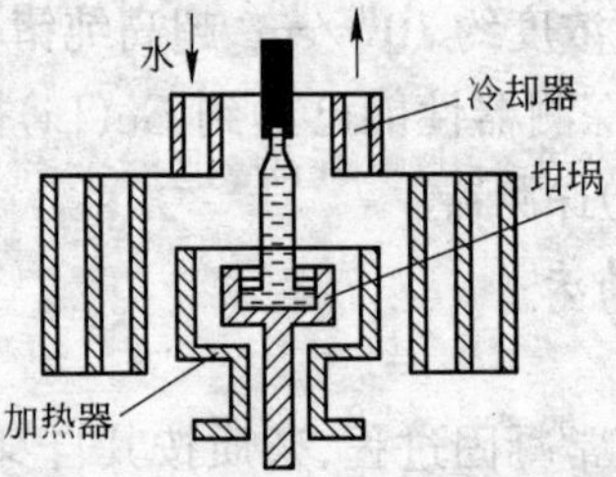

图 7-46　直拉法制备重掺杂锗单晶的设备示意图

3．优缺点

因为掺入杂质浓度接近于它在锗中的溶解度，所以这种工艺比较难于实现。必须严格控制生长界面的过冷度，才能制备出重掺杂锗单晶。

（二）溶剂蒸发法

1．工艺

此法实质上是把热处理和淬火结合起来的工艺。

把原料锗和 GeAs 合金放在单晶炉内的石墨坩埚中，并通入氦气防止砷和锗的氧化。操作时，下降籽晶浸入熔体 1.58 cm，而后降低熔体温度使晶体向外生长。

用此法可以提高掺杂浓度，例如可由原来含砷$(3\sim5)\times10^{10}/cm^3$，提高到$(8\sim9)\times10^{12}/cm^3$。

2．设备

用溶剂蒸发法生长高掺砷锗单晶的设备如图 7-47 所示。

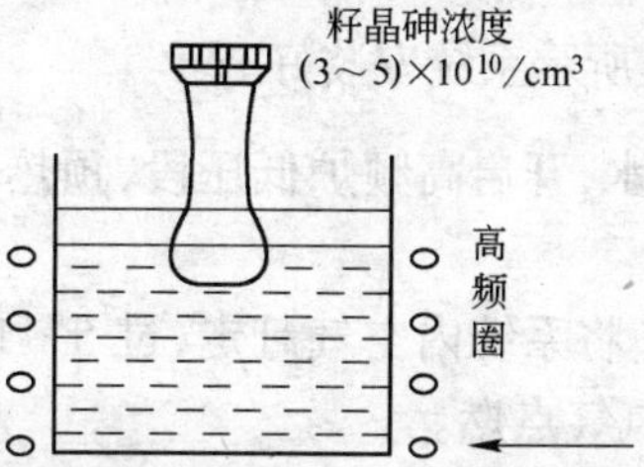

图 7-47 用溶剂蒸发法生长高掺砷锗单晶设备示意图

（三）水平法

1．工艺

在石英舟的一端放进一小块籽晶，把掺杂剂磷或砷与锗料一起加入石英舟内，生长方向[111]，拉速 0.85 cm/h。锗料电阻率大于 40 Ω·cm。

2．设备

所用设备为水平单晶炉。石英舟长 25.4 cm，为 8 mm 半径的半圆形。生长重掺砷的水平单晶,所用的设备及工艺与掺磷的基本相同。不同点仅是掺杂剂砷置于石英管的一端,装锗与籽晶的舟在另一端。石英管抽成0.0133 Pa真空后焊封。

3. 特点

此工艺比较简单成熟,而且还有设备成本低,操作方便等优点,但单晶掺杂浓度低于溶剂蒸发法。

四、锗合金的制备

锗合金主要应用于红外探测器、超导材料、催化剂、冶金用锗的添加剂以及医药用锗。

(一) 设备

锗合金制备系统如图7-48所示。主要设备是石墨感应加热炉、石英管和油扩散泵。

(二) 制备工艺

制备工艺如下:

(1) 按图7-48所示系统安装好。

(2) 接通冷却水,开启高频炉低压段,预热一段时间(一般15 min以上)。

(3) 接通氮气,将系统内空气赶走,过5~10 min后通氢气关氮气,在出口处将氢气点燃。

(4) 接氢气5~10 min后,一手折起上橡皮管。

(5) 接通高频炉高压电源进行加热,高频输出功率要合适,使锗、锑或镓刚好熔化,待全部熔化后搅拌,打开上橡皮管,使锗锑均匀滴入冷却油内。

(6) 待合金液不再滴出,切断电源,自然冷却。

(7) 冷却后开氮气关氢气,待10 min后即可卸炉。

(8) 关上低压电源和冷却水。

(9) 将合金球倒入蒸发皿中,用苯泡洗,用去离子水冲洗至无油花为止。再用浓度为30%的双氧水加热腐蚀几分钟,用去离子水冲洗干净,烘干待用。

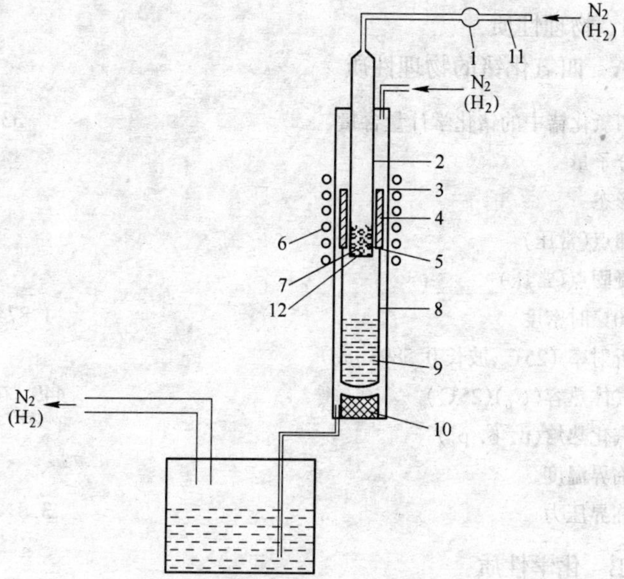

图 7-48　锗合金制备系统

1—橡皮球胆;2,3,8—石英管;4—石墨感应加热器;5—锗块;
6—高频线圈;7—掺杂元素;9—油扩散泵;10—支架;
11—上橡皮管;12—圆孔

(三) 优点

该法具有产品电阻率均匀,使用方便,对产品大小、比例容易控制等优点。

此外,其他制备锗合金的方法还有:平移法、淬火法和直拉法等。

五、高纯四氯化锗的制备

据统计,近年来锗的主要用途之一为光纤生产中的添加剂。1999 年光纤消耗锗为 55 t,约占锗的总消耗的 50%。2003 年估计为 25 t,比 1999 年减少一半。从以上数据可知,由于光纤市场不景气,锗的用量下降,但仍为整个锗用量的 1/3,仍然占有举足轻重的地位。

(一) 光纤用四氯化锗的技术要求

1. 物理性质

A 四氯化锗的物理性质

四氯化锗中的锗化学计量含量	33.857%
分子量	214.40
形态	液态
沸点(常压)	83.1℃
凝固点(常压)	-49.5℃
20℃时密度	1.874 g/cm^3
折射率 (25℃,波长 0.5893 μm)	1.464
气体热容(C_p)(25℃)	449 J/(kg·K)
汽化热焓(n. b. p.)	137J/g
临界温度	277 ℃
临界压力	3.8×10^{3}kPa

B 化学性质

四氯化锗在常温下能溶解于丙酮、苯、二硫化碳、四氯化碳、氯仿与二乙醚等。它也微溶于浓盐酸,不溶于硫酸,在水中分解。

四氯化锗具有强烈的腐蚀性、有刺激性气味,接触潮湿空气产生浓烟,遇水分解为 HCl 和二氧化锗,不易燃,无色液体。

C 产品质量要求

a 金属杂质控制

金属杂质控制可见表 7-18。

表 7-18 金属杂质控制

金属杂质	最大量	标准量	检测极限	
			GFAA	ICP-MS
Cr	1.0×10^{-9}	$<0.1\times10^{-9}$	0.2×10^{-9}	0.1×10^{-9}
Co	1.0×10^{-9}	$<0.05\times10^{-9}$	0.2×10^{-9}	0.05×10^{-9}
Cu	2.0×10^{-9}	$<0.1\times10^{-9}$	0.1×10^{-9}	0.1×10^{-9}
Fe	4.0×10^{-9}	$<2.0\times10^{-9}$	0.2×10^{-9}	2.0×10^{-9}
Mn	0.5×10^{-9}	$<0.1\times10^{-9}$	0.4×10^{-9}	0.1×10^{-9}
Ni	2.0×10^{-9}	$<0.1\times10^{-9}$	0.2×10^{-9}	0.1×10^{-9}
V	1.0×10^{-9}	$<0.1\times10^{-9}$	0.1×10^{-9}	0.1×10^{-9}
Zn	1.0×10^{-9}	$<0.5\times10^{-9}$	0.3×10^{-9}	0.5×10^{-9}

分析仪器:石墨炉原子吸收光谱测试法(GFAA)。

b　含氢离子团

对含氢离子团的要求可见表 7-19。

表 7-19　含氢离子团表

杂质+	最高量$\times10^{-6}$	标准量$\times10^{-6}$	FTIR$\times10^{-6}$
-OH	2	1~1.5	0.05
HCl	5	1~3	0.3
有机物($-CH_3$ 和 CH_2)	1	<0.5	0.05

分析仪器:傅里叶转换式红外线光谱分析仪 (FT-IR)。

c　穿透图谱定性分析(相对浓度)

穿透图谱定性分析可见表 7-20。

表 7-20　穿透图谱定性分析表

穿透图谱分析	通过标准	一般量测值
3609 cm-1 ($GeCl_3OH$);10cm	≥90.0%	>97%
2970-2925 cm-1 (CH 脂肪族);10 cm	≥90.0%	>95%
2860-2830 cm-1 (HCl 可溶);10 cm	≥90.0%	>94%
2338 cm-1 (CO_2溶解);10 cm	≥90.0%	>98%
2272 cm-1 ($GeHCl_3$);10 cm	≥95.0%	>98%

d　包装要求

采用硼硅酸盐玻璃瓶 5 L(9 kg), 10 L(18 kg)或 27 L(50 kg)装。用聚四氟乙烯多支管机构,手动或气动灌装。用密封聚乙烯袋包装玻璃瓶,放入装有缓冲物的金属圆桶中。

采用 1Al 不锈钢容器 30 L(50 kg), 60 L(100 kg), 120 L(200 kg)和 240 L(400 kg) 装。用聚四氟乙烯多支管机构,手动或气动灌装。每个容器必须通过 DOT 核准。由美国 Swagelock 所制造生产。采用三合板箱作为外包装。容器符合 DOT 及 UN 规范。

(二) 四氯化锗的生产方法

(1) 用锗产品提纯后生产;

(2) 用粗四氯化锗提纯生产。

六、几种有机锗的制备

20 世纪 50 年代科学家发现,一些贵重滋补中药如灵芝等,含有丰富的锗元素,并发现锗以有机锗的形态存在。其中以二羧乙基锗的倍半氧化物$(GeCH_2CH_2COOH)_2O_3$(简称锗-132)为代表的锗丙烯酸化合物及其衍生物,有很高的药用价值。因此引起了科学家对有机锗的关注,对此进行了大量的研究。有机锗产品的发展很快,如倍半氧化物类和倍半硫化物类,氨基酸类锗、螺锗、卟啉类锗、呋喃类锗和介玛川类锗等。

几种有机锗的制备方法如下:

(一) 锗-132 的制备

锗-132 为白色粉末结晶,它不溶于一般的有机溶剂,溶于水的程度与溶液的 pH 值有关。其化学结构式如下:

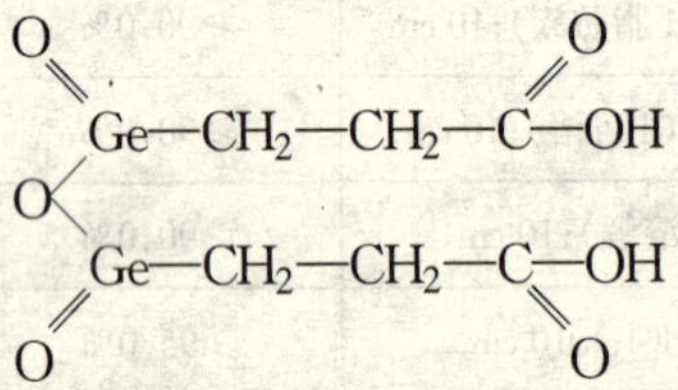

制备的方法有几种:

(1) 以 $HGeCl_3$ 为原料与丙烯酸及其衍生物加成提纯后再水解:

$$HGeCl_3 \xrightarrow{CH_2=CHCN} Cl_3GeCH_2CH_2CN \xrightarrow{H_2O} Cl_3GeCH_2CH_2COOH$$

$$\xrightarrow{SOCl_2} Cl_3GeCH_2CH_2COOH \xrightarrow{H_2O} O_{1.5}GeCH_2CH_2COOH$$

(2) 以 $GeCl_4$ 为原料,在甲醇中,用次亚磷酸钠的浓 HCl 溶液处理四氯化锗,滤去生成的 NaCl 沉淀,母液在室温下与丙烯酸反应，然后直接进行水解：

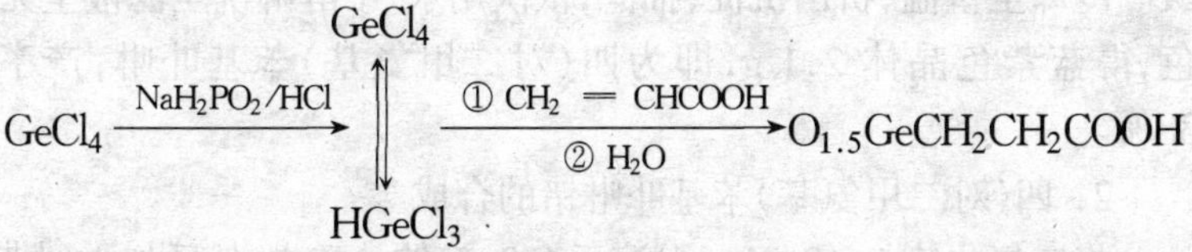

(3) 以二氧化锗为原料，将热二氧化锗与次亚磷酸钠的浓盐酸混合液，然后用有机溶剂萃取，并向萃取物中滴入丙烯酸，再进行水解：

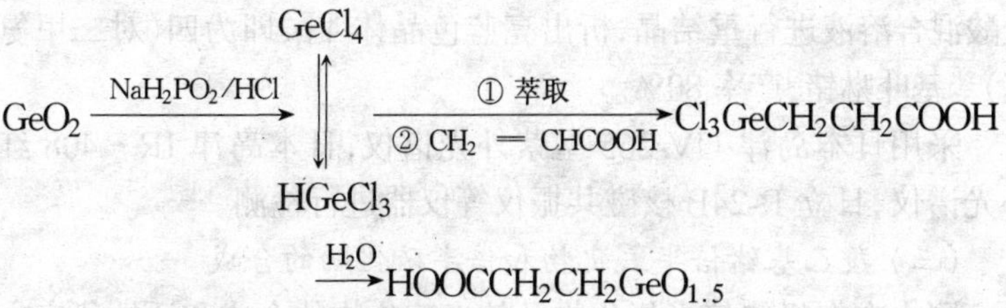

上述制备工艺的优缺点：

3 种制备方法中，第三种最好，原料易得，操作过程简单，产率高、消耗少，而且污染相对较小，更有利于工业合成及产业化。

几种制备工艺的产率比较见表 7-21。

表 7-21　几种制备 Ge－132 方法的产率(%)

实 验 号	1	2	3
乙醚萃取法	89.0	87.3	88.7
直接加料法①	88.8	87.6	89.1
补加 HCl 法②	92.1	91.5	91.9

① 指在 $HGeCl_3$ 的浓盐酸中直接加丙烯酸。

② 指在直接加料法基础上滴加浓盐酸或通 HCl 气体。

(二) 四(对二甲氨基)苯基卟啉锗配合物的制备

1．制备四(对二甲氨基)苯基卟啉

称取对二甲氨基苯甲醛 4 g(0.027 mol)，置于带有回流冷凝器的 250 mL 三口烧瓶中，加入异戊酸 100 mL，加热，当溶液开始回流时，立刻加入 2 mL(0.03 mol)新蒸馏的吡咯，随即蒸出异戊酸。冷却至室温，析出沉淀，抽滤，依次用水、甲醇淋洗至滤液呈无色，得蓝紫色晶体 2.1 g，即为四(对二甲氨基)苯基卟啉，产率 38%。

2. 四(对二甲氨基)苯基卟啉锗的合成

将二氧化锗 1 g(0.01 mol)溶于 100mL 浓盐酸中，然后加入到带有回流冷凝器和搅拌器的 500 mL 三口烧瓶中，再加入四(对二甲氨基)苯基卟啉 6 g，冰醋酸 100 mL，在 60℃水溶液中搅拌反应 30 min，将反应液过滤，除去不溶物，浓缩滤液，得到粗产品，然后用醋酸和盐酸混合溶液进行重结晶，析出亮蓝色晶体 4 g，即为四(对二甲氨基)苯基卟啉锗，产率 80%。

采用日本岛津 UV-265 型紫外光谱仪，日本岛津 IR-408 红外光谱仪，日立 R-24B 核磁共振仪等仪器进行检测。

(三) 羧乙基锗倍半氧化物和倍半硫化物的合成

国内在有机锗倍半氧化物及倍半硫化物的合成和活性研究方面进展较快。1987 年报道了 15 种有机锗倍半氧化物，次年又报道了 15 种有机锗倍半硫化物的合成和性质研究。

其合成方法如下：

$$GeO_2 + NaH_2PO_4 + HCl \xrightarrow{95\sim100℃} HGeCl_3 \xrightarrow{CH_2CHRCOOH}$$

$$Cl_3GeCH_2CHRCOOH \xrightarrow{SOCl_2} Cl_3GeCH_2CHRCOOH \xrightarrow{NH_2Ar,\ H_2S}$$

$$S_3(GeCH_2CHRCONHAr)_2$$

其中：$R = H, CH_3$；$Ar = C_6H_5$

(四) 含氨基酸锗氧化物，如赖氨酸锗氧化物(简称 AGO)化妆品的制备

因为 AFO 毒性低微(LD_{50} > 10 g/kg 大白鼠)且具有抗癌、免疫、抗衰老、镇痛等作用，对皮肤又无刺激作用，所以用于制备化妆品很适合。

1. 原料

混合醇、硬脂酸、甘油、棕榈酸异丙酯、乳化剂、化妆白油、去离子水、防腐剂、香料、抗氧化剂、AGO 水溶液等。

2. 制备方法

将硬脂酸、混合醇、棕榈酸异丙酯、白油放入带有水浴的容器中，升温至 90℃。与此同时，将甘油、乳化剂、AGO 水溶液等倒入水中溶解，升温至 95℃，在搅拌下将水相倒入油相，并用匀质器匀质 2 min，然后在 80～100 r/min 搅拌下用水冷却，降温至 50℃时加入抗氧剂及香精，冷却至室温装瓶，即为含锗的化妆品。

(五) 氨基酸类锗倍半氧化物的制备

以制备 β-锗代 α-氨基酸衍生物为例。合成路线如图 7-49 所示。

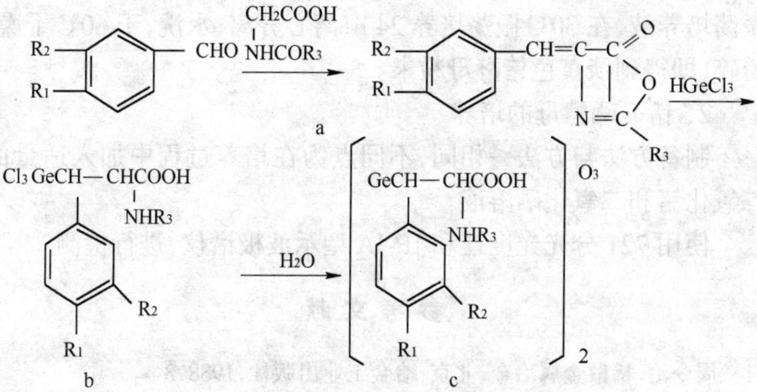

图 7-49 β-锗代 α-氨基酸衍生物合成路线

a—$R_1 = R_2 = H, R_3 = H \cdot HCl$; b—$R_1 = OH, R_2 = OMe, R_3 = H$;

c—$R_1 = OH, R_2 = OMe, R_3 = CoPh$

(六) 锗和锗-硒酵母的培养

1. 锗酵母的培养

方法一：将制好的麦芽汁培养基 150 mL 分别放入 250 mL 经高压灭菌后的锥形瓶中，加入不同浓度的二氧化锗溶液，接种，室温培养 48 h，离心分离，用二次蒸馏水洗涤数次，于室温下干燥，粉碎即得锗酵母。

方法二：

(1) 配制种子培养基：

种子培养基成分：蛋白胨 0.35，酵母膏 0.5，$KH_2PO_4$0.2，

$MgSO_4 \cdot 7H_2O$ 0.1，蔗糖 8.0，pH=5.5～6.0；

(2)配制发酵合成培养基：

发酵合成培养基成分：酵母膏 0.5，$KH_2PO_4$0.5，$MgSO_47H_2O$ 0.25，$(NH_4)_2SO_4$1.0，蔗糖 10.0，pH=5.5～6.0；

(3) 培养方法：

将 10 mL 种子培养基加入试管中，取酵母菌体接种于试管内，在 30℃ 静置培养 16 h；在 500 mL 三角瓶中加入种子培养基 100 mL，按 2% 接种量接种试管种子，在 30℃ 振荡培养 18 h；然后加入发酵培养基 200 mL（含二氧化锗），按 10% 接种量接种三角瓶振荡培养液，在 30℃ 振荡培养 24 h，离心分离，水洗，于 60℃ 干燥，粉碎，即得到淡黄色锗酵母粉末。

2. 锗—硒酵母的培养

制备方法与方法一相同，不同点为在培养过程中加入适量的二氧化锗和二氧化硒溶液。

使用 721 分光光度计和 JP-IA 型示波极谱仪，进行检测。

参考文献

1 周令治. 稀散金属冶金. 北京：冶金工业出版社，1988.3

2 吴绪礼. 锗及其冶金. 北京：冶金工业出版社，1987

3 四川大学化学系. 稀有元素的物理化学及热力学性质手册，北京：科学出版社，1960

4 《稀有金属冶金学》编写小组. 稀有金属冶金学 . 北京：中国工业出版社，1961.9

5 解德汝等. 云南有色金属深加工进展 . 昆明：云南科技出版社，1990.11

6 屠海令等. 有色金属冶金、材料、再生与环保. 北京：化学工业出版社，2003

7 Г.А. 麦耶尔松，А.Н. 泽理克曼. 稀有金属冶金学教程（下册）. 北京：冶金工业出版社，1960，570～601

8 А.Н. 泽理克曼，О.Е. 克列茵等著. 宋晨光等译 . 稀有金属冶金学，北京：冶金工业出版社，1982.9

9 韩长日，宋小平. 电子与信息化学品制造技术 . 北京：科学技术文献出版

社,2001.10
10 周令治,邹家炎．稀散金属手册．长沙:中南工业大学出版社,1993.3
11 王吉坤等．有色金属矿产资源的开发与利用．昆明:云南科技出版社,2000.5
12 半导体材料及其制备.S.P.凯勒主编.罗英浩等译.北京:冶金工业出版社
13 物理学报,1990,39(3):408
14 江苏冶金,1989(5):27
15 有色金属进展第5卷,8册,3章
16 国外冶金动态,1982,No.36
17 日用化学工业,1991(2),51;1994(5),11~13
18 会社年鉴(日刊),1979~1980
19 Britsh Industry in Chinese,1981,13,(4)~(5)
20 工业稀有金属(日刊),1970~1982
21 分析化学,1992,20(11),1361
22 云南化工,1992(1),26
23 化学工业与工程,1994(3),10~17
24 化学世界,1995(5),231;1994(3),231
25 云南冶金(县乡矿业版),1991(2),27
26 云锡科技,1993(3),49
27 黄卫森.锡.北京:冶金工业出版社,2000.1
28 日本化学会编．董万堂译,稀有金属制取．北京:中国工业出版社,1963.7
29 白尔隽．高纯锗多晶材料的制备.核技术21卷(9),1998.9,558~561
30 李贺成等．国外红外用大尺寸锗晶体的生产方法及水平,稀有金属,2000,24(3):203~207
31 Смирнов Ю.М. и тд.Высокочистые вецества. 1990(6):213
32 Қаплунов И.А.Реф.Жур.Металлугия,1989.9Г,249
33 Қаплунов И.А.Реф.Жур.Физ.,1992.5Е,611
34 前岛善文等．日本红外线学会志,1996,6(1):56
35 Hof mann D. et al.J.Cryst. Crowth,1993(128):213
36 现代材料动态,2004(1):21
37 现代材料动态,2003(7):25

第八章　锗提取和加工的新技术新动向

锗由于其优良的性能，有许多特殊用途，是战略物资。但是其在矿石中的含量较低，提取过程较为复杂。为了提高提取率，降低能耗，提高产品质量，近年来有许多研究。

第一节　锗的细菌冶金

一、微生物法提取锗

微生物法(又称细菌冶金法)是近年发展起来的方法，是微生物学和湿法冶金的交叉学科。微生物提取技术由于投资小，成本低，能耗低，工艺流程简单，对环境友好，将是21世纪资源提取技术的重要方法之一。

根据 Falmouth Associates 调查表明，世界上每年有20亿kg以上的金属是用生物技术提取的，其中以铜为主，而且其产量每年以12%～15%的速度高速增长。目前生物冶金技术已成为具竞争力的提铜技术，并向金、银、镍、钴的工业化提取拓展。生物冶金技术正吸引更多的国家和企业采用和深入研究。

我国微生物法在铜冶金、金的提取和铀的提取方面都已工业化。锗的微生物法提取国内已有一些研究。

微生物技术还被应用于环境保护领域。进行硫、砷、汞和重金属的无害化处理。

微生物法是借助某些细菌的催化作用，使矿石中的金属溶解，进入溶液，再进一步提取金属的方法。

对于金属而言，微生物的作用表现在4个方面：(1)元素的有机质化。磷、硫等元素通过生物合成作用组成菌体核酸、蛋白质；有的菌体与金属离子螯合生成金属有机化合物。(2)有机质分解。使元素从有机物变为无机物。(3)氧化与还原作用。如氧化铁细菌可使 $Fe^{2+} \rightarrow Fe^{3+}$,从中得到其生活所需的化学能。汞细菌可使 Hg^{2+} 还原为 Hg。(4)溶解与沉淀。产酸细菌生成的 HNO_3、H_2SO_4 等强酸,可使矿物溶解。而有的细菌可生成 H_2S,使有的金属生成硫化物沉淀。

有研究表明,煤中的锗存在于腐殖质的各种成分中,见表 8-1。

表 8-1　煤的各种腐殖质成分中锗的分布

物　质	褐菌酸	腐殖酸	胡敏素
分 布/%	1~2	10~12	86~89

煤中的腐殖质(humus)是一类相对分子质量为 300~30000 的大分子有机物,一般将腐殖质分为 3 类:腐殖酸、褐菌酸和胡敏素。腐殖酸—先溶入稀碱,而后在酸中沉淀的部分;褐菌酸—经碱液萃取后在酸中不沉淀的部分;胡敏素—为既不溶于碱,也不溶于酸的部分。

在微生物作用下,大分子有机锗被破坏,形成小分子结合锗或易溶的游离锗(锗酸根或锗离子),可为酸、碱溶解。其反应可示于下:

$$\mathrm{Ge(humus)} + H_2O \xrightarrow{\text{微生物}} H_nGeO_x{}^{4-2x+n} + CO_2 + mC \qquad (8\text{-}1)$$

式中,$x = 1 \sim 4$, $n = 0 \sim 4$, $m > 10$。

反应生成的锗酸产物($H_nGeO_x{}^{4-2x+n}$)在水溶液中存在如下平衡:

$$\begin{array}{cccc} pH=2.5 & pH=6 & pH=9.4 & pH=11 \end{array}$$
$$Ge_2O_5{}^{2-} = 2H\,Ge_2O_5{}^{-} = HGe_5O_{11}^{-} = GeO_3^{-} \qquad (8\text{-}2)$$

这些锗的生成物都能溶于稀的硫酸、盐酸、乙酸和 NaOH 的水溶液。经检测微生物为水霉菌。微生物处理后煤和溶液的变化见表 8-2。

表 8-2　微生物处理后煤和溶液的变化

时间/d	1	2	3	4	5	6	7	8
溶液值 pH	7	6.5	6.5	6.0	5.0	4.5	4.0	3.0
煤中氧含量/%	5.21	5.02	4.67	4.12	3.68	3.13	2.82	2.63
溶液锗浓度/$mg \cdot L^{-1}$	0	1	3	5	8	10	11	13

经研究测定了腐殖酸锗络合物的分解热为328～761 kJ/mol,吸附热为24～53 kJ/mol。还测定了煤对锗的吸附平衡常数,见表8-3。

表8-3 煤锗吸附的平衡常数(*k*)

条件	平衡溶液,0.001 mol/L				
	$Ge(SO_4)_2$	$GeCl_4$	Na_2GeO_3	$Ge(C_2O_4)_2$	$Ge(CH_3COO)_4$
煤未经微生物作用	71.1	71.23	54.81	21.67	17.33
煤经微生物作用	11.2	22.43	28.62	23.24	21.52

注:k = 煤中锗含量($g/kg_{煤}$)/溶液中锗含量($g/kg_{溶液}$)。

由表8-3可见,对于$Ge(SO_4)_2$、$GeCl_4$和Na_2GeO_3溶液,未经微生物处理的煤与锗的平衡常数大于经微生物处理的平衡常数;而$Ge(C_2O_4)_2$和$Ge(CH_3COO)_4$则相反。说明含锗煤经微生物处理后,用$Ge(SO_4)_2$、$GeCl_4$和Na_2GeO_3溶液浸出煤中锗都是有效的。

研究还表明,锗的浸出率可达到约85%。

二、从含锗10^{-6}级溶液中回收锗

生产锗和一些应用锗的工厂会产生大量废水,这些废水中含有少量锗,通常为含锗10^{-6}级溶液。目前没有合理的方法能经济地回收锗。

据报道日本的研究者,将这种含锗废水的pH值调到11以上,用作培养液,繁殖螺旋藻。螺旋藻可以吸附溶液中大量的锗,然后对螺旋藻进行浸出或焙烧,就可得到锗。

该技术的关键是螺旋藻的预培养和增殖。采用森式培养槽,SM培养液,在培养温度30℃,照明度10000 lx的条件下,进行螺旋藻的预培养。然后再将其放入含锗溶液。SM培养液成分见表8-4。

表 8-4　SM 培养液成分

成　分	Na_2CO_3	$NaNO_3$	NaCl	$CaCl_2$	K_2SO_4
成分单位/$g \cdot L^{-1}$	16.8	2.5	1.0	1.2	1.0
成　分	EDTA	K_2HPO_4	$MgSO_4 \cdot 7H_2O$	$FeSO_4 \cdot 7H_2O$	
成分单位/$g \cdot L^{-1}$	0.08	0.5	0.2	0.01	

此外，在培养液中还加入微量添加剂 A 1.0 mg/L，添加剂 B 1.0 mg/L。

据说此方法有较好的应用前景。

第二节　膜技术的应用

一、液膜分离技术

膜分离技术是一门新兴的高科学技术。虽然膜分离现象在自然界、尤其是生物界普遍存在，而且早在 18 世纪就有人揭示过，但是一直没有受到人们的重视。直到 20 世纪 30 年代，由于过滤微生物和微小颗粒的需要，德国建立了世界上首座生产微滤膜的工厂。20 世纪 50 年代因为发展原子能工业的需要，离子交换膜应运而生，并在此基础上发展了电渗析技术。由于海水淡化的需要，20 世纪 60 年代，人们用一种新方法——相转化制膜法制出了世界上第一张实用的反渗透膜，这一重大突破使全世界震惊。此后，该技术受到广泛的关注，各种新型的膜材料、膜工艺、膜装置、膜过程和应用技术纷纷涌现，膜分离技术进入一个飞速发展的新阶段。继电渗析和反渗透技术工业化后，超滤、纳滤、渗析、气体分离、渗透汽化、膜滤等多种膜过程和膜技术相继产业化，并迅速应用于各个领域；微滤工业也迅速发展；膜分离技术和传统的分离技术结合又派生出许多新技术，如膜蒸馏、膜萃取、膜吸收、膜色谱、膜亲和、膜反应器、膜控制释放等。膜分离技术因为兼有分离、浓缩、纯化和精制的功能，又具有高效、节能、环保、分子级过滤、过程简单易于自动控制等优点，所以广泛应用于水处理、电子、食品、环境保护、冶金、化工、医药、生物、能源、石油、生物工程等领域，成为分离科学技术的重要手段，产生了巨大的经济效益和社会效益。

据统计2001年全世界膜和膜组件的销售额已接近80亿美元，成套设备和膜工程的市场则已达到数百亿美元，而且每年还以10%～20%的增幅递增，是一门新兴的产业。

二、膜技术在冶金中的应用

膜技术在冶金工业中的应用，主要是应用膜技术选择性迁移或通过功能；浓缩富集功能；劈裂盐的功能。优化现有冶金工艺，并创造新的冶金工艺；处理冶金工业废水，回收或富集其中的有用成分或有害成分，提高工业用水的回用率。

1．扩散渗析DD法回收酸或碱

A　DD法回收酸

DD法回收酸用的是阴离子膜，其原则流程如图8-1所示。

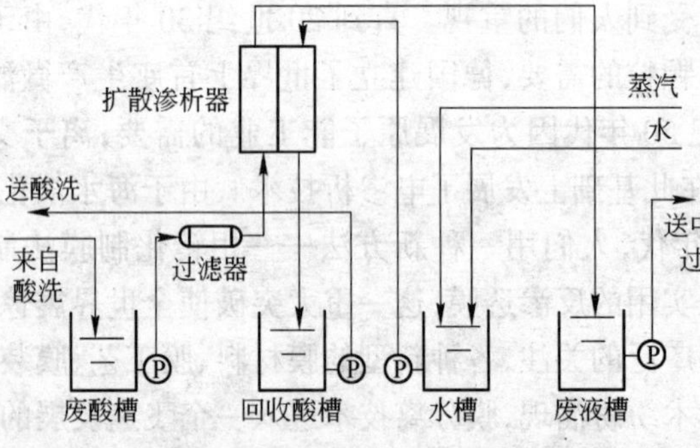

图8-1　DD法回收酸的原则流程

扩散渗析法回收酸的应用见表8-5。

一般而言，DD法适合回收下列性质的酸：强酸，游离酸浓度为1～7/Z mol/L(Z为酸根价数)，温度在15～45℃范围，对金属和其他无机盐没有浓度要求。

表 8-5　扩散渗析法回收酸的应用

钢板、不锈钢板酸洗液	H_2SO_4、HCl、HNO_3、HF	铝氧极氧化过程废酸处理	H_2SO_4、HNO_3
蓄电池废酸提纯	H_2SO_4	铝钛蚀刻过程的废酸处理	HCl
金属精炼过程酸的分离回收	H_2SO_4、H_3PO_4	电镀液表面处理的废酸	HCl、H_2SO_4、HNO_3、HF

表 8-6 列出了一些日本新型扩散渗析膜的性能。

表 8-6　日本一些新型扩散渗析膜的性能

供给酸	应　用	性能	
		酸渗透率/mol·$(m^2·h)^{-1}$	分离率(V_M/V_A)
Al/H_2SO_4	铝阳极氧化液	8	0.001
Al/HCl	电容器铝箔刻蚀液	14	0.005
Al/H_3PO_4	铝化学刻蚀液	2	0.07
Fe/H_2SO_4	钢丝酸洗液	7	0.01
Fe/HNO_3、HF	不锈钢酸洗液	7	0.005

日本在这方面的应用较多，我国也有一些应用。如江西德兴铜矿，为了控制电解液中的积铁问题，每天要抽出 3.5 m^3 含酸 160 g/L 的贫铜溶液进行处理。采用膜技术回收酸，每年可以回收 900 多吨酸。

我国生产的 S-203 和 DF120 膜的性能见表 8-7 和表 8-8。

表 8-7　S-203 的膜的性能

指　标	数据 1	数据 2
废酸成分/g·L^{-1}	$H_2SO_4$200～220	$FeSO_4$150～200
流量比	流入比=废酸/水 0.69～0.82	流出比=残液/扩散 0.97～0.98
残液成分/g·L^{-1}	$H_2SO_4$18～41	$FeSO_4$100～120
扩散液成分/g·L^{-1}	$H_2SO_4$140～160	$FeSO_4$6.5～10
硫酸透过率/%	78～95	
泄漏率/%	6.2～10.5	
渗透负荷/g·$(m^2·h)^{-1}$	65.3～81.6	
泄漏负荷/g·$(m^2·h)^{-1}$	4.07	

表 8-8　DF120 膜的性能

指标名称	测试值	指标名称	测试值
含水率/%	49.05	选择透过率/%	98
交换容量/mol·kg^{-1}	1.96	酸盐平均分离系数	28.6
膜面电阻/Ω·cm^{-2}	2.0	爆破强度/MPa	>0.8
离子迁移数	0.99	膜厚/mm	0.25

B　DD 法回收碱

DD 法回收碱用的是阳离子膜,美国用 DD 法回收氢氧化钠的原则流程如图 8-2 所示。

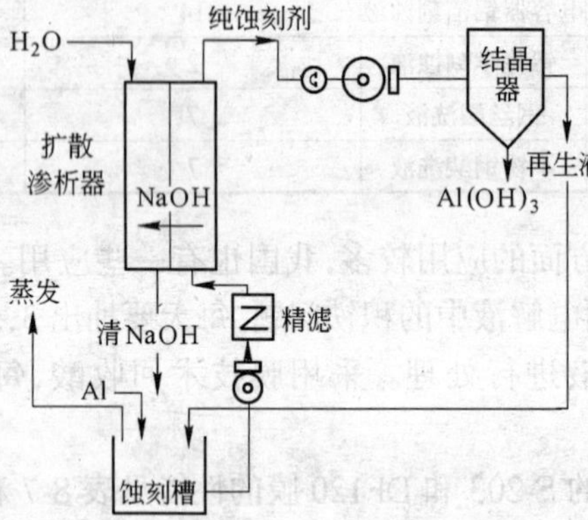

图 8-2　用 DD 法回收碱的原则流程

用该法除了可以回收氢氧化钠以外,结晶器中偏铝酸钠水解产出的上清液,也可返回到刻蚀槽中重用,所以这是一个封闭的无三废工艺。

2. 离子膜隔膜电解

A　使离子价态变化的隔膜电解过程

日本旭化成公司和动力反应堆及核燃料公司,联合开发了氯化铀酰电解还原四氯化铀的过程。该过程在阳极,水电解产生氧气和氢离子，阴极进行还原反应。由于采用了阳离子交换膜，氢离子由阳极室迁入阴极室，有效阻止了氯离子进入阳极室，保证了阴极还原反应的需要。氢离子的迁移率高达 99%，铀酰离子的还原率达 99.5%，还使此后四氟化铀的生产工艺大为简化。

我国某厂研究在酸法生产钛白粉时，用离子膜原电池还原法取代了原来的铁屑还原工艺。采用上海生产的 PE-203 阴离子交换膜，将原电池隔为阴极室和阳极室，正极液为钛的硫酸浸出液，负极为硫酸亚铁的酸性溶液，用不纯的铁做负极，用钛、铜或铅做正极。则负极发生铁的溶解，正极发生三价铁和四价钛的还原反应。由于不加入铁屑，避免了杂质离子的引入，所以得到的钛白粉白度很好。在采用铜和铅做阴极时，电流密度达到了 $140A/m^2$，已达到工业应用的水平。

B　隔膜电解法回收酸和碱

钨酸钠溶液膜电解，用阳离子交换膜做隔膜。在工作时，阴极发生水的电解，产生氢气和 OH^-，产生的 OH^- 离子与通过阳离子膜进入阴极室的钠离子生成氢氧化钠，与此同时，在阳极室产生氧气后留下的氢离子使钨酸根变成偏钨酸根。该工艺的优点很明显，阳极室可以得到产品溶液，产生的氧气可用；阴极室得到的氢氧化钠可以返回浸出钨矿，产生的氢气是生产钨粉时的还原剂。比传统法不但不加硫酸，而且还避免了硫酸钠的产生。从技术、经济和环境保护的角度看，都是一个好流程。

C　应用膜电解回收金属

这方面的应用较多。英国研究了用膜电解法从刻蚀液中回收铜的方法；我国北京矿冶研究总院研究的矿浆电解法从铋精矿和铋中矿直接电解回收铋，铅矿浆电解，复杂多金属硫化矿矿浆电解，复杂金矿矿浆电解，铜矿的矿浆电解和含铜废料矿浆电解等。特别是铋的矿浆电解已投入工业应用，取得了较好的经济和社会效益。

矿浆电解的电解槽由阴离子膜隔分为阴极室和阳极室，在阳极室发生氧化反应，使矿物浸出；在阴极室发生还原反应，使金属离子在阴极还原得到金属。阴离子可以通过阴离子交换膜，而阳离子则只能在阳极室。阳极液经过净化后，送入阴极室。这样保证阴极液较为纯净，在阴极可以得到纯度较高的金属。硫化矿在阳极室浸出，硫生成元素硫，不产生有害气体二氧化硫。

矿浆电解槽如图 8-3 所示。

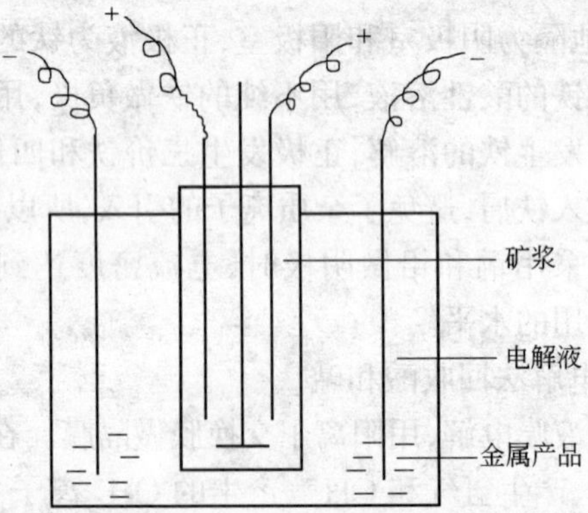

图 8-3　矿浆电解槽示意图

矿浆电解具有流程短，能耗低，金属分离效率高，对生态环境好等优点。

英国发明了一种从刻蚀液回收铜的方法。采用连续电解从废氯化铜刻蚀液回收铜并再生刻蚀液。其流程如图 8-4 所示。

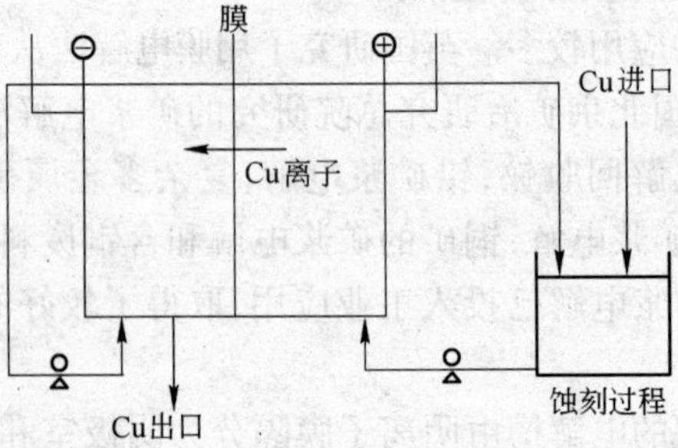

图 8-4　离子膜电解法从废刻蚀液中回收铜的流程

膜电解槽阳极室与刻蚀槽构成一个循环系统，铜离子通过阳离子膜进入阴极室，阴极室溶液的主要成分是氯化亚铜，一价铜在阴极被还原为树枝状的金属铜，落到阴极室的槽底，随时被取走。由于铜离子通过阳极膜的速度很慢，所以要向阴极室缓慢加入少量刻蚀液，以满足阴极铜沉积速度的需要。由于进入阴极室的二价铜离子很少，不会发生阴极铜重溶的负反应。

3．从稀溶液中富集回收金属

直接从稀溶液中提取金属成本很高，需要先富集，膜技术就是一个富集的好方法。

典型的有道南渗析法，即用一阳离子膜将两种溶液隔开，膜的两边为不同的阳离子，在浓差推动下，左右两边的阳离子将互相迁移，直到平衡。如果左边是一定浓度的盐酸，右边是含 $GeCl_4$ 的稀溶液，则 Ge^{4+} 向左，H^+ 向右迁移。根据电中性原则，4mol 的 H^+ 向右迁移，才有 1 mol 的 Ge^{4+} 向左迁移。这样锗在膜的左边得到富集。美国用这样的方法富集铀，料液原始浓度 0.01 mol/L，经过浓缩后可以达到 0.25 mol/L，富集比 25 倍，铀回收率≥96％。

又如美国以电渗析法为中心的回收镀金液中金的技术，该系统包括电渗析和连续淋洗系统，还利用微滤、活性炭吸附和离子交换等技术，设计为一个闭路回收系统。电渗析系统，既可以从酸性，也可以从碱性介质中，浓缩金的络合物。95％的金在此得到回收，其余的金在淋洗系统，用离子交换树脂回收。对连续流出的淋洗液，要进行净化处理，以便除去杂质后，水又回用。

使用超滤膜处理含油废水，如上海宝钢就应用了此技术，处理冷轧厂的废水。

俄罗斯研究了一种称为 CF-UF 的方法。CF 即配合物生成；UF 即超滤。利用向溶液中添加高分子量的聚电解质，并控制其与铼生成聚合物及解聚的条件，利用超滤实现铼的分离与富集的方法。这是一个新兴的很有吸引力的方法。

4．冶金工业废水处理

工业废水的特点是：(1) 含有较高的酸碱；(2) 含盐有时很

高,有时不高,但是又不达标;(3) 含有有价组分,或有害组分,必须处理;(4) 有时废水的温度还较高;(5) 有时废水还含有机物,如油脂、萃取剂和浮选剂等。所以必须处理。

考虑到冶金废水的特点,用膜技术处理时,应采用集成膜技术。

台湾某铜棒加工厂,每天排放含硫酸 2%,含铜 1200 mg/L 的废酸,流量 17 m^3/h。如果用中和法处理即会产生污水排放的问题,而且其中的铜离子还会超标。为了解决这个问题,设计了一套反渗透—纳滤—离子交换联合的处理工艺(简称 RO-NF-IEX),其原则流程如图 8-5 所示。

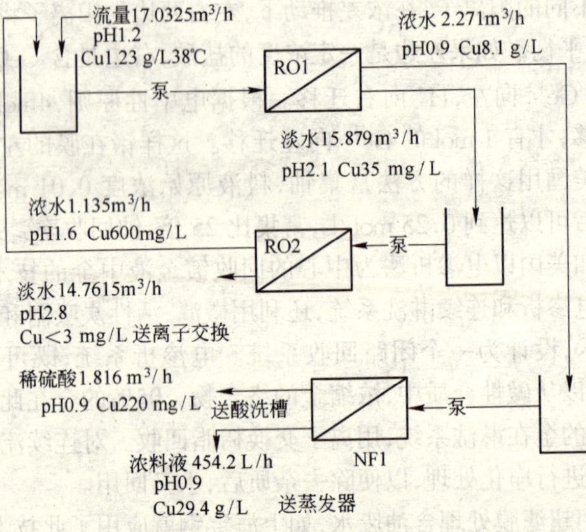

图 8-5 反渗透—纳滤—离子交换联合处理废水工艺

该流程选用的膜元件为美国 Desalination 公司的具有特殊结构的 Desal-3 和 Desal-5 膜元件。经处理后,浓料液含铜富集为 29.4 g/L,是原料液的 24 倍,送蒸发器生产硫酸铜。该设备的处理量为 17 m^3/h,每天约可回收 333 kg 的硫酸铜,每小时可回收约 14.8 m^3 工业废水,及浓度为 10% 的硫酸 1800 L。该设备每年能节约56万美元,一年即可收回投资。

微滤可以用于胶体微粒、悬浮固体、细菌和病毒的过滤。现在发展了一种技术,在微滤膜的膜孔内接枝上具有多配位体功能的螯合物基团。这些基团和重金属离子之间的交互反应非常快,传质阻力非常小,所以可以在低压和高通量速度下处理重金属含量高的溶液。如图8-6所示是用微滤膜处理含铅废水的示意图。

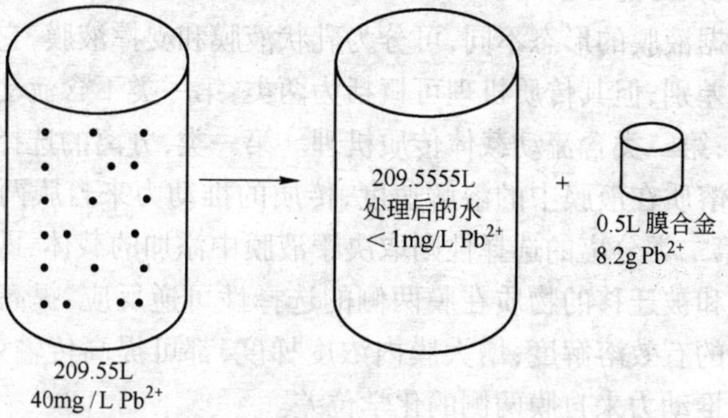

图8-6 用微滤膜处理含铅废水的示意图

微滤膜的支撑材料一般为纤维素、二氧化硅,醋酸纤维素等。这些材料易得便宜,多配位体又很容易结合到它们的膜孔内。多配位体比较好的有聚胺酸、如聚天冬胺酸(PPA),聚谷胺酸(PLGA)及聚精胺酸(PARG)。这种微滤膜对铅的吸附性很强,处理后可以使含铅物质的体积缩小到原含铅废水的1/4000。

微滤膜吸附金属离子的作用机理有3方面:离子交换、螯合和逆流离子浓缩。前二者均与金属离子和功能基团之间的特殊交互反应有关,和离子交换树脂及萃取机理相同,但是逆流浓缩就是微滤膜独有的特殊功能。它是由紧密堆积的连接链感应产生的静电位的函数,当链离解时,每一个链产生的静电场叠加,而产生一个连接链的浓缩区,金属离子以这种方式连接,并不占据功能基的位置,所以这种膜的容量很大。这种膜还有一个优点就是可以在很宽松的条件下再生。

三、液膜技术提取锗的研究

液膜分离技术是20世纪60年代发展起来的新型分离技术，其传质过程模拟了生物膜分离的功能，具有选择性高，传质速度快，反应条件温和等优点，特别适合用于低浓度物质的富集和回收。液膜技术也是高效提取和回收稀有金属的新方法之一。

(一) 液膜迁移机理

根据液膜的形态不同，可分为乳状液膜和支撑液膜，它们的形态虽有差别，但其传质机理可概括为两类：第一类不含流动载体传质机理；第二类含流动载体传质机理。第一类，分离的选择性主要取决于溶质在液膜中的溶解速度，传质的推动力来自膜两侧的浓度差；第二类分离的选择性则取决于液膜中添加的载体，即依靠流动载体和被迁移的物质在膜两侧的选择性可逆反应，提高溶质在液膜中的有效溶解度，增大膜内浓度梯度，都可提高传输效果，其传质的推动力来自膜两侧的化学位差。

液膜体系传递金属离子的示意图如图8-7所示。流动载体液膜为势能体系，简称PG体系；不流动载体液膜为浓度梯度体系，简称为CG体系。

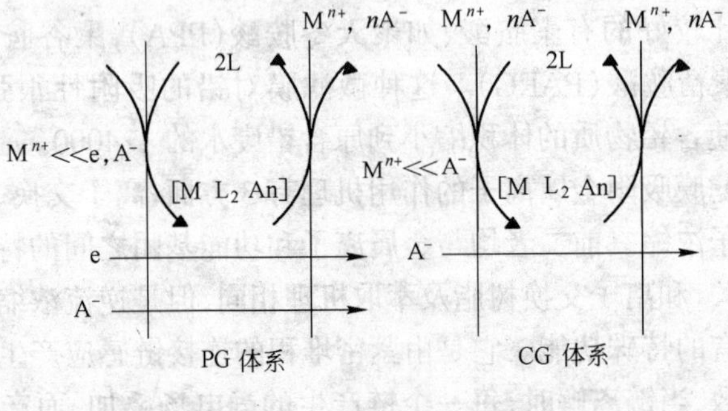

图8-7 液膜体系传递金属离子的示意图

M^{n+}—金属离子；A^-—配位离子；L—载体

由此可知，对于以上两类液膜选择合适的流动载体是研制具有特殊选择性液膜的关键。含有流动载体的液膜传质过程类似二级萃取,所以一般以液液萃取体系作参考来选择流动载体。根据溶剂萃取化学的研究成果,磷(膦)类化合物及胺类化合物对稀散金属离子均有较高的萃取率。

作为流动载体的萃取剂还必须满足液膜分离工艺的特殊要求。第一,溶解性。能较好地溶解于膜相,而不溶解于邻接的溶液相,以维持分离的有效性和工作寿命;第二,络合性。载体与被迁移的金属形成的络合物应具有适中的稳定性,即载体在膜的一侧能强烈地络合指定的溶质,而在膜的另一侧应很微弱地络合指定的溶质,以实现膜两侧的可逆反应,以达到传递溶质的目的。

据研究 TRPO(混合三烷基磷)和 P_{204}(二-(2-乙基己基)磷酸)能较好地满足以上两个要求,它们用于液膜回收镉、锗的研究,已取得良好效果。两种载体在液膜中浓度 5%~8%的范围内,对锗和镉的一级回收率均达到 98%以上。

由于稀有金属在矿物中含量极低,在溶液中稀有金属离子的浓度也很低,大大低于其他金属离子的浓度。所以,要求用于分离的流动载体能够从高浓度的干扰离子中对稀有金属离子具有特效选择性。于是人们把采用加入协萃剂,提高萃取选择性的方法用于液膜体系中。并已取得效果。

(二) 乳状液膜

乳状液膜是利用表面活性剂将两种互不相溶的液相制成乳液,再将乳液分散在第三相中而得到。因乳珠颗粒小,传质面积巨大。在分离过程中,料液及接受相可根据需要分别置于乳珠的内外,被迁移的物质在流动载体的作用下,经过液膜而进入接受相,迁移完毕,经破乳可得到浓缩液,膜相可以重复使用。

乳状液膜表面积巨大($2\times10^6\ m^2/m^3$),表面现象在液膜行为中作用重要,所以表面活性剂的优劣直接影响乳状液膜的稳定性、溶胀率和破乳速度。已有人成功地将 Span80 和 LMS-2 等表面活性剂用于提取稀散金属的液膜体系中。

(三) 支撑液膜

支撑液膜是利用界面张力和毛细作用,将液相吸附在多孔物质的空隙内而成的。此多孔物质是液膜的支撑体,根据形状的不同可分为平板式、卷筒式和中空式。在进行分离时料液和接受相分别处于膜的两侧,在载体作用下,被迁移的物质穿过液膜进入接受相。与乳状液膜比,无需制乳和破乳,操作简单。但是支撑液膜传质面积较小,作为支撑体的物质易于老化,吸附的膜相在运作过程中会流失。

支撑材料一般以多孔的高分子材料为主体。有人采用四氟乙烯制成平板型支撑液膜,其空隙率为0.5,孔径为0.1 μm,为了承受膜两边的压力,需在膜的两边加隔离网。也有人采用聚丙烯制成卷筒型支撑液膜,其空隙率为0.45,孔径为0.04~0.45 μm。与平板型液膜相比它的膜面积小,也不需加隔离网。

然而,由于膜的稳定性和膜组件价格高等问题没有很好解决,支撑液膜法至今还没有工业化。但是可以预见,在21世纪随着高分子技术的发展,随着膜技术的基本理论:分离机理,传质数学模型,膜稳定性,界面反应等研究的深入;随着对膜技术在稀散金属提取领域研究的开展,这一新技术将会得到应用。

第三节　色谱法分离锗

为了解决萃取过程中的乳化问题,有研究者研究了用色谱法分离锗。如用N235萃取色谱法分离锗。研究者自行合成了N235萃淋树脂,简称CL-N235,用动态法和静态法进行研究。

CL-N235吸萃锗,实际上就是用网在树脂中的N235萃取锗。在酸性条件下,N235转型为胺盐。由于能与水相中配位剂结合成含氧阴离子或络阴离子的金属,较易取代原先与N235相结合的简单阳离子,而与N235胺盐的阳离子结合,被萃取。水相中的阴离子半径越大,电荷越低,水化程度越低,越易被萃取。

在硫酸介质中,由于HSO_4^-对胺的亲和力比SO_4^{2-}大很多,所以 N235 的转型方程式为：

$$R_3N_{(O)} + H_2SO_{4(A)} \longrightarrow R_3NH^+HSO^-_{4(O)} \qquad (8\text{-}3)$$

式中 R_3N 表示 N235。

因为溶液中的锗以 H_2GeO_3 的形式存在，为了使锗更容易被 N235 萃取，向溶液中加入络合剂—酒石酸。酒石酸与锗的反应如下：

$$3C_4O_6H_6 + H_2GeO_3 \longrightarrow Ge(C_4O_6H_4)_3^{2-} + 2H^+ + 3H_2O \qquad (8\text{-}4)$$

根据水相中的阴离子半径越大，电荷越低，水化程度越低，越易被萃取的原则，$Ge(C_4O_6H_4)_3^{2-}$ 比 H_2GeO_3 更易与胺盐中的阳离子缔合而置换 HSO_4^-。其反应如下：

$$2R_3NH^+HSO^-_{4\ (O)} + Ge(C_4O_6H_4)_3{}^{2-}{}_{(A)} \rightleftharpoons$$

$$(R_3NH^+)_2\,Ge(C_4O_6H_4)_3{}^{2-}{}_{(O)} + HSO_4{}^-{}_{(A)} \qquad (8\text{-}5)$$

研究用 $\phi 14\times 400$ mm 的色谱柱，树脂 15 g 进行试验。试验料液为与湿法炼锌回收铟锗的铟萃余液相似 Ge0.04 g/L，$H_2SO_4$20g/L 的溶液。经研究证明，(1)加入酒石酸可明显改善 CL-N235 对锗的吸萃能力，锗的吸萃率随酒石酸的加入量的增加而增加，当酒石酸用量为锗量的 15 倍时，锗的吸萃能力大于 98%；(2)料液酸度降低，锗的吸萃率上升，如图 8-8 所示；(3)料液流速增加锗的吸萃率降低，如图 8-9 所示；(4)CL-N235 对锗的选择吸萃性好，CL-N235 对有关金属的吸萃性见表 8-9。

表 8-9　CL-N235 对有关金属的吸萃性

元　素	初始浓度/mol·L^{-1}	处理后浓度/mol·L^{-1}	吸萃率/%
Ge	0.0475	0.00105	97.80
Zn	15.88	14.63	0.01
Fe	1.29	1.21	0.02
Cu	0.53	0.50	0.00
Cd	3.56	3.39	3.50
As	1.36	1.28	3.30
Si	0.23	0.22	0.00

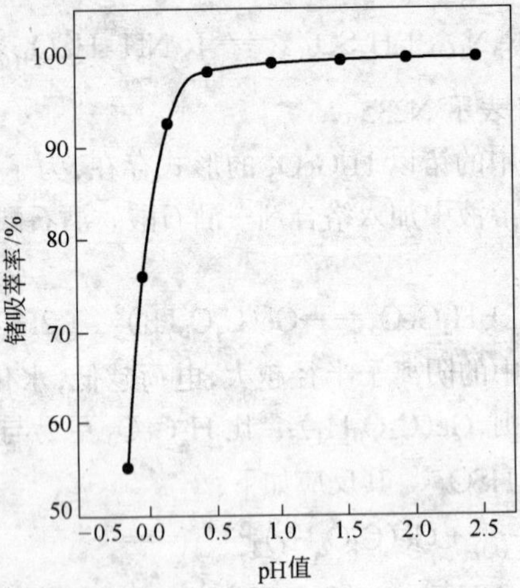

料液 100mL, 体积流速 1.5 mL/min, 酒石酸 / 锗 (m/m)=15

图 8-8 料液酸度对锗的吸萃率的影响

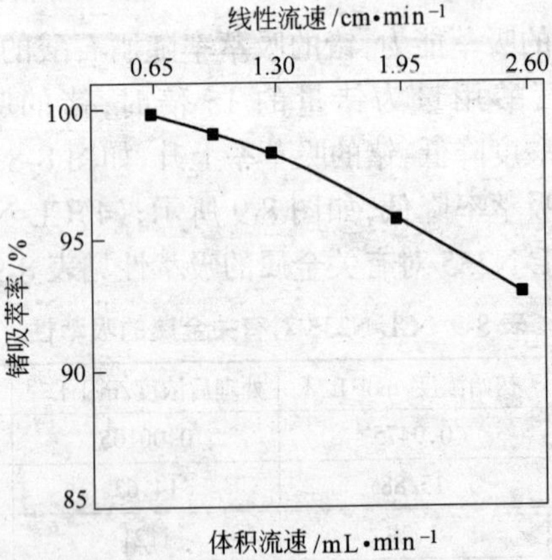

料液 100mL, 酒石酸 / 锗 =15, pH值为1.5

图 8-9 料液流速对锗的吸萃率的影响

经研究用氟化物做反洗剂最好，其中 NH_4HF_2 又比 NH_4F 更胜。研究结果见表 8-10。

表 8-10　锗反洗剂的选择

反 洗 剂	浓度/mol·L^{-1}	反洗率/%
H_2SO_4	4.0	40.3
H_2SO_4	8.0	51.1
$NH_3 \cdot H_2O$	5.8	50.9
$NH_3 \cdot H_2O$	14.7	60.6
NaOH	4.0	58.4
NaOH	7.5	83.3
NH_4F	2.0	78.0
NH_4F	4.0	91.8
NH_4HF_2	0.7	85.2
NH_4HF_2	2.0	96.2

从表 8-10 可见浓度 2.0 mol/L 的 NH_4HF_2 做反洗剂的效果最好，反洗率可达 96.2%。

第四节　用锗烷制备高纯锗

一、锗烷的制备

通常是用简单的和复杂的金属氢化物还原四氯化锗制取锗烷。除 $GeCl_4$ 外，GeO_2，Mg_2Ge 亦可作为含锗试剂。氢化锂、氢化钾、硼氢化锂、硼氢化钠、铝氢化锂、二异丁基氢化铝 [$(j\text{-}C_4H_9)_2AlH$] 作为还原剂。

还原反应在水溶液中或有机溶剂中进行。亦可在熔融状态或固态时进行，这时需较高的温度。表 8-11 列出了若干种制备锗烷的方法及产品的产量。

表 8-11 合成锗烷的方法

含锗试剂	还原剂或分解试剂	溶 剂	锗烷的产量/%
$GeCl_4$	$NaBH_4 \cdot KBH_4$	H_2O	80～90
$GeO_2 + HBr$	$NaBH_4$	H_2O	70
$GeCl_4$	$NaBH_4$	四氢呋喃	30
$GeCl_4$	$LiAlH_4$	乙酸、四氢呋喃	30
GeO_2	$LiAlH_4$		
$GeCl_4$	LiH	LiCl + KCl	约 100
$GeCl_4$	LiH·NaH		
$GeCl_4$	$(1\text{-}C_4H_9)_2AlH$	有机溶剂	60
Mg_2Ge	HCl	H_2O	20
Mg_2Ge	NH_4Br	NH_3	60
Mg_2Ge	HCl	N_2H_4	80

制备锗烷也可采用电化学法。其中包括电解二氧化锗的酸性或碱性溶液。锗烷的产量随电流密度的增大而增加。

制备的锗烷含有一系列元素(P,B,S 等)的氢化物杂质,溶解的气体,各种大小不一的悬浮质点,有机物杂质。对于这样的锗烷,必须进行净化,除去杂质。

二、锗烷的提纯

悬浮质点在制备的锗烷中的含量较大。分析指出,在锗烷中,10^{-6}～10^{-5} cm 大小的质点,每立方厘米含 10^5～10^6 个。悬浮质点中铁、铜、铝、镁、锰、铬和某些其他元素(主要以氧化物和氢氧化物形式存在)含量最大。

采用常规的精馏,对这些直径在 2×10^{-5}～5×10^{-7} cm 之间称为次微子的悬浮粒子,有效性很小。

即使对于分离系数值大的杂质也是如此。增大精馏过程有效性的方法之一是在蒸气相增加一个热场。这种方法实际上能有效地除去锗烷中次微子大小的悬浮质点。该纯化法称之为“热蒸馏”。

除精馏外,结晶法的实际应用也很广。采用结晶法精制 $GeCl_4$,在 $GeCl_4$ 中具有较高分配系数的杂质,经一次结晶即可降低 2～3 个数量级。近年来采用逆流结晶,大大提高了净化效果。

三、由锗烷热解制高纯锗

在 550 K,锗烷明显分解。在 500～650 K 和 6.67～53.33 kPa 时,同时发生锗膜表面的零级多相反应和反应容器内的一级单相反应。在更高的温度和压力下,单相反应比例增大,总的反应过程动力学接近一级反应。当温度超过 1210K 及压力 0.608 MPa 锗烷能发生爆炸分解,应特别注意。由反应历程研究的结果可见,锗烷的单相裂解在两个连续的从锗烷分子析出氢分子的阶段进行,第一阶段为快速阶段。所以,氢原子从锗薄膜表面的解吸是多相反应的快速阶段。

以锗烷为原料制备锗具有一系列的优点:锗烷的分解可在更低的温度条件下(约 500℃)进行,并具有高的生产能力和高的产量,原始化合物和反应产品具有较小的反应能力,不需要补充试剂。今后应大力研究开发此方法。

第五节　锗的深加工新技术

一、锗薄膜的制备

一般半导体材料都具有明显的对力、热、光、磁等的敏感性质,所以半导体传感器的研究开发异常活跃,已成为市场的主流。由蒸发、溅射、化学气相淀积等方法制备的半导体薄膜,由于质量小,响应快、形状易于加工、工艺上与集成电路工艺相容等特点,颇引人注目。

锗薄膜材料的制备也是一个研究的热点。

(一) 蒸发法制备锗薄膜

我国有研究者采用常规的玻璃钟罩蒸发设备,本底压强低于 0.5 Pa,锗用量约 100 mg,蒸发速率控制在 400 nm/min 左右,蒸发皿用钼舟。衬底用 0.15 mm 厚的玻璃片,经常规清洗,用钨丝加热器加热,衬底温度用热电偶测量。样品图形用金属掩膜在蒸发过程中直接形成。蒸发后衬底用约 10℃/min 的冷却速度冷却至室温,取出后样品蒸金制作欧姆接触电极,以备测试。

(二) 锗薄膜的性能检测

1. 结晶结构

在衬底温度为 300℃、400℃、500℃三个条件下制备的锗薄膜的 X 射线衍射图如图 8-10 所示。结果列于表 8-12 并与美国材料测试协会公布的标准多晶锗样品的 X 衍射数据(ASTM)比较。

表 8-12 锗薄膜的 X 衍射数据

面指数	ASTM		衬底温度					
			300℃		400℃		500℃	
h k l	d/nm	I(lm)	d/nm	I(lm)	d/nm	I(lm)	d/nm	I(lm)
1 1 1	0.3226	1.00	0.3299	1.00	0.3287	1.00	0.3252	1.00
2 2 0	0.20	0.57	0.2006	32.86	0.20	69.81	0.1992	10.42
3 1 1	0.1706	0.39	0.1714	1.71	0.1705	0.73	0.1701	0.21
4 0 0	0.1414	0.07			0.1419	0.45	0.1412	0.18
3 3 1	0.1298	0.10	0.1306	0.43	0.1301	0.64	0.1296	0.15

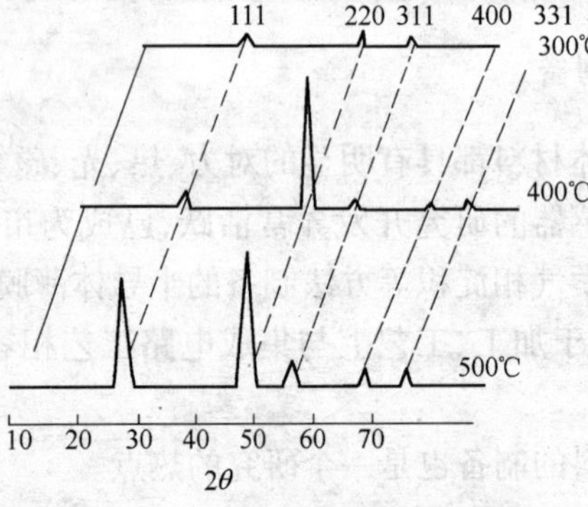

图 8-10 锗薄膜的 X 射线衍射图

2. 电学性质

A 迁移率

不同生长温度的样品,其迁移率随环境温度变化的试验曲线如图 8-11 所示。

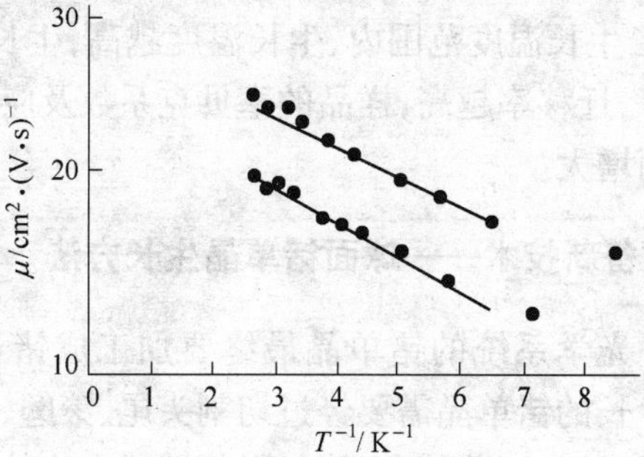

图 8-11　迁移率的温度特性

根据有关公式,可以求样品的粒间势垒高度 $e\Phi$,对 500℃ 制备的样品,$e\Phi = 0.010$ eV;400℃ 制备的样品,$e\Phi = 0.013$ eV;表明衬底温度升高晶粒势垒高度下降,薄膜质量得以改善,图中的实线是利用上面的势垒的高度值,取 $A = 0.2$, $\mu_0 = 350$ cm^2/V·s, $\lambda = 750$ nm, $Q = 0$ 时的理论计算值。

B　电阻率

如图 8-12 所示给出以膜厚为参变量,测量电流的自热效应对电阻率的影响。从图中可以看出,薄膜厚度越薄,测量电流的自热效应越大,这提示我们在设计薄膜元件时,应根据需要的工作电流来选择薄膜的厚度,以提高元件的稳定性。

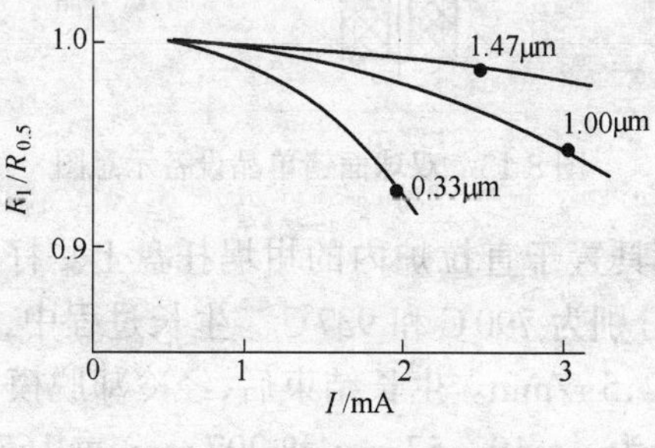

图 8-12　电阻应变率与测量电流的关系

研究者还测量了压阻特性、热电特性等，说明真空蒸发锗薄膜的结晶结构，电学特性、敏感特性与生长条件有密切关系，在300℃到500℃生长温度范围内，生长温度越高，生长的薄膜越厚，结晶程度越好，迁移率越高，样品的塞贝克系数及应变系数亦随结晶程度变好而增大。

二、锗单晶制备新技术——球面锗单晶生长方法

用于红外光学系统的锗单晶最终要加工成锗透镜等光学元件。直拉法生长的锗单晶需要经过切割头尾、滚磨、切片等多道工序才能加工成毛坯，工艺复杂，锗材料的消耗也比较大。因此人们试图用直接成型的方法，即在晶体生长过程中，直接将其生长成透镜或其他所需形状的毛坯，以简化工艺，减少材料损耗，降低成本。

我国学者研究了一种称为“可控双球面锗单晶生长法”的方法。其核心技术是用一个特殊设计的模具，如图 8-13 所示。

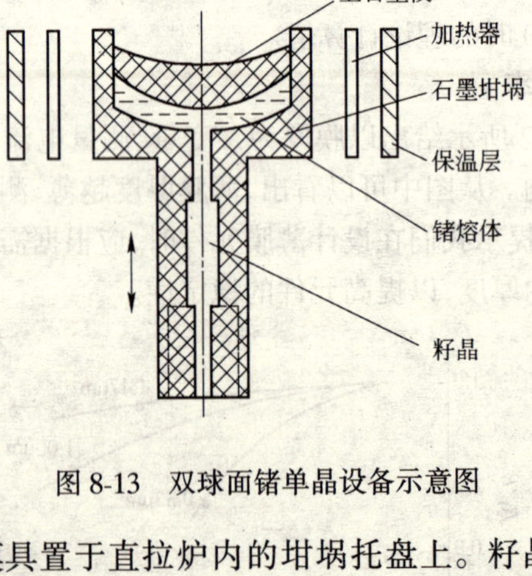

图 8-13　双球面锗单晶设备示意图

此特殊模具置于直拉炉内的坩埚托盘上。籽晶位于熔体下部，两端温度分别为 790℃ 和 937℃。生长过程中，模具轴向速度 4 cm/h，转速 2.5 r/min。生长结束后，经冷却脱模，制作出 ϕ80.6 mm，曲率半径为 $r = 102.57$ mm 和 207 mm，重 165 g 的双球面锗

单晶透镜毛坯。该方法只需改变模具和相关条件,也可制作单球面锗单晶透镜毛坯。

三、在太空中生产锗硅等合金半导体晶体

在地球上生产合金半导体晶体,由于重力的影响,很难生长出好的合金晶体。锗比硅重3倍,一般会沉降到熔体的最底层,破坏了晶体的纯度和均匀性。如果没有重力,半导体合金凝固时,其成分将均匀,不会产生偏析。

在航天飞机中的试验表明,在太空中生产出来的合金半导体质量很好,将可能成为改进的半导体材料,应用于新一代的通讯系统和高档计算机中。科学家们正在探索,在太空中进行试验,将在国际空间站中生产合金半导体晶体。

参考文献

1 杨显万,邱定蕃.湿法冶金.北京:冶金工业出版社,1998.4
2 王淀佐等.矿物生物提取技术的研究与进展.铜镍湿法冶金技术交流会论文集,2001.5.1~9
3 王恩德.环境资源中的微生物技术.北京:冶金工业出版社,1988.3
4 朱云等.微生物从煤中浸出锗的基础热力学.云南冶金,2002,31(3):106~108
5 朱云等.微生物从煤中浸出锗的动力学.有色金属,2001,(53)4:22~25
6 何蔼平等.湿法炼铜技术与进展.云南冶金,2002,31(3):94~100
7 刘宝芬.从含锗废料中回收锗.湿法冶金,1993(2):16~19
8 Fumiyuki Nakashio. J. Chem Eng. Jap,1993,26(3):123
9 任建新.膜分离技术及其应用.北京:化学工业出版社,2003.1
10 《化学分离富集方法及应用》编委会.化学分离富集方法及应用.长沙:中南工业大学出版社,1996(12):279~288
11 邱定蕃.矿浆电解.北京:冶金工业出版社,1999.1
12 杨显万等.矿浆电解原理.北京:冶金工业出版社,2000.5
13 科技信息:在太空中生产半导体晶体.现代材料动态,2003(7):25
14 李长云.锗薄膜的制备及特性研究.传感技术学报,1996(3):18~22
15 韩汉民.超纯锗的制备.山东化学,1994(4):36~38

16 苏小平.光学级锗晶体生长方法新进展.稀有金属,1999,23(4):311～315
17 李贺成等.国外红外用大尺寸锗晶体的生产方法及水平.稀有金属,2000,24(3):203～207
18 汤淑芳等.N235萃取色谱法分离锗的研究.有色金属冶炼,2001(1):36～38
19 汤兵等.液膜技术提取稀有金属研究进展.有色金属冶炼,1998(1):40～43

附录 1　锗合金相图

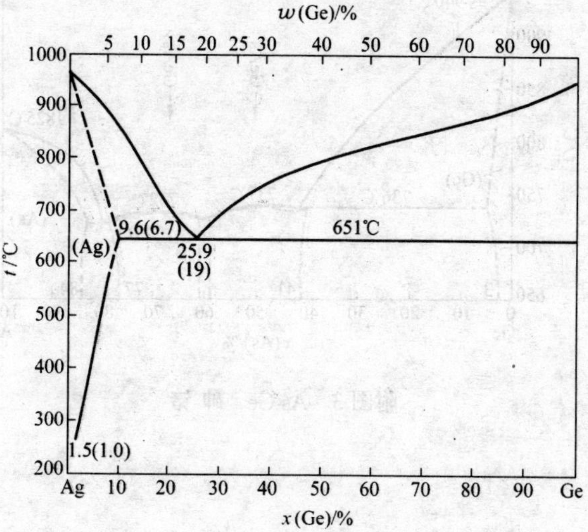

附图 1　Ag-Ge　银-锗

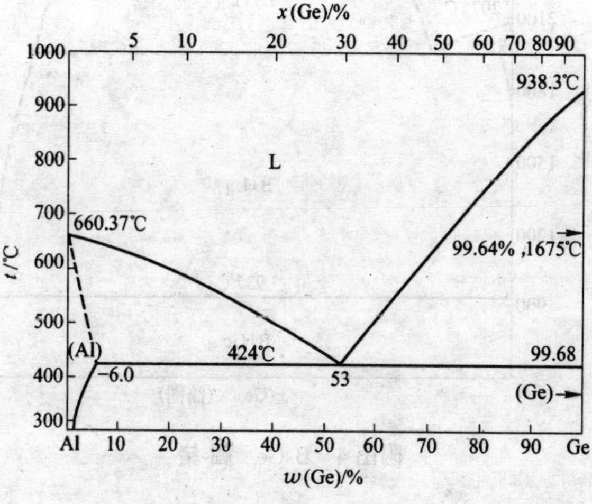

附图 2　Al-Ge　铝-锗

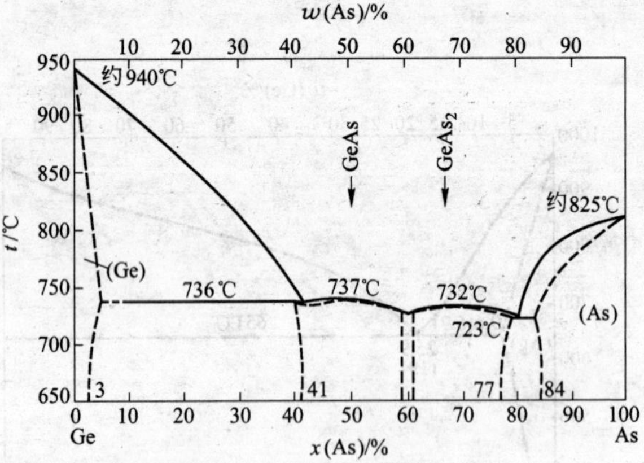

附图 3　As-Ge　砷-锗

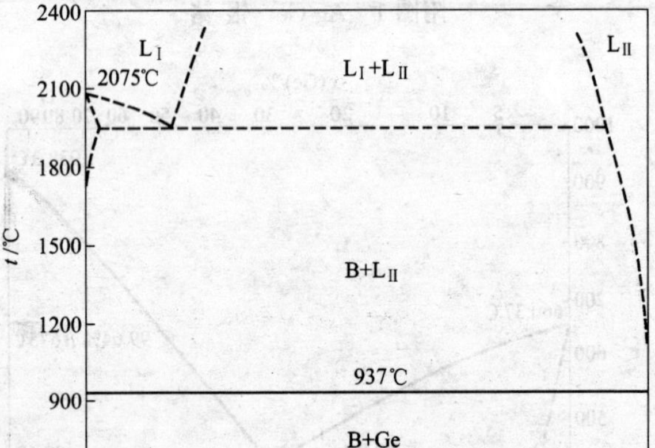

附图 4　B-Ge　硼-锗

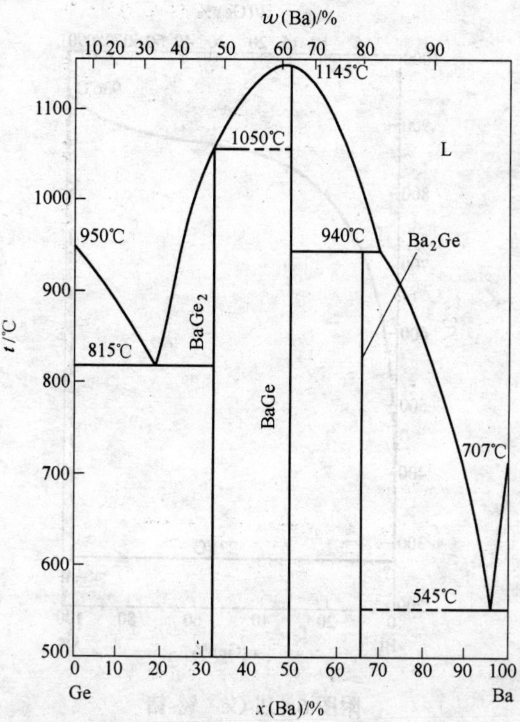

w(Ba)/%
10 20 30 40 50 60 70 80 90
1145℃
1100
1050℃
L
1000
950℃
940℃
Ba2Ge
900
BaGe2
t/℃
815℃
800
BaGe
707℃
700
600
545℃
500
0 10 20 30 40 50 60 70 80 90 100
Ge
Ba
x(Ba)/%

附图 5　Ba-Ge　钡-锗

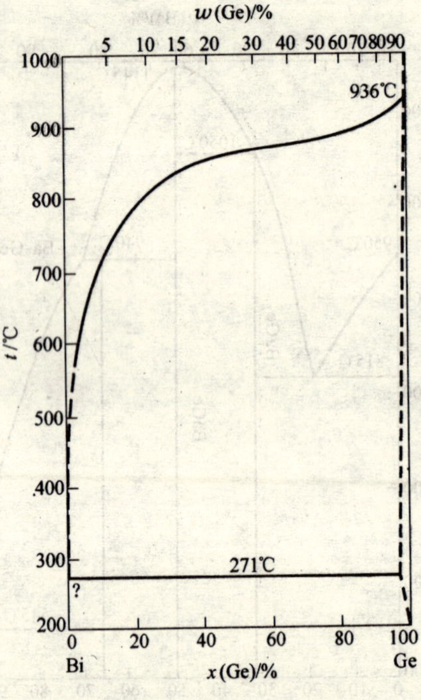

w(Ge)/%
5
10
15
20
30
40
50
60
70
80
90
1000
900
800
700
600
500
400
300
200
936℃
271℃
?
t/℃
0
20
40
60
80
100
Bi
Ge
x(Ge)/%

附图 6　Bi-Ge　铋-锗

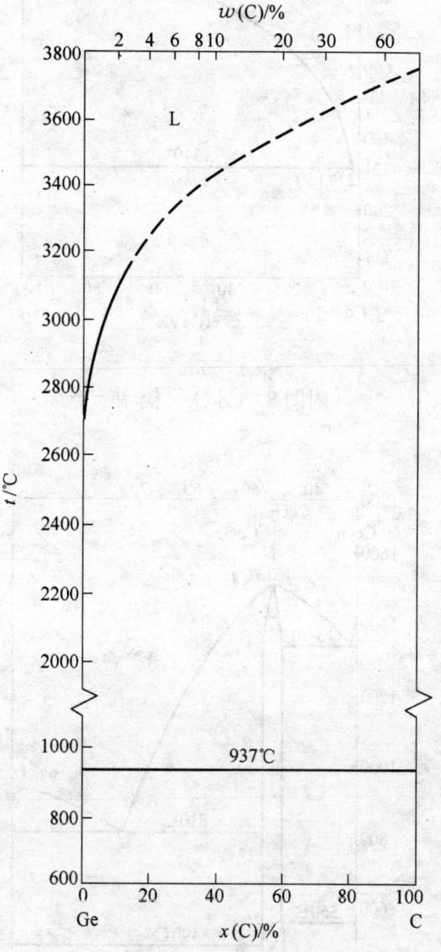

w(C)/%
2
4
6
8
10
20
30
60
3800
3600
3400
3200
3000
2800
2600
2400
2200
2000
1000
800
600
L
t/℃
937℃
0
20
40
60
80
100
Ge
C
x(C)/%

附图 7　C-Ge　碳-锗

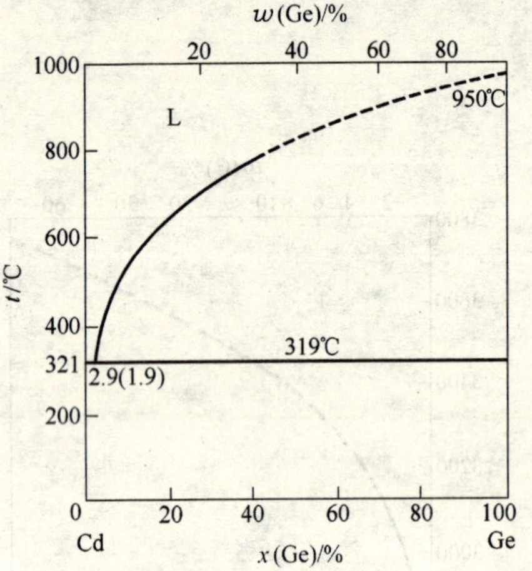

附图 8　Cd-Ge　镉-锗

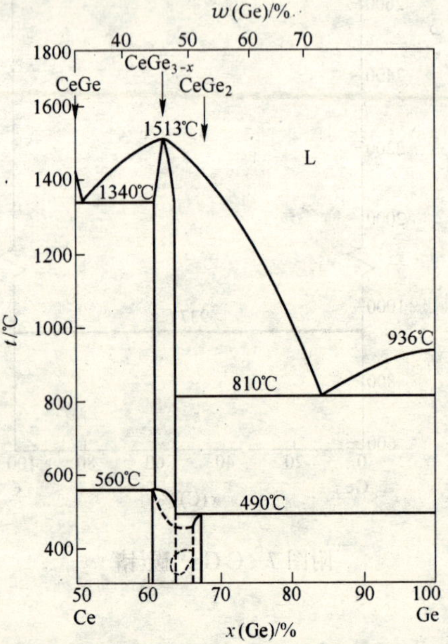

附图 9　Ce-Ge　铈-锗

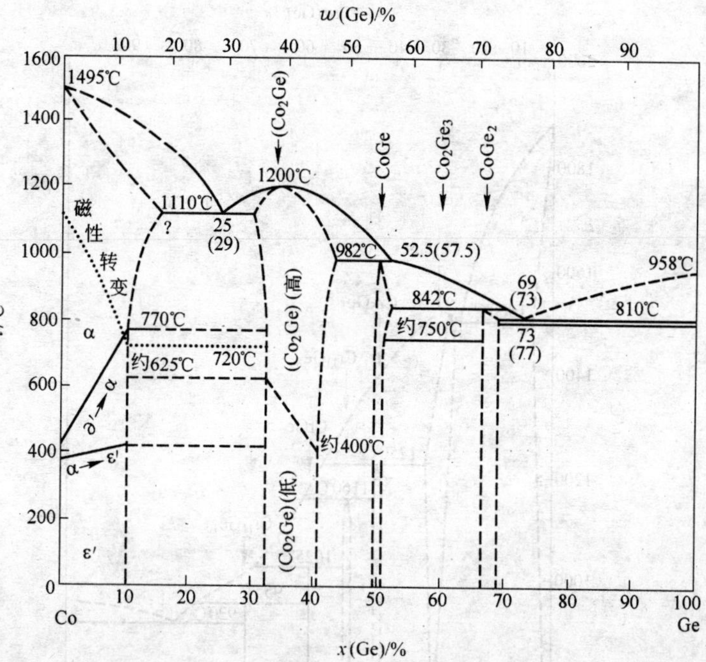
w(Ge)/%
t/℃
1495℃
1110℃
?
25
(29)
1200℃
(Co2Ge)
CoGe
Co2Ge3
CoGe2
982℃
52.5(57.5)
958℃
842℃
69
(73)
810℃
约750℃
73
(77)
磁
性
转
变
α
770℃
720℃
约625℃
(Co2Ge)(高)
(Co2Ge)(低)
约400℃
ε′
Co
Ge
x(Ge)/%

附图 10　Co-Ge　钴-锗

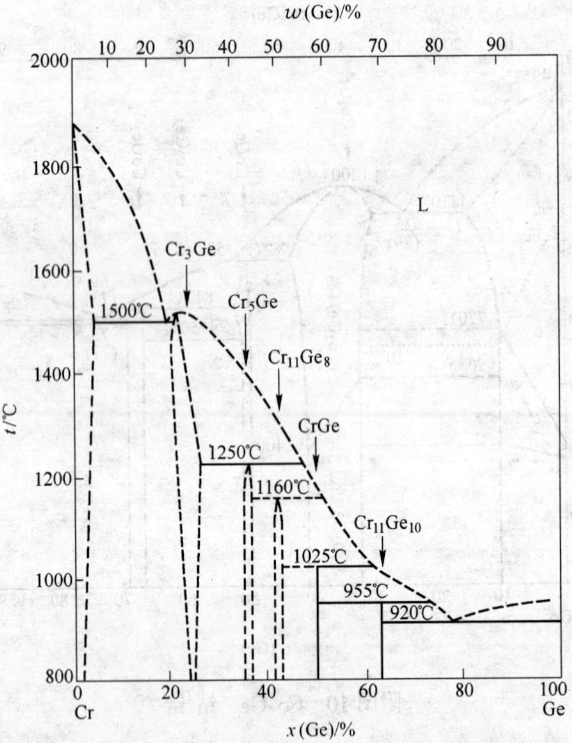

w(Ge)/%
10 20 30 40 50 60 70 80 90
2000
1800
1600
1400
1200
1000
800
t/℃
L
Cr3Ge
Cr5Ge
Cr11Ge8
CrGe
Cr11Ge10
1500℃
1250℃
1160℃
1025℃
955℃
920℃
0 20 40 60 80 100
Cr
Ge
x(Ge)/%

附图 11　Cr-Ge　铬-锗

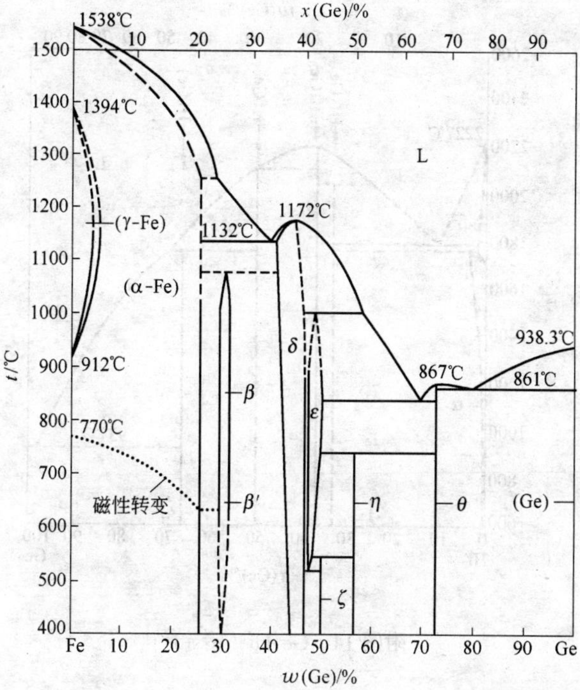

附图 12 Fe-Ge 铁-锗

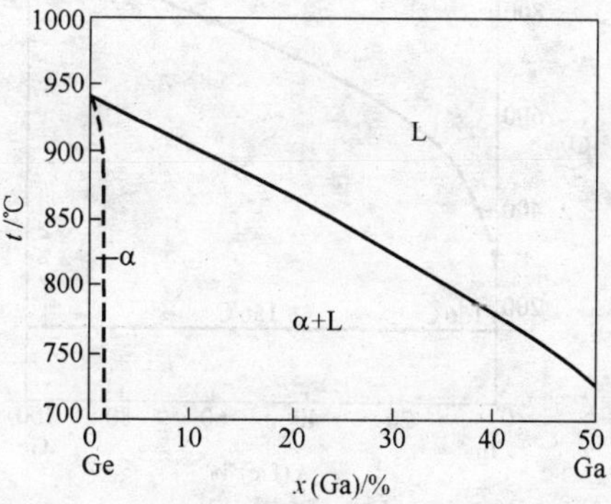

附图 13 Ga-Ge 镓-锗

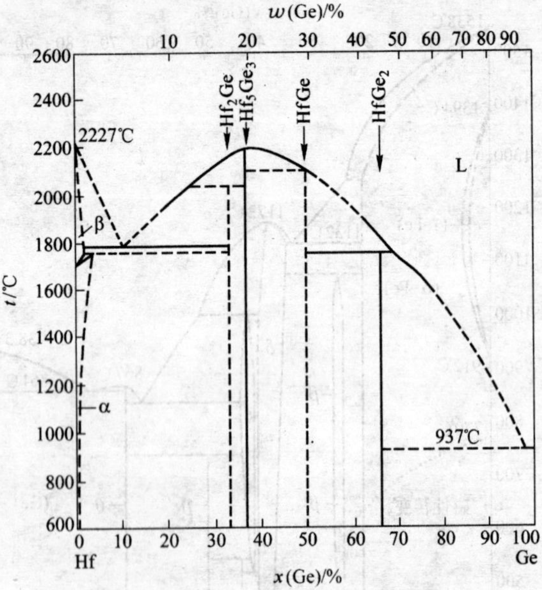

附图 14 Ge-Hf 锗-铪

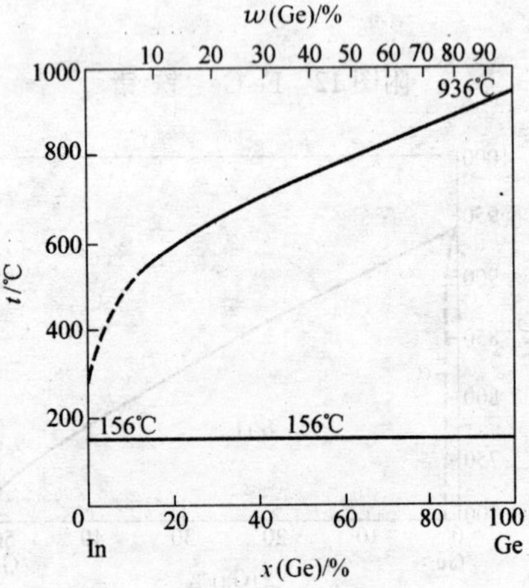

附图 15 Ge-In 锗-铟

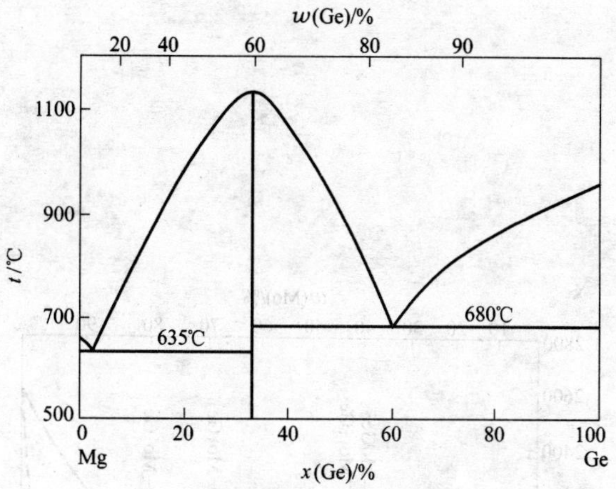

附图 16 Ge-Mg 锗-镁

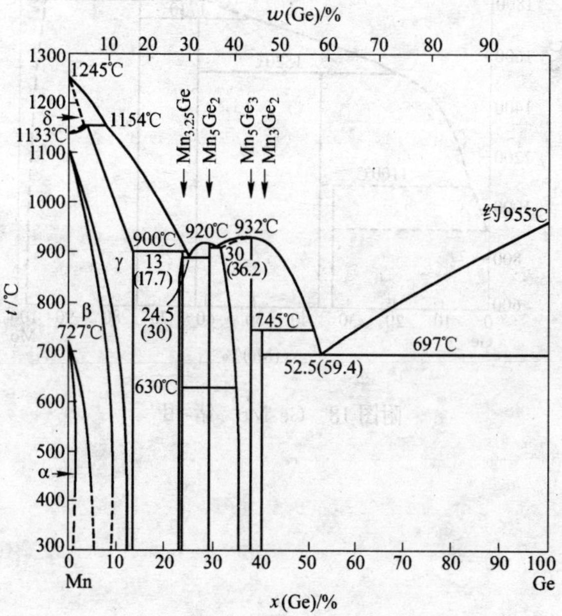

附图 17 Ge-Mn 锗-锰

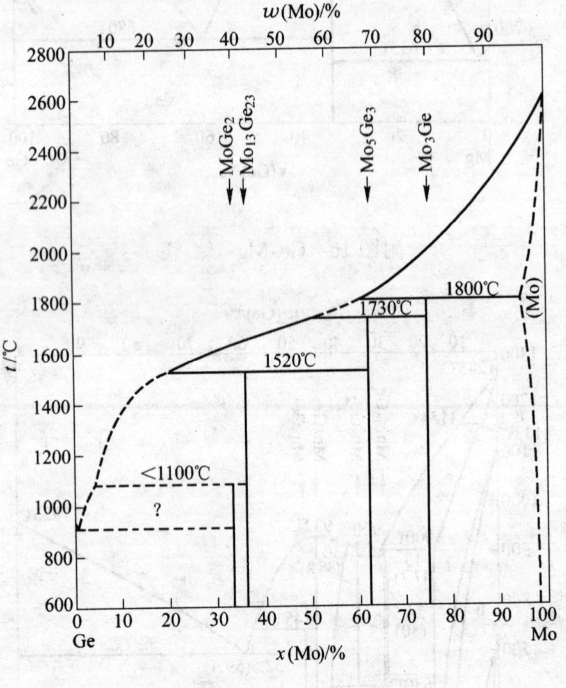

w(Mo)/%
10
20
30
40
50
60
70
80
90
2800
2600
2400
2200
2000
1800
1600
1400
1200
1000
800
600
t/℃
MoGe₂
Mo₁₃Ge₂₃
Mo₅Ge₃
Mo₃Ge
1800℃
1730℃
(Mo)
1520℃
<1100℃
?
0
10
20
30
40
50
60
70
80
90
100
Ge
Mo
x(Mo)/%

附图 18　Ge-Mo　锗-钼

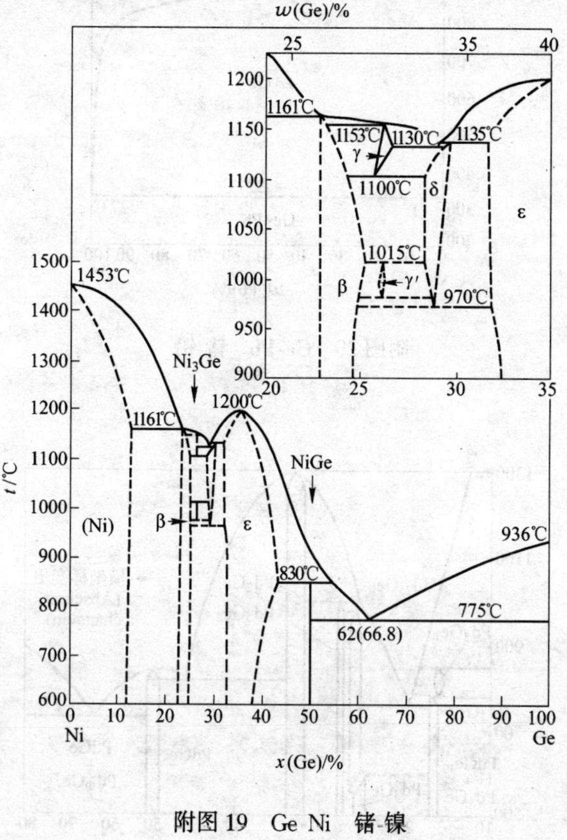

w(Ge)/%
25
35
40
1200
1161℃
1150
1153℃
1130℃
1135℃
γ
1100
1100℃
δ
ε
1050
1015℃
1000
γ′
β
970℃
950
900
20
25
30
35
1500
1453℃
1400
1300
Ni3Ge
1200℃
1200
1161℃
1100
NiGe
t/℃
1000
(Ni)
β
ε
936℃
900
830℃
800
775℃
62(66.8)
700
600
0
10
20
30
40
50
60
70
80
90
100
Ni
Ge
x(Ge)/%

附图 19　Ge-Ni　锗-镍

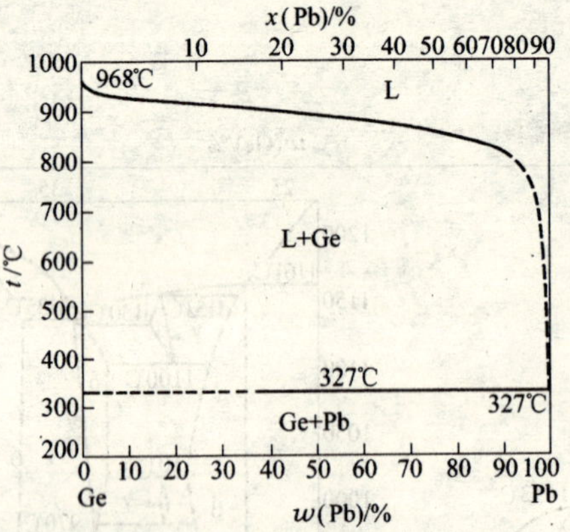

附图 20 Ge-Pb 锗-铅

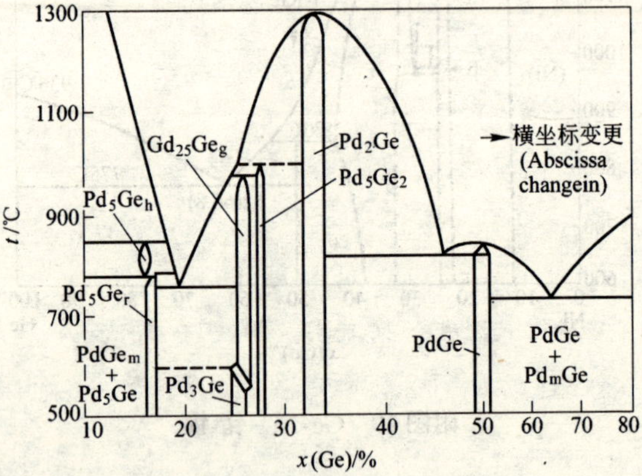

附图 21 Ge-Pd 锗-钯

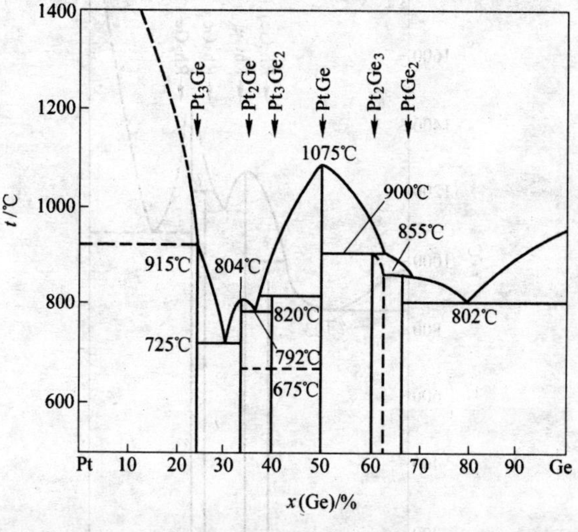

1400
1200
1000
800
600
t/℃
Pt₃Ge
Pt₂Ge
Pt₃Ge₂
PtGe
Pt₂Ge₃
PtGe₂
1075℃
900℃
855℃
915℃
804℃
820℃
725℃
792℃
675℃
802℃
Pt
10
20
30
40
50
60
70
80
90
Ge
x(Ge)/%

附图 22　Ge-Pt　锗-铂

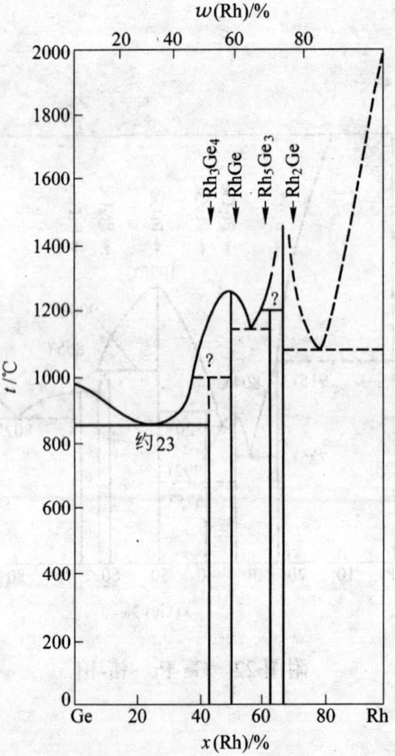
w(Rh)/%
20
40
60
80
2000
1800
1600
1400
1200
1000
800
600
400
200
0
t/℃
Rh3Ge4
RhGe
Rh5Ge3
Rh2Ge
?
?
约23
Ge
20
40
60
80
Rh
x(Rh)/%

附图 23 Ge-Rh 锗-铑

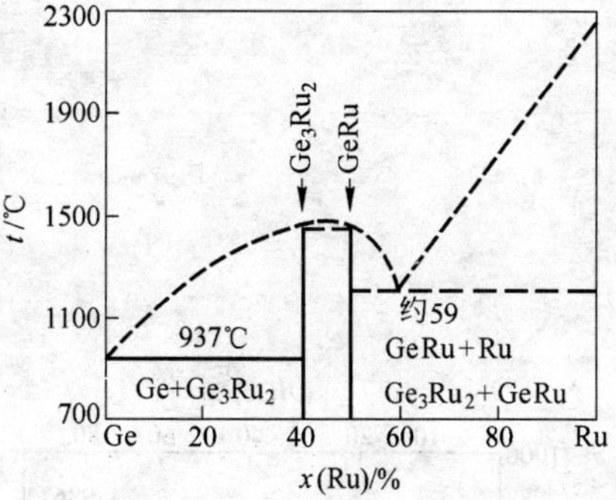

附图 24　Ge-Ru　锗-钌

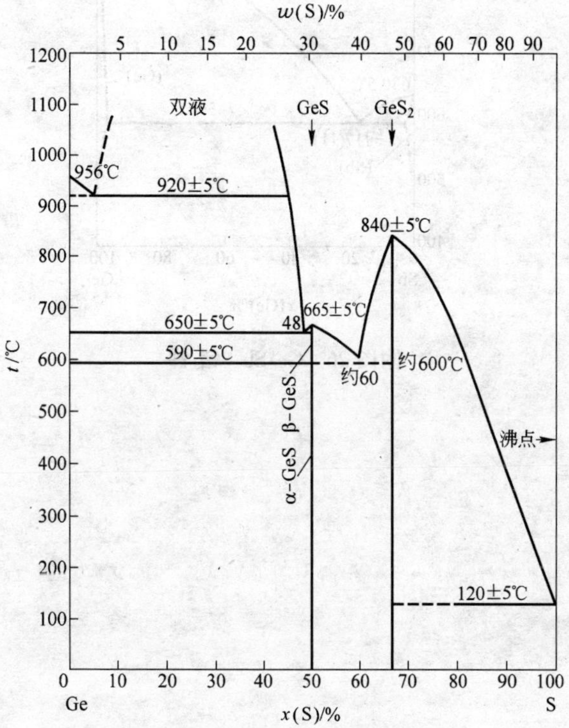

附图 25　Ge-S　锗-硫

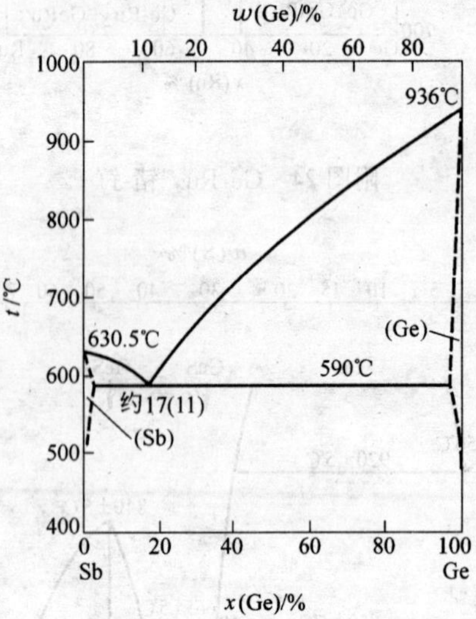

w(Ge)/%
10
20
40
60
80
1000
900
800
700
600
500
400
t/℃
936℃
630.5℃
590℃
(Ge)
约17(11)
(Sb)
0
20
40
60
80
100
Sb
Ge
x(Ge)/%

附图 26　Ge-Sb　锗-锑

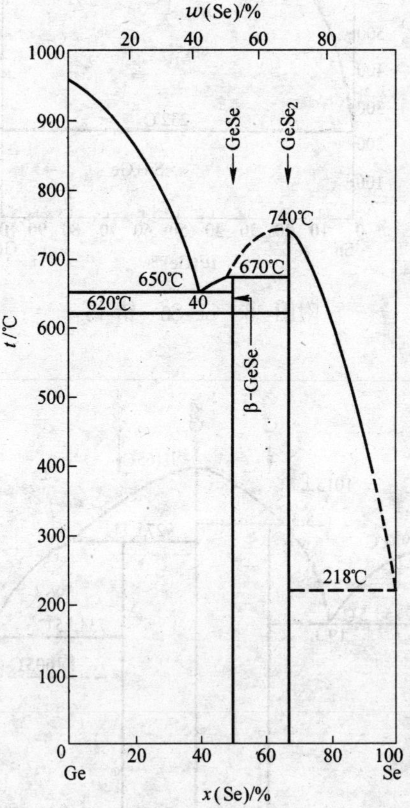

w(Se)/%
20
40
60
80
1000
900
800
700
600
500
400
300
200
100
0
t/℃
GeSe
GeSe2
740℃
670℃
650℃
620℃
40
β-GeSe
218℃
20
40
60
80
100
Ge
Se
x(Se)/%

附图 27　Ge-Se　锗-硒

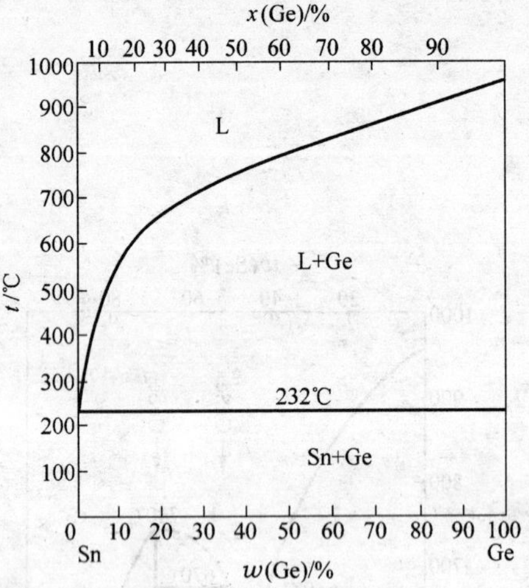

附图 28　Ge-Sn　锗-锡

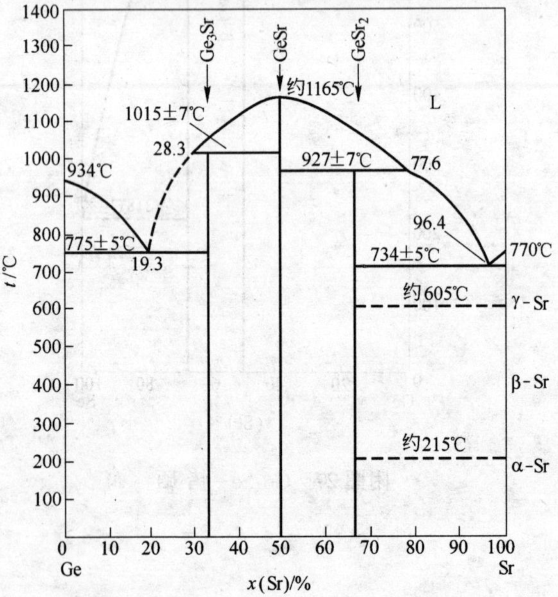

附图 29　Ge-Sr　锗-锶

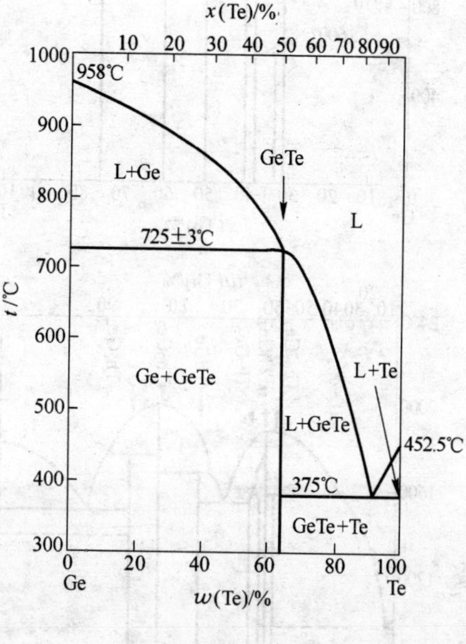
x(Te)/%
10
20
30
40
50
60
70
80
90
1000
958℃
900
800
700
600
500
400
300
t/℃
L+Ge
GeTe
L
725±3℃
Ge+GeTe
L+Te
L+GeTe
452.5℃
375℃
GeTe+Te
0
20
40
60
80
100
Ge
Te
w(Te)/%

附图 30 Ge-Te 锗-碲

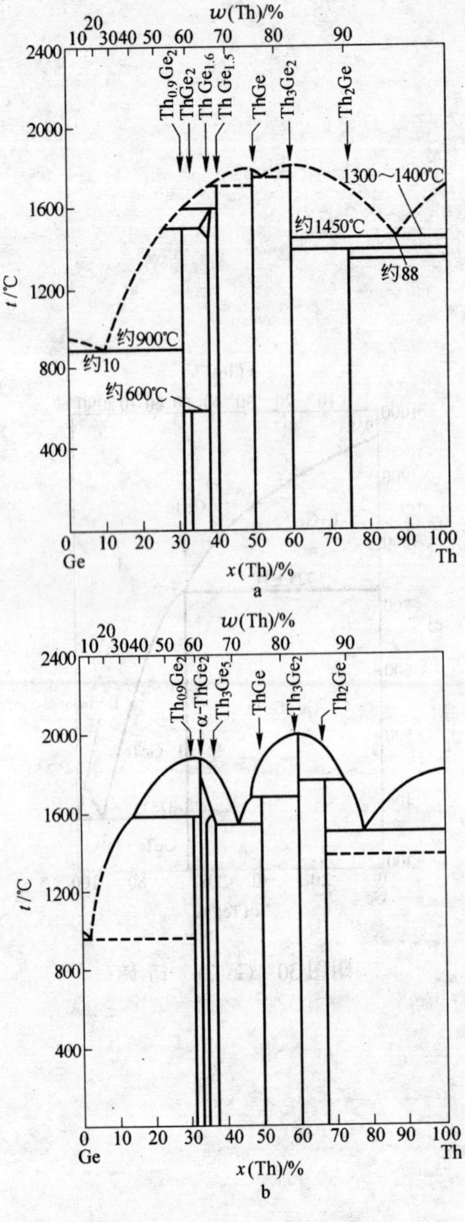
w(Th)/%
10
20
30
40
50
60
70
80
90
2400
2000
1600
1200
800
400
t/℃
$Th_{0.9}Ge_2$
$ThGe_2$
$ThGe_{1.6}$
$ThGe_{1.5}$
ThGe
Th_3Ge_2
Th_2Ge
1300～1400℃
约1450℃
约88
约900℃
约10
约600℃
0
10
20
30
40
50
60
70
80
90
100
Ge
Th
x(Th)/%
a
w(Th)/%
10
20
30
40
50
60
70
80
90
2400
2000
1600
1200
800
400
t/℃
$Th_{0.9}Ge_2$
α-$ThGe_2$
Th_3Ge_5
ThGe
Th_3Ge_2
Th_2Ge
0
10
20
30
40
50
60
70
80
90
100
Ge
Th
x(Th)/%
b

附图 31　Ge-Th　锗-钍

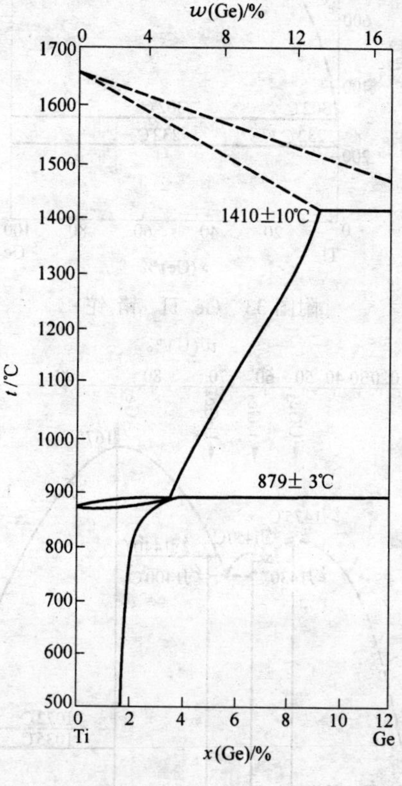

w(Ge)/%
0
4
8
12
16
1700
1600
1500
1400
1300
1200
1100
1000
900
800
700
600
500
t/℃
1410±10℃
879± 3℃
0
2
4
6
8
10
12
Ti
Ge
x(Ge)/%

附图 32　Ge-Ti　锗-钛

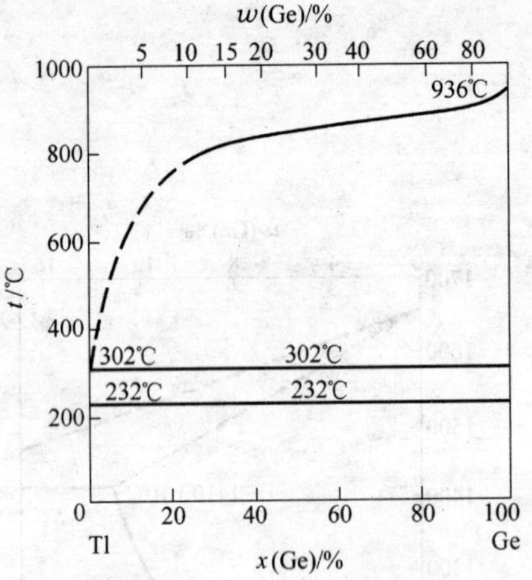

附图 33　Ge-Tl　锗-铊

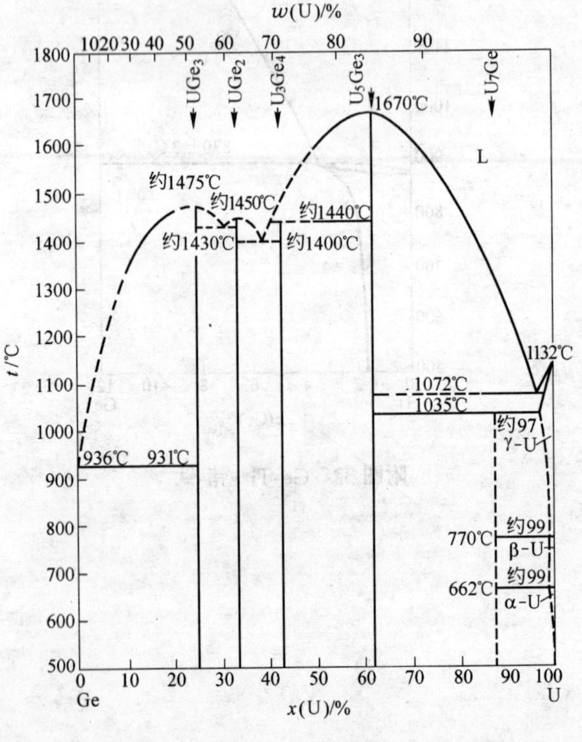

附图 34　Ge-U　锗-铀

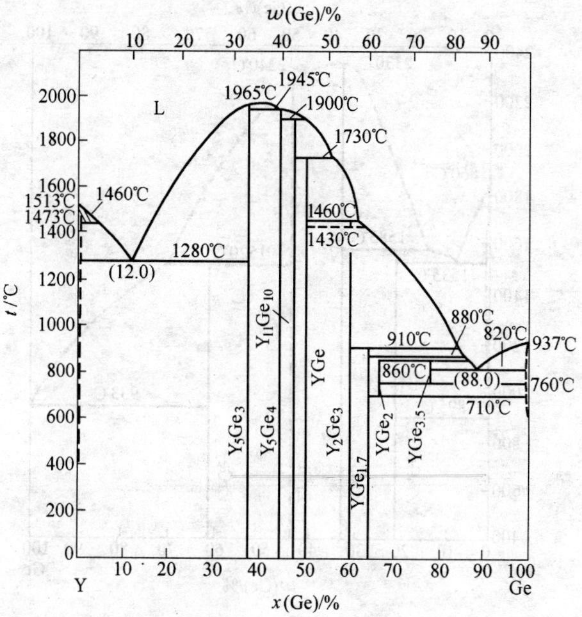

附图 35　Ge-Y　锗-钇

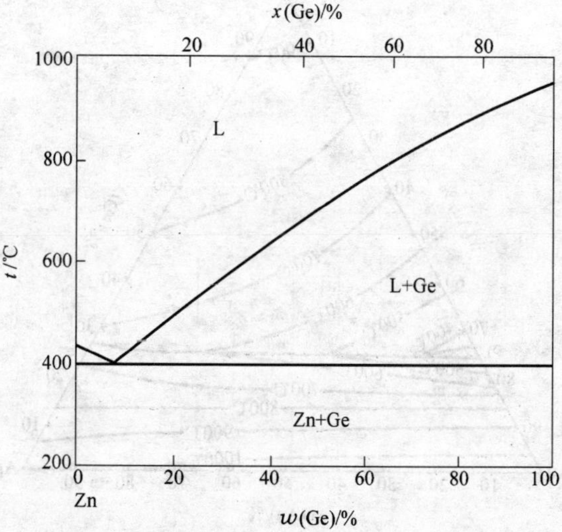

附图 36　Ge-Zn　锗-锌

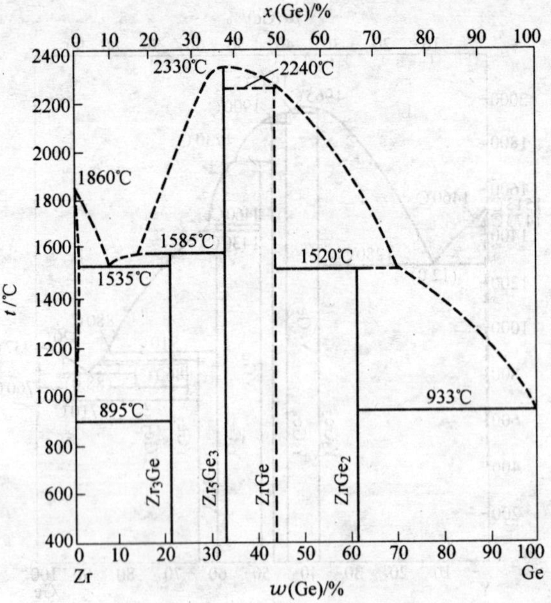

附图 37　Ge-Zr　锗-锆

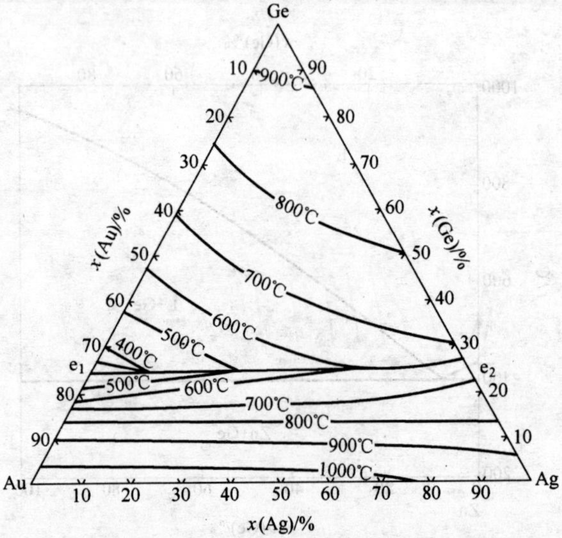

附图 38　Ag-Au-Ge　银-金-锗

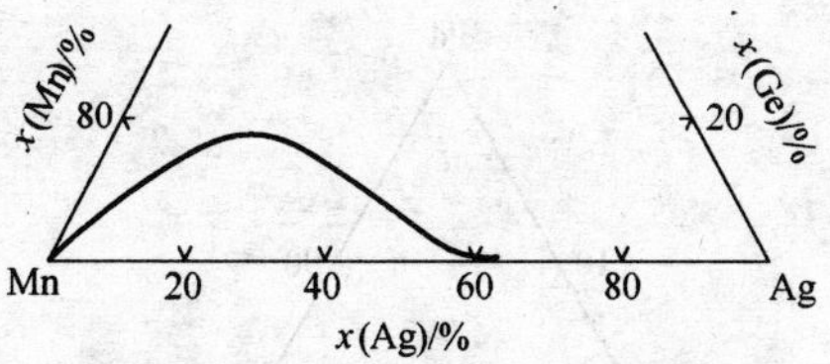

附图 39　Ag-Ge-Mn　银-锗-锰

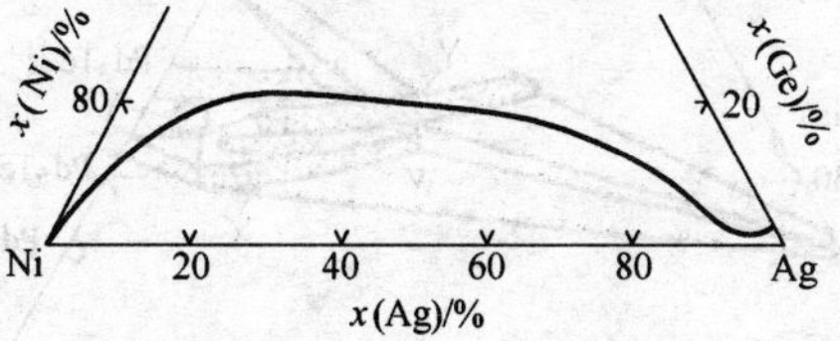

附图 40　Ag-Ge-Ni　银-锗-镍

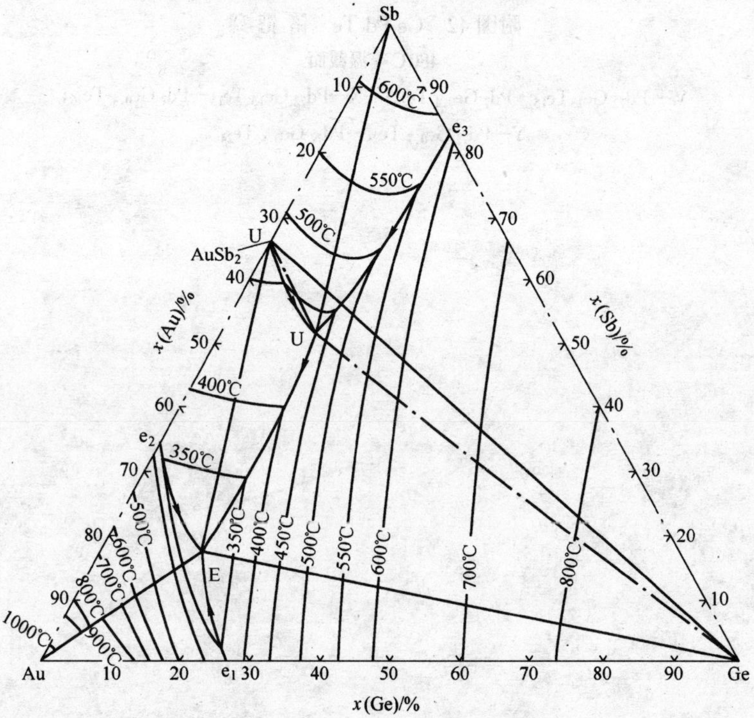

附图 41　Au-Ge-Sb　金-锗-锑

液相面

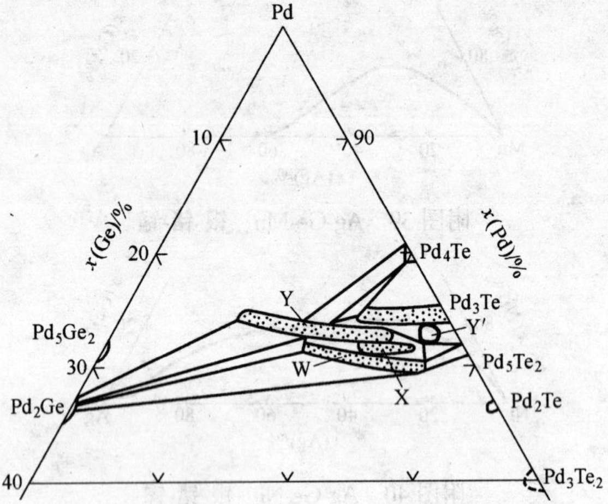

附图 42　Ge-Pd-Te　锗-钯-碲

480℃等温截面

W—$Pd_{72}Ge_{13}Te_{15}$—$Pd_{7}Ge_{0.4}Te_{26}$；　X—$Pd_{72}Ge_{13}Te_{15}$—$Pd_{7}Ge_{0.4}Te_{26}$；

Y—$Pd_{72}Ge_{0.7}Te_{21}$—$Pd_{72}Ge_{0.4}Te_{24}$

附录 2　锗及其化合物的热力学数据

一、一般热力学数据

有关计算公式

$$H_T = H^{\ominus} + \int_{T0}^{T} C(T)\mathrm{d}T$$

$$c_p(T) = A + B\times10^{-3}T + C\times10^{5}T^{-2} + D\times10^{-6}T^{2}$$

H^0——某物质 298 K 时的标准摩尔焓，J/mol；

S^0——某物质 298 K 时的标准摩尔熵，J/mol；

ΔH_{T}——某物质相变时的标准摩尔焓，J/mol。

物质	H^0	S^0	$c_p(T)$				温度范围/K
			A	B	C	D	
$Ge_{(s)}$	0	31.087	25.765	0.079	−2.163	0	298～600
			22.677	4.142	0	0	600～900
			19.853	7.355	0	0	900～1210
$Ge_{(l)}$	$\Delta H_T = 36945$		27.614	0	0	0	1210～2600
	90793	217.150	62.551	22.092	−21.631	0	298～2000
$GeF_{2(s)}$	−658352	84.098	83.680	0	0	0	298～385
$GeF_{2(l)}$	$\Delta H_T = 9623$		91.211	0	0	0	385～500
$GeF_{2(g)}$	$\Delta H_T = -1191896$		97.613	8.368	−16.359	0	2998～1000
$GeCl_{2(s)}$	−376560	123.428	66.107	30.125	0	0	298～700
$GeCl_{2(l)}$	$\Delta H_T = 27196$		100.416	0	0	0	700～975
$GeCl_{2(g)}$	$\Delta H_T = 96232$		62.760	0	0		975～2500
$GeCl_{4(l)}$	−539736	248.237	151.670	0	0	0	298～356
$GeCl_{4(g)}$	$\Delta H_T = 32024$		106.985	0	−9.540	0	356～1000
$GeBr_{4(l)}$	−298738	396.225	107.361	0.669	−5.104	0	298～1000
$GeI_{4(l)}$	−37656	428.860	109.202	1.004	−4.602	0	298～800
$GeO_{(s)}$	−255224	52.300	49.246	105.437	0	0	298～983

续表

物 质	H^0	S^0	$c_p(T)$ A	B	C	D	温度范围/K
$GeO_{(g)}$	$\Delta H_T=209200$		148.532	0	0	0	983～2000
$GeO_{(g)}$	-30669	223.802	37.028	0	-5.648	0	298～2000
$GeO_2(\alpha)_{(s)}4^*$	-579902	39.748	66.609	11.590	-17.740	0	298～1308
$GeO_2(\beta)_{(s)}4^*$	$\Delta H_T=22464$		68.910	9.832	-17.698	0	1308～1389
$GeO_2(\beta)_{(s)}6^*$	-558351	55.271	68.910	9.832	-17.698	0	298～1389
$GeS_{(s)}$	-76149	65.982	41.498	20.125	0	0	298～938
$GeS_{(l)}$	$\Delta H_T=23430$		60.668	0	0	0	938～1111
$GeS_{(g)}$	$\Delta H_T=133980$		36.736	0.418	-2.845	0	1111～2000
$GeS_{2(s)}$	-156900	87.446	56.442	31.045	0	0	298～1113
$GeS_{2(l)}$	$\Delta H_T=41840$		93.722	0	0	0	1113～1200
$GeSe_{(s)}$	-69036	78.241	45.104	16.401	0	0	298～948
$GeSe_{(l)}$	$\Delta H_T=24686$		63.597	0	0	0	948～1125
$GeSe_{(g)}$	$\Delta H_T=132817$		36.987	0.167	-1.757	0	1125～2000
$GeSe_{2(s)}$	-112968	112.550	62.886	27.740	0	0	298～1013
$GeTe_{(s)}$	-32635	89.956	48.116	12.552	0	0	298～997
$GeP_{(s)}$	-27169	61.086	43.304	11.297	-5.230	0	298～1700

注：4*—四方晶形；6*—六方晶形。

二、水溶液中物种的热力学数据

t——温度，℃；

H——某物质某温度的标准摩尔焓，kJ/mol；

G——某物质某温度的标准摩尔吉布斯自由能，kJ/mol。

温 度/℃	H	G
$Ge_{(s)}$		
25	0	-9.263
50	0.589	-10.061
75	1.183	-10.910

续表

温　度/℃	H	G
100	1.785	−11.796
150	3.005	−13.694
200	4.243	−15.738
250	5.488	−17.915
300	6.742	−20.210
$GeF_{4(g)}$		
25	−1190.757	−1280.923
50	−1188.679	−1288.569
75	−1186.535	−1296.377
100	−1184.332	−1304.340
150	−11179.809	−1320.713
200	−1175.153	−1337.625
250	−1170.4	−1355.035
300	−1165.568	−1372.904
$GeF_{5(a)}^{-}$		
25	−1693.318	−1736.690
50	−1699.032	−1740.096
75	−1705.206	−1743.043
100	−1711.840	−1745.530
150	−1726.482	−1749.125
200	−1742.968	−1750.880
250	−1761.293	−1750.797
300	−1781.453	−1748.874
$GeF_{6(a)}^{2-}$		
25	−2024.374	−2093.540
50	−2030.151	−2099.108
75	−2036.396	−2104.212

续表

温　度/℃	H	G
$GeF_6{}^{2-}{}_{(a)}$		
100	-2043.105	-2108.848
150	-2057.914	-2116.727
200	-2074.588	-2122.746
250	-2093.122	-2126.905
300	-2113.513	-2129.204
$GeCl_{4(l)}$		
25	-539.22	-613.160
50	-535.433	-619.514
75	-531.646	-626.164
83(l)	-530.434	-628.350
83(g)	-498.440	-596.386
100	-496.743	-601.101
150	-491.702	-615.409
200	-486.594	-630.315
250	-481.444	-645.768
300	-476.257	-661.711
75		
$GeH_{4(g)}$		
25	90.706	108.785
50	91.881	85.912
75	93.147	14.989
100	94.493	9.330
150	97.373	-2.261
200	100.450	-14.278
250	103.689	-26.489
300	107.058	-39.087

续表

温　度/℃	H	G
$GeO_{(s)}$		
25	−254.980	−270.559
50	−252.932	−271.947
75	−250.817	−273.497
100	−248.639	−275.203
150	−244.083	−279.053
200	−239.263	−283.454
250	−234.176	−288.382
300	−228.830	−293.808
$GeO_{2(s、四方)}$		
25	−579.641	−591.466
50	−578.349	−592.511
75	−576.978	−593.660
100	−575.552	−594.906
150	−572.556	−597.732
200	−581.952	−600.837
250	−566.156	−604.324
$300_{(s、六方)}$	−562.804	−608.127
GeO_2		
25	−557.817	−574.282
50	−556.479	−575.716
75	−555.066	−577.254
100	−553.599	−578.901
150	−550.519	−582.487
200	−547.300	−586.446
250	−543.968	−590.751
300	−540.553	−595.378

续表

温　度/℃	H	G
$HGeO_{3(a)}^{-}$		
25	-482.088	-500.806
50	-489.620	-502.072
75	-497.759	-502.733
100	-506.499	-502.787
150	-525.806	-501.078
200	-547.534	-496.943
250	-571.690	-490.385
300	-598.267	-481.402
$GeO_{3(a)}^{2-}$		
25	-812.722	-812.174
50	-825.253	-811.622
75	-838.792	-814.243
100	-853.339	-807.497
150	-885.458	-799.337
200	-921.615	-787.144
250	-961.801	-770.917
300	-1006.022	-750.657
$HGeO_{3(a)}^{-}$		
25	-824.296	-856.699
50	-827.836	-859.274
75	-831.667	-861.565
100	-835.766	-863.567
150	-844.962	-866.723
200	-855.044	-868.742
250	-866.393	-869.620
300	-878.883	-869.356

续表

温　度/℃	H	G
$H_2GeO_{3(a)}$		
25	-846.830	-900.418
50	-844.674	-904.962
75	-841.045	-909.693
100	-835.427	-914.705
150	-814.824	-925.966
200	-769.697	-939.660

注：表中(a)—水溶液中物种；(l)—液态物质；(g)—气态物质；(s)—固态物质。

参考文献

1　虞觉奇.二元合金状态图集,上海:上海科学技术出版社,1987

2　何纯孝.贵金属合金相图,北京:冶金工业出版社,1983.2

3　Barin I, Knacke O. Thermo-chemical Properties of Inorganic Substances. Berlin: Springer, 1973; Supplement, 1973

4　叶大伦,胡建华.实用无机热力学数据手册(第2版).北京:冶金工业出版社,2002

5　杨显万,何蔼平等.高温水溶液热力学数据计算手册,北京:冶金工业出版社,1983(10):243~249